国家中等职业教育改革发展示范校建设计划项目
中央财政支持重点建设“水利水电工程施工”专业课程改革系列教材

水利工程测量

主　编　陈　灵　曹爱民
副主编　祁春辉　刘紫城
主　审　杨自明

中国水利水电出版社
www.waterpub.com.cn

内 容 提 要

本教材是“国家中等职业教育改革发展示范校建设计划项目”中央财政支持重点建设“水利水电工程施工”专业课程改革系列教材之一，是中等职业学校测绘类专业一门实践性很强的专业课。

本教材共分十九个项目，项目一讲述测量学的基本知识；项目二、项目三、项目四着重介绍高程、角度、距离三项基本测量工作；项目五介绍定向测量的方法；项目六介绍全站仪；项目七论述测量误差的基本知识；项目八、项目九介绍小区域平面控制测量和高程控制测量；项目十、项目十一、项目十二讲述大比例尺地形图测绘的基本知识、基本方法、基本技能与应用；项目十三、项目十四、项目十五主要介绍施工测量的基本工作，水工建筑物测量、隧洞施工测量、渠道测量、建筑施工测量和变形观测等施工测量作业方法；项目十九介绍 GPS。

本教材可供水利水电、工业与民用建筑专业教学使用，也可供从事相关专业的技术人员参考。

图书在版编目（CIP）数据

水利工程测量 / 陈灵，曹爱民主编. -- 北京 : 中国水利水电出版社，2014.9(2023.2重印)
国家中等职业教育改革发展示范校建设计划项目 中央财政支持重点建设“水利水电工程施工”专业课程改革系列教材
ISBN 978-7-5170-2476-7

Ⅰ. ①水… Ⅱ. ①陈… ②曹… Ⅲ. ①水利工程测量－中等专业学校－教材 Ⅳ. ①TV221

中国版本图书馆CIP数据核字(2014)第210727号

书　　名	国家中等职业教育改革发展示范校建设计划项目 中央财政支持重点建设“水利水电工程施工”专业课程改革系列教材 **水利工程测量**
作　　者	主编 陈灵 曹爱民 副主编 祁春辉 刘紫城 主审 杨自明
出版发行	中国水利水电出版社 (北京市海淀区玉渊潭南路 1 号 D 座 100038) 网址：www.waterpub.com.cn E-mail：sales@mwr.gov.cn 电话：(010) 68545888（营销中心）
经　　售	北京科水图书销售有限公司 电话：(010) 68545874、63202643 全国各地新华书店和相关出版物销售网点
排　　版	中国水利水电出版社微机排版中心
印　　刷	天津嘉恒印务有限公司
规　　格	184mm×260mm 16 开本 20.5 印张 486 千字
版　　次	2014 年 9 月第 1 版 2023 年 2 月第 2 次印刷
印　　数	3001—4500 册
定　　价	**59.00** 元

《水利工程测量》教材编写团队

主　编　宁夏水利电力工程学校高级讲师　陈　灵

副主编　宁夏国土测绘院注册测绘师　曹爱民

　　　　宁夏水利电力工程学校　祁春辉　刘紫城

参　编　宁夏水利电力工程学校　黄丽堃　黄铁霞

　　　　范会宁　胡　榕

　　　　宁夏天之源仪器公司工程师　顾英勇

主　审　宁夏大学教授　杨自明

前言

“水利工程测量”是水利水电工程施工专业一门实践性很强的专业核心课，是国家中等职业教育改革发展示范校建设中央财政支持重点建设“水利水电工程施工”专业课程改革系列教材之一。本教材依照示范校申报方案内容和要求，在参照相关中等职业测量类教材的基础上编写而成。本教材以项目教学的要求为标准，充分考虑到现阶段中等职业学生的实际情况，充分考虑施工单位对中等职业学校毕业生的具体要求，充分考虑到施工现状，力争使本教材符合项目教学的要求，力求对测量的基本知识、基本理论和主要仪器工具的使用操作三方面有所加强，力求教学与工程项目紧密结合，理论以够用为度，重点提高学生的动手能力，突出实践与应用，满足中等职业学校的教学要求，培养新型技能型人才。

本教材根据中等职业教育教学改革的最新理念，基于工作过程系统化，按照水利工程项目工作过程中依次完成的典型任务，将教材内容分为测量基本知识、测量基本技能、图根控制测量、地形图测绘与应用、基本测设工作、水利工程测量、建筑施工测量。

本教材共十九个项目，分两个学期，建议教学学时 160 课时。

本教材由宁夏水利电力工程学校高级讲师、测绘工程师、工程测量工技师陈灵主持编写并完成全书的统稿工作。参加编写的人员有：陈灵（项目一、项目六、项目八、项目九），宁夏水利电力工程学校讲师黄丽堃（项目七、项目十二），宁夏水利电力工程学校助讲胡榕（项目十、项目十一），宁夏水利电力工程学校高级讲师黄铁霞（项目二、项目三），宁夏水利电力工程学校讲师范会宁（项目四、项目五），宁夏水利电力工程学校工程师祁春辉（项目十三、项目十四），宁夏水利电力工程学校助讲刘紫城（项目十五、项目十六），宁夏国土测绘院注册测绘师曹爱民（项目十七、项目十八），宁夏天之源仪器公司工程师顾英勇（项目十九）。宁夏大学教授杨自明担任主审。

本教材力求做到重点突出，概念清楚，定义准确，文字简练。

由于作者水平有限，加之时间仓促，书中难免会有错误之处，恳请使用本书的老师和广大读者提出宝贵意见和建议，以便日后进一步修正和完善。

编　者

2014 年 3 月

前言

目录

项目一 测量学的基本知识

【教学目标】

了解测量学的研究对象及水利工程测量的三项任务；理解测量工作的基准面和基准线；理解用水平面代替水准面的限度；掌握地面点位的确定方法，包括地面点的坐标和高程的表示方法；掌握测量的基本工作和测量工作的基本原则。

【教学要求】

任务	能力要求	相关知识
水利工程测量的任务	（1）理解测量学的研究对象及概念； （2）了解测量学的学科分支； （3）掌握水利工程测量的三项任务，即地形图测绘、施工放样和变形监测	（1）测量学的概念及研究对象； （2）测量学的学科分支； （3）地物、地貌以及地形的概念； （4）施工放样的概念； （5）变形监测的目的和作用
测量工作的基准线和基准面	（1）能够理解铅垂线是测量工作的基准线； （2）能够理解大地水准面是测量工作的基准面	（1）地球的形状和大小； （2）水准面及大地水准面； （3）水准面的特征； （4）参考椭球体
地面点位确定	（1）能够建立独立平面直角坐标系； （2）能够计算各投影带中央子午线的经度； （3）能够建立高斯平面直角坐标系； （4）能够确定地面点的高程	（1）测量独立平面直角坐标系； （2）高斯投影与中央子午线经度； （3）高斯平面直角坐标系的建立； （4）绝对高程和相对高程的定义； （5）高差
用水平面代替水准面的限度	（1）能够根据距离确定用水平面代替水准面的距离误差和高程误差； （2）能够理解用水平面代替水准面的限度	（1）水平面代替水准面对距离的影响； （2）水平面代替水准面对高差的影响
测量的基本工作和测量工作基本原则	（1）能够根据三个基本要素确定地面点相对位置关系； （2）能够根据测量工作的基本原则实施测量工作	（1）测量的基本工作； （2）测量工作的基本原则

任务一 测量学的研究对象及水利工程测量的任务

一、测量学的概念及研究对象

测量学是研究整个地球的形状和大小以及确定地面点位关系的一门学科。其研究的对象主要是地球和地球表面上的各种物体，包括它们的几何形状及空间位置关系。测量学将地表物体分为地物和地貌。地物是指地球表面上各种自然物体和人工建筑物；地貌是指地势高低起伏的形态。地物和地貌总称为地形。

二、测量学的学科分支

测量学是一门综合学科，测量学按照研究范围、研究对象及其采用的技术手段不同，可分为以下几个学科分支。

1. 大地测量学

研究在地球表面广大区域内建立大地控制网，测定地球形状、大小和地球重力场的理论、技术和方法的学科称为大地测量学。其主要任务是为其他测量工作提供起算数据；为空间技术和军事用途提供控制基础；为地球科学研究问题提供资料。

2. 地形测量学

研究测绘地形图的理论、技术与方法的学科称为地形测量学。地形测量学的任务就是将地球表面的地物和地貌测绘成按一定比例尺和图式符号表示的地形图。

3. 摄影测量学

研究如何利用摄影相片来测定物体的形状、大小、位置和获取其他信息的学科称为摄影测量学。摄影测量属于遥感的一种，在测量学范围内，其主要研究对象仍然是地球表面，其主要任务仍然是测绘地形图。根据摄影方式的不同，摄影测量又分为航空摄影测量、地面摄影测量、航天摄影测量和水下摄影测量等。

4. 工程测量学

研究工程建设在规划、勘测设计、施工和运营管理各阶段进行各种测量工作的理论、技术与方法的学科称为工程测量学。工程测量的任务是提供工程规划设计所必需的地形图、断面图和其他观测数据，进行施工放样和竣工测量，按照管理规范进行长期的安全监测工作。按工程建设的对象不同，工程测量又分为水利、建筑、公路、铁路、矿山、隧道、桥梁、城市和国防等工程测量。

5. 制图学

制图学主要是利用测量所获得的成果资料，研究如何投影编绘和制印各种地图的测量工作，属于制图学的范畴。

测量学各分支学科之间相互渗透、相互补充、相辅相成。本课程讲述的主要内容就属于地形测量学和工程测量学的范畴。

三、水利工程测量的任务

测量学的任务包括测设和测定两方面。测定是将地球表面上的地物和地貌缩绘成各种比例尺的地形图；测设是将图纸上设计好的建筑物的位置在实地上标定出来，作为施工的依据。

水利工程建设也离不开测量工作，即水利工程测量。它属于工程测量学的范畴，是测量学的一个组成部分，它的主要任务如下。

1. 地形图测绘

为水利工程规划设计提供所需的地形资料，规划时需提供中、小比例尺地形图及有关信息以及建筑物的具体设计时需提供大比例尺地形图。

2. 施工放样

在工程施工阶段，要将图上设计好的建筑物按其位置、大小测设于地面，以便据此施工，称为施工放样。

3. 变形监测

在施工过程中及工程建成后的运行管理中，都需要对建筑物的稳定性及变化情况进行监测——变形观测，确保工程安全。

总之，各种工程建设以及工程建设的各个阶段都是离不开测量工作的。例如在河道上修建水电站，首先应测绘坝址以上该流域的地形图，作为水文计算、地质勘探、经济调查等规划设计的依据；初步设计后，又要为大坝、涵闸、厂房等水工建筑物的设计测绘较详细的大比例尺地形图；在施工过程中，又要通过施工放样指导开挖、砌筑和设备安装；工程竣工时，为检查工程质量是否符合设计要求，还要进行竣工测量；在工程的使用管理过程中，为了监视运行情况，确保工程安全，应定期对大坝进行变形观测。由此可见，测量工作伴随着工程建设的全过程，贯穿于整个工程建设的始终。作为一名工程技术人员，必须掌握必要的测量知识和技能，才能担负起工程勘测、规划设计、施工及管理等各项任务。

四、测绘科学的发展概况

测绘科学在我国具有悠久的历史。远在4000多年前，夏禹治水时，就发明和应用了“准、绳、规、矩”等测量工具和方法。春秋战国时期发明的指南针，至今还在广泛使用。东汉张衡创造的“天球仪”对天象作了形象和正确的表述，在天文测量史上留下了光辉的一页。724年唐代南宫说在现今河南丈量了300km的子午线弧长，是世界上第一次子午线弧长测量。宋代的沈括曾使用罗盘、水平尺进行了地形测量。元代的郭守敬拟定了全国纬度测量计划并测定了27个点的纬度。清代康熙年间进行了全国测绘工作，出现了我国第一部实测的省级图集和国家图集。

17世纪初，望远镜的发明和应用，对测量技术的发展起了很大作用。1683年法国进行了弧度测量，证明了地球是两极略扁的椭球体。1794年德国高斯创立的最小二乘法理论，对测量理论作出了宝贵了贡献，至今仍是处理测量成果的理论基础。20世纪初，飞机的发明和使用，使航空摄影测量技术得到了迅速发展，大大减轻了野外测图的劳动强度。

新中国成立后，我国的测绘事业进入到一个蓬勃发展的新阶段。60多年来取得了不少成就：建立和统一了全国的坐标系统和高程系统；建立了遍及全国的大地控制网、国家水准网、基本重力网和卫星多普勒网，完成了国家大地网和水准网的整体平差；完成了覆盖全国大陆具有统一坐标系的中、小比例尺地形图；完成了珠峰和南极长城站地理位置和高程的测量；配合国民经济建设进行了大量的测绘工作，例如：进行了南京长江大桥、葛州坝水电站、宝山钢铁厂、长江三峡水利枢纽、黄河小浪底水利枢纽等大型工程的精确放样和设备安装测量。我国测绘仪器的生产，实现了从无到有，不仅能生产各类系列的光学仪器，还成功研制出各种先进的光电仪器。我国培养的各类测绘技术人才已达数万名之多。

新的科学技术的发展，大大推动了测绘事业的发展。20世纪60年代初激光红外技术的兴起，开辟了电磁波测距的新天地，目前各类电磁波测距仪在测量工作中得到了广泛的应用。电子计算机的出现，使计算技术得到了根本性的变革，几十年来，电子计算机类型之多、更新之快、发展之迅速实属空前，用计算机实施测量计算，尤其对大规模控制网的严密平差既迅速又准确，减轻了繁重的内业计算工作。十几年来制成的电子经纬仪，与电磁波测距仪、电子计算器和记录装置相配合组成了全站型的电子速测仪，可以自动地记录和运算，迅速获得地面点的三维坐标，构成由外业测量到数据存储、计算机处理乃至打印与绘图的自动化流程，大大加快了工作速度。随着航天技术和遥感技术的迅速发展，测量技术已由常规的大地测量发展到人造卫星大地测量，由航空摄影发展到航天遥感，测量对象已由单一的地球和地球表面扩展到空间星体，由静态发展到动态。目前测量工作正向着多领域、多品种、高精度、自动化、数字化的方向发展，以 GPS（全球定位系统）、GIS（地理信息系统）、RS（遥感技术）即“3S”技术为核心的测量高科技时代已经到来。

任务二　地面点位置的表示方法

一、地球的形状和大小

地球表面是极其不规则的，有山地、丘陵、平原、盆地、海洋等起伏变化，陆地上最高处珠穆朗玛峰海拔 8844.43m，海洋最深处马利亚纳海沟深达 11022m，看起来起伏变化非常之大，但是这种起伏变化和庞大的地球（半径约 6371km）比起来是微不足道的；同时，就地球表面而言，海洋的面积约占 71%，陆地仅占 29%，所以海水面所包围的形体基本上代表了地球的形状和大小。

二、测量工作的基准面和基准线

由于地球的自转运动，地球上任何一点都要受到离心力和地球引力的双重作用，这两个力的合力称为重力。重力的作用线称为铅垂线。铅垂线是显而易见的，悬挂物体静止时自然下垂的线即为铅垂线，如图 1－1 所示。铅垂线是测量工作的基准线。

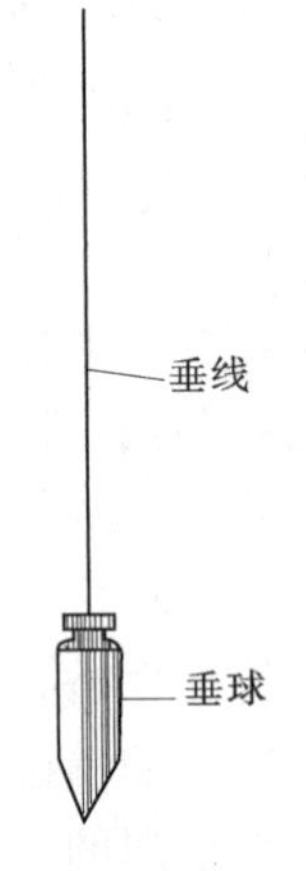

图 1－1　铅垂线

水自然静止时的表面称为水准面，它是一个重力等位面，其特性是处处与铅垂线垂直。由于水位有高有低，所以水准面有无穷多个，其中与平均海水面（由于受太阳、月亮、地球三者引力的影响，出现潮汐，海水面时高时低，取它们的平均位置，即平均海水面）吻合并向大陆内部延伸而形成的封闭曲面称为大地水准面，大地水准面是测量工作的基准面。大地水准面所包围的形体称为大地体。

用大地水准面代表地球表面的形状和大小是恰当的，但由于地球内部质量分布不均匀，引起铅垂线的方向产生不规则的变化，如图 1－2 所示，所以大地水准面也是一个有微小起伏的不规则曲面，在这个曲面上进行测量数据的处理极不方便。因此，人们选择一个非常接近于大地水准面，并可用数学式表达的规则几何形体——旋转椭球体来代替大地体，这个旋转椭球体称为参考椭球体。旋转椭球的表面是一个规则的数学曲面，如图1－3所示，它是测量计算和投影制图工作的基准面。

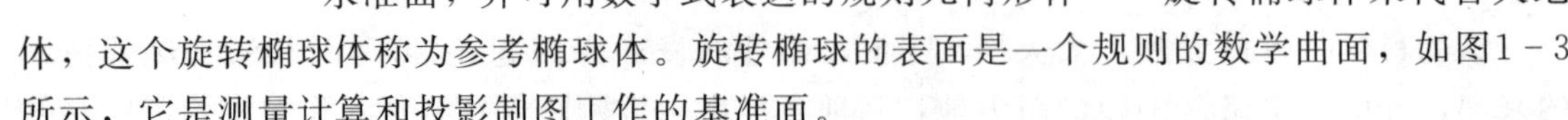

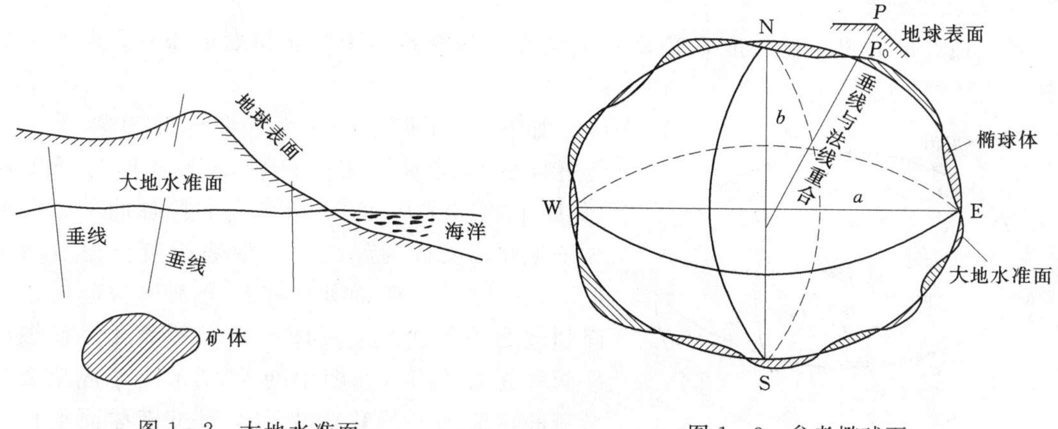

图 1-2　大地水准面

图 1-3　参考椭球面

参考椭球体是由一椭圆（长半轴 a，短半轴 b）绕其短半轴 b 旋转而成的椭球体。其参考椭球的元素有长半径 a、短半径 b 和扁率 α（$\alpha=\frac{a-b}{a}$），只要知道其中的两个元素，即可确定椭球的形状和大小，通常采用 a 和 α 两个元素。

参考椭球是为确定地面点位建立大地坐标系时所用的代表地球形状和大小的一个规则数学曲面，我国建立大地坐标系同样需要选定和我国范围内地表形态相适应的参考椭球。

新中国成立初期，我国以前苏联选定的克拉索夫斯基椭球和普尔科夫天文台为大地原点的椭球定位为依据，采用的是克拉索夫斯基椭球（a＝6378245m，α＝1：298.3），建立了我国的大地坐标系，称为“1954 年北京坐标系”。后来根据新的测量数据，发现该坐标系与我国实际情况相差较大，于 1980 年将坐标原点设在陕西省泾阳县境内，采用国际大地测量与地球物理协会（IUGG）1975 年十六届大会推荐的椭球（a＝6378240m，α＝1：298.257），建立了真正意义上我国自己的大地坐标系，称为“1980 年国家大地坐标系”。

自 2008 年 7 月 1 日起我国启用 CGCS2000 国家大地坐标系，原点位于地球质心。

随着 GPS 定位系统的广泛应用，自 1984 年起我国使用 WGS-84 世界大地坐标系，原点位于地球质心。

由于参考椭球的扁率很小，在普通测量中又近似地把地球视为圆球体，其半径采用与参考椭球同体积的圆球半径，其值 R＝6371km。当测区范围较小时，又可以将该部分球面当成平面看待，亦即将该部分的水准面当成平面看待。当成平面看待的水准面称为水平面。小范围测区的测量工作是以水平面作为基准面的。

三、地面点位置的表示方法

地面点是空间点位，需要用三维坐标来表示。在测量工作中，我们一般用某点在基准面上的投影位置（坐标）和该点离基准面的铅垂距离（高程）来表示。

（一）地面点的坐标

由于选取的基准面不同，地面点的坐标有多种表达方式。测量工作中常用的坐标有以下几种。

1. 大地坐标系

用大地经度 L 和大地纬度 B 表示地面点在参考椭球面上投影位置的坐标，称为大地坐标。

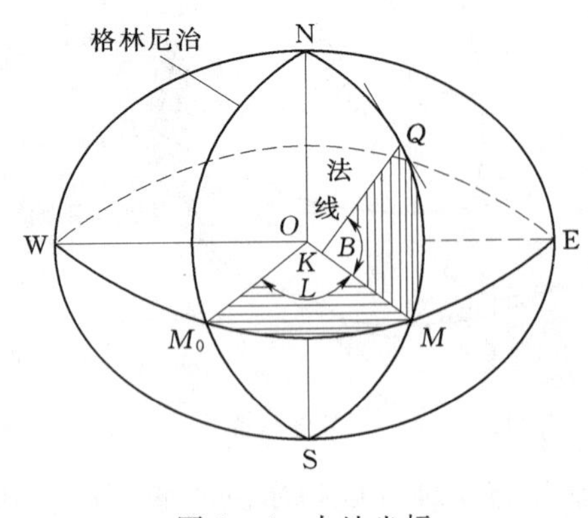

图 1-4 大地坐标

如图 1-4 所示，O 为参考椭球的球心，NS 为椭球的旋转轴，通过该轴的平面称为子午面（如图中的 NQMS 面）。子午面与椭球面的交线称为子午线，又称为经线，其中通过英国伦敦格林尼治天文台的子午面和子午线分别称为起始子午面和起始子午线。通过球心 O 且垂直于 NS 轴的平面称为赤道面（如图中的 WM_0ME），赤道面与参考椭球面的交线称为赤道。通过椭球面上任一点 Q 且与过该点切平面垂直的直线 QK，称为 Q 点的法线。地面上任一点都可以向参考椭球面作一条法线。地面点在参考椭球面上的投影，即通过该点的法线与参考椭球面的交点。

大地经度 L，即通过参考椭球面上某点的子午面与起始子午面的夹角。由起始子午面起，向东 0°～180°称为东经；向西 0°～180°称为西经。同一子午线上各点的大地经度相同。

大地纬度 B，即参考椭球面上某点的法线与赤道面的夹角。从赤道面起，向北 0°～90°称为北纬；向南 0°～90°称为南纬。纬度相同的点的连线称为纬线，它平行于赤道。

地面点的大地经度和大地纬度可以通过大地测量的方法确定。

大地坐标的优点是对于整个地球有一个统一的坐标系统，用它来表示地面点的位置形象直观。但它的观测和计算都比较复杂，而且实用上更多的则是需要把它投影到某个平面上来。

2. 独立平面直角坐标系

在小区域（半径不大于 10km 区域）进行测量工作，可用水平面作为基准面，地面点在水平面上的投影位置用平面直角坐标表示。如图 1-5 所示，在水平面上选定一点 O 作为坐标原点，建立平面直角坐标系。纵轴为 x 轴，与南北方向一致，向北为正，向南为负；横轴为 y 轴，与东西方向一致，向东为正，向西为负。将地面点 A 沿着铅垂线方向投影到该水平面上，则平面直角坐标 x_A、y_A 就表示了 A 点在该水平面上的投影位置。如果坐标系的原点是任意假设的，则称为独立的平面直角坐标系。为了不使坐标出现负值，对于独立测区，往往把坐标原点选在测区西南角以外适当位置。

地面点的平面直角坐标，可以通过观测有关的角度和距离，通过计算的方法确定。

应当指出，测量上采用的平面直角坐标系与数学中的平面直角坐标系从形式上看是不同的。这是由于测量上所用的方向是从北方向（纵轴方向）起按顺时针方向以角度计值的，同时它的象限划分也是按顺时针方向编号的，因此它与数学上的平面直角坐标系（角值从横轴正方向起按逆时针方向计值，象限按逆时针方向编号）没有本质区别，所以数学上的三角函数计算公式可不加任何改变地直接应用于测量的计算中。

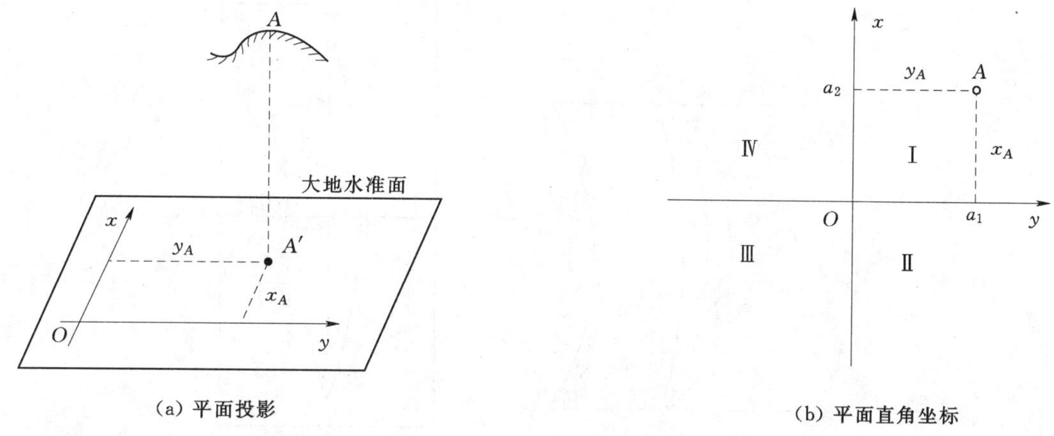

图 1-5　平面投影与平面直角坐标

独立平面直角坐标系建立没有那样严格的规则，具有一定的随意性，具有某种实用性，具有相应的区域性。

3. 高斯平面直角坐标系

在大范围进行测量工作时，由于水平面和水准面存在较大差异，所以不能用水平面代替水准面，应将地面点投影到椭球面上，再按一定的条件投影到平面上，建立统一的平面直角坐标系。我国现采用的是高斯—克吕格投影方法，它是由德国测量学家高斯于1825—1830 年首先提出的，到 1912 年由德国测量学家克吕格推导出实用的坐标投影公式。

高斯投影的方法如图 1-6 所示，将地球视为一个圆球，设想用一个横圆柱体套在地球外面，并使横圆柱的轴心通过地球的中心，横圆柱的中心轴通过地球中心并与地球 NS 垂直。让圆柱面与圆球面上的某一子午线（该子午线称为中央子午线）相切，然后按照一定的数学法则，将中央子午线东西两侧球面上的图形投影到圆柱面上，再将横圆柱面沿过南、北极点的母线剪开，展成平面，如图 1-7、图 1-8 所示，即可得到投影面到平面上的图形。中央子午线的投影为纵轴，赤道线的投影为横轴，以构成高斯平面直角坐标系，如图 1-9 所示。

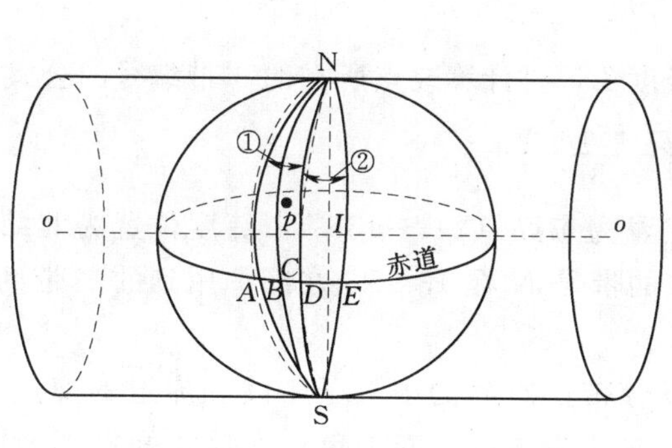

图 1-6　高斯投影原理

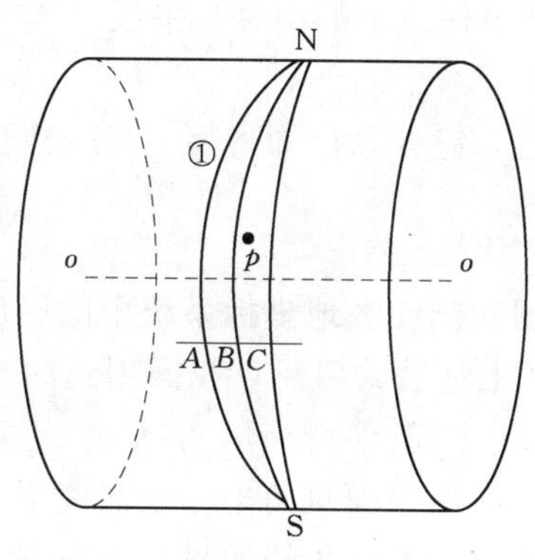

图 1-7　地球的投影

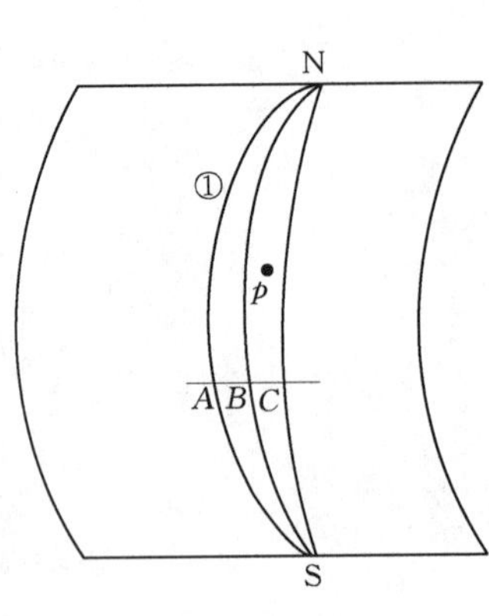

图 1-8 剪开

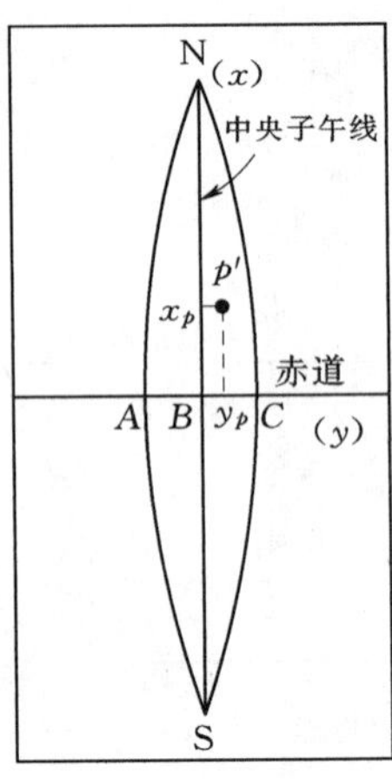

图 1-9 压平

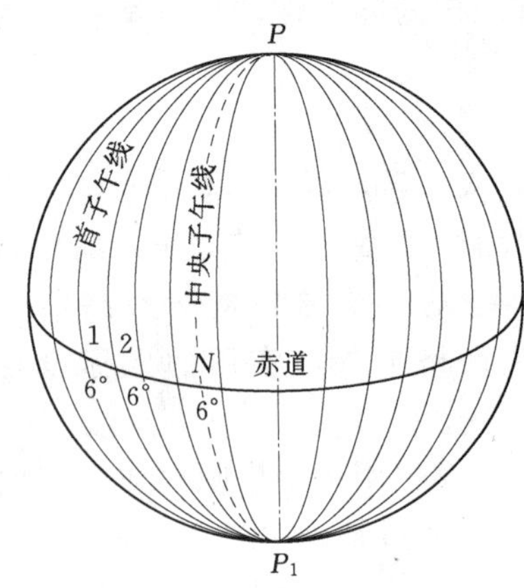

图 1-10 椭球面分带示意图

(1) 高斯投影的分带。为了使变形限制在允许范围内，高斯投影按一定经差经地球椭球面划分成若干投影带（图 1-10），投影带的宽度以相邻两个子午线的经差来划分，带的宽度一般有 6°、3°和 1.5°等几种。

如图 1-11 所示，6°带从 0°子午线起每隔经差 6°自西向东分带，将整个地球分成 60 个投影带。用 1～60 顺序编号。3°从 1.5°子午线起每隔经差 3°自西向东分带，将整个地球分成 120 个投影带。用 1～120 顺序编号。

6°带中任意带的中央子午线 L 与投影带 N 关系为

$$L_0 = 6N - 3 \tag{1-1}$$

反之，已知地面上任一点的经度 L，要计算改点所在的 6°带编号的公式为

$$N = \left(\frac{L}{6}\right) + 1 \tag{1-2}$$

3°带中任意带的中央子午线 L' 与投影带 n 的关系为

$$L_0' = 3n \tag{1-3}$$

反之，已知，已知地面上任一点的经度 L，要计算改点所在的 3°带编号的公式为

$$N = \left(\frac{L - 1.5}{3}\right) + 1 \tag{1-4}$$

根据我国在大地坐标系统中的经度位置为东经（74°～135°），纬度位置为北纬（3°～54°），从上述公式可见，我国用到的 6°带的带号 N 在 13～23 之间，用到的 3°带的带号 n 在 25～45 之间。

(2) 高斯平面直角坐标系的建立。以分带投影后的中央子午线和赤道的交点 O 为坐标原点，以中央子午线的投影为纵轴 x，向北为正，向南为负；赤道线的投影为横轴 y，赤道以东为正，以西为负，建立统一的高斯平面直角坐标系，如图 1-9 所示。

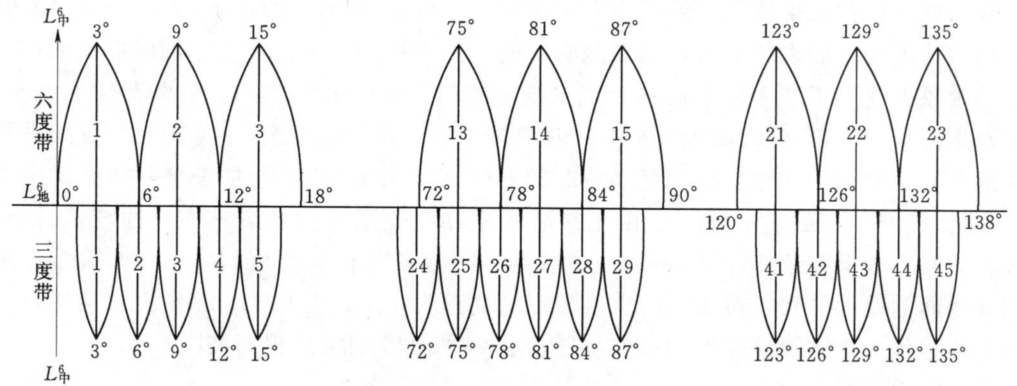

图 1-11　高斯平面分带示意图

我国位于北半球，纵坐标均为正，横坐标有正有负。为了使用方便，避免横坐标出现负值，规定将坐标原点 A 西移 500km，如图 1-12 所示。这样带内的横坐标值均加 500km。例如 A 点位于中央子午线为 117°的 6°带内，带号 18，$x_A=3281544.56$m，$y_A=-294542.23$m，则横坐标为 $y_A=-294542.23+500000=205457.76$（m）。因为不同投影带内的点可能会有相同坐标值，也为了标明其所在投影带，规定在横坐标前冠以带号。则 A 点横坐标为 $y_A=18205457.76$m，通常将未加 500km 和未加带号的横坐标值称为自然值，将加上 500km 并冠以带号的横坐标值称为统一值。

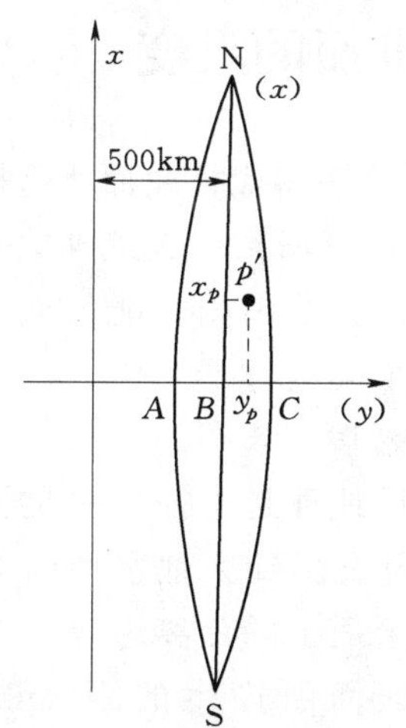

图 1-12　椭球面分带示意图

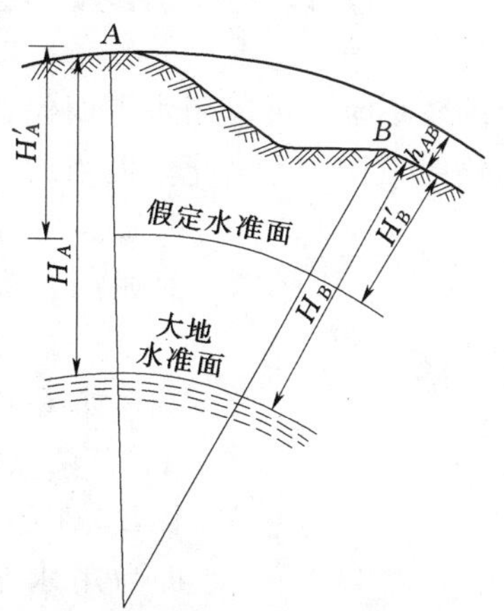

图 1-13　绝对高程与相对高程

(二) 地面点的高程

由于选取的基准面不同，地面点的高程同样有多种表达方式，测量工作中常用的高程有以下两种。

1. 绝对高程

地面点沿铅垂线方向至大地水准面的距离称为绝对高程，亦称为海拔。在图 1-13 中，地面点 A 和 B 的绝对高程分别为 H_A 和 H_B。

我国规定以黄海平均海水面作为大地水准面。黄海平均海水面的位置，是通过对青岛验潮站潮汐观测井的水位进行长期观测确定的。由于平均海水面不便于随时联测使用，故在青岛观象山建立了“中华人民共和国水准原点”，作为全国推算高程的依据。1956 年，验潮站根据连续 7 年（1950—1956 年）的潮汐水位观测资料，第一次确定了黄海平均海水面的位置，测得水准原点的高程为 72.289m；按这个原点高程为基准去推算全国的高程，称为“1956 年黄海高程系”。由于该高程系存在验潮时间过短、准确性较差的问题，后来验潮站又根据连续 28 年（1952—1979 年）的潮汐水位观测资料，进一步确定了黄海平均海水面的精确位置，再次测得水准原点的高程为 72.2604m；1985 年决定启用这一新的原点高程作为全国推算高程的基准，并命名为“1985 国家高程基准”。

2. 相对高程

地面点沿铅垂线方向至任意假定水准面的距离称为该点的相对高程，亦称为假定高程。在图 1－12 中，地面点 A 和 B 的相对高程分别为 H'_A 和 H'_B。

3. 高差

两点高程之差称为高差，以符号“h”表示。图 1－13 中，A、B 两点间的高差

$$h_{AB}=H_B-H_A=H'_B-H'_A \tag{1-5}$$

此式表明，两点间的高差与高程基准面的选取无关。

测量工作中，一般采用绝对高程，只有在偏僻地区，没有已知的绝对高程点可以引测时，才采用相对高程。

任务三　用水平面代替水准面的限度

当测区范围较小时，可以用水平面代替水准面，即以平面代替曲面。这样的替代可使测量的计算和绘图工作大为简化。但当测区范围较大时，就必须顾及地球曲率的影响，不能做这样的替代。那么多大范围内才能用水平面代替水准面呢？下面就来讨论这个问题。

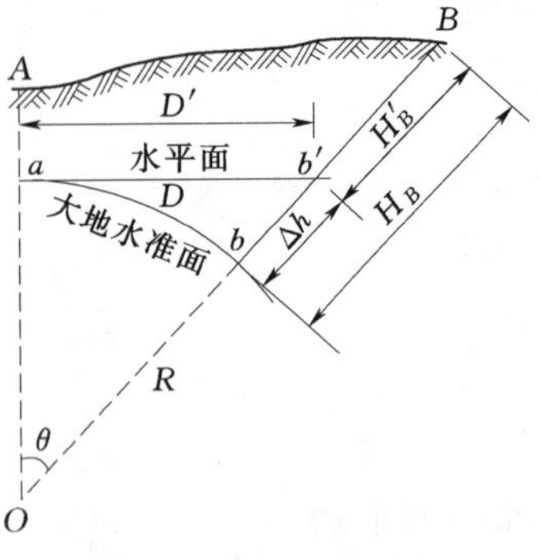

图 1－14　水平面代替水准面对水平距离及高差的影响

一、对水平距离的影响

如图 1－14 所示，设地球是半径为 R 的圆球。地面上 A、B 两点沿铅垂线方向投影到大地水准面上的距离为弧长 D，投影到过 a 点水平面上的距离为 D'，显然两者之差即为用水平面代替水准面所产生的距离误差，设其为 ΔD，则

$$\Delta D=\frac{D^3}{3R^2} \tag{1-6}$$

$$\frac{\Delta D}{D}=\frac{D^2}{3R^2} \tag{1-7}$$

以 $R=6371$km 和不同的 D 值代入式（1－6）、式（1－7），算的相应的 ΔD 和 $\Delta D/D$（相对误差）值列于表 1－1 中。从表 1－1 中可以看出，距离为 10km 时产生的相对误差为 1/120 万，小于目前最精密测距的相对误差 1/100 万。因此可以认为：在半径为 10km 的

区域，地球曲率对水平距离的影响可以忽略不计，对于精度要求较低的测量，还可以扩大到以 25km 为半径的范围。

表 1-1　　**水平面代替水准面对距离的影响**

距离 D/km	距离误差 ΔD/mm	距离相对误差 $\Delta D/D$	距离 D/km	距离误差 ΔD/mm	距离相对误差 $\Delta D/D$
25	0.8	1/1250000	50	102.7	1/49000
25	12.8	1/200000	100	821.2	1/12000

二、对高差的影响

在图 1-14 中从大地水准面起算，地面点 B 的高程为 H_B，从水平面起算，B 点的高程为 H'_B，显然其差值 Δh 即为用水平面代替水准面对高程所产生的影响。由图 1-14 可得

$$\Delta h=\frac{D^2}{2R} \tag{1-8}$$

以 $R=6371$km 和不同的 D 值代入上式，算得相应的 Δh 值列于表 1-2。从表 1-2 中可以看出，用水平面代替水准面所产生的高差误差，随着距离的平方的增大而增大，很快就达到了不能容许的程度。所以在进行高程测量时，即便距离很短，也必须考虑地球曲率对高程的影响。换言之，在高程测量中，是不允许用水平面来代替水准面的。

表 1-2　　**水平面代替水准面对高差的影响**

D/m	100	200	300	500	1000	2000
Δh/mm	0.8	3.1	7.1	19.6	78.5	313.5

任务四　测 量 工 作 概 述

一、测量的基本工作

在测量工作中，地面点的空间位置用坐标和高程来表示，但坐标和高程通常不是直接测定的，而是通过测出待定点与已知点之间的几何关系，观测其他要素计算得出的。如图 1-15 所示，设地面点 A 的坐标和高程已知，要确定 B 点的位置，需要确定在水平面上 B 点到 A 点的水平距离 D_{AB} 和 B 点位于 A 点的方位。图上 ab 的方向可以用通过 a 点的指北方向线与 ab 的夹角（水平角）α 表示，有了 D_{AB} 和 α，B 点在图上的平面位置就可以确定。但要进一步确定 B 点的空间位置，除了 B 点的平面位置外，还要知道 A、B 两点间的高差 h_{AB}，这样 B 点的空间位置就可以唯一确定了。同理，可以确定 C 点的空间位置。

由此可知，水平距离、水平角及高差是确定地面点相对位置的三个基本几何要素，而距离测量、角度测量和高程测量则是测量的三项基本工作。

二、测量工作的基本原则

测量工作中将地球表面复杂多样的形态分为地物和地貌两大类。要在一个已知点上测绘一个测区所有的地物和地貌是不可能的，只能测量其附近的一定范围，如图 1-16 所

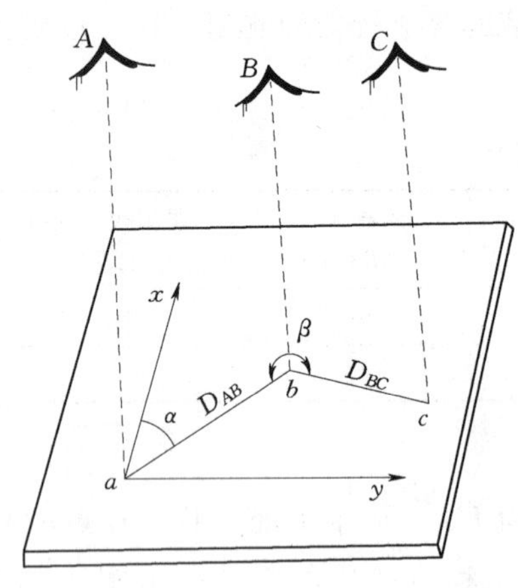

图 1－15　测量的基本要素

示。在 A 点只能测绘 A 点附近的房屋、道路、地面起伏等地物地貌，对于山的另一面或较远的地方就观测不到，如果我们在测站 A 的基础上再发展下一个测站，以测绘该测站附近的地物地貌，从方法上来讲是可行的，但随之而来的问题是误差的传递，A 站的测量误差必然传递给新的测站，以此类推将测站发展下去，误差也会累积下去，以至最后的误差累积达到不能容许的程度，这将使测图成果失去意义和无法使用。因此，在测区内选择 A、B、C、D、E、F 有控制意义的点（称为控制点），用精确的方法测定这些点的坐标和高程，然后根据这些控制点分区观测，测定其周围的地物和地貌特征点（称为碎部点）的坐标和高程，最后才能拼成一幅完整的地形图，地形成图如图 1－17 所示，施工放样也是如此。但无论采用何种方法、使用何种仪器进行测量或放样，都会给其成果带来误差。为了防止测量误差的逐渐传递和积累，要求测量工作必须遵循以下原则：

图 1－16　地形测图示意图

（1）在布局上遵循“由整体到局部”的原则，测量工作必须先进行总体布置，然后再分期、分区、分项实施局部测量工作，而任何局部测量工作都必须服从全局的工作需要。

（2）在工作程序上遵循“先控制后碎部”的原则，就是先进行控制测量，测定测区内若干个控制点的平面位置和高程，作为后面测量工作的依据。

（3）在精度上遵循“从高级到低级”的原则，即先布设高精度的控制点，再逐级发展布设低一级的交会点以及进行碎部测量。

（4）在检核上遵循“前一步工作未做检核不进行下一步测量工作”的原则，测量工作

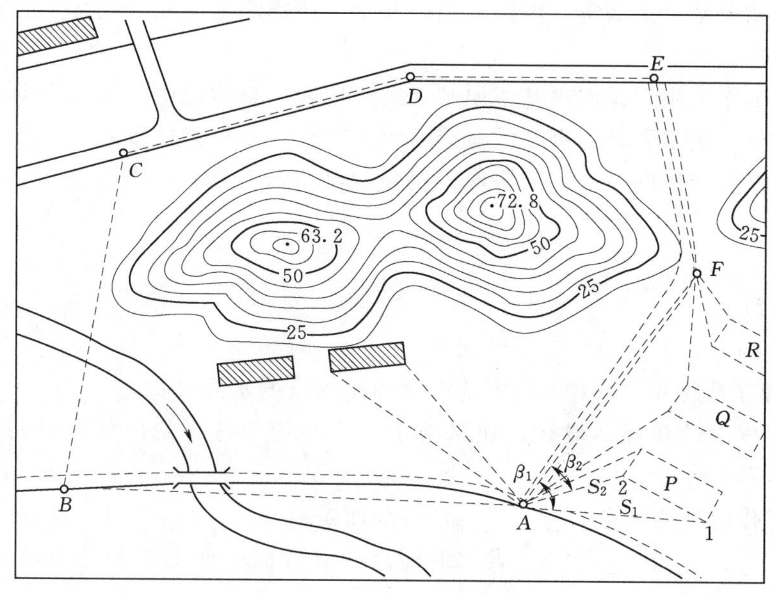

图 1-17　地形成图示意图

是既与数字又与实践操作密切相关的一门技术，不论实际操作或数据有错均表现在点位的确定上产生错误，从而导致测图精度或施工质量产生问题。错误在测量中是不允许存在的。测量工作必须“重检查，重复核”，必须坚持“边工作边检核”，“步步工作有检核”的工作原则。养成“前一步工作经过检核合格之后再进行下一步工作”的习惯。

三、测量工作的基本要求

测量工作是水利工程测量中一项不可缺的工作内容。这项工作有其一定的特点，因而施工测量人员应注意做到以下几点：

（1）“百年大计，质量第一”，施工测量人员必须有“质量第一”的观念。

（2）加强各项检查和校核计算，绝不允许存在弄虚作假、伪造成果、违反规范规定的错误行为。

（3）记录、图纸、标志要求真实、客观、规范、保持原始性。

（4）要熟悉所有图纸及数据，密切与工程施工工序配合，及时完成测量任务。测量工作又是一项集体作业的工作，不能单打一地进行，要有团结协助、严谨细微、共同完成项目的全局观念。

（5）要爱护测量仪器与工具。

小　结

本项目主要讲述了测量学的基本概念和基本知识，学习本项目应掌握以下内容：

（1）地面点位的确定是测量工作的一个根本目标。

（2）测量学的任务包括测定和测设两个方面。

（3）地面点的坐标和高程不是直接测定的，通常通过水平距离测量、水平角测量和高程测量（或高差测量）来确定。因此，角度测量、距离测量和高程测量（或高差测量）是测量的三项基本工作。

（4）测量工作必须遵循四项基本原则：等级原则、整体原则、控制原则、检核原则。

（5）测量工作基本要求：有“质量第一”的观念；有严肃认真的工作态度；要真实客观保持原始性；要严谨细微、团结协作；要爱护仪器与工具。

拓展和能力测试题

一、填空题

1. 测量学的内容包括__________和__________两部分。

2. 水准面有无数多个，其中与平均海水面相吻合的水准面称为__________。

3. 研究工程建设在规划设计、建筑施工、运营管理各个阶段如何进行测量的理论、技术与方法的学科称为__________。

4. 测量工作的基准线是__________，基准面是__________。

5. 用__________和__________表示地面点在参考椭球面上投影位置的坐标，称为大地坐标。

6. 地面点间的__________、__________和__________是确定地面点位关系的三个基本要素。

7. 在测量中，将地表面当平面对待，指的是在__________范围内时，距离测量数据不至于影响测量成果的精度。

8. 高斯投影分带一般常分为__________带和__________带。

9. 地面点的空间位置是用__________、__________来表示的。

10. 测量基本工作包括__________、__________和__________。

11. 测量工作在工作程序上的基本原则是____________，____________________。

12. 已知 M 点位于中央子午线的东面 37544.28m，其中央子午线经度为 114°，试求 M 点在 3°带内横坐标的统一坐标值。____________________

二、选择题

1. 地球上自由静止的水面，称为（　　）。

A. 水平面　　B. 水准面　　C. 大地水准面　　D. 地球椭球面

2. 下列关于水准面的描述，正确的是（　　）。

A. 水准面是平面，有无数个　　B. 水准面是曲面，只有一个

C. 水准面是曲面，有无数个　　D. 水准面是平面，只有一个

3. 大地水准面是（　　）。

A. 大地体的表面　　B. 地球的自然表面

C. 一个旋转椭球体的表面　　D. 参考椭球的表面

4. 绝对高程指的是地面点到（　　）的铅垂距离。

A. 假定水准面　　B. 水平面　　C. 大地水准面　　D. 地球椭球面

5. 相对高程指的是地面点到（　　）的铅垂距离。

A. 假定水准面　　B. 大地水准面　　C. 地球椭球面　　D. 平均海水面

6. 两点绝对高程之差与该两点相对高程之差应为（　　）。

A. 绝对值相等，符号相同　　B. 绝对值不等，符号相反

C. 绝对值相等，符号相反　　D. 绝对值不等，符号相同

7. 已知 A 点高程 $H_A=72.445$m，高差 $h_{BA}=2.324$m，则 B 点的高程 H_B 为（　　）。

A. 74.769m　　B. 70.121m　　C. −74.769m　　D. −70.121m

8. 若 A 点的高程为 85.76m，B 点的高程为 128.53m，设假定水准面高程为 100m，并设为±0.00 标高，则 A、B 点的标高为（　　）。

A. 85.76m，128.53m　　B. 14.24m，−28.53m

C. −14.24m，28.53m　　D. −85.76m，−128.53m

9. 测量平面直角坐标系与数学直角坐标系有三点不同：①测量坐标系以过原点的子午线为 X 轴，②测量坐标系以 X 轴正向为始边（　　）；③测量坐标系原点坐标为两个大正整数。

A. 逆时针定方位角与象限　　B. 逆时针定象限角与象限

C. 顺时针定方位角与象限　　D. 顺时针定象限角与象限

10. 测量工作的基本原则是从整体到局部、（　　）、从高级到低级。

A. 先控制后细部　B. 先细部后控制　C. 控制与细部并行　D. 测图与放样并行

11. 测量上确定点的位置是通过测定三个定位元素来实现的，下面哪个不在其中？（　　）

A. 距离　　B. 方位角　　C. 角度　　D. 高差

12. 地面点的空间位置是用（　　）来表示的。

A. 地理坐标　B. 平面直角坐标　C. 坐标和高程　D. 高斯平面直角坐标

13. 测量学是研究如何地球的形状和大小，并将设计图上的工程构造物放样到实地的科学。其任务包括两个部分：测绘和（　　）。

A. 测定　　B. 测量　　C. 测边　　D. 放样

14. 在高斯 6°投影带中，带号为 N 的投影带的中央子午线的经度 λ 的计算公式是（　　）。

A. $\lambda=6N$　　B. $\lambda=3N$　　C. $\lambda=6N-3$　　D. $\lambda=3N-3$

15. 在高斯 3°投影带中，带号为 N 的投影带的中央子午线的经度 λ 的计算公式是（　　）。

A. $\lambda=6N$　　B. $\lambda=3N$　　C. $\lambda=6N-3$　　D. $\lambda=3N-3$

16. 测量上所选用的平面直角坐标系，规定 x 轴正向指向（　　）。

A. 东方向　　B. 南方向　　C. 西方向　　D. 北方向

17. 在 6°高斯投影中，我国为了避免横坐标出现负值，故规定将坐标纵轴向西平移（　　）km。

A. 100　　B. 300　　C. 500　　D. 700

18. 目前我国采用的高程基准是（　　）。

A. 1956 年黄海高程　　B. 1965 年黄海高程

C. 1985 年黄海高程　　D. 1995 年黄海高程

19. 水平面是指与水准面（　　）的平面。

A. 相交　　B. 平行　　C. 垂直　　D. 向切

20. 地球曲率对以下哪个量的影响最大？（　　）

A. 水平距离　　B. 水平角　　C. 高程　　D. 都一样

三、判断题

1. 水准面有无穷个，大地水准面只有一个，因而世界各国是同一个大地水准面。（　　）
2. 铅垂线是测量工作中的基准线。（　　）
3. 测量坐标系和数学坐标系是相同的。（　　）
4. 水准面的特点是水准面上任意一点的铅垂线都垂直于该点的曲面。（　　）
5. 地面点平面位置须由两个量来确定，即水平距离和水平角。（　　）
6. 在局部区域内确定点的平面位置，可以采用独立平面直角坐标。（　　）
7. A、B 两点的高差与 B、A 两点的高差大小相等。（　　）
8. 地面两点之间的高差是与高程的起算基准面无关。（　　）
9. 在建筑施工中常遇到的某部位的标高，即为某部位的绝对高程。（　　）
10. 高斯正形投影中，离中央子午线越远，子午线长度变形越大。（　　）

四、简答题

1. 测量学的研究对象和水利工程测量的任务是什么？
2. 表示地面点位的坐标系有哪些？

五、计算题

1. 某地的大地经度为 116°39′，它所在 6°带的代号和中央子午线的经度是多少？

2. 国家投影坐标为（51000m，20637680m），则其所在的 6°带的带号为多少？在带号内的自然坐标值为多少？

项目二　水　准　测　量

【教学目标】

本项目介绍了水准测量原理、水准仪的构造和使用、水准测量的施测方法及成果检核和计算等内容。通过本项目学习，应了解水准测量原理和水准仪的基本构造；掌握 DS_3 型水准仪的使用方法；掌握水准测量的施测方法和内业计算方法；能够进行 DS_3 型水准仪的检验和校正；了解水准测量的误差和其他水准仪的基本特点。

【教学要求】

任　务	能　力　要　求	相　关　知　识
水准仪及其使用	(1) 认识水准仪的基本构造； (2) 掌握 DS_3 型水准仪的粗平、瞄准、精平和读数方法； (3) 掌握自动安平水准仪的粗平、瞄准和读数方法	(1) 水准仪的构造； (2) 水准尺和尺垫； (3) 水准仪的使用
水准测量的外业施测与内业计算	(1) 能够进行水准测量的施测； (2) 能够完成水准测量数据的记录计算； (3) 能够对水准测量的外业测量数据进行内业成果计算	(1) 水准测量观测的基本步骤； (2) 水准测量数据的记录计算； (3) 水准测量的测量校核； (4) 水准测量的内业计算
水准仪的检验和校正	(1) 了解水准仪轴线应满足的几何条件； (2) 掌握圆水准器、十字丝板、水准管轴的检验和校正方法	(1) 圆水准器的检验与校正； (2) 十字丝横丝的检验与校正； (3) 水准管的检验与校正
水准测量的误差与注意事项	(1) 了解水准测量误差的主要来源； (2) 掌握消除或减少误差的基本措施	(1) 仪器误差； (2) 观测误差； (3) 外界条件的影响

测量地面上各点高程的工作，称为高程测量。地面点的高程测量是确定地面点位置的基本工作，这一工作的主要技术方法有水准测量和三角高程测量。此外，还有流体静力水准测量、气压高程测量和 GPS 高程测量等。本项目主要阐述水准测量。

任务一　水 准 测 量 原 理

一、基本原理

水准测量是利用水准仪所提供的水平视线，并借助水准尺，测定地面两点间的高差，然后根据其中一点的已知高程推算出另一点高程的测量方法。

如图 2-1 所示，已知地面 A 点的高程为 H_A，欲测出 B 点的高程 H_B，可在 A、B 两点上分别竖立水准尺，并在 A、B 两点之间安置水准仪。根据仪器提供的水平视线，在 A 点尺上读数，设为 a；在 B 点尺上读数，设为 b；由图可知 A、B 两点的高差为

$$h_{AB}=a-b \tag{2-1}$$

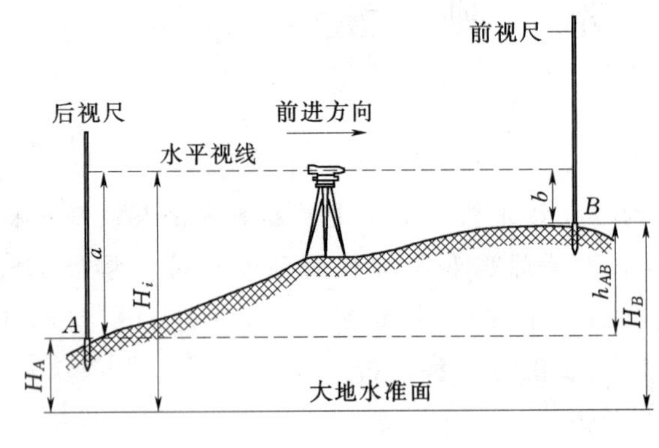

图 2-1　水准测量原理

如果水准测量是由已知点 A 向未知点 B 方向前进的，如图 2-1 中的箭头所示，我们称 A 点为后视点，A 点尺上读数 a 为后视读数；称 B 点为前视点，B 点尺上读数 b 为前视读数。高差等于后视读数减去前视读数。$a>b$，高差为正，表明前视点高于后视点；$a<b$，高差为负，表明前视点低于后视点。在计算高程时，高差应连同其符号一并运算。高程计算的方法有两种。

1. 高差法

直接由高差计算高程，即

$$H_B=H_A+h_{AB} \tag{2-2}$$

此法一般在水准路线的高程测量中应用较多。

2. 视线高法

由仪器的视线高程计算高程。从图 2-1 中可看出，A 点的高程加后视读数即得仪器的水平视线高程，即

$$H_i=H_A+a \tag{2-3}$$

由此得 B 点的高程为

$$H_B=H_i-b \tag{2-4}$$

在工程测量中，当安置一次仪器要求测出若干个点高程时，此方法应用较广。

二、连续水准测量

当 A、B 两点相距较远或高差较大，仅安置一次仪器不能测得两点的高差，必须分成若干站，逐站安置仪器连续进行观测，如图 2-2 所示。

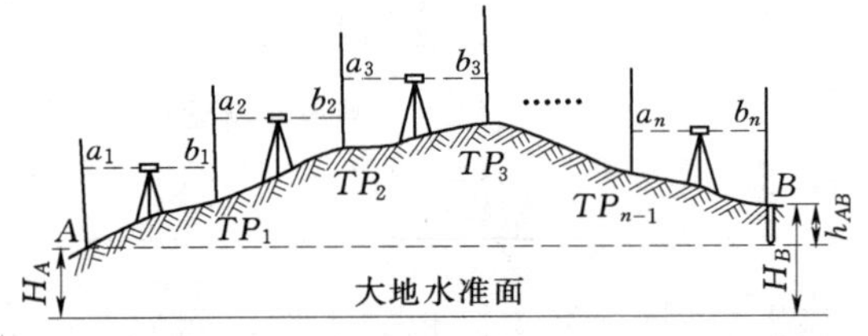

图 2-2　连续水准测量

$$h_1=a_1-b_1$$
$$h_2=a_2-b_2$$
$$\vdots$$
$$h_n=a_n-b_n$$
$$h_{AB}=\sum h_i=\sum a-\sum b \tag{2-5}$$
$$H_B=H_A+h_{AB} \tag{2-6}$$

图 2-2 中，1、2、3、…、n 各立尺点仅起传递高程的作用，本身不需求得高程，这些点称为转点，通常在编号前注以“TP”表示。

任务二　水准测量的仪器和工具

水准测量所使用的仪器是水准仪，工具是水准尺和尺垫。

水准仪的种类和型号很多。按其精度分为 $DS_{0.5}$、DS_1、DS_3 和 DS_{10} 等型号。“D”和“S”分别为“大地测量”和“水准仪”的汉语拼音的第一个字母，其下标数字 0.5、1、3 和 10 表示该类仪器的精度，即每千米往、返测高差中数的偶然中误差（毫米数）。数字越小，精度越高。水利工程测量中一般多使用 DS_3 型水准仪，使用该仪器进行水准测量，每千米往、返测高差中数的偶然中误差为±3mm，可用于一般工程建设测量和国家三等、四等水准测量，是目前工程上使用最普遍的一种。

按水准仪结构分类，目前主要有微倾式水准仪、自动安平水准仪和电子水准仪三种。本任务着重介绍 DS_3 型微倾式水准仪的基本构造。

一、DS_3 型微倾式水准仪

DS_3 型微倾式水准仪主要由望远镜、水准器和基座三部分构成。仪器主要部件的名称如图 2-3 所示。

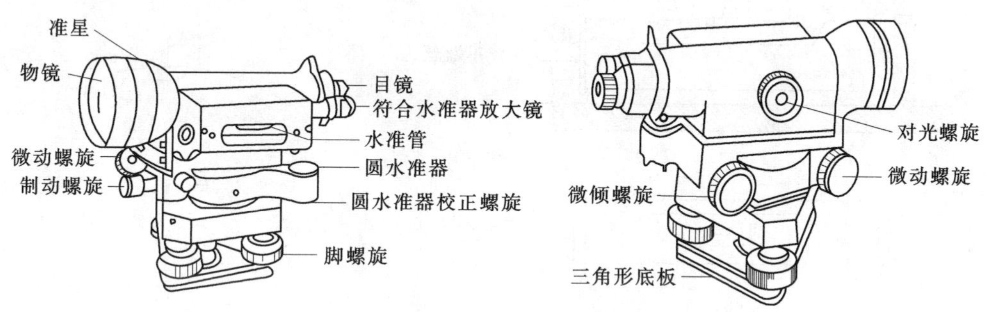

图 2-3　DS_3 型水准仪

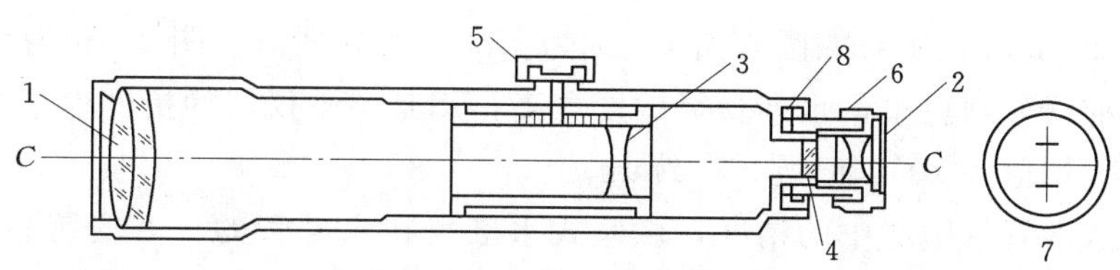

图 2-4　望远镜的构造

1—物镜；2—目镜；3—调焦透镜；4—十字丝分划板；5—物镜调焦螺旋；6—目镜调焦螺旋；7—十字丝放大像；8—分划板座止头螺丝

（一）望远镜

图 2-4 是 DS_3 型水准仪望远镜的构造图，它主要由物镜、目镜、调焦透镜和十字丝分划板所组成。物镜和目镜多采用复合透镜组，十字丝分划板上刻有两条互相垂直的长线，竖直的一条称竖丝，横的一条称为中丝，竖丝和中丝分别是为了瞄准目标和读取读数用的。在中丝的上下还对称地刻有两条与中丝平行的短横线，是用来测定距离的，称为视

距丝。十字丝分划板是由平板玻璃圆片制成的，平板玻璃片装在分划板座上，分划板座固定在望远镜筒上。

十字丝交点与物镜光心的连线，称为视准轴或视线（图 2-4 中 $C-C$）。水准测量是在视准轴水平时，用十字丝的中丝截取水准尺上的读数。DS_3 型水准仪望远镜的放大率为 30 倍。

（二）水准器

水准器有管水准器和圆水准器两种。管水准器是用来指示视准轴是否水平的装置；圆水准器是用来指示竖轴是否竖直的装置。

1. 管水准器

管水准器又称水准管，是一纵向内壁磨成圆弧形的玻璃管，管内装酒精和乙醚的混合液，加热融封冷却后留有一个气泡（图 2-5）。由于气泡较轻，故恒处于管内最高位置。

水准管上一般刻有间隔为 2mm 的分划线，分划线的中点 O，称为水准管零点［图 2-5（a）］。通过零点作水准管圆弧的切线 LL，称为水准管轴。当水准管的气泡中点与水准管零点重合时，称为气泡居中，这时水准管轴 LL 处于水平位置。

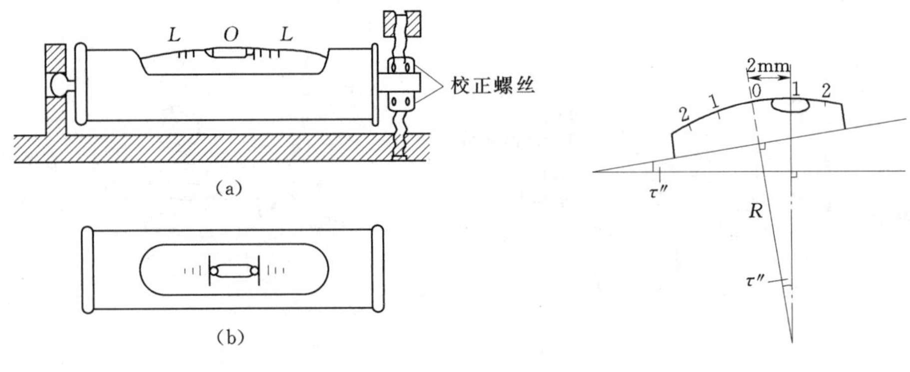

图 2-5　管水准器分划值

图 2-6　管水准器

水准管上 2mm 圆弧所对的圆心角 τ，称为水准管的分划值，图 2-6 为水准管的分划值示意图，水准管分划愈小，水准管灵敏度愈高，用其整平仪器的精度也愈高。DS_3 型水准仪的水准管分划值为 20″，记做 20″/2mm。

为了提高水准管气泡居中的精度，微倾式水准仪在水准管的上方安装一组复合棱镜，如图 2-7 所示。通过复合棱镜的反射作用，使气泡两端的像反映在望远镜旁的复合气泡

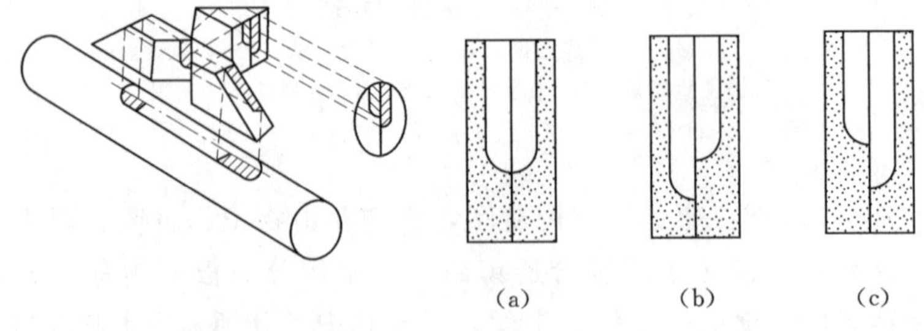

图 2-7　管水准器复合棱镜

观察窗中。若气泡两端的半像吻合时，就表示气泡居中，如图 2-7（a）所示。若气泡两端的半像错开，则表示气泡不居中，如图 2-7（b）和（c）所示。这时应转动微倾螺旋，使气泡的半像吻合。

2. 圆水准器

如图 2-8 所示，圆水准器顶面的内壁是球面，其中有圆分划圈，圆圈的中心为水准器的零点。通过零点的球面法线为圆水准器轴线，当圆水准器气泡居中时，该轴线处于竖直位置。当气泡不居中时，气泡中心偏移零点 2mm，轴线所倾斜的角值，称为圆水准器的分划值，一般为 10′。由于它的精度较低，故只用于仪器的概略整平。

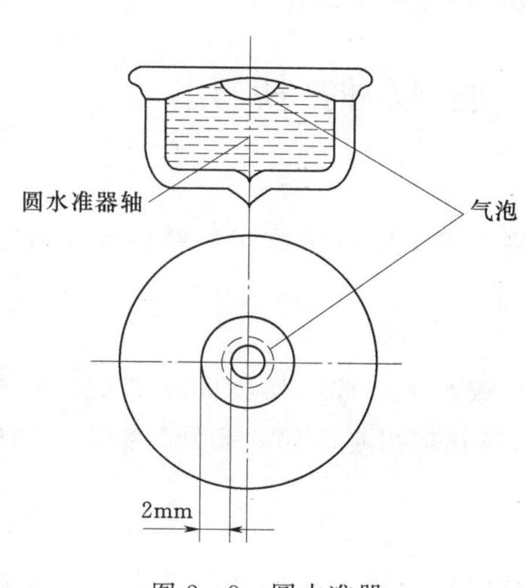

图 2-8　圆水准器

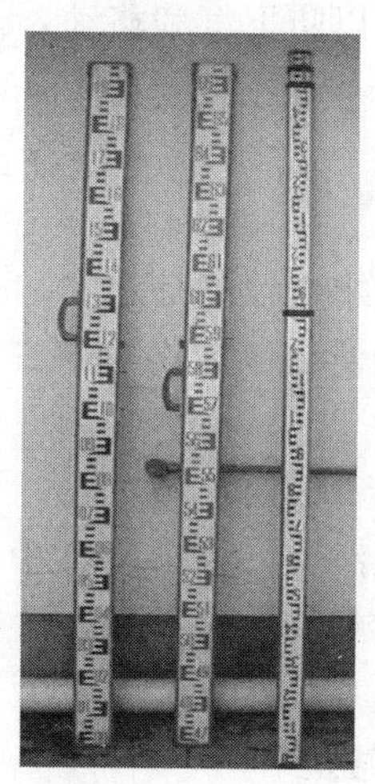

图 2-9　水准尺

（三）基座

基座的作用是支承仪器的上部并与三脚架连接。它主要由轴座、脚螺旋、底板和三角压板构成。

二、水准尺

水准尺亦称标尺，采用优质木料或铝合金精制而成。尺面漆成黑白（或红白）相间的厘米分划，通常将每分米中的前五个厘米分划连成“E”字形，如图 2-9 所示；“E”字底边有明显标志表示分米（包括整米）的位置，为了便于扶尺和保证竖直，水准尺侧面装有扶手和圆水准器。

常用的水准尺有塔尺和双面直尺两种。

1. 塔尺

多用于等外水准测量，是一种逐节缩小的组合尺，其长度有 3m 和 5m 两种，用两节或三节套接在一起。尺的底部为零点，尺面上黑白格相间，每格宽度为 1cm，有的为 0.5cm，在米和分米处有数字注记。

2. 双面水准尺

多用于三、四等水准测量。其长度为 3m，且两根尺为一对。尺的两面均有刻划，一面为黑白相间，称黑面尺（也称主尺）；另一面为红白相间，称红面尺（也称辅尺），两面

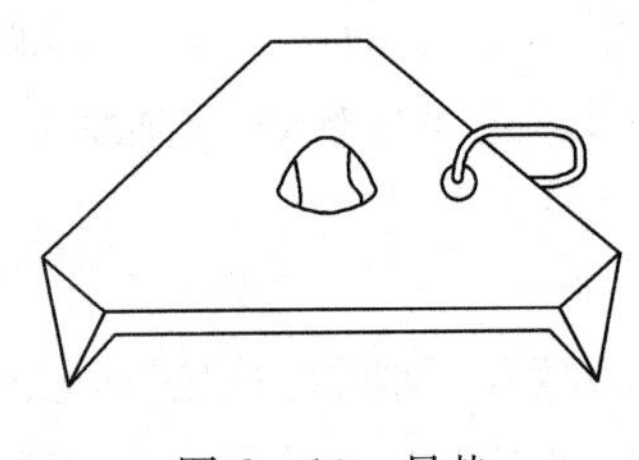
图 2-10 尺垫

的刻划均为 1cm，并在分米处注字。两根尺的黑面尺尺底均从零开始，而红面尺尺底，一根从 4.687m 开始，另一根从 4.787m 开始。在视线高度不变的情况下，同一根水准尺的红面和黑面读数之差应等于常数 4.687m 或 4.787m，这个常数称为尺常数，用 K 来表示，以此可以检核读数是否正确。

三、尺垫

尺垫是在转点处放置水准尺用的，它用生铁铸成，一般为三角形，中央有一突起的半球体，下方有三个支脚，如图 2-10 所示。用时将支脚牢固地插入土中，以防下沉和移动，上方突起的半球形顶点作为竖立水准尺和标志转点之用。

任务三 水 准 仪 的 使 用

一、使用水准仪的方法

水准仪的使用包括仪器的安置、粗略整平、照准水准尺、精确整平和读数五个操作步骤。

（一）安置水准仪

先支起三脚架，使高度适中，架头大致水平，拧紧架腿固定螺旋。检查架腿是否稳固，脚架伸缩螺旋是否拧紧，然后打开仪器箱取出水准仪，装到架头上，用中心连接螺旋将仪器牢固地连接在三脚架头上。

（二）粗略整平

粗平是借助圆水准器的气泡居中，使仪器竖轴大致铅垂位置，从而使视准轴粗略水平。如图 2-11 所示，气泡未居中而位于 a 处，先按图上箭头所指的方向用两手对向转动脚螺旋①和②，使气泡移到 b 的位置，再转动脚螺旋③，即可使气泡居中。在整平的过程中，气泡移动方向与左手大拇指（或右手食指）运动的方向一致。

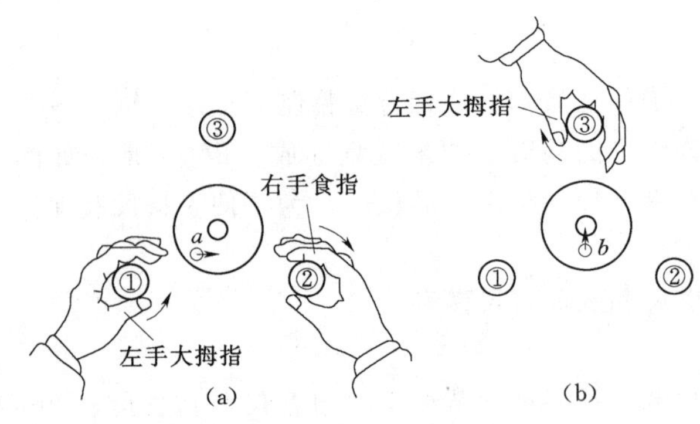

图 2-11 圆水准器的整平

（三）照准水准尺

（1）松开制动螺旋，将望远镜对向远方明亮的背景，调节目镜，使十字丝清晰。

（2）利用望远镜镜筒上面的准星，照准水准尺，然后拧紧制动螺旋。

（3）转动物镜调焦螺旋，使水准尺成像清晰。

（4）转动水平微动螺旋，使十字丝的竖丝贴近水准尺中央或边缘。

（5）消除视差。经过物镜调焦后，水准尺影像应落在十字丝平面上；否则，当眼睛在目镜端上、下移动时，将看到十字丝的横丝所对水准尺读数也随之变化，这种现象称为十字丝视差（简称视差），如图 2-12 所示。产生视差的原因是标尺影像所在平面没有与十字丝分划板平面重合。视差的存在严重影响读数的正确性，必须予以消除。消除的方法是反复交替调节物镜和目镜调焦螺旋，直至眼睛上、下移动时读数始终清晰不变为止。

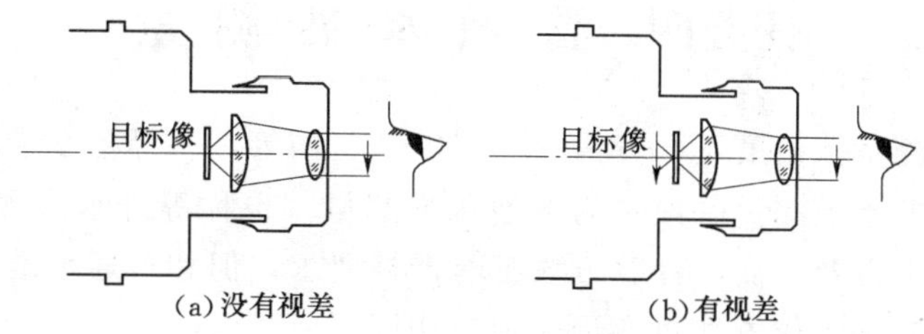

图 2-12 十字丝视差

（四）精确整平

将眼睛靠近气泡观察窗，同时缓慢地转动微倾螺旋，当气泡影像吻合并稳定不动时，表明气泡已居中，视线处于水平位置。精确整平时应当注意：若需左半气泡往上，应按顺时针方向转动微倾螺旋；若需左半气泡往下，应按逆时针方向转动微倾螺旋。

（五）读数

精平后，应及时用十字丝的中丝在水准尺上截取读数。首先估读水准尺与中丝重合位置处的毫米数，再看清尺面上所注米数、分米数和厘米数，然后一口气读出全部读数。读完数后，还需再检查气泡是否符合，若不符合再精确整平，重新读数。不管水准仪是正像还是倒像，读数总是由注记小的一端向大的一端读出。如图 2-13 所示，读数为 1.358m。

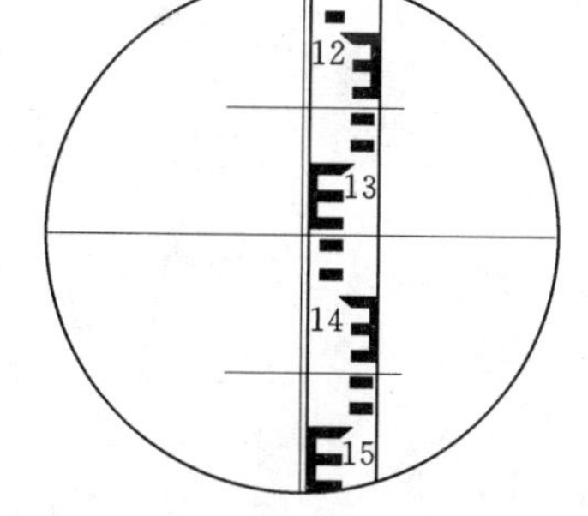

图 2-13 水准尺读数

二、使用水准仪应注意的事项

（1）搬运仪器前，应检查仪器箱是否扣好或锁好，提手或背带是否牢固。

（2）仪器开箱和装箱时要轻拿轻放；从箱内取出仪器时，应先记住仪器和其他附件在箱内安放的位置，以便用完后照原样装箱。

（3）安置仪器时，注意拧紧脚腿螺旋和架头连接螺旋；仪器安置后应有人守护，以免外人扳弄损坏；仪器在使用过程中不得离人，以免发生意外。

（4）操作时用力要均匀轻巧；制动螺旋不要拧得过紧，微动螺旋不能拧到极限。当目标偏在一边用微动螺旋不能调至正中时，应将微动螺旋反松几圈（目标偏移更远），再松开制动螺旋重新照准。

（5）迁移测站时，如果距离较远，可将仪器侧立，右臂夹住脚架，左手托着仪器基座进行搬迁；如果距离较远，应将仪器装箱搬运。

(6) 在烈日下或雨天进行观测时，应撑伞遮住仪器，以防曝晒或淋雨。

(7) 仪器用完后应清去外表的灰尘和水珠，但切记用手帕擦拭镜头；需要擦拭镜头时，应该用专门的擦镜纸或脱脂棉。

(8) 仪器应存放在阴凉、干燥、通风和安全的地方，注意防潮、防霉，防止碰撞或摔跌损伤。

任务四　普通水准测量

我国国家水准测量依精度不同分为一、二、三、四等，一等精度最高，四等最低。不属于国家规定等级的水准测量一般称为普通水准测量（也称等外水准测量）。等级水准测量对所用仪器、工具以及观测、计算方法都有严格要求，但和普通水准测量比较，由于基本原理相同，因此基本工作方法也有许多地方相同。

一、水准点

用水准测量方法测定的高程控制点，称为水准点（Bench Mark），简记为 *BM*。为了统一全国的高程系统和满足各种工程建设的需要，由测绘部门在全国各地测定并设置了各种等级的水准点。次级水准点的高程须从已知高程的高级水准点引测确定。

水准点有永久性和临时性两种。国家等级水准点一般用石料或混凝土制成，深埋在地面冻结线以下，顶面嵌入半球形标志，如图 2-14 所示。永久性水准点也可用金属标志埋设在稳定的墙脚上，称为墙上水准点，如图 2-15 所示。建设工地上的永久性水准点一般用混凝土制成。临时性水准点可选择地面上突出的坚硬岩石或房屋勒脚等作为标志，也可用大木桩打入地下，桩顶钉入一半球形铁钉。

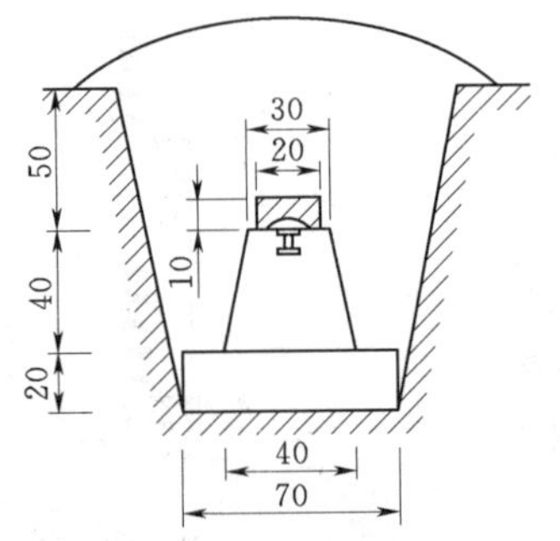

图 2-14　国家等级水准点（单位：mm）

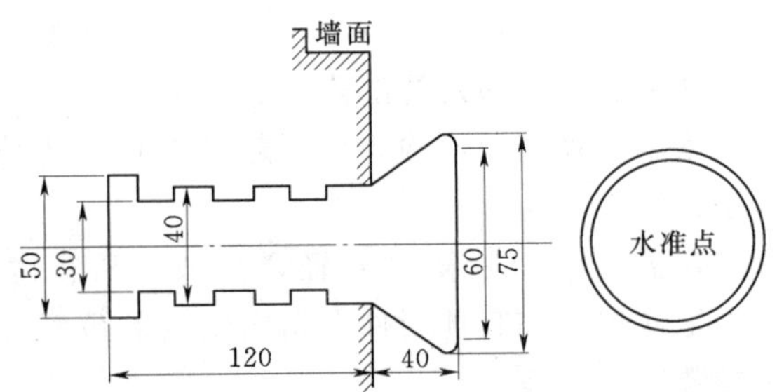

图 2-15　墙上水准点（单位：mm）

埋设好水准点后，应绘制水准点的点之记，即绘制点的位置略图，写明水准点的编号及其与周围建筑物的距离，以便日后寻找与使用。

二、水准路线

水准路线是水准测量施测时所经过的路线。水准测量应尽量沿公路、大路等平坦地面布设。坚实的地面，可保障仪器和水准尺的稳定性，平坦地面可减少测站数，以保证测量精度。水准路线上两个相邻水准点之间称为一个测段。

水准路线的布设分单一水准路线和水准网，本节介绍单一水准路线，布设形式有三种。

(1) 附合水准路线（图 2-16）。由已知点 BM_A——已知点 BM_B。

(2) 闭合水准路线（图 2-17）。由已知点 BM_A——已知点 BM_A。

(3) 支水准路线（图 2-18）。由已知点 BM_1——某一待定水准点 3。

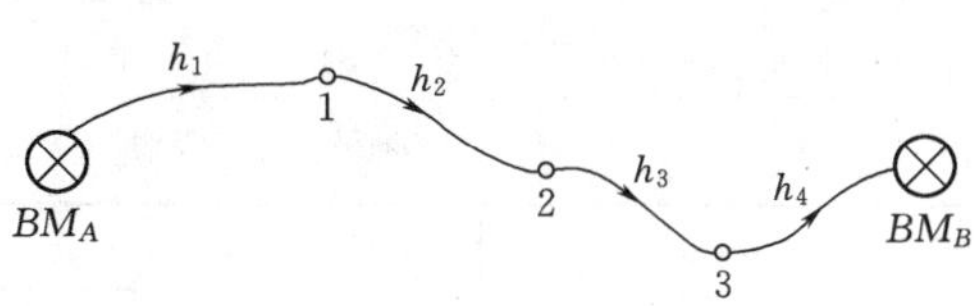

图 2-16　附合水准路线

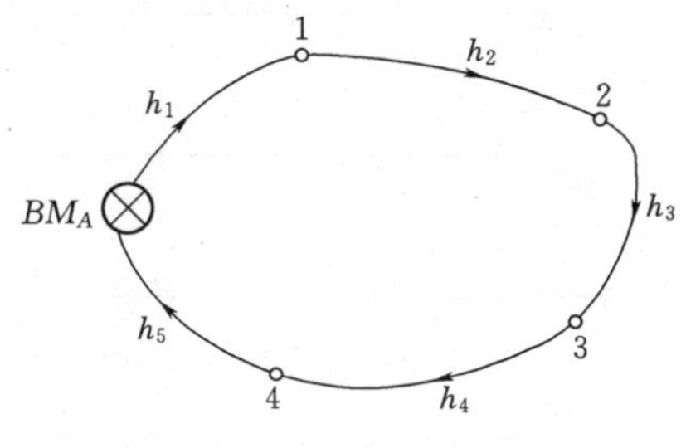

图 2-17　闭合水准路线

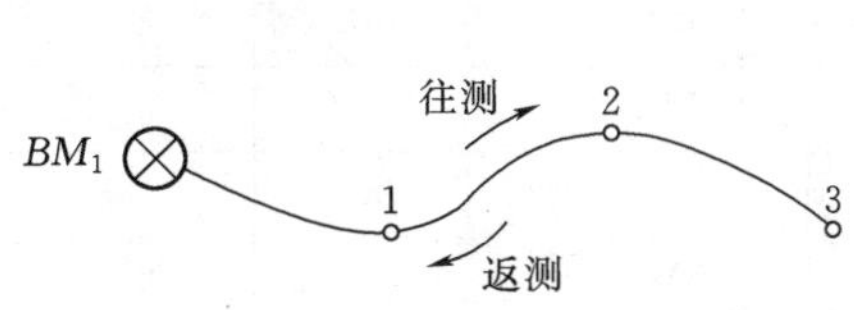

图 2-18　支水准路线

三、普通水准测量的施测

拟定出水准路线并将水准点埋设完毕，即可进行水准路线的外业观测。如图 2-19 所示，BM_A 点为已知水准点，其高程为 54.226m，欲测定 BM_B 点的高程，其观测步骤如下：

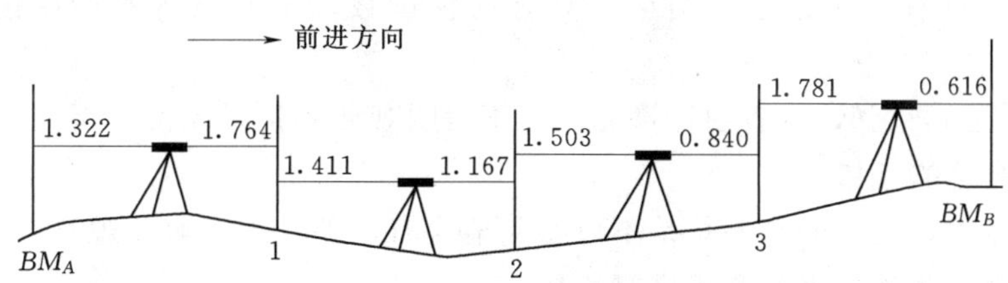

图 2-19　普通水准测量

(1) 在起始水准点 A 上竖立水准尺，作为后视尺。

(2) 在路线上选择合适的地方为测站，安置水准仪，再选合适的地点为转点，踏实尺垫，在尺垫上竖立水准尺作为前视尺。要求仪器到两水准尺的距离大致相等，最大视距不大于 100m。

(3) 观测者将水准仪粗略整平，照准后视尺，消除视差，精确整平，用中丝读取后视读数并计入手簿（表 2-1）。

(4) 转动水准仪，照准前尺，消除视差，精确整平，用中丝读取前视读数并计入手簿（表 2-1）。

(5) 前视尺位置不动，变作后视，按 (2)、(3)、(4) 步骤进行操作，这样依次沿水准路线施测至 B 点为止。

表 2-1 是根据测段中四个测站的读数进行记录和计算的，推算出测段终点 B 的高程

等于 55.856m。

表 2-1　　　　普通水准测量手簿

日期 2009.11.20　　仪器 DS_3 1816　　观测者 汪　平

天气 晴　　地点 鸣翠湖　　记录者 李　莉

测站	测点	水准尺读数/m		高差/m		高程/m	备注
		后视	前视	+	−		
1	BM_A	1.322			0.442	54.226	已知
	TP_1		1.764				
2	TP_1	1.411		0.244			
	TP_2		1.167				
3	TP_2	1.503		0.663			
	TP_3		0.840				
4	TP_3	1.781		1.165		55.856	
	BM_B		0.616				
$\sum$		6.017	4.387	2.072	0.442		
计算校核		$\sum a-b=6.017-4.387=+1.630$ $\sum h=2.072+(-0.442)=+1.630$ $H_B=H_A+\sum h=54.226+1.630=55.856(\text{m})$					

注意：

（1）起始点只有后视读数，结束点只有前视读数，中间点既有后视读数又有前视读数。

（2）$\sum h=\sum a-\sum b$，只表明计算无误，不表明观测和记录无误。

四、水准测量的检核

在水准测量中，测得的高差总是不可避免地含有误差。为了避免观测错误、提高观测精度，必须对每一测站及水准路线进行检核。

1. 计算检核

为保证高差计算的正确性，应在每页手簿下方进行计算检核，检核的依据是：各测站测得的高差的代数和应等于后视读数之和减去前视读数之和。如表 2-1 中：

$$\sum h=+1.630\text{m}$$

$$\sum a-\sum b=+1.630\text{m}$$

所求两数相等，即$\sum h=\sum a-\sum b$，说明计算正确无误。

2. 测站检核

各站测得的高差是推算待定点高程的依据，若其中任一测站所测高差有误，则全部测量成果就不能使用。计算检核仅能检查高差的计算是否正确，并不能检核因观测、记录有误导致的高差错误。因此，对每一站的高差还需进行测站检核。测站观测的限差控制应遵循“伴随观测，逐一检核，随时控制，逐步放行”的原则，测站检核通常采用改变仪器高法和双面尺法。

（1）改变仪器高法。在一个测站上测出两点间高差后，重新安置仪器（升高或降低仪器 10cm 以上）再测一次，两次测得高差之差不超过容许值，则认为测站合格，取两次高差的平均值作为该测站的高差。对一般水准测量（等外水准）两次高差之差的绝对值应小于 5mm，否则应返工重测。

（2）双面尺法。在一个测站上仪器高度不变，观测双面尺黑面与红面的读数，分别计算黑面尺和红面尺读数的高差。其差值在 5mm 以内时，取黑、红面尺高差的平均值作为该测站的高差。

3. 水准路线检核

测站检核只能检查一个测站所测高差是否正确，但对于整个水准路线来说，测量成果是否符合精度要求甚至有错，则不能判定。例如，水准测量在野外作业，受各种因素的影响，如温度、湿度、风力、大气不规则折光、尺子下沉或倾斜、仪器误差以及观测误差等。这些因素所引起的误差在一个测站上反映可能不明显，这时测站成果虽符合要求，但若干个测站的累积，使整个路线测量成果不一定符合要求。因此，要保证全线观测成果的正确性，还需要对水准路线进行成果检核。

水准路线的种类及其检核方法有以下几种：

（1）附合水准路线。附合水准路线各测段高差的总和 $\sum h_{测}$ 应等于路线两端水准点的已知高程之差（$H_{终}-H_{始}$）。由于测量误差的存在，实际上这两者往往不相等，所存在的差值称为附合水准路线高差闭合差，用 f_h 表示，即

$$f_h=\sum h_{测}-(H_{终}-H_{始}) \tag{2-7}$$

（2）闭合水准路线。闭合水准路线各测段高差的代数和理论值应等于零，即 $\sum h_{理}=0$，但由于测量误差的存在，往往所观测的高差代数之和 $\sum h_{测}\neq 0$，而存在高差闭合差：

$$f_h=\sum h_{测} \tag{2-8}$$

（3）支水准路线。支水准路线往测与返测的高差绝对值应相等，符号相反。若往返测得高差的代数和不等于零即为闭合差：

$$f_h=\sum h_{往}+\sum h_{返} \tag{2-9}$$

对于普通水准测量，高差闭合差的容许值规定为

$$平地\quad f_{h容}=\pm 40\sqrt{L}\text{mm} \tag{2-10}$$

或

$$山地\quad f_{h容}=\pm 12\sqrt{n}\text{mm} \tag{2-11}$$

上二式中　L——水准路线的长度，单位 km；

n——测站数。

山地一般指每千米测站数在 15 个以上的地形。

若发现高差闭合差超过容许值，说明测量成果不符要求，应查找原因返工重测。

五、水准测量应注意事项

（一）观测

（1）观测前应认真按要求检校水准仪和水准尺。

（2）仪器应安置在土质坚实处，并踩实三脚架。

（3）前后视距应尽可能相等。

（4）视线不宜过长，一般不大于100m。

（5）每次读数前要消除视差，只有当符合水准气泡居中后才能读数。

（6）注意对仪器的保护，做到“人不离仪器”。

（7）只有当一测站记录计算合格后才能搬站，搬站时先检查仪器连接螺旋是否固紧。一手托住仪器，一手握住脚架稳步前进。

（8）观测时必须撑伞，避免烈日照射仪器。

（二）记录

（1）认真记录，边记边回报数字，准确无误地记入记录手簿相应栏中，严禁伪造和传抄。

（2）字体要端正、清楚，不准涂改，不准用橡皮擦，如按规定可以改正时，应在原数字上划线后再在上方重写。

（3）每站应当场计算，检查符合要求后，才能通知观测者搬站。

（三）扶尺

（1）在水准点（包括已知点和待定点）上立尺时，不能放置尺垫。

（2）水准尺应竖直，不能左右偏斜，更不能前后俯仰。

（3）转点应选择土质坚实处，并踩实尺垫。

（4）水准仪搬站时，应注意保护好原前视点尺垫位置不移动。

任务五 水准测量的成果计算

一、内业成果计算的方法

水准测量外业工作结束后，应对所有外业成果进行认真仔细的检查，确定无误后，方可进行水准测量的内业计算工作。水准测量的内业计算包括高差闭合差及容许闭合差的计算、高差闭合差调整和高程推算。闭合和附合水准路线高差闭合差调整的方法相同，调整后经检核无误，用改正后的高差，由起点开始，逐点推算各点高程，推算至终点，并与终点（闭合路线为起点）已知高程相等。

二、算例

【例2-1】 附合水准路线算例

如图2-20所示为按普通水准测量要求施测某附合水准路线观测成果示意图。BM_A和BM_B为已知高程的水准点，图中箭头表示水准测量前进方向，路线上方的数字为测得的两点间的高差（以m为单位），路线下方数字为该段路线的长度（以km为单位），试计算待定点1、2、3点的高程（表2-2）。

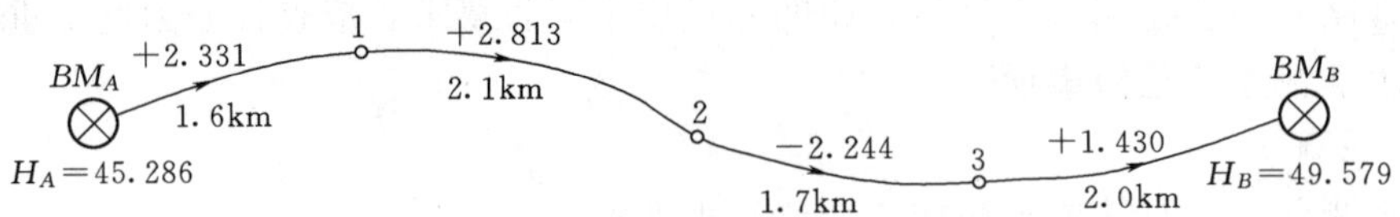

图2-20 附合水准路线示意图

表 2-2　　附合水准路线高差闭合差调整与高程计算表

点　号	距离 /km	实测高差 /m	改正数 /m	改正后高差 /m	高　程 /m	备　注
BM_A					45.286	已知
	1.6	+2.331	−0.008	+2.323		
1					47.609	
	2.1	+2.813	−0.011	+2.802		
2					50.411	
	1.7	−2.244	−0.008	−2.252		
3					48.159	
	2.0	+1.430	−0.010	+1.420		
BM_B					49.579	已知
Σ	7.4	+4.330	−0.037	+4.293		
辅助计算	$f_h=+0.037\text{m}$　$L=7.4\text{km}$　$-f_h/L=-0.005\text{m}$ $f_{h容}=\pm 40\sqrt{7.4}\text{mm}=\pm 108.8\text{mm}$					

解算如下：

第一步计算高差闭合差：

$$f_h=\sum h_{测}-(H_{终}-H_{始})=4.330-4.293=+37(\text{mm})$$

第二步计算限差：

$$f_{h容}=\pm 40\sqrt{L}=\pm 40\sqrt{7.4}=\pm 108.8(\text{mm})$$

因为$|f_h|<|f_{h容}|$，可进行闭合差分配。

第三步计算每公里改正数：

每段高差改正数与路线长（或测站数）成正比例并反符号进行改正，即

$$\left.\begin{aligned}V_i&=-\frac{f_h}{\sum L}L_i\\ V_i&=-\frac{f_h}{\sum n}n_i\end{aligned}\right\}\qquad(2-12)$$

或

则每公里改正数为：$V_0=-\dfrac{f_h}{L}=-5\text{mm/km}$

第四步计算各段高差改正数：

按照$V_i=V_0L_i$进行计算。四舍五入后，使$\sum V_i=-f_h$。

故有：$V_1=-8\text{mm}$，$V_2=-11\text{mm}$，$V_3=-8\text{mm}$，$V_4=-10\text{mm}$。

第五步计算各段改正后高差：

改正后高差=实测高差+改正数，即

$$\overline{h}_i=h_i+V_i \qquad (2-13)$$

第六步计算各点高程：

用改正后高差，按顺序逐点计算各点的高程，即

$$H_{i+1}=H_i+\overline{h_i} \qquad (2-14)$$

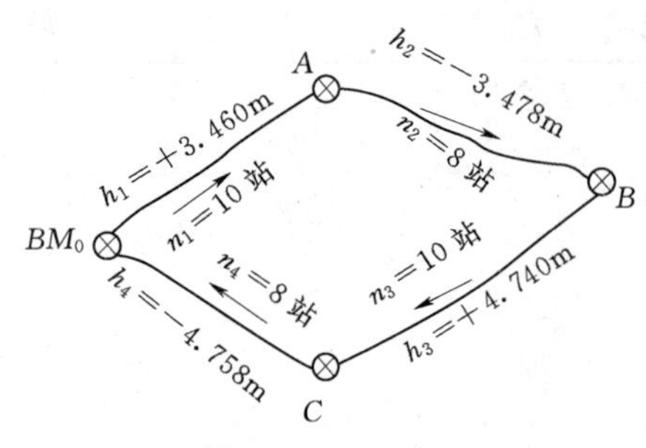

图 2-21 闭合水准路线示意图

$$H_1=H_{BM_A}+\overline{h_1}=45.286+2.323=47.609(\text{m})$$
$$H_2=H_1+\overline{h_2}=47.609+2.802=50.411(\text{m})$$
$$H_3=H_2+\overline{h_3}=50.411-2.252=48.159(\text{m})$$
$$H_{BM_B}=H_3+\overline{h_4}=48.159+1.420=49.579(\text{m})$$

【例 2-2】 闭合水准路线算例

如图 2-21 所示为一闭合水准路线，各测段的观测高差和测站数均注于图中，BM_0 为已知水准点，其高程为 $H_{M0}=10.123$m，请按要求完成表 2-3。

表 2-3　　闭合水准路线高差闭合差调整与高程计算表

点 号	测站数 (n)	实测高差 /m	改正数 /m	改正后高差 /m	高 程 /m	备 注
BM_0					10.123	已知
	10	+3.460	+0.011	+3.471		
A					13.594	
	9	−3.478	+0.010	−3.468		
B					10.126	
	8	+4.740	+0.008	+4.748		
C					14.874	
	7	−4.758	+0.007	−4.751		
BM_0					10.123	已知
	34	−0.036	+0.036	0		
Σ						
辅助计算	$f_h=-0.036$m　$\sum n=34$　$-f_h/n=-0.00106$m $f_{h容}=\pm12\sqrt{34}$mm$=\pm69$mm					

（$f_{h容}=\pm12\sqrt{n}$mm，n 为测站数）

解算如下：

第一步计算高差闭合差：

$$f_h=\sum h_{测}=3.460+(-3.478)+4.740+(-4.758)=+36(\text{mm})$$

第二步计算限差：

$$f_{h容}=\pm40\sqrt{L}=\pm40\sqrt{34}=\pm69(\text{mm})$$

因为 $|f_h|<|f_{h容}|$，可进行闭合差分配。

第三步计算每测站改正数：

每段高差改正数与测站数（或路线长）成正比例并反符号进行改正，即

$$V_i=-\frac{f_h}{\sum L}L_i$$

或

$$V_i=-\frac{f_h}{\sum n}n_i$$

则每测站改正数为：$V_0=-\frac{f_h}{n}=-1.06$mm/测站

第四步计算各段高差改正数：

按照 $V_i=V_0 n_i$ 进行计算。四舍五入后，使 $\sum V_i=-f_h$。

故有：$V_1=+11$mm，$V_2=+10$mm，$V_3=+8$mm，$V_4=+7$mm。

第五步计算各段改正后高差：

改正后高差＝实测高差＋改正数，即

$$\overline{h_i}=h_i+V_i$$

第六步计算各点高程：

用改正后高差，按顺序逐点计算各点的高程，即

$$H_{i+1}=H_i+\overline{h_i}$$

$$H_1=H_{BM_0}+\overline{h_1}=10.123+3.471=13.594(\text{m})$$

$$H_2=H_1+\overline{h_2}=13.594-3.468=10.126(\text{m})$$

$$H_3=H_2+\overline{h_3}=10.126+4.748=14.874(\text{m})$$

$$H_{BM_0}=H_3+\overline{h_4}=14.874-4.751=10.123(\text{m})$$

三、支水准路线往、返较差的计算与调整以及高程计算

支水准路线的较差和较差容许值可分别通过式（2-9）和式（2-10）或式（2-11）求得，但式（2-10）中路线长度 L 和式（2-11）测站数 n 只按单程计算。当 $|f_h|\leqslant|f_{h容}|$ 时，符合精度要求，可进行较差调整。取往测和返测高差绝对值的平均值作为两点的高差值，其符号以往测为准。或者按照 $h_{平均}=\frac{h_{往}-h_{返}}{2}$ 直接计算。然后根据起点高程以各测段平均高差推算各待定点的高程。

【例 2-3】 支水准路线算例

A 为已知高程的水准点，其高程 H_A 为 45.276m，B 点为待定高程的水准点，h_{AB} 和 h_{BA} 为往返测量的观测高差。往、返测的测站数共 16 站，计算 1 点的高程。

A　$h_{AB}=+2.532$m　B

$h_{BA}=-2.520$m

1. 计算高差闭合

$$f_h=\sum h_{往}+\sum h_{返}=2.532+(-2.520)=+0.012(\text{m})$$

2. 计算高差容许闭合差

测站数：
$$n=\frac{1}{2}(n_{往}+n_{返})=\frac{1}{2}\times16=8(站)$$

$$f_{h容}=\pm12\sqrt{n}=\pm12\sqrt{8}=\pm34(\text{mm})$$

3. 计算改正后高差

$$h_{AB}=\frac{+2.532-(-2.520)}{2}=+2.526(\text{m})$$

4. 计算待定点高程

$$H_B = H_A + h_{AB} = 45.276 + 2.526 = 47.802(\text{m})$$

任务六　水准仪的检验与校正

根据水准测量原理，要求水准仪能提供一条水平视线，那么水准仪的轴线之间应满足一定的几何关系，由于仪器经运输和使用，会使水准仪上某些部件的相对位置发生变化，从而破坏各轴线间应满足的几何条件。为此，在水准测量之前，应对水准仪进行必要的检验。如果不满足条件，并超过了规定要求，则应进行校正。

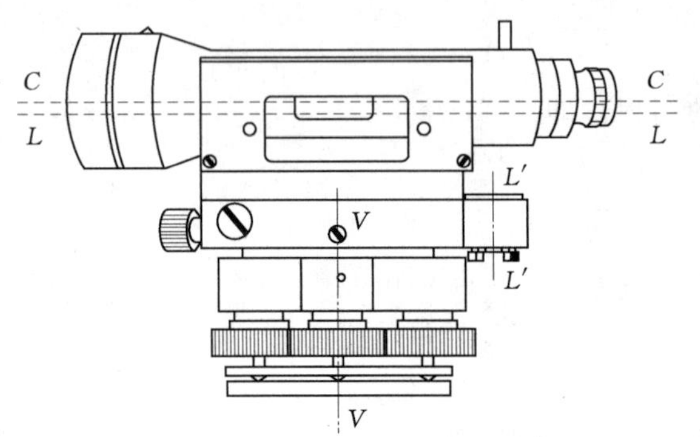

图 2-22　水准仪的几何轴线

如图 2-22 所示，水准仪的轴线有视准轴 CC、水准管轴 LL、圆水准器轴 $L'L'$、仪器竖轴 VV。水准仪的轴线之间应满足的几何关系：

(1) 圆水准器轴平行于仪器的竖轴，即 $L'L' /\!/ VV$。

(2) 十字丝横丝垂直于竖轴。

(3) 水准管轴平行于视准轴，即 $LL /\!/ CC$（主要条件）。

水准仪的检验校正工作应按规定顺序进行，不得颠倒顺序，避免前面检校项目受后面检校项目的影响。三个检验项目须按下列顺序进行。

一、圆水准器轴平行于仪器的竖轴的检验和校正

圆水准器是用来粗略整平水准仪的，如果圆水准轴 $L'L'$ 与仪器竖轴 VV 不平行，则圆水准器气泡居中时，而仪器竖轴不竖直。若竖轴倾斜过大，可能导致转动微倾螺旋到了极限位置还不能使水准管气泡居中（或超出自动安平水准仪的补偿范围）。因此，把此项校正做好，才能较快地使符合水准气泡居中。

1. 检验

安置好水准仪后，转动脚螺旋使圆水准器的气泡居中，然后将望远镜旋转 180°，如果气泡仍然居中，说明满足此条件，即 $L'L' /\!/ VV$。如果气泡不居中，则需校正。

2. 校正

如图 2-23 所示，设望远镜旋转 180°后，气泡不在中心而在图 2-23 (b) 位置，这

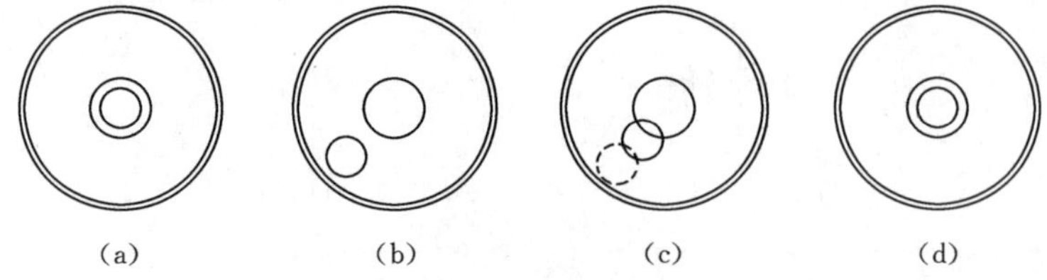

图 2-23　圆水准器的检验与校正

表示这一侧的校正螺丝偏高。校正时，转动脚螺旋使气泡从图 2-23（b）位置朝圆水准器中心方向移动偏离量的一半，到图 2-23（c）的位置，这时仪器竖轴基本竖直，然后调节三个校正螺丝使气泡居中。如图 2-24 所示。由于校正时一次难以做到准确无误，需反复检验和校正，直至仪器转至任何位置，气泡始终位于中央为止。

圆水准器
校正螺丝
固定螺丝
校正螺丝

图 2-24　圆水准器校正螺丝

二、十字丝垂直竖轴的检验与校正

水准测量是利用十字丝分划板中的横丝来读数的，当竖轴处于铅垂位置时，而横丝倾斜，显然读数将产生误差。

1. 检验

安置好仪器后，将横丝的一端对准某一固定点状标志 P，如图 2-25 所示，固定制动螺旋后，转动微动螺旋，使望远镜左右移动，若 P 点始终不离开横丝，则说明十字丝横丝垂直于仪器竖轴，条件满足；若偏离横丝，如图 2-25（d）所示，说明横丝不水平，需校正。

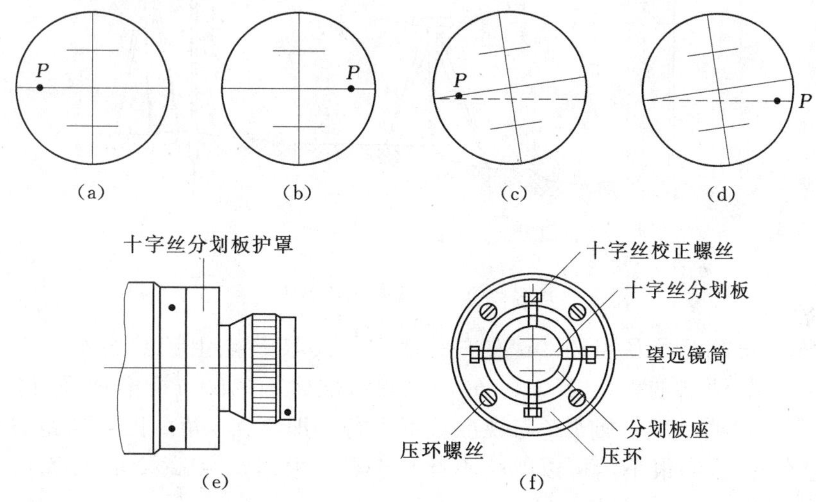

图 2-25　十字丝横丝的检验与校正

此外，由于十字丝纵丝与横丝垂直，因此，可采用挂垂球的方法进行检验，即将仪器整平后，观察十字丝纵丝是否与垂球线重合，如不重合，则需校正。

2. 校正

旋下目镜十字丝环护罩，可见两种形式：第一种如图 2-25（e）所示，在目镜端镜筒上有 3 颗固定十字丝分划板座的沉头螺丝，校正时松开其中任意 2 颗，轻轻转动分划板座，同法使横丝水平，再将螺丝拧紧。此项检校也需反复进行，直合格为止。另一种如图 2-25（f）所示，为旋下目镜十字丝环护罩后看到的一种情况，这时松开十字丝分划板座 4 颗固定螺丝，按横丝倾斜的反方向轻轻转动十字丝分划板座，使 P 点到横丝的距离为原偏离距离的一半，再进行检验，直到使横丝水平，然后拧紧 4 颗螺丝，盖上护盖。

三、水准管轴平行于视准轴的检验和校正

由于水准仪上的水准管与望远镜固连在一起，若水准管轴与望远镜视准轴互相平行，则当水准管气泡居中时，视线也就水平了。因此，水准管轴 LL 与视准轴 CC 互相平行是水准仪构造的主要条件。由于仪器在运输和使用的过程中，这种相互平行的关系被破坏，水准管轴 LL 与视准轴 CC 之间形成一 i 角。检验的目的，就是检验 i 角是否超限。

1. 检验

在较平坦的地面上，选定相距约 80m 的两点 A 和 B，如图 2－26 所示。将水准仪安置于 AB 中点 C 处，用变动仪器高法，连续两次测出 A、B 两点的高差，若两次高差之差不超过 3mm，则取两次高差的平均值 h_1 作为最后结果，由于前视距离相等，i 角对前、后水准读数的影响 Δ 相同，则高差将不受其影响，即得 A、B 两点的正确高差：

$$h_1=(a_1-\Delta_1)-(b_1-\Delta_2)=a_1-b_1$$

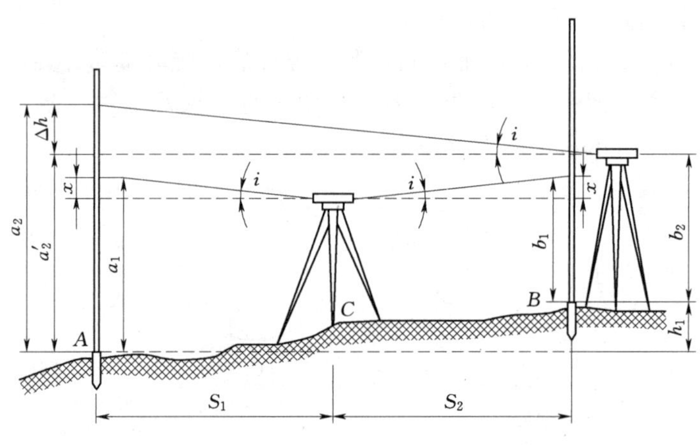

图 2－26　水准管轴的检验

然后将仪器安置于距 B 点约 3m 左右的地方，读取 B 点上读数为 b_2，A 点尺上读数为 a_2，又得 A、B 两点的 h_2。若 $h_2=h_1$，说明水准管轴 LL 与视准轴平行；若 $h_2\neq h_1$，设 $\Delta h=h_2-h_1$，说明水准管轴 LL 与视准轴不平行，即存在 i 角。因仪器距 B 点很近，较小的 i 角对读数 b_2 影响很小，可以忽略不计。于是，根据 b_2 和高差 h_1 计算出 A 点尺上水平视线的读数应为

$$a_2'=b_2+h_1$$

若 $a_2>a_2'$，说明视线向上倾斜，i 角为正；反之视线向下倾斜，i 角为负。因 $\Delta h=h_2-h_1$ 或 $\Delta h=a_2-a_2'$，则 i 角的值为

$$\tan i''=\frac{\Delta h}{D_{AB}}$$

$$i''=\frac{h_2-h_1}{D_{AB}}\rho'' \tag{2-15}$$

对于 DS_3 级水准仪，i 值不得超过 $\pm 20''$，否则需要校正。或由式（2－15）可得，因为 $D_{AB}\approx 83$m，则 $\Delta h\approx 8$mm。因此，可由 Δh 不得大于 8mm 直接进行判断。

2. 校正

转动微倾螺旋使中丝对准读数 a_2'，这时视准轴处于水平状态，但水准管气泡偏离。

校正时先用拨针稍微松开水准管一端的左右两个中的任一个螺丝，再用拨针调整水准管一端的上、下两个校正螺丝（图2-27），使气泡居中。

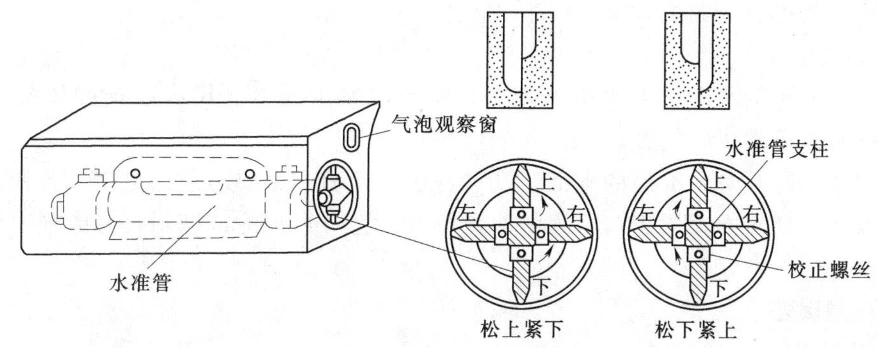

图2-27　水准管的校正

例：设在图2-26中，A、B两点的正确高差$h=0.383$m，仪器在B点约3m左右的地方读得B点尺上读数$b_2=1.356$，则A点尺上的视线水平时的读数应为

$$a_2'=1.356+0.383=1.739(\mathrm{m})$$

而在A点尺上的实际读数为1.728m（$\Delta h \geqslant 8$mm）。此时，转动微倾螺旋使十字丝的中丝对准A点尺上读数1.739m处，再用拨针调整水准管校正螺丝，使气泡居中。

此项检验校正须反复进行，直至达到要求为止。两轴不平行所引起的误差对水准测量成果影响很大，因此，校正时要认真仔细。校正时，应遵守先松后紧的原则，校正要细心，用力不能过猛，所用校正针的粗细要与校正孔的大小相适应，否则容易损坏仪器。校正完毕，应使各校正螺丝与水准管的支柱处于顶紧状态。

由于仪器在运输和使用的过程中，这种相互平行的关系还会发生变化。所以，在每次作业前应进行此项检验和校正。

任务七　水准测量误差分析

水准测量的误差是不可避免的。为了保证测量成果的精度，需要分析研究产生误差的原因，并采取措施消除和减小误差的影响。水准测量误差主要来源于仪器误差、观测误差和外界条件等三个方面的影响。

一、仪器误差

1. 仪器校正不完善的残余误差

水准仪在经过检验校正后，还可能存在一些残余误差，这些残余误差也会对测量成果产生一定的影响。其中主要是水准管轴不平行于视准轴的误差。这种误差大多具有系统性。可在测量过程中采取一定措施予以消除或减小。

消减方法：如前所述，观测时，只要将仪器安置于距前、后视尺等距离处，计算高差时就可消除这项误差。

2. 调焦误差

由于仪器制造工艺不够完善，当转动调焦螺旋调焦时，对光透镜产生非直线移动而改变视线位置，因而产生调焦误差。

消减方法：只要将仪器安置于距前、后视尺等距离处测量，即可避免在前、后视读数间调焦，从而就可避免调焦误差的产生。

3. 水准尺误差

水准尺误差包括水准尺上水准器误差、水准尺刻划误差、尺底磨损和尺身弯曲等误差，都会影响水准测量的精度。

消减方法：经常对水准尺的水准器及尺身进行检验，必要时予以更换。若在观测时使测站数成偶数，使水准尺用于前后视的次数相等，就可以消除或减弱尺底磨损及刻划不准带来的误差。

二、观测误差

1. 整平误差

水准管居中误差一般为水准管分划值 τ'' 的 ± 0.15 倍，即 $\pm 0.15\tau''$。当采用符合水准器时，气泡居中精度可提高一倍，故居中误差为 $\pm 0.075\tau''$，若仪器至水准尺的距离为 D，则在读数上引起的误差为

$$m_{平}=\frac{0.075\tau''}{\rho''}D \qquad (2-16)$$

其中　$\rho''=206265$。

由上式可知，整平误差与水准管分划值及视线长度成正比。若以 DS_3 型水准仪进行等外水准测量，视线长 $D=100\text{m}$，气泡偏离 1 格（$\tau''=20''/2\text{mm}$）时，$m_{平}=0.73\text{mm}$。

消减方法：在晴天观测，必须打伞保护仪器，更要注意保护水准管避免太阳光的照射；必须注意使符合气泡居中，且视线不能太长；后视完毕转向前视，应注意重新转动微倾螺旋，令气泡居中才能读数，但不能转动脚螺旋，否则，将改变仪器高而产生错差。

2. 估读误差

水准尺上的毫米数是估读的，其估读误差与人眼的分辨能力、十字丝的粗细、望远镜放大倍率及视距长度有关。人眼的极限分辨力，通常为 $60''$，即当视角小于 $60''$ 时就不能分辨尺上的两点。若用放大倍率为 V 的望远镜照准尺，则照准精度为 $60''/V$，由此照准水准尺的估读误差为

$$m_{照}=\frac{60''}{V\rho''}D \qquad (2-17)$$

当 $V=30$，$D=100\text{mm}$ 时，$m_{照}=\pm 0.97\text{mm}$。

因此，若望远镜放大倍率较小或视线过长，则尺子成像小，并显得不够清晰，估读误差将增大。

消减方法：对各等级的水准测量，必须按规定使用相应望远镜放大倍率的仪器和不超过视线的极限长度。

3. 视差

产生视差的原因是十字丝平面与水准尺影像不重合，造成眼睛位置不同，便读出不同读数，而产生读数误差。

消减方法：转动目镜调节螺旋使十字丝清晰，再转动物镜对光螺旋使尺像清晰，反复

几次，直至十字丝和水准尺呈像均清晰，眼睛上下晃动时读数不变。

4. 水准尺倾斜的误差

水准尺不竖直，总是使尺上读数增大。如图 2－28 所示，若水准尺未竖直立于地面而倾斜时，其读数 b'或 b''都比尺子竖直时的读数 b 要大，而且视线越高，误差越大。例如当倾角 $\theta=3°$，读数 $b'=2\text{m}$ 时，则产生的误差 $\Delta b=b'(1-\cos\theta)=2.7\text{mm}$。

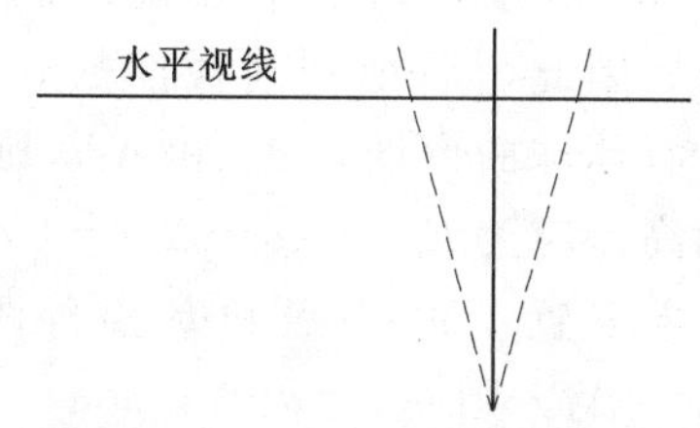

图 2－28　水准尺倾斜误差

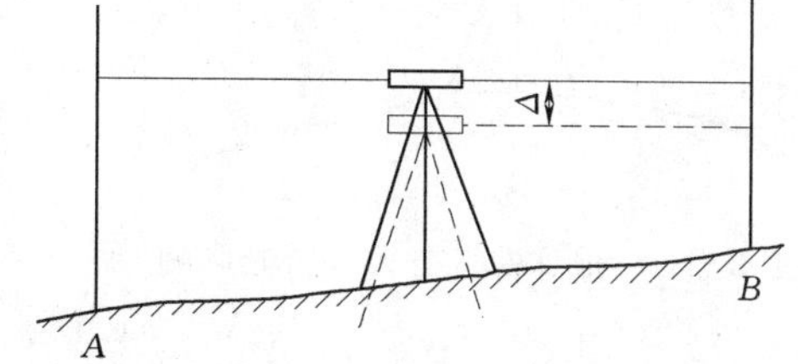

图 2－29　仪器下沉对读数的影响

消减方法：作业时应力求水准尺竖直，并且尺上读数不能太大，一般应不大于 2.7m。

三、外界条件影响的误差

1. 仪器升降的误差

由于仪器的自重，引起仪器下沉，使视线降低；或由于土壤的弹性在观测人员走动时，引起仪器上升，使视线升高，都会产生读数误差。如图 2－29 所示，若后视完毕转向前视时，仪器下沉了 Δ_1，使前视读数 b_1 小于 Δ_1，即测得的高差 $h_1=a_1-b_1$，大了 Δ_1。设在一测站上进行两次测量，第二次先前视再后视，若从前视转向后视过程中仪器又下沉了 Δ_2，则第二次测得的高差 $h_2=a_2-b_2$，小了 Δ_2。如果仪器随时间均匀下沉，即 $\Delta_2\approx\Delta_1$，取两次所测高差的平均值，这项误差就可得到有效的削弱。

消减方法：采用“后前前后”的观测程序，即在一测站上水准仪器双面水准尺的顺序为：

（1）照准后视标尺黑面读数。

（2）照准前视标尺黑面读数。

（3）照准前视标尺红面读数。

（4）照准后视标尺红面读数。

2. 尺垫升降的误差

与仪器升降情况相类似。如转站时尺垫下沉，使所测高差增大，如上升则使高差减小。致使前后两站高程传递产生误差，如图 2－30 所示。

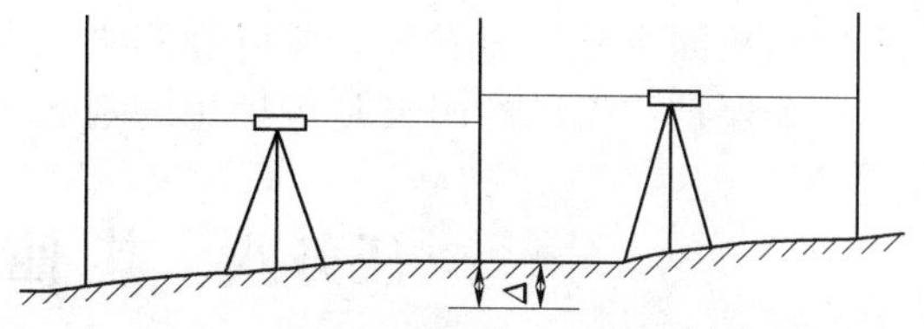

图 2－30　尺垫下沉对读数的影响

消减方法：在观测时，选择坚固平坦的地点设置转点，将尺垫踩实，加快观测速度，减少尺垫下沉的影响；采用往返观测的方法，取成果的中数，这项误差也可以得到削弱。

3. 温度的影响

温度的变化不仅会引起大气折光的变化，而且当太阳照射水准管时会因水准管本身和管内液体温度的升高，使气泡移动，而影响仪器水平。

消减方法：注意撑伞遮阳，保护仪器。

4．地球曲率影响

理论上水准测量应根据水准面来求出两点的高差，但水准仪的视线是一条水平直线，由项目一可知，用水平视线代替大地水准面在尺上读数产生的影响是不能忽略的。如图2－31所示，由于水准仪提供的是水平视线，因此，后视和前视读数 a 和 b 中分别含有地球曲率误差 Δ_1 和 Δ_2，则 A、B 两点的高差应为 $h_{AB}=(a-\Delta_1)-(b-\Delta_2)$。若将仪器安置于距 A 点和 B 点等距离处，这时 $\Delta_1=\Delta_2$，则 $h_{AB}=a-b$。

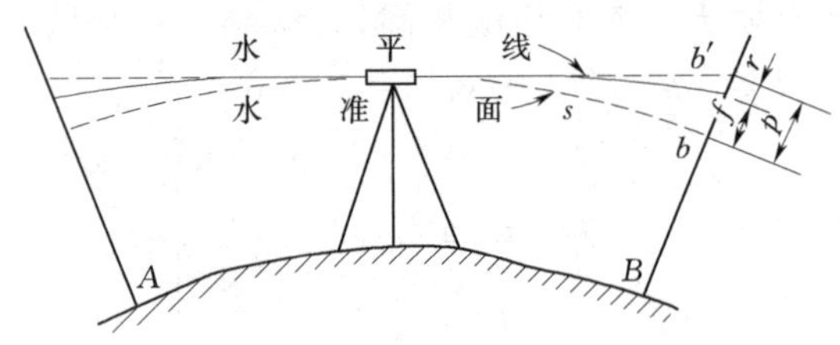

图2－31　地球曲率与大气折光影响

消减方法：将仪器安置于距 A 点和 B 点等距离处，就可消除地球曲率的影响。

5．大气折光的影响

大气折光的影响是非常复杂的，根据有关专家研究表明：地面上空气存在密度梯度，光线通过不同密度的媒质时，将会发生折射，而且总是由疏媒质折向密媒质，因而水准仪的视线往往不是一条理想的水平线。一般情况下，大气层的空气密度上疏下密，视线通过大气层时成一向下弯曲的曲线，使尺上读数减小，如图2－31所示，它与水平线的差值 r 即为折光差。如在晴天，上午靠近地面的温度较高，致使下面的空气密度比上面稀薄，这时视线成为一条向上弯折的曲线，使尺上读数增大。视线离地面越近，折射也越大。因此，一般规定视线必须高出地面一定高度（例如0.3m）就是为了减少这种影响。若在平坦地面，地面覆盖物基本相同，而且前后视距离相等，这时前后视读数的折光差方向相同，大小基本相等，折光差的影响即可大部分得到抵消或削弱。当在山地连续上坡或下坡时，前后视线离地面高度相差较大，折光差的影响将增大，而且带有一定的系统性，这时应尽量的缩短视线长度，提高视线高度，以减少大气折光的影响。

消减方法：缩短视线长度，提高视线高度；前后视距离相等。

除了上述各种误差来源外，气候的影响也给水准测量带来误差。如风吹、日晒、温度的变化和地面水分的蒸发等。所以观测时应注意气候带来的影响。为了防止日光暴晒，仪器应撑伞保护。无风的阴天是最理想的观测天气。

任务八　其他水准仪简介

一、自动安平水准仪

自动安平水准仪与微倾式水准仪的区别在于：自动安平水准仪没有水准管和微倾螺旋，而是在望远镜的光学系统中装置了补偿器。

由于无需精平，这样不仅可以缩短水准测量的观测时间，而且对于施工场地地面的微小震动、松软土地的仪器下沉以及大风吹刮等原因，引起的视线微小倾斜，能迅速自动安平仪器，从而提高了水准测量的观测精度。因此，自动安平水准仪在各种精度等级的水准测量中应用越来越普及，并将逐步取代微倾式水准仪。图2－32是自动安平水准仪的外形

（不含测微器）。现以这种仪器为例介绍其构造原理和使用方法。

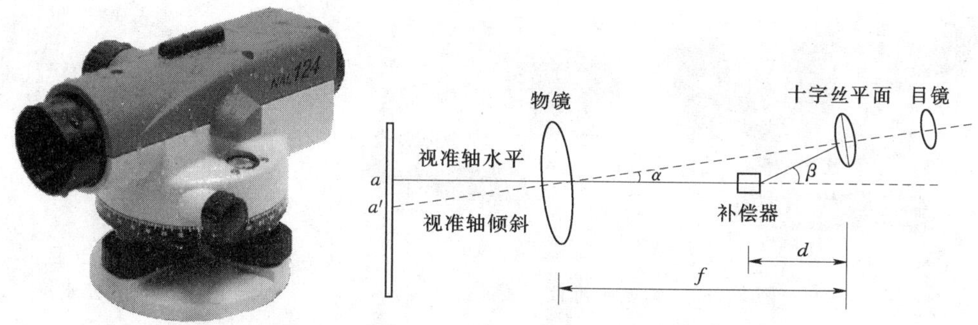

图 2-32　自动安平水准仪及其原理

1. 自动安平水准仪的原理

如图 2-32 所示，当视线水平时，水准尺上的 a 点水平光线恰好与十字丝交点所在位置重合，读数正确，当视线倾斜一个微小倾角 α，在望远镜的光路上安置一补偿器，使通过物镜光心的水平光线经过补偿器后偏转一个 β 角，仍能通过十字丝交点，这样十字丝交点上读出的标尺读数，即为视线水平时应该读出的标尺读数。

自动安平的原理实质：在仪器视准轴粗平时，补偿装置在自身重力的作用下自动为水准仪提供一条实际的水平观测线，及时获得视线水平时标尺读数。

2. 自动安平水准仪的使用

自动安平水准仪的基本操作与微倾式水准仪大致相同。首先利用脚螺旋使圆水准器气泡居中，然后将望远镜瞄准水准尺，即可直接用十字丝横丝进行读数。为了检查补偿器是否起作用，在目镜下方安装有补偿器控制按钮，观测时，按动按钮，待补偿器稳定后，看尺上读数是否有变化，如尺上读数无变化，则说明补偿器处于正常的工作状态；如果仪器没有按钮装置，可稍微转动一下脚螺旋，如尺上读数没有变化，说明补偿器起作用，否则要进行修理。另外，补偿器中的金属吊丝相当脆弱，使用时要防止剧烈震动，以免损坏。

二、精密水准仪

1. 精密水准仪

与一般水准仪相比，精密水准仪的特点是能够精密地整平视线和精确地读取读数。每公里往返平均高差中误差 1mm。为此，在结构上应满足：

（1）水准器具有较高的灵敏度。如 DSZ_2 水准仪的管水准器 τ 值为 $10''/2mm$。

（2）望远镜具有良好的光学性能。如 DSZ_2 水准仪望远镜的放大倍数为 38 倍，望远镜的有效孔径 47mm，视场亮度较高。十字丝的中丝刻成楔形，能较精确地瞄准水准尺的分划。

（3）具有光学测微器装置。可直接读取水准尺一个分格（1cm 或 0.5cm）的 1/100 单位（0.1mm 或 0.05mm），提高读数精度。

（4）视准轴与水准轴之间的联系相对稳定。精密水准仪均采用钢构件，并且密封起来，受温度变化影响小。

图 2-33　精密水准仪

图 2-34　激光水准仪

2. 精密水准尺

精密水准仪必须配有精密水准尺。这种尺一般是在木质尺身的槽内，安有一根铟瓦合金带。带上标有刻划，数字注在木尺上。精密水准尺须与精密水准仪配套使用。

精密水准尺上的分划注记形式一般有两种：

一种是尺身上刻有左右两排分划，右边为基本分划，左边为辅助分划。基本分划的注记从零开始，辅助分划的注记从某一常数 K 开始，K 称为基辅差。

另一种是尺身上两排均为基本划分，其最小分划为 10mm，但彼此错开 5mm。尺身一侧注记米数，另一种侧注记分米数。尺身标有大、小三角形，小三角形表示半分米处，大三角形表示分米的起始线。这种水准尺上的注记数字比实际长度增大了一倍，即 5cm 注记为 1dm。因此使用这种水准尺进行测量时，要将观测高差除以 2 才是实际高差。

3. 精密水准仪的操作方法

精密水准仪的操作方法与一般水准仪基本相同，只是读数方法有些差异。在水准仪精平后，十字丝中丝往往不恰好对准水准尺上某一整分划线，这时就要转动测微轮使视线上、下平行移动，十字丝的楔形丝正好夹住某一个整分划线，被夹住的分划线读数为 m、dm、cm。此时视线上下平移的距离则由测微器读数窗中读出 mm。读数时，将整分划值和测微器中的读数合起来。图 2-35 读数为 148.655cm。实际读数为全部读数的一半。

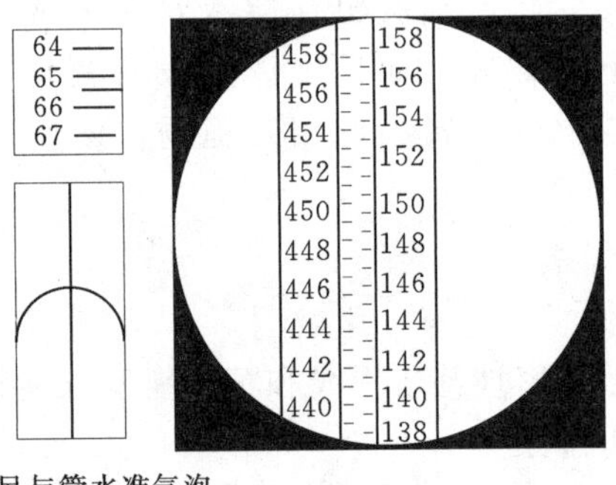

图 2-35　精密水准尺

三、电子水准仪

电子水准仪又称数字水准仪，它是在自动安平水准仪的基础上发展起来的，于 1990 年首先由威特厂研制成功，标志着大地测量仪器已经完成了从精密光机仪器向光机电测一体化的高技术产品的过渡，具有测量速度快、精度高、读数客观、能减轻作业劳动强度、测量数据便于输入计算机和容易实现水准测量内外业一体化的优点，常用电子水准仪如图 2-36 所示。

1. 电子水准仪的观测精度

电子水准仪的观测精度高，如瑞士徕卡公司开发的 NA2000 型电子水准仪的分辨力为

图 2-36　数字水准仪及条形编码尺

0.1mm，每千米往返测得高差中数的偶然中误差为 2.0mm；NA3003 型电子水准仪的分辨力为 0.01mm，每千米往返测得高差中数的偶然中误差为 0.4mm。

2. 电子水准仪测量原理简述

目前电子水准仪采用自动电子读数的原理有相位法、相关法和几何法三种。与电子水准仪配套使用的水准尺为条形编码尺，通常由玻璃纤维或铟钢制成。在电子水准仪中装置有行阵传感器，它可识别水准标尺上的条形编码。电子水准仪摄入条形编码后，经处理器转变为相应的数字，在通过信号转换和数据化，在显示屏上直接显示中丝读数和视距。

不同厂家标尺编码的条码图案不相同，不能互换使用。

3. 电子水准仪的使用

电子水准仪用键盘和安装在侧面的测量键来操作。有两行 LCD 显示器显示给使用者，并显示测量结果和系统的状态。

观测时，电子水准仪在人工完成安置与粗平、瞄准目标（条形编码水准尺）后，按下测量键后约 3～4s 即显示出测量结果。其测量结果可贮存在电子水准仪内或通过电缆连接存入机内记录器中。

另外，观测中如水准标尺条形编码被局部遮挡小于 30%，仍可进行观测。

电子水准仪的主要优点是：

(1) 操作简捷，自动观测和记录，并立即用数字显示测量结果。

(2) 整个观测过程在几秒钟内即可完成，从而大大减少观测错误和误差。

(3) 仪器还附有数据处理器及与之配套的软件，从而可将观测结果输入计算机进入后处理，实现测量工作自动化和流水线作业，大大提高功效。

小　结

水准测量是高程测量中最基本、最精密也是最重要的一种方法，因此本项目的内容是本门课程的重点内容之一，本项目的知识点如下。

1. 水准测量的原理

水准测量是利用水准仪提供的水平视线在水准尺上读数，直接测定地面上两点间的高差，然后根据已知点高程及测得的高差来推算待定点高程的一种方法。

2. 水准仪的构造及其使用

主要阐述了常用的普通水准仪的使用方法。要在认识水准仪的基本构造的基础上，重点掌握水准仪的粗平、瞄准、精平和读数方法，这是水准测量的基本功，同时也是学习使用其他水准仪的基础。

3. 普通水准测量的施测与内业计算

这是水准测量的核心内容。水准测量的实测要从观测的基本步骤、数据记录计算和测量检核这三个环节加以学习，内业计算要求重点搞懂水准仪的高差闭合差的计算和调整。

4. 水准仪的检验与校正

在了解水准仪应满足的几何条件基础上，了解圆水准器、十字丝板、水准管轴的检验与校正方法。

5. 水准测量的误差

在了解水准测量误差的主要来源的基础上，掌握消除或减少误差的基本措施，这对做好测量工作、提高测量精度具有重要意义。

拓展和能力测试题

一、填空题

1. 地面点的标志，按保存时间长短可分为__________和__________。

2. 水准测量的测站校核一般用__________法或__________法。

3. 水准测量时，由于标尺竖立不直，该读数值比正确读数__________。

4. 从 A 到 B 进行往返水准测量，其高差为：往测 3.625m，返测 −3.631m，则 A、B 之间的高差 h_{AB} __________。

5. 按普通水准测量方法实测一山地两点间的高程，其间距为 1km，测站 16 站，则容许误差为__________。

6. 水准路线的基本布设形式有__________、__________、__________。

7. 转点是指______________________________的点。

8. 水准测量的检核分为__________、__________、__________三种。

二、选择题

1. 圆水准器轴是圆水准器内壁圆弧零点的（　　）。

A. 切线　　B. 法线　　C. 垂线　　D. 零线

2. 水准测量中，仪器下沉与转点下沉将使所测高差产生（　　）累计性误差。

A. “−”号　　B. “±”号　　C. “+”号　　D. 0

3. 转动三个脚螺旋使水准仪圆水准气泡居中的目的是（　　）。

A. 使视准轴平行于管水准轴　　B. 使视准轴水平

C. 使仪器竖轴平行于圆水准轴　　D. 使仪器竖轴处于铅垂位置

4. 照准误差与（　　）有关。

A. 人眼的分辨能力　B. 望远镜放大率　C. 视线长度　D. A+B

5. 公式（　　）适用于水准测量计算校核和闭合路线的成果校核。

A. $\sum h=\sum a-\sum b$　　B. $f_h=\sum h-(H_{终}-H_{始})$

C. $f_h=\sum h$　　D. A+C

6. 调圆水准气泡时，若需气泡向左移动，则左右手拇指同时（　　）旋转水准仪的两个脚螺旋。

A. 向内　　B. 向左　　C. 向右　　D. 向外

7. 水准仪在一个方格的四个角点 1、2、3 和 4 上测得水准读数分别为 2.149m、0.251m、2.361m 及 0.743m，则方格上最高点与最低点、高差为（　　）。

A. 1、4、−2.328m　　B. 2、1、2.328m

C. 3、2、2.110m　　D. 2、3、2.110m

8. 水准测量中，水准标尺不垂直时，读数（　　）。

A. 不变　　B. 变小　　C. 变大　　D. 不确定

9. 水准测量原理要求水准仪必须提供一条（　　）。

A. 铅垂视线　　B. 水平视线　　C. 平行视线　　D. 切线

10. 水准测量的目的是（　　）。

A. 测定点的平面位置　　B. 测定两点间的高差

C. 读取水准尺读数　　D. 测定点的高程位置

11. DS_3 水准仪，数字 3 表示的意义是（　　）。

A. 每公里往返测高差中数的中误差不超过 3mm

B. 每公里往返测高差中数的相对误差不超过 3mm

C. 每公里往返测高差中数的绝对误差不超过 3mm

D. 每公里往返测高差中数的极限误差不超过 3mm

12. 自动安平水准仪的特点是（　　）使视线水平。

A. 用安平补偿器代替管水准器　　B. 用安平补偿器代替圆水准器

C. 用安平补偿器和管水准器　　D. 用圆水准器和管水准器

13. 转动目镜对光螺旋的目的是（　　）。

A. 看清十字丝　　B. 看清物像

C. 使视准轴水平　　D. 使十字丝横丝水平

14. 转动物镜对光螺旋的目的是（　　）。

A. 使视准轴水平　　B. 看清十字丝

C. 使物像位于十字丝分划板面上　　D. 使望远镜对准目标

15. 自动安平水准仪观测操作步骤是（　　）。

A. 仪器安置　粗平　调焦照准　精平　读数

B. 仪器安置　粗平　调焦照准　读数

C. 仪器安置　粗平　精平　调焦照准　读数

D. 仪器安置　调焦照准　粗平　读数

16. 产生视差的原因是（　　）。

A. 观测时眼睛位置不正确　　B. 目镜调焦不正确

C. 前后视距不相等　　D. 物像与十字丝分划板平面不重合

17. 目镜对光和物镜对光分别与（　　）有关。

A. 目标远近、观测者视力　　B. 目标远近、望远镜放大倍率

C. 观测者视力、望远镜放大倍率　　D. 观测者视力、目标远近

18. 水准测量时，尺垫应放置在（　　）上。

A. 水准点　　B. 转点

C. 土质松软的水准点　　D. 需要立尺的所有点

19. 从一个已知的水准点出发，沿途经过各点，最后回到原来已知的水准点上，这样的水准路线是（　　）。

A. 附合水准路线　　B. 闭合水准路线　　C. 支水准路线　　D. 支导线

20. 闭合水准路线高差闭合差的理论值为（　　）。

A. 0　　B. 与路线长度有关

C. 一个不等于 0 的常数　　D. 由路线起点高程值确定

21. 两次仪高法观测两点高差得到两次高差分别为 1.235m 和 1.238m，则两点高差为（　　）。

A. 1.236m　　B. 1.237m　　C. 2.473m　　D. 0.003m

22. 水准测量闭合差限差计算公式 $f_h=\pm 40\sqrt{L}$mm，式中 L 的单位为（　　）。

A. m　　B. cm　　C. mm　　D. km

23. 水准测量计算校核 $\sum h=\sum a-\sum b$ 和 $\sum h=H_{终}-H_{始}$ 可分别校核（　　）是否有误。

A. 水准点高程、水准尺读数　　B. 水准点位置、记录

C. 高程计算、高差计算　　D. 高差计算、高程计算

24. 水准路线闭合差调整是对观测高差进行改正，方法是将高差闭合差按与测站数（或路线长度）成（　　）的关系求得高差改正数。

A. 正比例并同号　　B. 反比例并反号　　C. 正比例并反号　　D. 反比例并同号

25. 附合水准路线内业计算时，高差闭合差采用（　　）计算。

A. $f_h=\sum h_{测}-(H_{终}-H_{起})$　　B. $f_h=\sum h_{测}-(H_{起}-H_{终})$

C. $f_h=\sum h_{测}$　　D. $f_h=(H_{终}-H_{起})-\sum h_{测}$

26. 水准测量中要求前后视距离大致相等的作用在于削弱（　　）影响，还可削弱地球曲率和大气折光、对光透镜运行误差的影响。

A. 圆水准轴与竖轴不平行的误差　　B. 十字丝横丝不垂直竖轴的误差

C. 读数误差　　D. 管水准轴与视准轴不平行的误差

27. 在水准测量中转点的作用是传递（　　）。

A. 方向　　B. 角度　　C. 距离　　D. 高程

28. 水准测量时，为了消除 i 角误差对一测站高差值的影响，可将水准仪置在（　　）处。

A. 靠近前尺　　B. 两尺中间　　C. 靠近后尺　　D. 无所谓

29. 消除视差的方法是（　　）使十字丝和目标影像清晰。

A. 转动物镜对光螺旋　　B. 转动目镜对光螺旋

C. 反复交替调节目镜及物镜对光螺旋　　D. 让眼睛休息一下

三、判断题

1. 视线高是望远镜视准轴到地面的距离。(　　)

2. 估读误差是由于人为因素造成的，与仪器无关。(　　)

3. 将水准仪架设在前后标尺中间可以抵消大气折光差。(　　)

4. 水准仪管水准器圆弧半径越大，分划值越小，整平精度越高。(　　)

5. 水准管校正时，需调到 $i<10''$ 为止。(　　)

6. 水准测量中，每一站读完后视读数瞄准前视尺时，必须旋转脚螺旋使水准气泡居中再读前视读数。(　　)

7. 水准测量是确定地面高程的唯一方法。(　　)

8. 望远镜中心与十字丝交点的连线称为望远镜视准轴。(　　)

9. 绝对高程无负值，相对高程有负值。(　　)

10. 高差的大小与高程的起算面有关。(　　)

四、简答题

水准测量误差有哪几项？在测量工作中应如何操作才能消除或减少其误差的影响？

五、计算题

1. 图 2-37 是一附合水准路线等外水准测量示意图，A、B 为已知高程的水准点，1、2、3 为待定高程的水准点，h_1、h_2、h_3 和 h_4 为各测段观测高差，n_1、n_2、n_3 和 n_4 为各测段测站数，L_1、L_2、L_3 和 L_4 为各测段长度。现已知 $H_{BMA}=65.376\text{m}$，$H_{BMB}=68.623\text{m}$，各测段站数、长度及高差均注于图 2-37 中。求 1、2、3 点的高程。

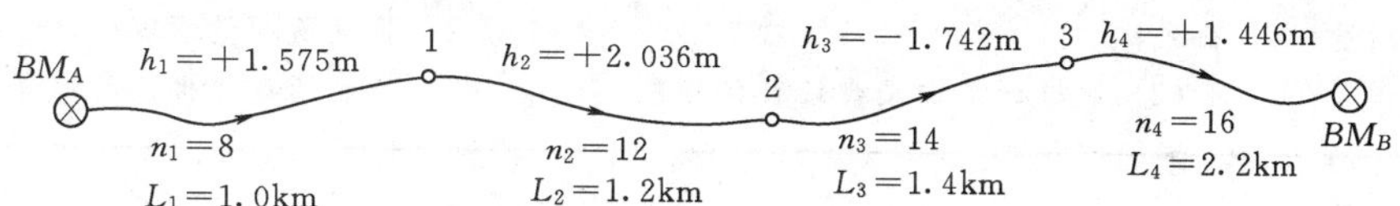

图 2-37　附合水准路线示意图

2. 如图 2-38 所示，一闭合水准路线各段高差观测值及其测站数均注于图中，已知水准点 H_{BM_1} 的高程为 86.246m，求 1、2、3、4 点的高程。

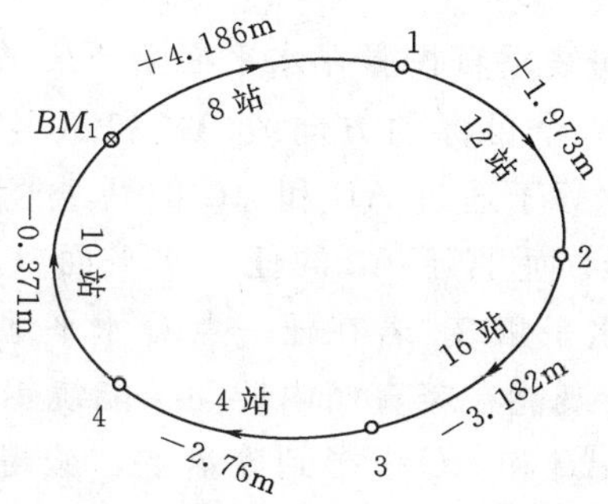

图 2-38　闭合水准路线示意图

3. 在 A、B 两点间进行往返水准测量，已知 $H_A=8.475\text{m}$，$\sum h_{往}=+0.028\text{m}$，$\sum h_{返}=-0.018\text{m}$，$A$、$B$ 间线路长 $L=3\text{km}$，求 B 点高程。

项目三　角　度　测　量

【教学目标】

熟悉角度测量的基本原理；熟悉 DJ_6 光学经纬仪的构造、各部分的名称及使用方法；掌握水平角和竖直角的测量方法；熟悉经纬仪检验和校正方法；掌握角度测量误差产生的原因及注意事项；熟悉电子经纬仪的构造和使用方法。

【教学要求】

任　务	能　力　要　求	相　关　知　识
水平角测量	(1) 能够根据工程情况选择合理的水平角测量方法； (2) 能够在测量中采取减小测量误差的有效措施； (3) 能够正确计算出所测量的水平角	(1) 水平角的测量方法：测回法、方向观测法； (2) 经纬仪的构造和基本操作； (3) 水平角测量的基本步骤； (4) 影响测角误差的因素：仪器误差、观测误差、外界条件影响
竖直角测量	(1) 能够根据仪器找出竖直角的计算公式； (2) 能够计算出竖盘读数指标差	(1) 竖直度盘构造； (2) 竖直角测量原理； (3) 竖盘读数指标差的计算

任务一　角 度 测 量 原 理

一、水平角

由一点到两个目标的方向线垂直投影在水平面上所成的角，称为水平角。如图3-1所示，由地面点 A 到 B、C 两个目标的方向线 AB 和 AC，在水平面上的投影为 ab 和 ac，其夹角 β 即为水平角，它等于通过 AB 和 AC 的两个竖直面之间所夹的二面角。二面角的棱线 Aa 是一条铅垂线。垂直于 Aa 的任一水平面（如过 A 点的水平面 V）与两竖直面的交线均可用来量度水平角 β。若在任一点 O 水平地放置一个刻度盘，使度盘中心位于 Aa 铅垂线，再用一个既能在竖直面内转动又能绕铅垂线水平转动的望远镜去照准目标 B 和 C，则可将直线 AB 和 AC 投影到度盘上，截得相应的读数 n 和 m，如果度盘刻划的注记形式是按顺时针方向由0°递增到360°，则 AB 和 AC 两方向线间的水平角即为

$$\beta=m-n$$

二、竖直角

在竖直面内，视线与水平线的夹角，称为竖直角，以 α 表示，如图 3-1 所示。当视线仰倾时，α 取正值；视线俯倾时，α 取负值；视线水平时，$\alpha=0°$。不难理解竖直角的取值范围为 0°～±90°。

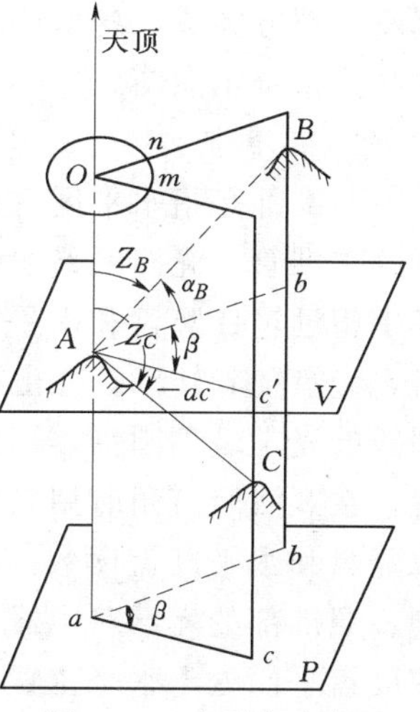

图 3-1　水平角和竖直角测量原理

视线与铅垂线天顶方向之间的夹角，称为天顶距，如图 3-1中的 Z 所示。天顶距的取值范围为 0°～180°。

竖直角 α 和天顶距 Z 之间的关系式为

$$\alpha=90°-Z \tag{3-1}$$

竖直角和天顶距只需测得其中一个即可，测量工作中一般观测竖直角。为了测得竖直角，必须安置一个竖直度盘，分别以水平线和望远镜照准目标时的方向线分别在竖盘上读得读数，两读数之差即为观测的竖直角。

任务二　DJ_6 光学经纬仪及电子经纬仪

一、DJ_6 光学经纬仪的基本构造

工程上常用的光学经纬仪有 DJ_2 和 DJ_6 等几种类型。D、J 分别为“大地测量”和“经纬仪”汉语拼音的第一个字母；数字 2、6 等表示该类仪器一测回方向值的精度（秒数）。图 3-2 是南京华东光学仪器厂生产的 DJ_6 型光学经纬仪，它由照准部、水平度盘和

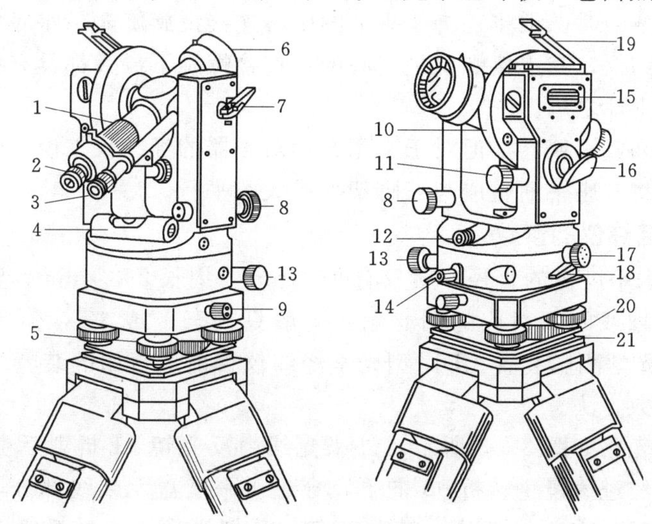

图 3-2　华光 DJ_6 光学经纬仪

1—对光螺旋；2—目镜；3—读数显微镜；4—照准部水准管；5—螺旋管；6—望远镜物镜；7—望远镜制动螺旋；8—望远镜微动螺旋；9—中心锁紧螺旋；10—竖直度盘；11—竖盘指标水准管微动螺旋；12—光学对中器目镜；13—水平微动螺旋；14—水平制动螺旋；15—竖盘指标水准管；16—反光镜；17—度盘变换手轮；18—保险手柄；19—竖盘指标水准管反光镜；20—托板；21—底板

基座三部分组成。各部件名称如图 3-2 所注。图 3-3 是经纬仪器三个主要部分的分装图和光路系统示意图。

1. 照准部

照准部是指水平度盘以上能绕竖轴旋转的部分，包括望远镜、竖直度盘、光学对中器、水准管、光路系统、读数显微镜等，都安装在底部带竖轴（内轴）的 U 形支架上。其中望远镜、竖盘和水平轴（横轴）固连一体，组装于支架上。望远镜绕横轴上下旋转时，竖盘随着转动，并由望远镜制动螺旋和微动螺旋控制。竖盘是一个圆周上刻有度数分划线的光学玻璃圆盘，用来量度竖直角。紧挨竖盘有一个指标水准管和指标水准管微动螺旋，在观测竖直角时用来保证读数指标的正确位置。望远镜旁有一个读数显微镜，用来读取竖盘和水平度盘读数。望远镜绕竖轴左右转动时，由水平制动螺旋和水平微动螺旋控制。照准部的光学对中器和水准管用来安置仪器，以使水平度盘中心位于测站铅垂线上并使度盘平面处于水平位置。

2. 水平度盘

水平度盘是由光学玻璃制成的刻有度数分划线的圆盘，按顺时针方向由 0°注记至 360°，用以量度水平角。水平度盘有一个空心轴，空心轴插入度盘的外轴中，外轴再插入基座的套轴内。在空心轴容纳内轴的插口上有许多细小滚珠，以保证照准部能灵活转动而不致影响水平度盘。水平度盘本身可以根据测角需要，用度盘变换手轮改变读数位置。

3. 基座

基座起支撑仪器上部以及使仪器与三脚架连接的作用，主要由轴座、脚螺旋和底板组成。仪器的照准部连同水平度盘一起插入轴座后，用轴座固定螺旋（又称中心锁紧螺旋）固紧；轴座固定螺旋切勿松动，以免仪器上部与基座脱离而摔坏。

仪器装到三脚架上时，须将三脚架头上的中心连接螺旋旋入基座底板，使之固紧。采用光学对中器的经纬仪，其连接螺旋是空心的；连接螺旋下端大都具有挂钩或像灯头一样的插口，以备悬挂垂球之用。

基座脚螺旋用来整平仪器。但对于采用光学对中器的经纬仪来说，脚螺旋整平作用范围很小，主要用它将基座平面整成与三脚架架头大致平行。

二、DJ_6 光学经纬仪的读数

DJ_6 型经纬仪水平度盘的直径一般只有 93.4mm，周长 293.4mm；竖盘更小。度盘分划值（即相邻两分划线间所对应的圆心角）一般只刻至 1°或 30′，但测角精度要求达到 6″，于是必须借助光学测微装置。DJ_6 型光学经纬仪目前最常用的装置是分微尺。下面介绍分微尺装置及读数方法。

分微尺装置的光路如图 3-3 所示：外来光线由反光镜 11 折射后分两路进入仪器内部，其中一路光线经过棱镜 1 转折 90°向下，穿过水平度盘无刻线部分，又经棱镜 2 折回向上重新穿过水平度盘有刻线部分，带着度盘的分划影像，经过透镜组 22 第一次放大，再经棱镜 3 转折成像于读数场镜 4 的分微尺上。另一路光线先穿过竖盘的无刻线部分，经棱镜 6 折回重新穿过竖盘的有刻线部分，带着竖盘的分划影像经棱镜 7 转折向上，经过透镜组 23 第一次放大，再经棱镜 8 转折成像于读数场镜 4 的分微尺上。读数场镜又称读数窗。两路光线都穿过读数窗，各自带着度盘分划和分微尺的影像穿过空心横轴经过棱镜 5

折射至读数显微镜 18，由读数显微镜可以看到经过再次放大的水平度盘和竖盘分划影像以及分微尺（图 3－4）；而分微尺只被读数显微镜放大一次。度盘上相差 1°的两条分划线之间的影像宽度恰好等于分微尺上 60 小格的宽度，所以分微尺上一小格就代表 1′，估读 0.1 格即为 6″。分微尺的注记由 0～60，每 10 格标注一下，简略的注记成由 0～6。分微尺零线所指的度盘影像位置，就是应该读数的位置；实际读数时，只需要注意哪根度盘分划线位于 0 与 6 之间，读取这根分划线的度数和它所指的分微尺上的读数即得应有的读数。如图 3－4 所示，水平度盘读数为 215°07.5′＝215°07′30″；竖直度盘为 78°48.3′＝78°48′18″。

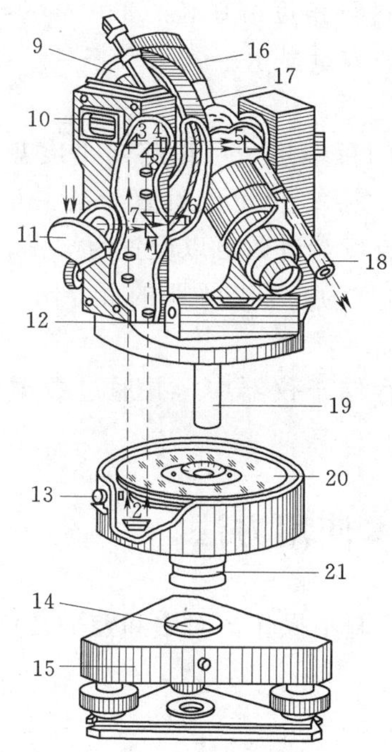

图 3－3　DJ_6 光学经纬仪部件及分微尺读数光路图

1、2、3、4、5、6、7、8—读数光路系统棱镜；9—竖直度盘；10—竖盘指标水准管；11—反光镜；12—照准部水准管；13—度盘变换手轮；14—套轴 15—基座；16—望远镜；17—竖直度盘护盖；18—读数显微镜；19—内轴；20—水平度盘；21—外轴

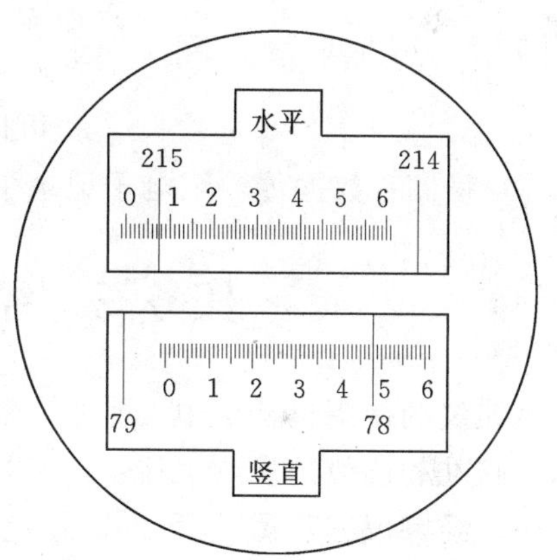

图 3－4　分微尺的读数方法

在读数显微镜内看到的水平度盘和竖盘影像一般注有汉字加以区别，也有的以注“*AZ*”或“—”表示水平度盘，注“*V*”或“⊥”符号表示竖盘。

三、电子经纬仪简介

电子经纬仪与光学经纬仪的主要区别在于度盘读数系统，电子经纬仪利用光电转换原理和微处理原理对编码度盘自动进行读数，显示于屏幕，并可进行观测数据的自动记录和传输。

图 3－5 所示为 DJ_2 型（DJ_2 级）电子经纬仪的外形，其有下列一些不同于光学经纬仪的性能。

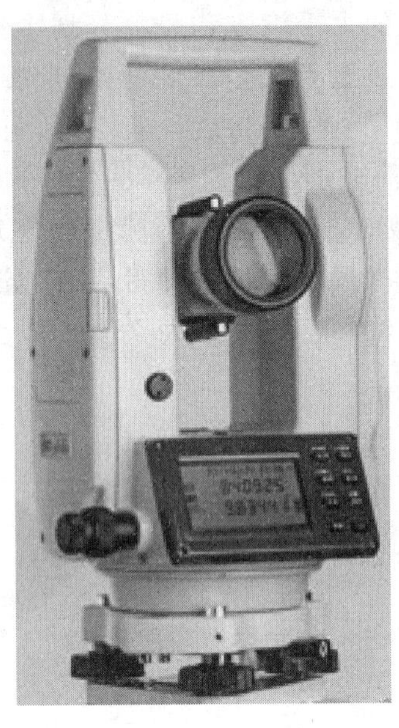

图 3-5　DJ_2 型电子经纬仪

1. 操作面板和显示屏

经纬仪的照准部有双面的操作面板和显示屏，便于盘左、盘右观测时进行仪器操作和度盘读数。显示屏位于面板上部，同时显示水平度盘读数和垂直度盘读数。面板下部有一排操作按钮，包括电源开关。

2. 度盘读数显示

显示屏同时显示水平度盘读数和垂直度盘读数，“*V*”为垂直度盘读数，“*HR*”为水平度盘读数，最小读数可以选择为1″或5″；可以进行角度的单位（360°/400g）的转换等；其右下角有电池的容量显示。

3. 度盘读数设置

在瞄准某一方向的目标后，可以将水平度盘读数设置为0°00′00″，称为“置零”；也可以设置为某一角值，称为“水平度盘定向”；垂直度盘读数可以设置为“垂直角（*V*）、天顶距（*Z*）或坡度（%为高差与平距的百分比）”。

4. 观测数据的存储与传输

可以将观测数据存储于仪器中，并通过数据接口（RS-232C）将储存数据传输至电子记录手簿或微机。

任务三　经纬仪的基本使用方法

经纬仪的使用包括对中、整平、瞄准和读数4项基本操作。对中和整平是仪器的安置工作，瞄准和读数是观测工作。

一、经纬仪的安置

1. 对中

对中的目的是使仪器中心与测站点标志中心位于同一铅垂线上。具体做法是：首先将三脚架安置在测站上，使架头大致水平且高度适中，再挂上垂球初步对中。如果相差太大，可平移三脚架，使垂球尖大致对准测站点标志，将三脚架的脚尖踩入土中。然后将仪器从仪器箱中取出，用连接螺旋将仪器装在三脚架上。此时若垂球尖偏离测站点标志中心，可稍旋松连接螺旋，两手扶住仪器基座，在架头上平移仪器，使垂球尖精确对准标志中心，最后旋紧连接螺旋。对中误差一般不应大于3mm。

对中亦可采用光学对中器进行。由于光学对中器的视轴与仪器竖轴平行，因此，只有在仪器整平后视轴才处于铅垂位置。对中时，可先用垂球大致对中，概略整平仪器后取下垂球，再调节对中器的目镜，松开仪器与三脚架间的连接螺旋，两手扶住仪器基座，在架头上平移仪器，使分划板上小圆圈中心与测站点重合，固定中心连接螺旋。平移仪器，整平可能受到影响，需要重新整平，整平后光学对中器的分划圆中心可能会偏离测站点，需要重新对中。因此，这两项工作需要反复进行，直到对中和整平都满足要求为止。

2. 整平

整平的目的是使仪器竖轴竖直和水平度盘处于水平位置。

如图 3-6（a）所示，整平时，先转动仪器的照准部，使照准部水准管平行于任意一对脚螺旋的连线，然后用两手同时以相反方向转动该两脚螺旋，使水准管气泡居中，注意气泡移动方向与左手大拇指移动方向一致；再将照准部转动 90°，如图 3-6（b）所示，使水准管垂直于原两脚螺旋的连线，转动另一脚螺旋，使水准管气泡居中。如此重复进行，直到在这两个方向气泡都居中为止。居中误差一般不得大于一格。

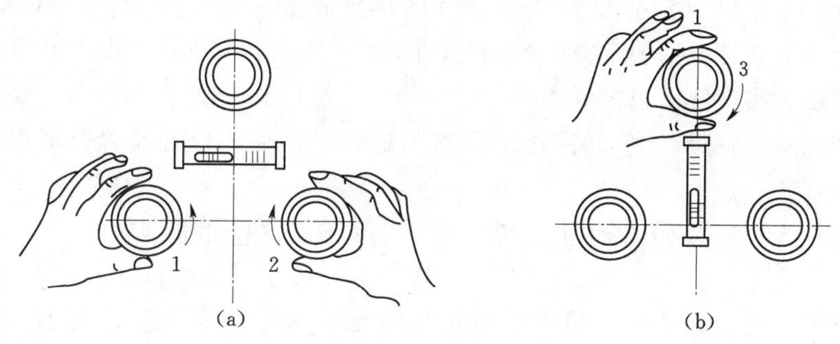

图 3-6　用脚螺旋整平方法

二、经纬仪使用

1. 照准

照准就是使望远镜十字丝交点精确照准目标。照准前先松开望远镜制动螺旋与照准部制动螺旋，将望远镜朝向天空或明亮背景，进行目镜对光，使十字丝清晰；然后利用望远镜上的照门和准星粗略照准目标，使在望远镜内能够看到物像，再拧紧照准部及望远镜制动螺旋；转动物镜对光螺旋，使目标清晰，并消除视差；转动照准部和望远镜微动螺旋，精确照准目标：测水平角时，应使十字丝竖丝精确地照准目标，并尽量照准目标的底部，如图 3-7 所示；测竖直角时，应使十字丝的横丝（中丝）精确照准目标，如图 3-8 所示。

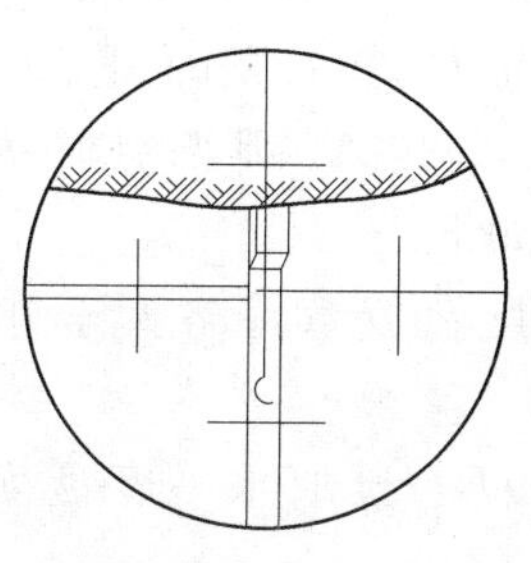

图 3-7　水平角观测照准方法

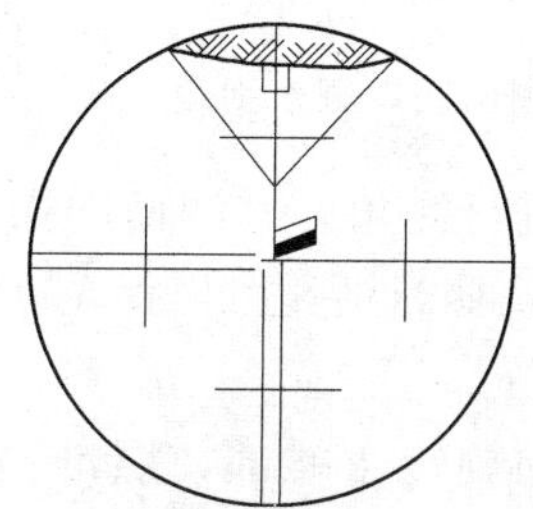

图 3-8　竖直角观测照准方法

2. 读数

调节反光镜及读数显微镜目镜，使度盘与测微尺影像清晰，亮度适中，然后按前述的读数方法读数。

3. 置数

置数是指照准某一方向的目标后，使水平度盘的读数等于给定或需要的值。在观测水平角时，常使起始方向的水平度盘读数为零或其他数值，如果使其为零时，就称为置零或对零。置数方法在角度测量和施工放样中应用广泛。

由于度盘变换方式的不同，置数方法也不相同。对于采用度盘变换手轮的仪器，应先照准目标，然后打开变换手轮护盖，转动变换手轮进行置数，最后关闭护盖。对于采用复测扳手进行度盘离合的仪器，应先置好数，再去照准目标。例如，要使照准目标时的水平度盘读数置为90°01′30″，应先松开离合器（即将复测扳手向上扳到位）和水平度盘制动螺旋，一边转动照准部，一边观察水平度盘读数，当读数接近90°时，固紧水平制动螺旋，利用水平微动螺旋使度盘的读数为90°01′30″，然后扣紧离合器（即复测扳手向下扳到位），松开水平制动螺旋，旋转照准部照准目标，照准后再松开离合器即可。

任务四　水平角的观测

进行水平角观测，通常都要用盘左和盘右各观测一次。所谓盘左，就是观测者对着望远镜的目镜时，竖盘位于望远镜的左边，又称为正镜；盘右是观测者对着目镜时，竖盘位于望远镜的右边，又称为倒镜。将正、倒镜的观测结果取平均值，可以抵消部分仪器误差的影响，提高成果质量。如果只用盘左（正镜）或者盘右（倒镜）观测一次，称为半个测回或半测回；如果用盘左、盘右（正、倒镜）各观测一次，称为一个测回或一测回。

图3-9　测回法观测水平角

下面介绍测回法观测水平角的操作步骤和记录计算方法。

一、测回法

以正、倒镜分别观测两个方向之间水平角的方法，称为测回法。这种测角方法只适用于观测两个方向之间的单个角度。如图3-9所示，设要观测∠AOB的角值，先将经纬仪安置在角的顶点O上，进行对中、整平，并在A、B两点树立标杆或测钎作为照准标志，然后即可进行测角。一测回的操作程序如下：

（1）盘左位置，照准左边目标A，对水平度盘置数，略大于0°，将读数$a_{左}$记入手簿。

（2）顺时针方向旋转照准部，照准右边目标B，读取水平度盘读数$b_{左}$，记入手簿。由此算得上半测回的角值：$\beta_{左}=b_{左}-a_{左}$。

（3）盘右位置，先照准右边目标B，读取水平度盘读数$b_{右}$，记入手簿。

（4）逆时针方向转动照准部，照准左边目标A，读取水平度盘读数$a_{右}$，记入手簿。由此算得下半测回的角值：$\beta_{右}=b_{右}-a_{右}$。

二、测回法记录、计算

对于DJ_6经纬仪，上、下两个半测回所测的水平角之差不应超过±36″。符合规定要

求时，取其平均值作为一测回的观测结果。

为了提高测角精度，同时为削弱度盘分划误差的影响，对角度往往需要观测几个测回，各测回的观测方法相同，但起始方向（如图 3-9 中的 A 方向）置数不同。设需要观测的测回数为 n，则各测回起始方向的置数应按 $180°/n$ 递增。但应注意，不论观测多少个测回，第一测回的置数均应当为 0°。各测回观测角值互差不应超过 ±24″，符合要求时，取各测回平均值作为最后结果，见表 3-1。

表 3-1　　测回法观测手簿　　测站：0

测回	竖盘位置	目标	水平度盘读数/(° ′ ″)	半测回角值/(° ′ ″)	一测回角值/(° ′ ″)	各测回平均值/(° ′ ″)	备注
第一测回	左	A	0 02 30	95 18 18	95 18 24	95 18 20	
		B	95 20 48				
	右	A	180 02 42	95 18 30			
		B	275 21 12				
第二测回	左	A	90 03 06	95 18 30	95 18 15		
		B	185 21 36				
	右	A	270 02 54	95 18 00			
		B	5 20 54				

任务五　竖直角的观测

一、竖盘读数系统

光学经纬仪的竖盘读数系统如图 3-10 所示，竖盘 8 固定在横轴上与望远镜一道转动。竖盘上 0°和 180°的对径分划线与望远镜视准轴在竖盘上的正射投影重合。竖盘分划线通过一系列棱镜和透镜组成的光具组 10，与分微尺一起成像于读数窗内。光具组和竖盘指标水准管 7 固定在一个微动支架上，并使其指标水准管 1 垂直于光具组光轴 4。光轴相当于竖盘的读数指标；观测时，就根据光轴照准的位置进行读数。当调节指标水准管微动螺旋 5 使其气泡居中时，光具组的光轴则处于竖直的位置。竖直度盘也是由光学玻璃制成，其度盘刻划按 0°～360°注记，其形式有顺时针和逆时针方向注记两种。不论何种注记形式，当视准轴水平、竖盘指标水准管气泡居中时，竖盘读数应为 90°或 90°的整倍数。

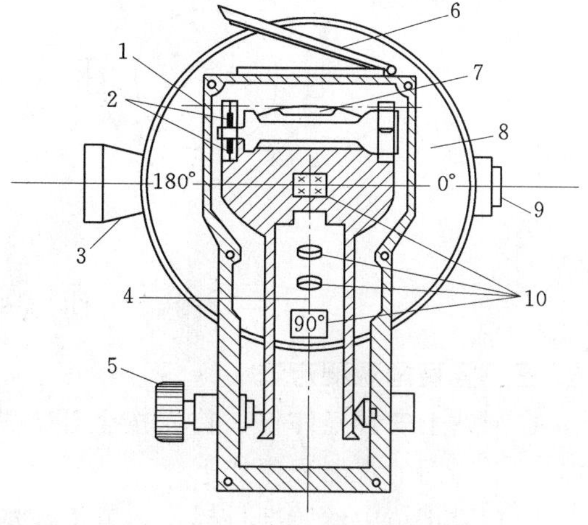

图 3-10　竖盘读数系统

1—指标水准管；2—水准管校正螺丝；3—望远镜；4—光具组光轴；5—指标水准管微动螺旋；6—指标水准管反光镜；7—指标水准管；8—竖盘；9—目镜；10—光具组的透镜和棱镜

二、竖直角计算公式

竖直角的计算公式可以按下述方法确定：将望远镜放在大致水平的位置，观察视线水平时的读数（90°或90°的整倍数），然后逐渐仰起望远镜，观测竖盘读数是增加还是减少。若读数增加，则竖直角的计算公式为

$$\alpha=\text{瞄准目标时的读数}-\text{视线水平时的读数}$$

若读数减少，则

$$\alpha=\text{视线水平时的读数}-\text{瞄准目标时的读数}$$

图3-11为常用的DJ_6型光学经纬仪的竖盘注记形式。设盘左时照准目标的读数为L，盘右时照准目标的读数为R。由图中可知，盘左位置，视线水平时竖盘读数为90°，当望远镜逐渐仰起时，读数逐渐减少；盘右位置，视线水平时竖盘读数为270°，当望远镜逐渐仰起时，读数逐渐增加。于是竖直角计算公式可写成

盘左 $$\alpha_L=90°-L \tag{3-2}$$

盘右 $$\alpha_R=R-270° \tag{3-3}$$

平均竖角值为

$$\alpha=(\alpha_L+\alpha_R)/2=(R-L-180°)/2 \tag{3-4}$$

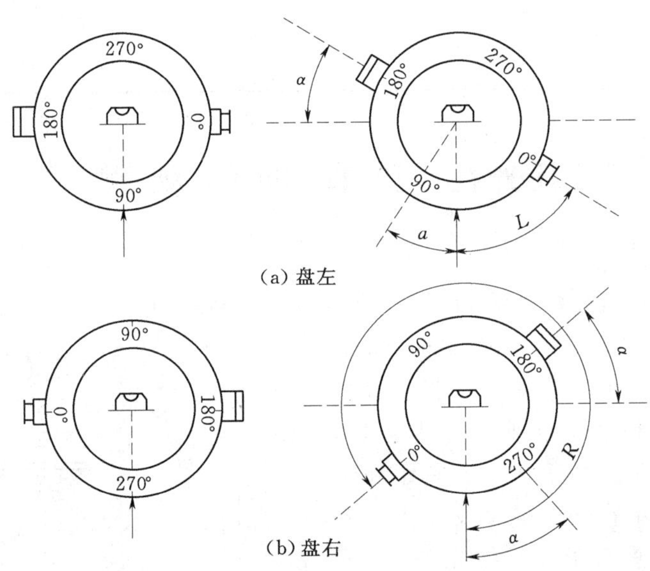

图3-11　DJ_6光学经纬仪竖盘注记形式

三、竖直角观测方法

在测站上安置经纬仪，首先按上述方法确定竖直角的计算公式，然后进行竖直角观测。一个测回的观测程序如下：

（1）以正镜中丝照准目标，调节指标水准管微动螺旋使气泡居中，读数、记录，即为上半测回。

（2）以倒镜中丝照准目标，调节指标水准管微动螺旋使气泡居中，读数、记录，即为下半测回。

竖直角观测手簿见表 3－3。观测完毕后，先根据预先确定的竖直角计算公式计算出盘左、盘右半测回竖直角值，记入表中相应栏目中。表 3－2 中所用竖直角的计算公式分别为式（3－2）、式（3－3）及式（3－4）。

表 3－2 **竖直角观测手簿**

测站	目标	竖盘位置	竖盘读数	半测回竖直角	指标差	一测回竖直角	备注
(1)	(2)	(3)	(4)	(5)	(6)	(7)	(8)
O	*B*	左	94° 33′ 24″	−4° 33′ 24″	−18″	−4°33′42″	
		右	265° 26′ 00″	−4° 34′ 00″			
O	*A*	左	81° 34′ 00″	+8° 26′ 00″	−06″	+8°25′54″	
		右	278° 25′ 48″	+8° 25′ 48″			

和水平角观测相类似，为了提高观测结果的精度，竖直角也可以做多个测回的观测。对于 J_6 级经纬仪，同一方向各个测回观测的竖直角值之差不应超过±24″。

在上述竖直角观测中，每次读数之前都必须转动竖盘指标水准管微动螺旋，使水准管气泡居中，指标处于正确位置，才能读数，否则读数就不正确。这样，操作费事，影响工效，有时甚至因遗忘了这一操作而发生错误。为了克服这个缺点，近年来有些工厂生产的经纬仪，其竖盘指标采用自动补偿装置代替，即使仪器稍有倾斜，竖盘指标也自动居于正确位置，可以随时读数，从而提高了竖直角观测的速度和精度。这种自动补偿装置的原理与自动安平水准仪补偿器基本相同。

四、竖盘指标差

在竖直角的计算中，认为当视准轴水平、竖盘指标水准管气泡居中时，竖盘读数是个定值，即 90°的整倍数。但实际上这个条件往往不能满足，如图 3－12 所示，竖盘指标不是指在 90°或 270°上，它与 90°或 270°的差值 x 角，即为竖盘指标差（竖盘指标偏离正确位置的差值称为竖盘指标差）。

图 3－12 (a) 为盘左位置，由于存在指标差，当望远镜照准目标时，读数大了一个 x 值，正确的竖直角为

$$\alpha=90°-(L-x)=\alpha_L+x \tag{3-5}$$

同样，在盘右位置用望远镜照准同一目标，读数仍然大了一个 x 值，则正确的竖直角值为

$$\alpha=(R-x)-270°=\alpha_R-x \tag{3-6}$$

式（3－5）和式（3－6）取平均值，得

$$\alpha=\frac{1}{2}(R-L-180°)=\frac{1}{2}(\alpha_L+\alpha_R)$$

由此可知，在测量竖直角时，用盘左、盘右观测取平均值的办法可以消除竖盘指标差的影响。

将式（3－5）与式（3－6）相减得

$$x=\frac{1}{2}[(L+R)-360°]=\frac{1}{2}(\alpha_R-\alpha_L) \tag{3-7}$$

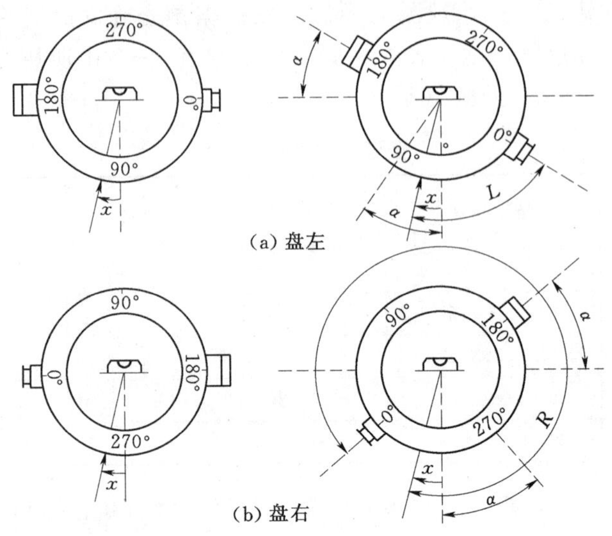

图 3-12　竖盘指标差

式（3-7）为竖盘指标差的计算公式。

竖直角观测中，同一仪器观测各个方向的指标差应当相等，若不等则由于照准、整平和读数存在误差所致。其中最大指标差和最小指标差之差称为指标差的变动范围，对于 J_6 级仪器，应不超过±24″。

任务六　经纬仪的检验与校正

如图 3-13 所示，经纬仪的主要轴线有竖轴 VV、横轴 HH、望远镜的视准轴 CC 和照准部水准管轴 LL。在水平角测量中，要求经纬仪整平后，望远镜上下转动时视准轴应在同一个竖直面内。要达到上述要求，经纬仪各轴线之间必须满足下列几何条件：

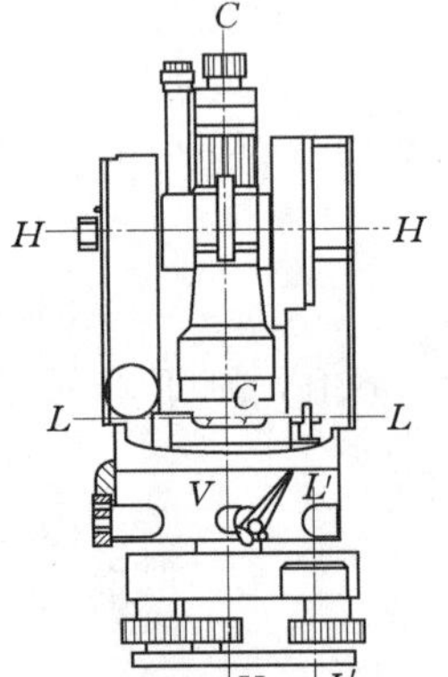

图 3-13　经纬仪的主要轴线

（1）照准部水准管轴应垂直于仪器竖轴（$LL \perp VV$）；

（2）十字丝竖丝垂直于横轴（竖丝 $\perp HH$）

（3）视准轴应垂直于横轴（$CC \perp HH$）；

（4）横轴应垂直于竖轴（$HH \perp VV$）；

（5）竖盘指标差应近于 0。

此外，光学对点器的光学垂线与仪器竖轴重合。

现将经纬仪的检验与校正方法按先后顺序分述如下。

一、照准部水准管轴垂直于仪器竖轴的检验与校正

1. 检验

先将仪器大致整平，转动照准部，使其水准管平行于任意两只脚螺旋的连线。相对转动这两只脚螺旋使水准管气泡居中。如图 3-14（a）所示，然后将照准部转动 180°，如水准管气泡仍居中，说明水准管轴与竖轴垂直，若气泡不再

居中，如图 3-14（b）所示，则说明水准管轴与竖轴不垂直，需要校正。

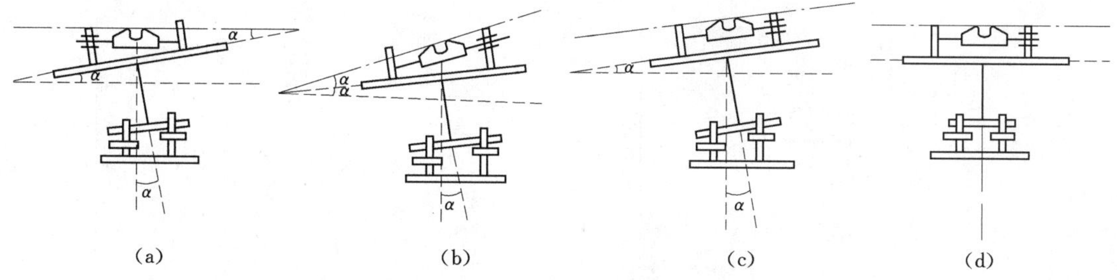

图 3-14　照准部水准管的检校原理

2. 校正

校正针拨动水准管一端的校正螺丝使气泡向中央退回偏离格数的一半，这时水准管轴与竖轴垂直，如图 3-14（c）所示，然后相对转动这两只脚螺旋，使水准管气泡居中，这时水准管轴水平，竖轴处于竖直位置，如图 3-14（d）所示。此项检验校正要反复进行，直到气泡偏离零点不大于半格为止。

二、十字丝纵丝垂直于水平轴的检验与校正

1. 检验

整平仪器，用十字丝交点精确照准大约与仪器同高的明显目标点 A，如图 3-15 所示，然后制动照准部与望远镜，转动望远镜微动螺旋，使望远镜绕水平轴上、下微动，若目标点不离开纵丝，如图 3-15（a）所示，则说明条件满足；否则需要校正，如图 3-15（b）所示。

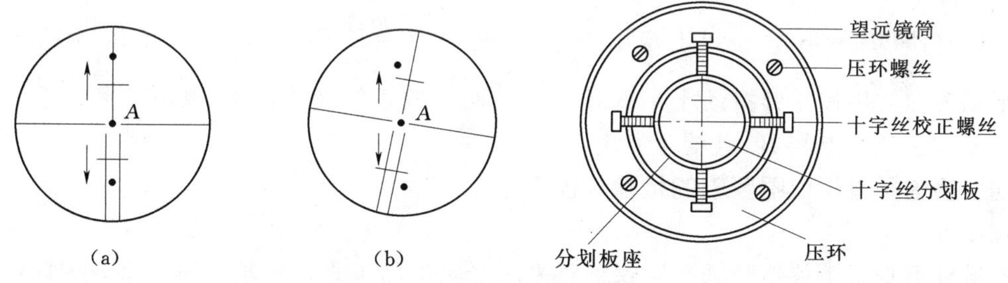

图 3-15　十字丝纵丝检验　　图 3-16　目镜座固定螺丝和十字丝校正螺丝

2. 校正

旋下十字丝目镜分划板护盖，松开与目镜筒相连的四个压环螺丝，如图 3-16 所示，转动目镜筒，使目标点 A 落在十字丝纵丝上为止。校正好后，将压环螺丝拧紧，旋上护盖。

三、视准轴垂直于水平轴的检验和校正

1. 检验

视准轴不垂直于水平轴所偏离的角值 C 称为视准轴误差。C 角是由于十字丝交点位置不正确而产生的。具有视准轴误差的望远镜绕水平轴旋转时，视准轴所形成的轨迹不是平面，而是一个圆锥面。这样观测同一竖直面内不同高度的点，水平度盘的读数将不相同，

从而产生测角误差。检验方法如下：

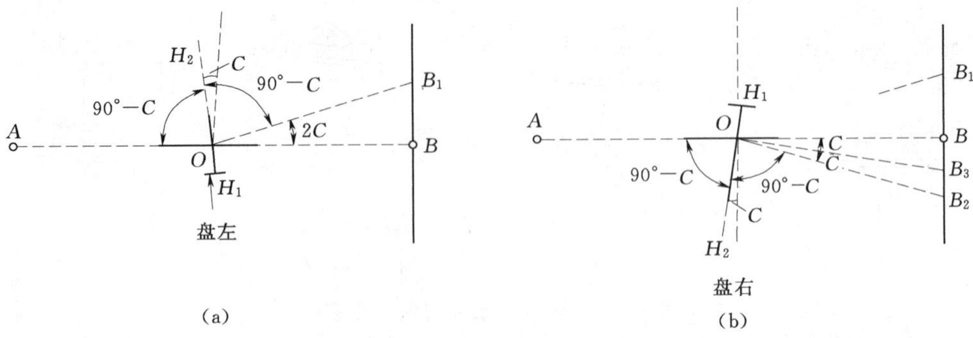

图 3-17　视准轴误差的检校

(1) 选择一平坦场地，如图 3-17 所示，在 A、B 两点（相距约 100m）的中点 O 安置仪器，在 A 点设立照准标志，在 B 点横放一根水准尺或毫米分划尺，使其尽可能与视线 OB 垂直。标志与水准尺的高度大致与仪器同高。

(2) 于盘左位置照准 A 点，固定照准部，然后纵转望远镜成盘右位置，在 B 尺上读数，得 B_1，如图 3-17 (a) 所示。

(3) 盘右位置再照准 A 点，固定照准部，纵转望远镜成盘左位置，再在 B 尺上读数，得 B_2，如图 3-17 (b) 所示。

如果 B_1 与 B_2 两个读数相同，说明条件满足；否则，需要校正。

2. 校正

如图 3-17 (b) 所示，B_1 与 B_2 两读数之差至仪器中心所夹的角度是视准轴误差的四倍，即 $\angle B_1OB_2=4C$。在尺上定出 B_3 点，使 $B_2B_3=\frac{1}{4}B_1B_2$；此时，OB_3 垂直于仪器的水平轴方向。用校正针拨动十字丝环左、右两个校正螺丝（图 3-17），平移十字丝分划板，至十字丝交点与 B_3 点重合为止。

四、横轴垂直于仪器竖轴的检验与校正

1. 检验

若横轴不垂直于仪器竖轴，则仪器整平后竖轴虽已竖直，横轴并不水平，因此，视准轴绕倾斜的横轴旋转所形成的轨迹是一个倾斜面。当照准同一竖直面内高度不同的目标点时，水平度盘的读数亦不相同，同样产生测角误差。检验方法如下：

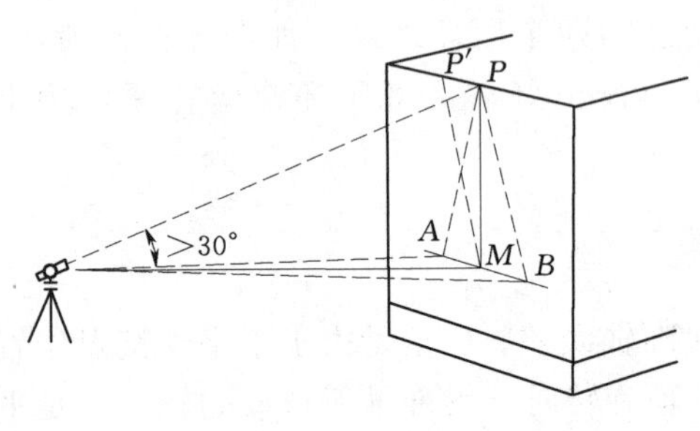

图 3-18　横轴误差的检校

如图 3-18 所示，在离墙壁约 20～30m 处安置经纬仪，盘左位置用十字丝交点照准墙上高处一点 P（倾角约 30°），固定照准部，放平望远镜在墙上标定一点 A；再用盘右位置同样照准 P 点，再放平望远镜，在墙上标出另一点 B。若 A、B 两点重合，说明横轴是水平的，横轴垂直于竖轴；若 A、B 两点不重合，则横轴倾斜，需要校正。

2. 校正

先在墙上取 AB 连线的中点 M，转动水平微动螺旋，使十字丝交点照准 M 点，转动望远镜，仰视 P 点，这时十字丝交点必然偏离 P 点，设为 P' 点。校正时，拨动望远镜支架一侧的校正螺丝，使横轴一端升高或降低，直至十字丝交点切准 P 点为止。升降支架时，应根据横轴轴承的结构来校正。J_6 级光学经纬仪采用偏心轴承，如图 3－19 所示。校正时，松开校正螺丝，转动偏心轴承（环），即可升高或降低横轴的一端，使横轴水平。

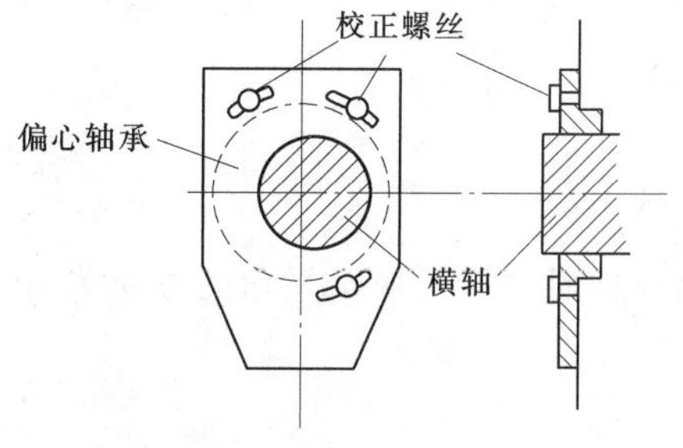

图 3－19　横轴支承偏心环

此项校正难度较大，通常由专业仪器检修人员进行。一般来讲，仪器在制造时此项条件是保证的，故通常情况下无须检校。

五、指标差的检验与校正

1. 检验

整平仪器，用盘左、盘右观测同一目标，使竖盘指标水准管气泡居中，分别读取竖盘读数 L 和 R，计算竖盘指标差 x，若 x 值超过 $1'$ 时，应进行校正。

2. 校正

先计算出盘右（或盘左）时的竖盘正确读数 $R_0=R-x$（或 $L_0=L-x$）。仪器仍保持照准原目标，然后转动竖盘指标水准管微动螺旋，使指标对准正确读数 R_0（或 L_0），此时指标水准管气泡不再居中，用校正针拨动水准管一端的上、下校正螺丝，使气泡居中。

此项检校亦应反复进行，直至指标差小于规定的限差为止。

任务七　水平角测量误差来源分析

一、仪器误差

仪器误差主要包括两个方面：一是仪器制造和加工不完善引起的误差，如度盘分划不均匀、水平度盘偏心等；二是仪器检校不完善引起的误差，如视准轴不垂直于水平轴、水平轴不垂直于竖轴、照准部水准管轴不垂直于竖轴等。这些误差可以用适当的观测方法来加以消除或减弱。例如采用盘左和盘右两个盘位观测取平均值的方法，可以消除视准轴不垂直于水平轴、水平轴不垂直于竖轴以及水平度盘偏心等误差的影响等；采用变换度盘位置观测取平均值的方法可减弱水平度盘刻划不均匀误差的影响等。仪器竖轴倾斜引起的误差，无法用观测方法来消除，因此，在视线倾斜过大的地区观测水平角，要特别注意仪器的整平。

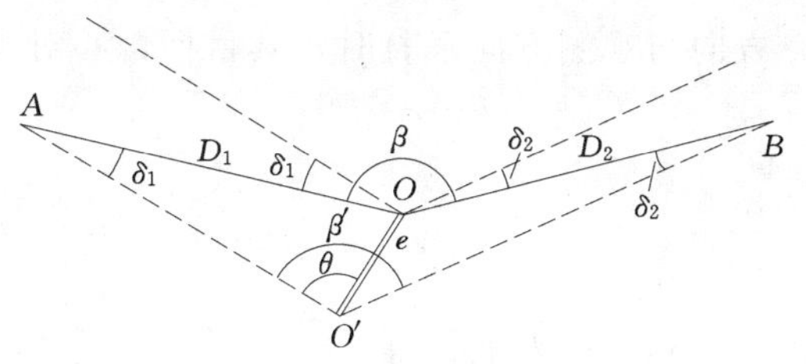

图 3－20　对中误差对水平角观测的影响

二、观测误差

1. 对中误差

如图 3－20 所示，O 为测站点，O' 为仪器中心，仪器对中误差对水平角的影响，与测站点的偏心距 e、边长 D，以及观测方向与偏心方向的夹角 θ 有关。观测的角值 β' 与正

确的角值β之间的关系为

$$\beta=\beta'+(\delta_1+\delta_2)$$

因δ_1和δ_2很小，故

$$\delta_1=\frac{\rho''}{D_1}e\sin\theta$$

$$\delta_2=\frac{\rho}{D}e\sin(\beta'-\theta)$$

故仪器对中误差对水平角的影响为

$$\delta=\delta_1+\delta_2=\rho''e\left(\frac{\sin\theta}{D_1}+\frac{\sin(\beta'-\theta)}{D_2}\right) \quad (3-8)$$

当$\beta'=180°$，$\theta=90°$时，δ最大。设$D_1=D_2=100\text{m}$，$e=3\text{mm}$，代入上式得

$$\delta=12.4''$$

由式（3-8）可见，仪器对中误差对水平角的影响与偏心距成正比，与测站点到目标的距离D成反比，e愈大，距离愈短，误差δ也愈大。因此，当角边较短、观测角β接近于180°时，应特别注意仪器的对中。

2. 整平误差

整平误差引起的竖轴倾斜误差，在同一测站竖轴倾斜的方向不变，它对水平角观测的影响与观测目标的倾角有关，倾角愈大，影响也愈大。竖轴倾斜误差不能通过盘左、盘右的观测方法加以消除。因此，必须注意仪器照准部水准管轴与竖轴垂直的检校，在观测中注意整平，尤其在山丘区观测水平角更应注意这一点。一般规定，在观测过程中，水准管气泡偏离中央不应超过一格。

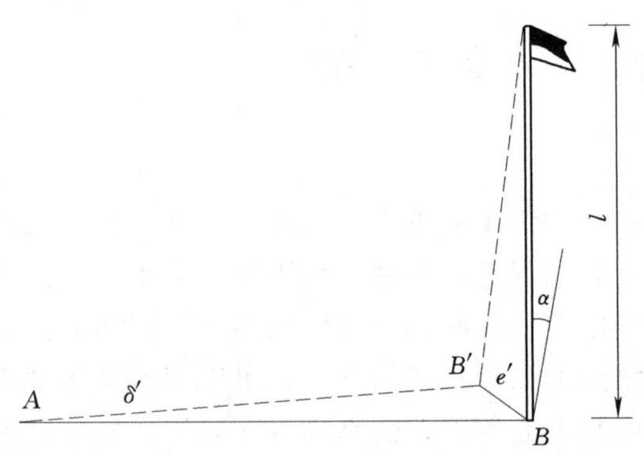

图 3-21 目标偏心引起的测角误差

3. 目标偏心误差

水平角观测时，常用标杆立于目标点上作为照准标志，当标杆倾斜或没有立在目标点的中心时，将产生目标偏心差，如图 3-21 所示，设l为标杆长度，α为标杆与铅垂线的夹角，目标的偏心距$e'=l\sin\alpha$。目标偏心与测站偏心对水平角观测的影响相似。当偏心方向与观测方向垂直时，其目标偏心对水平角产生的误差为

$$\delta'=\frac{e'}{D}\rho''=\frac{l\sin\alpha}{D}\rho'' \quad (3-9)$$

设标杆长为2m，标杆倾斜$\alpha=15'$，边长$D=100\text{m}$，代入上式得：$\delta'=18''$。

由式（3-9）可见，边长愈短，目标偏心误差对水平角观测的影响也愈大。因此，在

水平角观测中，除注意把标杆立直外，还应尽量照准标杆的底部，尤其当边长较短时，更应注意。

4. 照准误差

照准误差与望远镜的放大倍率有关。正常人眼睛的最小分辨角为60″，当所观察的两点对眼睛构成的视角小于60″时就不能分辨。通过放大率为V的望远镜瞄准目标时，照准误差为60″/V。一般J_6级光学经纬仪望远镜的放大倍率为25～30倍，则最大的照准误差为2.0″～2.4″。此外，照准误差还与目标的亮度及视差的消除程度有关。

5. 读数误差

读数误差主要取决于仪器的读数设备。对于DJ_6型光学经纬仪，用分微尺读数，一般估读误差不超过分微尺上最小分划的十分之一，即不超过6″。如果反光镜进光情况不佳，读数显微镜调焦不好，以及观测者的操作不熟练，则估读误差可能超过6″。

三、外界条件的影响

外界条件的影响很多，如大风影响仪器的稳定、地面的辐射热会引起物像的跳动、观测时光线不足影响照准精度、温度变化引起仪器轴线间关系的变动等。因此，要选择有利的观测时间和避开不利的观测条件，使这些外界条件的影响降低到较小的程度。

小　　结

角度测量是基本的测量工作，本项目着重介绍经纬仪的使用和测角方法。要求学生掌握测角的原理和测角的方法，并能在实践中得以应用。主要有以下内容：

（1）水平角和竖直角的概念及其测量原理。

（2）根据测量原理而制造的角度测量仪器——经纬仪（光学经纬仪和电子经纬仪），主要是光学经纬仪和电子经纬仪基本构造；掌握读数的方法以及经纬仪的使用方法。

（3）水平角的观测方法。主要介绍测回法的观测步骤、计算方法及限差规定。

（4）介绍了竖直角测量的主要结构、竖直度盘及其竖角计算公式、竖盘指标差、测量步骤。

（5）经纬仪的检验与校正以及角度测量误差分析，这主要是为了能顺利地完成测角任务达到相应的测角精度。这部分主要分析了经纬仪轴线应满足的条件、检验与校正的项目和角度测量的误差来源以及怎样减弱误差对测角的影响。

拓展和能力测试题

一、填空题

1. 使用经纬仪处于盘__________状态，称为正镜。

2. 光学经纬仪的十字丝刻划板上，上、下两横丝称为__________。

3. 在进行角度测量时为了提高测角精度，往往是增加测回数，每测回的起始读数应配置为__________。

4. 水平角观测通过增加测回数、变化度盘位置的方法来消除__________。

5. 水平角观测中，旁折光对水平角观测＿＿＿＿＿＿（有；没有）影响。

二、选择题

1. 用经纬仪观测水平角时，尽量照准目标的底部，其目的是为了消除（　　）误差对测角的影响。

A. 对中　　B. 照准　　C. 目标偏离中心

2. 采用盘左、盘右的水平角观测方法，可以消除（　　）误差。

A. 对中　　B. 十字丝的竖丝不铅垂　　C. $2C$

3. 竖直指标水准管气泡居中的目的是（　　）。

A. 使度盘指标处于正确位置　　B. 使竖盘处于铅垂位置

C. 使竖盘指标指向 90°

4. 经纬仪在盘左位置时将望远镜大致置平，使其竖盘读数在 0°左右，望远镜物镜端抬高时读数减少，其盘左的竖直角公式为（　　）。

A. $\alpha_{左}=90°-L$　　B. $\alpha_{左}=0°-L$ 或 $\alpha_{左}=360°-L$

C. $\alpha_{左}=L-90°$

5. 水平角测量的主要目的是（　　）。

A. 确定点的平面位置　　B. 确定点的高程

C. 确定水平距离　　D. 确定高差

6. 竖直角（　　）。

A. 只能为正　　B. 只能为负　　C. 可为正，也可为负　　D. 不能为零

7. 在一个竖直面内，视线与水平线的夹角叫做（　　）。

A. 水平角　　B. 竖直角　　C. 天顶距　　D. 方位角

8. 经纬仪整平目的是使（　　）处于铅垂位置。

A. 仪器竖轴　　B. 仪器横轴　　C. 水准管轴　　D. 视线

9. 经纬仪对中误差所引起的角度偏差与测站点到目标点的距离（　　）。

A. 成反比　　B. 成正比

C. 没有关系　　D. 有关系，但影响很小

10. 经纬仪对中和整平的操作关系是（　　）。

A. 互相影响，应反复进行　　B. 先对中，后整平，不能反复进行

C. 相互独立进行，没有影响　　D. 先整平，后对中，不能反复进行

11. 经纬仪精平操作应（　　）。

A. 升降脚架　　B. 调节脚螺旋　　C. 调整脚架位置　　D. 平移仪器

12. 经纬仪粗平操作应（　　）。

A. 升降脚架　　B. 调节脚螺旋　　C. 调整脚架位置　　D. 平移仪器

13. 经纬仪的管水准器和圆水准器整平仪器的精确度关系为（　　）。

A. 管水准精度高　　B. 圆水准精度高　　C. 精度相同　　D. 不确定

14. 经纬仪十字丝分划板上丝和下丝的作用是（　　）。

A. 防止倾斜　　B. 消除视差　　C. 瞄准目标　　D. 测量视距

15. 光学经纬仪水平度盘与读数指标的关系是（　　）。

A. 水平度盘随照准部转动，读数指标不动

B. 水平度盘与读数指标都随照准部转动

C. 水平度盘不动，读数指标随照准部转动

D. 水平度盘与读数指标都不随照准部转动

16. 旋转光学经纬仪的望远镜时，竖盘（　　）。

A. 随望远镜旋转，竖盘读数指标不动 B. 不动，竖盘读数指标随望远镜旋转

C. 不动，竖盘读数指标也不动 D. 与竖盘读数指标都随望远镜旋转

17. 测回法观测水平角时，照准不同方向的目标，照准部应（　　）旋转。

A. 盘左顺时针、盘右逆时针方向 B. 盘左逆时针、盘右顺时针方向

C. 总是顺时针方向 D. 总是逆时针方向

18. 水平角测量通常采用测回法进行，取符合限差要求的上下半测回平均值作为最终角度测量值，这一操作可以消除的误差是（　　）。

A. 对中误差 B. 整平误差 C. 视准轴误差 D. 读数误差

19. 6″级经纬仪观测某水平角 3 个测回，第二测回度盘配置应位于（　　）位置。

A. 0°稍大 B. 60°稍大 C. 90°稍大 D. 120°稍大

20. 水平角测量时，角值 $\beta=b-a$。现已知读数 a 为 182°33′24″，读数 b 为102°42′12″，则角值 β 是（　　）。

A. －79°51′12″ B. 280°08′48″ C. 79°51′12″ D. －280°08′48″

21. 下列记录格式正确的是（　　）。

A. 28°6′6″ B. 28°6′06″ C. 28°06′06″ D. 028°06′06″

22. 下列选项中，不属于仪器误差的是（　　）。

A. 横轴误差 B. 竖轴误差 C. 目标偏心误差 D. 视准轴误差

23. 当经纬仪竖轴与目标点在同一竖面时，不同高度的水平度盘读数（　　）。

A. 相等 B. 不相等

C. 盘左相等，盘右不相等 D. 盘右相等，盘左不相等

24. 测定一点竖直角时，若仪器高不同，但都瞄准目标同一位置，则所测竖直角（　　）。

A. 相同 B. 不同

C. 盘左相同，盘右不同 D. 盘右相同，盘左不同

25. 测量竖直角时，采用盘左、盘右观测，其目的之一是可以消除（　　）误差的影响。

A. 对中 B. 视准轴不垂直于横轴

C. 整平 D. 指标差

三、简答题

经纬仪的仪器误差主要包括哪些项目？哪些误差可以用盘左、盘右取中数的观测方法消除或削弱？

四、计算题

1. 整理用测回法观测水平角的记录簿，见表 3－3。问观测结果是否合格？

表 3-3 **观测水平角的记录簿**

测站	测回	目标	竖盘位置	水平度盘读数/(° ′ ″)	半测回角值/(° ′ ″)	一测回角值/(° ′ ″)	备 注
O	第一测回	A	左	0 03 18			
		B		97 19 36			
		A	右	180 03 24			
		B		277 19 36			
O	第二测回	A	左	90 02 06			
		B		187 18 12			
		A	右	270 02 12			
		B		7 18 24			
精度要求分析							

2. 完成表 3-4 中竖直角观测的计算。

表 3-4 **竖 直 角 观 测 记 录**

测站	目标	竖直位置	竖直读数/(° ′ ″)	半测回竖直角/(° ′ ″)	指标差/(° ′ ″)	一测回竖直角/(° ′ ″)	备 注
O	1	左	72 18 18				270° 180° 0° 90°
		右	287 42 00				
	2	左	96 32 48				
		右	263 27 30				

项目四　距　离　测　量

【教学目标】

本项目介绍了距离测量的方法，包括钢尺量距、视距测量和光电测距。通过学习本项目，要掌握水平距离的概念；掌握钢尺量距的一般方法；掌握直线定线的概念和方法；掌握视距测量的基本原理和施测方法；了解光电测距的基本原理；掌握光电测距仪的使用及全站仪的使用方法。

【教学要求】

任　务	能　力　要　求	相　关　知　识
钢尺量距	（1）能够根据工地实际情况选用钢尺量距方法； （2）能够利用钢尺等工具进行短距丈量； （3）能够利用钢尺等工具进行长距丈量	（1）水平距离的概念； （2）目估定线和经纬仪定线方法； （3）钢尺量距的一般方法； （4）钢尺量距的误差及注意事项
视距测量	（1）能够根据工地实际情况选用视距量距方法； （2）能够利用经纬仪等测量工具进行距离测量	（1）视距测量基本原理； （2）视距测量的观测与计算； （3）视距测量的注意事项
电磁波测距	（1）能够根据工地实际情况选用光电量距方法； （2）能够利用光电测距仪或电子全站仪等进行距离测量	（1）光电测量基本原理； （2）D3000 系列红外测距仪简介； （3）南方 NTS－350 全站仪简介

距离是确定地面点位置的基本要素之一，距离测量是确定地面点位的基本测量工作之一。距离是指地面两点之间的直线长度。主要包括两种：水平面两点之间的距离称为水平距离，简称平距；不同高度上两点之间的距离称为倾斜距离，简称斜距。

距离测量的方法有钢尺量距、视距测量、电磁波测距和 GPS 测距等。本项目重点介绍前三种距离测量方法。

任务一　钢　尺　量　距

钢尺量距工具简单，经济实惠，其丈量的精度可达到 1/1000～1/5000，精密丈量的精度可以达到 1/10000～1/40000，适合于平坦地区距离测量。

一、丈量的工具

通常使用的量距工具为钢尺、皮尺，还有测钎、标杆、弹簧秤和温度计等辅助工具。钢尺如图 4－1 所示，由条状薄钢条制成，有手柄式和皮盒式两种。长度有 20m、30m、

50m 几种。尺的最小刻划为 1cm、5mm 或 1mm。按尺的零点位置可分为端点尺和刻线尺两种。端点尺是从尺的拉环端点开始。端点尺适用于从建筑物墙边开始丈量。刻线尺是从尺上刻的一条竖线作为起点，如图 4－2 所示。使用钢尺时必须注意钢尺的零点位置，以免发生错误。

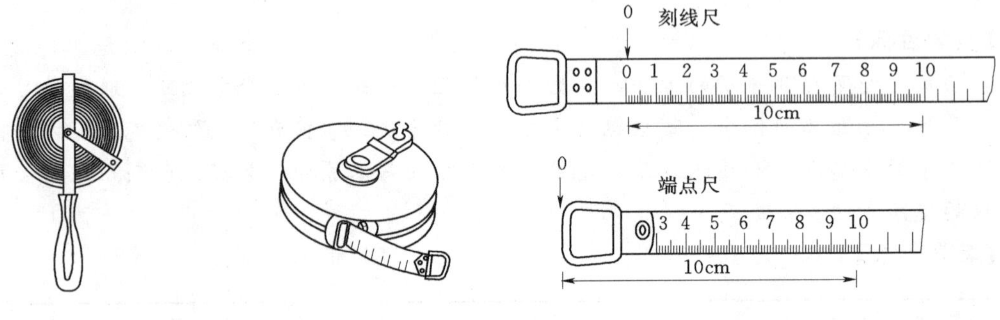

图 4－1 钢尺和皮尺　　图 4－2 刻线尺和端点尺

标杆又称花杆，长为 2m 或 3m，用木杆或空心钢管制成，杆上按 20cm 间隔涂上红白漆，杆底为锥形铁脚，用于显示目标和直线定线，如图 4－3 所示。

测钎用粗铁丝制成，如图 4－4 所示，长为 30cm 或 40cm，上部弯一个小圈，可套入环内，在丈量时用它来标定尺端点位置和计算所量过的整尺段数。

垂球是由金属制成的，似圆锥形，上端系有细线，是对点的工具。有时为了克服地面起伏的障碍，垂球常挂在标杆架上使用。

弹簧秤和温度计用在精密量距中控制拉力和测定地面温度，如图 4－5 所示。

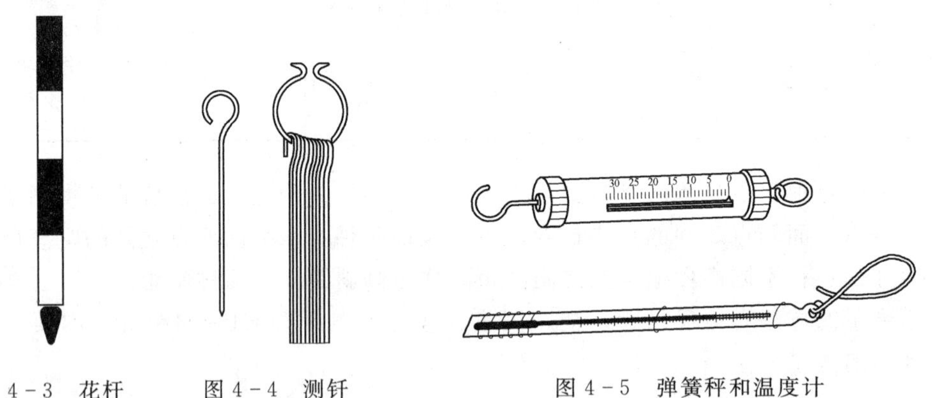

图 4－3 花杆　　图 4－4 测钎　　图 4－5 弹簧秤和温度计

二、直线定线

一般丈量的边长都比整根尺子长，这样两点之间的距离就需要丈量若干尺段，为使尺段点位不偏离测线的方向，就需要定线。所谓定线，就是将所有尺段点（也称节点）都标定在两点连线所决定的铅垂面内。定线工作一般用目估或仪器由远至近进行。

1. 目测定线

一般精度量距对定线的精度要求不高，可采用目测定线的方法。如图 4－6 所示，设 A、B 两点相互通视，要在 A、B 两点的直线上分段 1、2 点。先在 A、B 点上竖立标杆，

甲站在 A 点标杆后约 1m 处，指挥乙左右移动标杆，直到甲在 A 点沿标杆的同一侧看到 A、2、B 三支标杆成一条线为止。同理可以定出直线上的其他点。定线时一般要求点与点之间的距离稍小于一整尺长，地面起伏比较大时则宜更短；乙所持的标杆应竖直，利用食指和拇指夹住标杆的上部，稍微提起，利用重心使标杆自然竖直。此外，为了不挡住甲的视线，乙应持标杆站立在直线方向的左侧或右侧。目测定线的偏差一般小于 10cm，若尺段长为 30m 时，由此引起的距离误差小于 0.2mm，在图根控制测量中是可以忽略不计的。

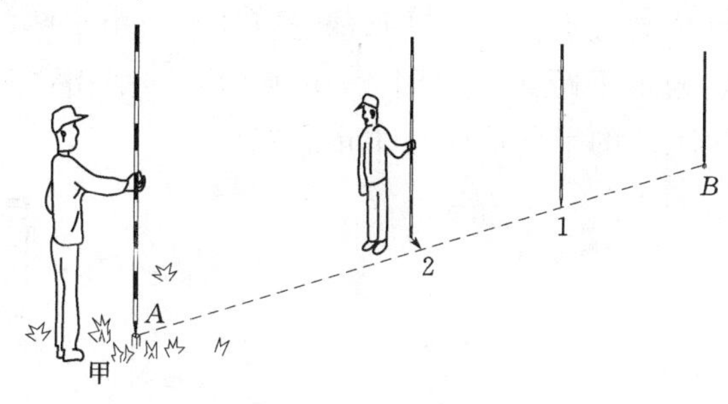

图 4-6 目测定线

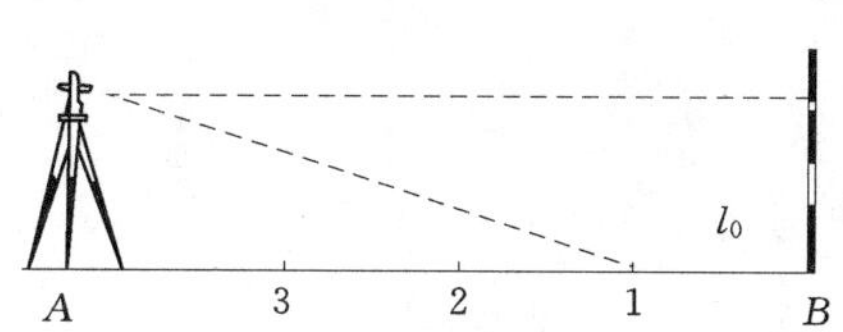

图 4-7 经纬仪定线

2. 经纬仪定线

经纬仪定线主要用于精密量距中。如图 4-7 所示，设 A、B 两点相互通视，将经纬仪安置在 A 点，用望远镜纵丝瞄准 B 点，制动照准部，望远镜上下转动，指挥在两点间某一点上的助手左右移动标杆，直至标杆像为纵丝所平分。为了减小照准部误差，精密定线时，可用直径更细的测钎或垂球线代替标杆，尽可能瞄准标杆的底部。

三、钢尺丈量的一般方法

1. 在平坦地面上丈量

要丈量平坦地面上 A、B 两点间的距离，其操作过程是：先在标定好的 A、B 两点立标杆，进行定线，如图 4-8 所示，然后进行丈量。丈量时后尺手拿尺的零端，前尺手拿尺的末端，后尺手把零点对准 A 点，前尺手把尺边近靠定线测钎，两人同时拉紧尺子，当尺拉稳后，前尺手对准尺的终点刻划将一测钎竖直插在地面上。这样就量完了第一尺段。

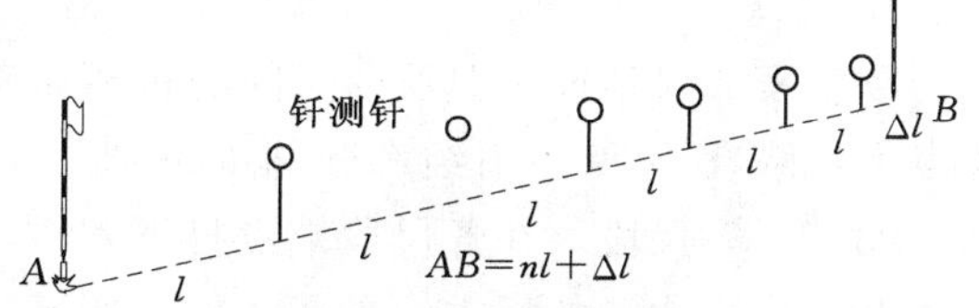

图 4-8 平坦地面距离丈量示意图

用同样的方法，继续向前量第二、第三……第 n 尺段。量完每一尺段时，后尺手必须将插在地面上的测钎拔出收好，用来计算量过的整尺段数。最后量不足一整尺段的距离，如图 4-8 所示。当丈量到 B 点时，由前尺手用尺上某整刻划线对准终点 B，后尺手在尺的零端读数至 mm，量出零尺段长度 Δl。

上述过程称为往测，往测的距离用下式计算：

$$D=nl+\Delta l \tag{4-1}$$

式中 l——整尺段的长度；

n——丈量的整尺段数；

Δl——余长。

接着再调转尺头用以上方法，从 B 至 A 进行返测，直至 A 点为止。然后再依据式（4-1）计算出返测的距离。往返各丈量一次称为一测回，在符合精度要求时，取往返距离的平均值作为丈量结果。

2. 在倾斜地面上丈量

（1）平量法。当地面倾斜不大时，则使尺子一端靠高地点桩顶，对准零端点位置，尺子另一端用垂球线紧靠尺子的某分划，将尺拉紧且水平。放开垂球线，使它自由下坠，垂球尖端位置，即为低点桩顶。然后量出两点的水平距离，如图 4-9 所示。一般由高往低独立丈量两次，在符合精度要求时，取两次距离的平均值作为丈量结果。

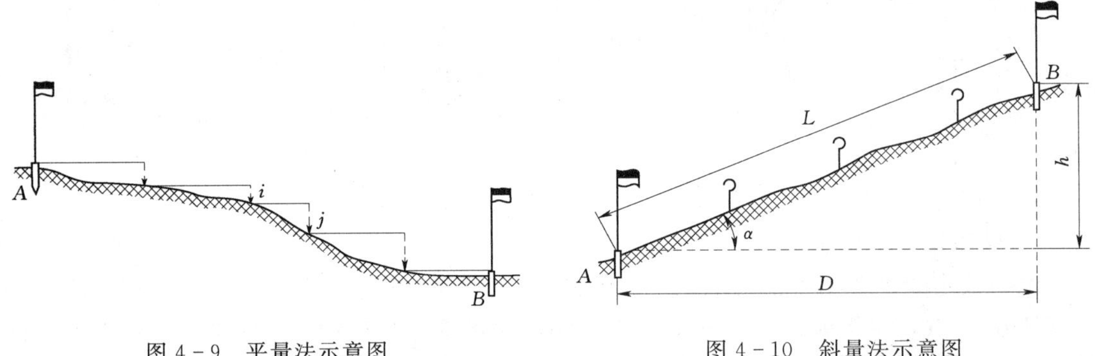

图 4-9　平量法示意图　　图 4-10　斜量法示意图

（2）斜量法。当倾斜地面的坡度比较均匀时，如图 4-10 所示。可以沿着斜坡丈量出 AB 的斜距 L，在倾斜地面上丈量，仍需往返进行，在符合精度要求时，取其平均值作为丈量结果。测出地面倾斜角 α 或两端点的高差 h，然后按下式计算 AB 的水平距离 D。即

$$D=L\cos\alpha=\sqrt{L^2-h^2} \tag{4-2}$$

四、精密丈量方法

1. 定线

欲精密丈量地面上 AB 两点间的距离，首先清除直线上的障碍物，然后安置经纬仪于 A 点上，瞄准 B 点，用经纬仪进行定线。在视线上依次定出此钢尺一整尺略短的 A1、12、23、…等尺段。在各尺段端点打下木桩，在木桩上划一条线或钉钉子，使其与 AB 方向重合，作为丈量的标志，如图 4-11 所示。

2. 量距

用检定过的钢尺丈量相邻两木桩之间的距离。丈量组一般由 5 人组成：2 人拉尺，2 人读数，1 人指挥兼记录和读温度。丈量时，拉伸钢尺置于相邻两木桩顶上，并使钢尺有刻划线一侧贴切十字线。后尺手将弹簧秤挂在尺的零端，以便施加钢尺检定时的标准拉力（30m 钢尺，标准拉力为 10kg），如图 4-12 所示。两端的读尺员同时根据十字交点读取读数，估读到 0.1mm 记入手簿。每尺段要移动钢尺位置丈量三次，三次测得的结果的较差视不同要求而定，一般不得超过 2mm，否则要重量。如在限差以内，则取三次结果的平均值，作为此尺段的观测成果。每量一尺段都要读记温度一次，估读到 0.5℃。

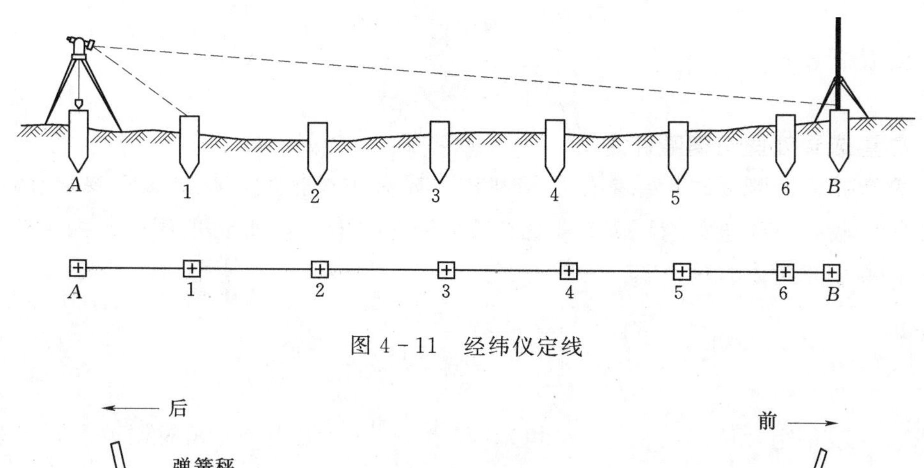

图 4-11　经纬仪定线

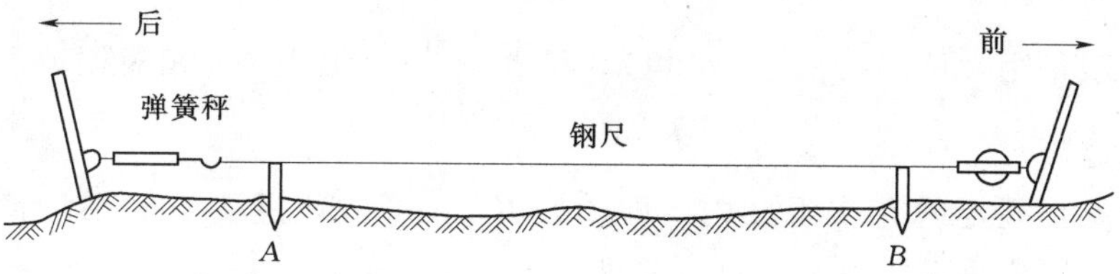

图 4-12　精密丈量

按上述由直线起点丈量到终点为往测，往测完毕后立即返测，每条直线所需丈量的次数视量边的精度要求而定。

3. 测量桩顶间高差

上述所量的距离，是相邻桩顶间的倾斜距离，为了改算成水平距离，要用水准测量方法测出相邻各桩顶间的高差，以便进行倾斜改正。水准测量宜在量距前或量距后往、返观测一次，进行检核。相邻两桩顶往、返所测高差之差，一般不得超过±10mm；如在限差以内，取其平均值作为观测成果。

4. 尺段长度的计算

精密量距中，每一尺段长需进行尺长改正、温度改正及倾斜改正，求出改正后的尺段长度。计算各改正数如下：

(1) 尺长改正。钢尺在标准拉力、标准温度下的检定长度 l'，与钢尺的名义长度 l_0 往往不一致，其差 $\Delta l=l'-l_0$ 数，即为整尺段的尺长改正。任一尺段 l 的尺长改正数为

$$\Delta l_k=\frac{l}{l_0}\Delta l \tag{4-3}$$

(2) 温度改正。设钢尺在检定时的温度为 t_0℃，丈量时的温度为 t℃，钢尺的线膨胀系数为 α，则某尺段 l 的温度改正为

$$\Delta l_t=\alpha l(t-t_0) \tag{4-4}$$

(3) 倾斜改正。设 L 为量得的斜距，h 为尺段两端间的高差，现要将 L 改算成水平距离 D'，故要加倾斜改正数：

$$\Delta l_h=-\frac{h^2}{2l} \tag{4-5}$$

倾斜改正数永远为负值。

(4) 尺段平距计算。

$$D'=l+\Delta l_k+\Delta l_t+\Delta l_h \tag{4-6}$$

（5）总长计算。

$$D=\sum D' \tag{4-7}$$

五、丈量成果处理与精度评定

为了避免错误和判断丈量结果的可靠性，并提高丈量精度，距离丈量要求往返丈量。用往返丈量的较差 ΔD 与平均距离 $D_{平}$ 之比来衡量它的精度，此比值用分子为 1 的分数形式来表示，称为相对误差 K，即

$$K=\frac{\Delta D}{D}=\frac{|D_{AB}-D_{BA}|}{\frac{1}{2}(D_{AB}+D_{BA})}=\frac{1}{M} \tag{4-8}$$

要求：一般量距：$K_{允}\leqslant\frac{1}{3000}$（平坦），$K_{允}\leqslant\frac{1}{1000}$（山区）。相对误差分母越大，说明量距的精度越高。

如相对误差在规定的允许限度内，即 $K\leqslant K_{允}$，可取往返丈量的平均值作为丈量成果。如果超限，则应重新丈量只到符合要求为止。

【例 4－1】 用钢尺丈量两点间的直线距离，往量距离为 285.613m，返量距离为 285.645m，今规定其相对误差不应大于 1/3000，试问所丈量成果是否满足精度要求？

解

$$D_{平}=\frac{1}{2}(D_{往}+D_{返})=285.613+285.645=285.629(\text{m})$$

$$\Delta D=D_{往}-D_{返}=285.613-285.645=-0.032(\text{m})$$

$$K=\frac{1}{D_{平}/|\Delta D|}=\frac{1}{285\times629\div|-0.032|}=\frac{1}{8925}$$

因为

$$K<K_{允}=\frac{1}{3000}$$

所以所丈量成果满足精度要求。

六、距离丈量的注意事项

1. 影响量距成果的主要因素

（1）尺身不平。尺为拉平即尺中间下垂，使得读数增大。尽量使用较短的钢尺（如 30m 的钢尺）。

（2）定线不直。定线不直使丈量沿折线进行，其影响和尺身不水平的误差一样，在起伏较大的山区或直线较长或精度要求较高时应用有经纬仪定线。

（3）拉力不均。钢尺的标准拉力多是 100N，故一般丈量中只要保持拉力均匀即可。

（4）对点和投点不准。丈量时用测钎在地面上标志尺端点位置，若前、后尺手配合不好，插钎不直，很容易造成 3～5mm 误差。如在倾斜地区丈量，用垂球投点，误差可能更大。在丈量中应尽力做到对点准确，配合协调，尺要拉平，测钎应直立，投点要准。

（5）丈量中常出现的错误。主要有认错尺的零点和注字，例如 6 误认为 9；记错整尺段数；读数时，由于精力集中于小数而对分米、米有所疏忽，把数字读错或读颠倒；记录

员听错、记错等。为防止错误就要认真校核，提高操作水平，加强工作责任心。

2. 注意事项

(1) 丈量距离会遇到地面平坦、起伏或倾斜等各种不同的地形情况，但不论何种情况，丈量距离有三个基本要求："直、平、准"。直，就是要量两点间的直线长度，不是折线或曲线长度，为此定线要直，尺要拉直；平，就是要量两点间的水平距离，要求尺身水平，如果量取斜距也要改算成水平距离；准，就是对点、投点、计算要准，丈量结果不能有错误，并符合精度要求。

(2) 丈量时，前后尺手要配合好，尺身要置水平，尺要拉紧，用力要均匀，投点要稳，对点要准，尺稳定时再读数。

(3) 钢尺在拉出和收卷时，要避免钢尺打卷。在丈量时，不要在地上拖拉钢尺，更不要扭折，防止行人踩和车压，以免折断。

(4) 尺子用过后，要用软布擦干净后，涂以防锈油，再卷入盒中。

任务二　视　距　测　量

视距测量是利用测量仪器望远镜中的视距丝并配合视距尺，根据几何光学及三角学原理，同时测定两点间的水平距离和高差的一种方法。此法操作简单，速度快，不受地形起伏的限制，但测距精度较低，一般相对误差可达1/200，故常用于地形测图。

一、视距测量原理

1. 视线水平时的距离与高差公式

如图4-13所示，欲测定A、B两点间的水平距离D及高差h，可在A点安置经纬仪，B点立视距尺，设望远镜视线水平，瞄准B点视距尺，此时视线与视距尺垂直。若尺上M、N点成像在十字丝分划板上的两根视距丝m、n处，那么尺上MN的长度可由上，下视距丝读数之差求得。上，下丝读数之差称为视距间隔或尺间隔。

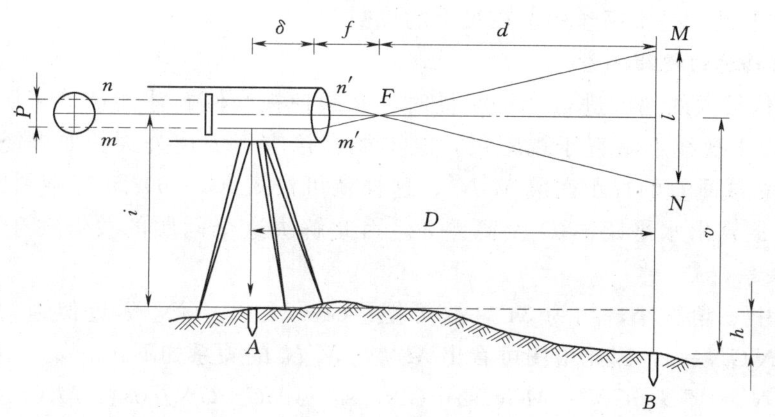

图4-13　视线水平时的视距测量

图4-13中l为视距间隔，p为上、下视距丝的间距，f为物镜焦距，δ为物镜至仪器中心的距离。

由相似三角形 $m'n'F$ 与 MNF 可得

$$\frac{d}{f}=\frac{l}{P},\ d=\frac{f}{P}l$$

由图看出

$$D=d+f+\delta$$

则 A、B 两点间的水平距离为

$$D=\frac{f}{P}l+f+\delta$$

令

$$\frac{f}{P}=K,\ f+\delta=C$$

则

$$D=Kl+C \tag{4-9}$$

现代常用的内对光望远镜的视距常数，设计时已使 $K=100$，C 接近于零，所以公式 4-9 可改写为

$$D=Kl \tag{4-10}$$

式中　K、C——视距乘常数和视距加常数；

l——视距间隔；

P——视距丝间隔；

f——物镜焦距；

δ——物镜至仪器中心的距离。

同时，由图 4-10 可以看出 A，B 的高差

$$h=i-v \tag{4-11}$$

式中　i——仪器高，是桩顶到仪器横轴中心的高度；

v——瞄准高，是十字丝中丝在尺上的读数。

2. 视线倾斜时的视距测量

在地面起伏较大的地区进行视距测量时，必须使视线倾斜才能读取视距间隔，如图 4-14 所示。由于视线不垂直于视距尺，故不能直接应用上述公式。如果能将视距间隔 MN 换算为与视线垂直的视距间隔 $M'N'$，这样就可按式（4-6）计算倾斜距离 l，再根据 l 和竖直角 α 算出水平距离 D 及高差 h。因此解决这个问题的关键在于求出 MN 与 $M'N'$之间的关系。

图 4-14 中 φ 角很小，约为 $34'$，故可把$\angle GM'M$ 和$\angle GN'N$ 近似地视为直角，而$\angle M'GM=\angle N'GN=\alpha$，因此由图可看出 MN 与 $M'N'$的关系如下：

$$M'N'=M'G+GN'=MG\cos\alpha+GN\cos\alpha=(MG+GN)\cos\alpha=MN\cos\alpha$$

设 $M'N'$为 l'则

$$l'=l\cos\alpha$$

根据式（4-10）得倾斜距离

$$D'=Kl'=Kl\cos\alpha$$

所以 A、B 的水平距离

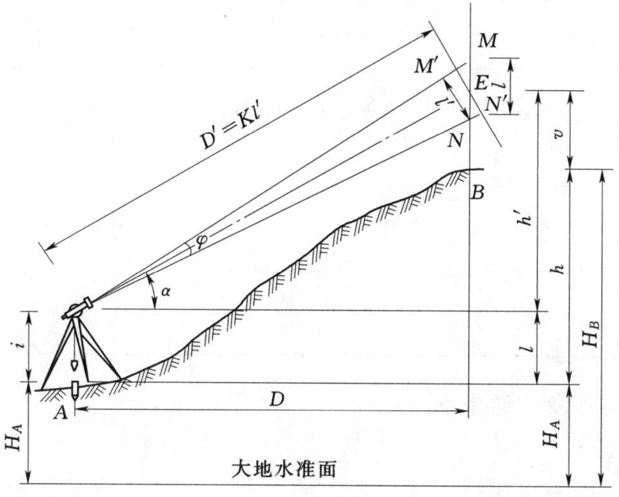

图 4-14 视线倾斜时的视距测量

$$D=L\cos\alpha=Kl\cos^2\alpha \tag{4-12}$$

由图 4-14 中看出，A、B 间的高差 h 为

$$h=h'+i-v$$

其中
$$h'=L\sin\alpha=Kl\cos\alpha\sin\alpha=\frac{1}{2}Kl\sin2\alpha$$

式中 h'——初算高差。

所以 A、B 间的高差为

$$h=\frac{1}{2}kl\sin2\alpha+i-v \tag{4-13}$$

根据式（4-12）计算出 A、B 间的水平距离 D 后，高差 h 也可按下式计算：

$$h=D\tan\alpha+i-v \tag{4-14}$$

在实际工作中，应尽可能使瞄准高 v 等于仪器高 i，以简化高差 h 的计算。

若采用观测天顶距来计算平距和高差，则采用下列公式：

$$D=Kl\sin^2 Z \tag{4-15}$$

$$h=\frac{1}{2}Kl\sin^2 Z+i-v \tag{4-16}$$

二、视距测量的观测和计算

视距测量的观测和计算按以下步骤进行：

（1）在测站 A 安置经纬仪，量取仪器高 i，在目标点 B 竖立视距尺。

（2）以盘左转动望远镜照准标尺，使中丝截标尺上与仪器高 i 相等的读数或某一整数 S，分别读取下、上、中三丝读数，并以下丝读数减去上丝读数得视距间隔 l。

（3）旋转指标水准管微动螺旋，使指标水准管气泡居中，读取竖盘读数，并按盘左竖角公式计算竖角 α。

（4）将观测值记入手簿（表 4-1），再按式（4-13）、式（4-14）计算水平距离、高差，并根据测站高程计算出测点的地面高程。

表 4-1　　视距测量手簿

测站 A　　测站高程 25.17m　　仪器高 i 1.45m　　仪器 DJ_6

点号	上丝读数 下丝读数 /m	视距间隔 l/m	中丝读数 S/m	竖直角/ (°　′　″)	水平距离 D/m	高差 h/m	高程 H/m
1	2.237	1.574	1.450	+21848	157.14	+6.35	31.52
	0.663						
2	2.445	0.890	2.000	−51736	88.24	−8.73	16.44
	1.555						

三、视距测量误差及注意事项

1. 视距测量的误差

（1）读数误差用视距丝在视距尺上读数的误差，与尺子最小分划的宽度、水平距离的远近和望远镜放大倍率等因素有关，因此读数误差的大小，视使用的仪器，作业条件而定。

（2）垂直折光影响是由于光线通过不同密度的空气层到达望远镜的，越接近地面的光线受折光影响越显著。经验证明，当视线接近地面在视距尺上读数时，垂直折光引起的误差较大，并且这种误差与距离的平方成比例地增加。

（3）视距尺倾斜误差的影响与竖直角有关，尺身倾斜对视距精度的影响很大。

2. 注意事项

（1）为减少垂直折光的影响，观测时应尽可能使视线离地面 1m 以上。

（2）作业时，要将视距尺竖直，并尽量采用带有水准器的视距尺。

（3）要严格测定视距常数，扩值应在 100±0.1 之内，否则应加以改正。

（4）视距尺一般应是厘米刻划的整体尺。如果使用塔尺应注意检查各节尺的接头是否准确。

（5）要在成像稳定的情况下进行观测。

任务三　电 磁 波 测 距

电磁波测距（简称 EDM）是用电磁波（光波或微波）作为载波传输测距信号直接测量两点间距离的一种方法。与传统的钢尺量距和视距测量相比，EDM 具有测程长、精度高、作业快、工作强度低、几乎不受地形限制等优点。

电磁波测距仪按测程分为短程测距仪（小于 10km）、中程测距仪（10～25km）和远程测距仪（大于 25km）。按测距精度来分，有Ⅰ级（小于 5mm）、Ⅱ级（5～10mm）和Ⅲ级（大于 10mm）。按载波可分为：用微波段的无线电波作为载波的微波测距仪；用激光作为载波的激光测距仪；用红外光作为载波的红外测距仪，后两者又统称为光电测距仪。微波和激光测距仪多属于长程测距，测程可达 60km，一般用于大地测量，而红外测距仪属于正、短程测距仪（测程为 15km 以下），一般用于小区域控制测量、地形测量、地籍

测量和工程测量等。按测定时间的方式分为直接测定时间的脉冲式测距仪和间接测定时间的相位式测距仪。按基本功能的类型有以下几种。专用型：只用于测量距离；半站型：测距仪与光学经纬仪组合在一起，称为半站型仪器；全站型：测距仪与光电经纬仪组合的仪器，或者测距仪与光电经纬仪结合为一体化仪器，称为全站型仪器，简称全站仪。

本任务主要介绍光电测距仪的基本原理和测距方法。

一、光电测距仪的基本原理

如图 4-15 所示，欲测定 A、B 两点间的距离 D，安置仪器于 A 点，安置反射镜于 B 点。仪器发射的光束由 A 至 B，经反射镜反射后又返回到仪器。设光速 c 为已知，如果光束在待测距离 D 上往返传播的时间已知为 t。则距离 D 可由下式求出：

$$D=\frac{1}{2}ct \tag{4-17}$$

其中

$$c=c_0/n$$

式中　c_0——真空中的光速值，其值为 299792458m/s；

n——大气折射率（$n \geqslant 1$），它与测距仪所用光源的波长、测线上的气温 t、气压 P 和湿度 e 有关。

由式（4-17）可知，距离 D 的精度，主要取决于时间 t 和光速 c 的测定精度。光速值已能精确获得，而时间 t 可按脉冲法和相位法两种方法确定。例如要求保证 ±1cm 的测距精度，时间测定要求准确到 6.7×10^{-11}s，这是难以做到的。因此，大多采用间接测定法来测距。

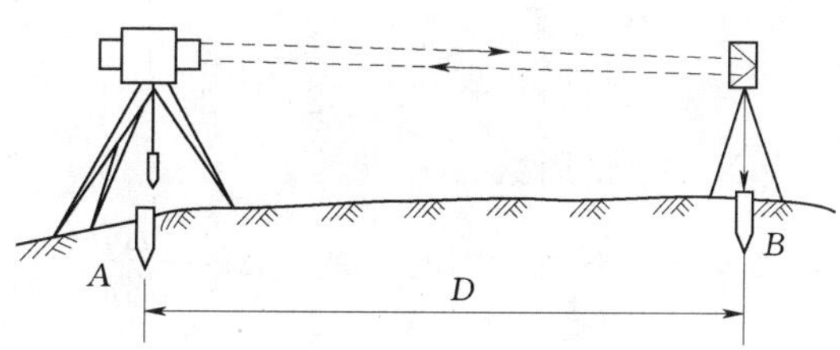

图 4-15　光电测距原理图

1. 脉冲式测距

脉冲法测距是直接测量光波传播的时间，即由测距仪的发射系统发出光脉冲，经被测目标反射后，再由测距仪的接收系统接收，测出这一光脉冲往返所需时间间隔的钟脉冲的个数以求得距离 D。由于计数器的频率一般为 300MHz，测距精度为 0.5m，精度较低。

目前的脉冲式测距仪，一般用固体激光器作光源，能发射出高频率的光脉冲，因而这类仪器可以不用合作目标（如反射器），直接用被测目标对光脉冲产生的漫反射进行测距，在地形测量中可实现无人跑尺，从而减轻劳动强度，提高作业效率，特别是在悬崖陡壁的地方进行地形测量，此种仪器更具有实用意义，现已普遍使用。

2. 相位式测距

它由测距仪的发射系统发出一种连续的调制光波，测出该调制光波在测线上往返传播所产生的相位移 φ 来间接测定传播时间 t，从而求得被测距离 D。红外光电测距仪就是典型的相位式测距仪。以往工程测量中使用的测距仪几乎都是相位式测距。

将调制光波的往程和返程展开，则有如图 4-16 所示的波形。

设调制波的调制频率为 f，它的周期 $T=\frac{1}{f}$，相应的调制波长 $\lambda=cT=\frac{c}{f}$。由图 4-13 可知，调制波往返于测线传播过程所产生的总相位变化 Φ 中，包括 N 个整周变化

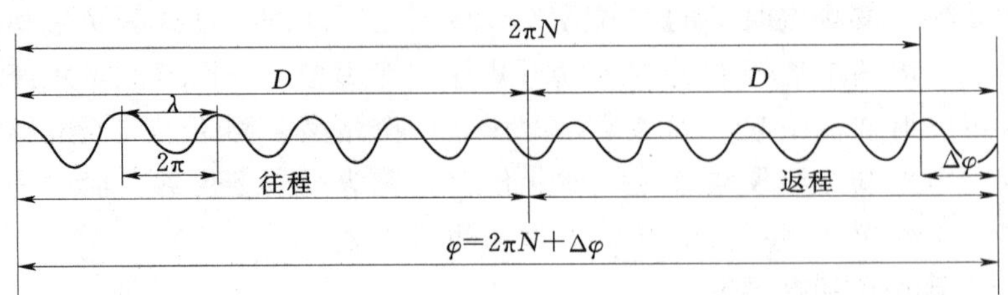

图 4-16　相位式测距基本原理

$N \cdot 2\pi$和不足一周的相位余数 $\Delta\varphi$，即

$$\varphi = N \cdot 2\pi + \Delta\varphi \tag{4-18}$$

根据相位 φ 和时间 t 的关系式 $\varphi=\omega t$，其中 ω 为角频率，则

$$t=\frac{\varphi}{\omega}=\frac{\varphi}{2\pi f}=\frac{1}{2\pi f}(N \cdot 2\pi+\Delta\varphi) \tag{4-19}$$

将上式代入式（4-17）中，得

$$D=\frac{1}{2}C\times\frac{\varphi}{2\pi f}=\frac{c\varphi}{4\pi f}=\frac{c}{2f}\left(N+\frac{\Delta\varphi}{2\pi}\right)=L(N+\Delta N) \tag{4-20}$$

式中　L——测尺长度，$L=\frac{c}{2f}=\frac{\lambda}{2}$；

N——整周数；

ΔN——不足一周的余数，$\Delta N=\frac{\Delta\Phi}{2\pi}$。

由此可以看出，这种测距方法同钢尺量距相类似，用一把长度为$\frac{\lambda}{2}$的“光尺”来丈量距离，式中 N 为整尺段数，而 $\Delta N \cdot \frac{\lambda}{2}$等于 ΔL 为不足一尺段的余长，则

$$D=NL+\Delta L \tag{4-21}$$

式中　c，f，L——已知值；

$\Delta\Phi$，ΔN 或 ΔL——测定值。

ΔN 或 ΔL 和 N 的测算方法有可变频率法和固定频率法。在此就不讨论了。

相位法测距相当于用“光尺”代替钢尺量距，$\frac{\lambda}{2}$为光尺长度。相位式测距仪中，相位计只能测出相位差的尾数 ΔN，测不出整周期数 N，因此对大于光尺的距离无法测定。为了扩大测程，应选择较长的光尺。为了解决扩大测程与保证精度的矛盾，短程测距仪上一般采用两个调制频率，即两种光尺。例如：长光尺（称为粗尺）$f_1=150\text{kHz}$，$\lambda_{1/2}=1000\text{m}$，用于扩大测程，测定百米、十米和米；短光尺（称为精尺）$f_2=15\text{MHz}$，$\lambda_{2/2}=10\text{m}$，用于保证精度，测定米、分米、厘米和毫米。

综上所述，当待测距离较长时，为了既保证必需的测距精度又满足测程的要求，在考虑到仪器的测相精度为千分之一的情况下，我们可以在测距仪中设置几把不同的测尺频率，即相当于设置了几把长度不同、最小分划值也不相同的“尺子”，用它们同测某段距离，然后将各自所测的结果组合起来，就可得到单一的、精确的距离值。

二、D3000 系列红外测距仪简介

D3000 系列测距仪是常州大地测距仪厂的荣誉产品，工艺成熟，质量稳定可靠，是国产测距仪的主要产品。如图 4－17 所示。

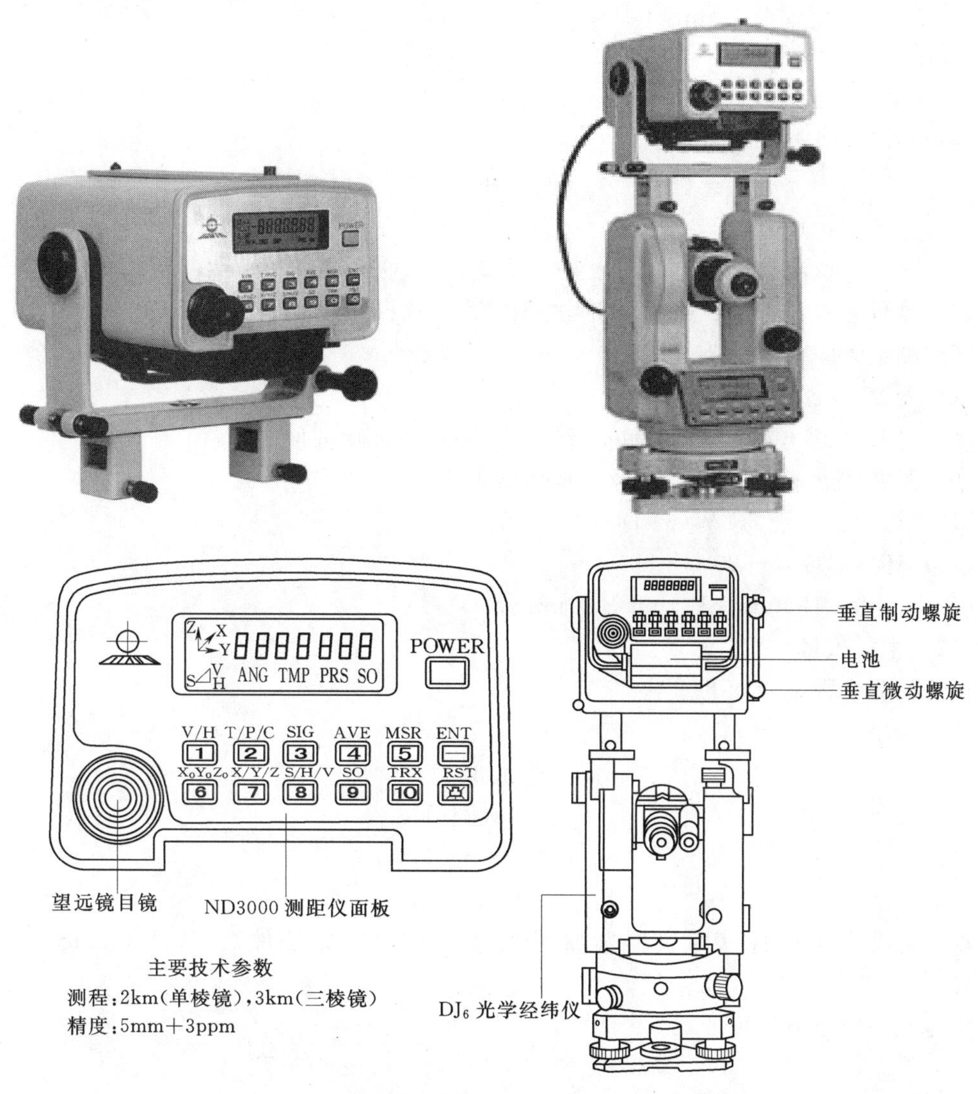

图 4－17　D3000 红外测距仪

(一) D3000 系列的主要技术指标

(1) 测程。

型号	单棱镜	三棱镜	九棱镜
D3010	1200m	1800m	
D3030	2000m	3000m	
D3050	2200m	3200m	
D3000S	2000m	3000m	4500m

（2）精度。

$$m_D = \pm(A + B \times 10^{-6} D) \tag{4-22}$$

式中　m_D——测距中误差，mm；

A——固定误差，mm；

B——比例误差；

D——距离，km。

D3000 系列测距精度为

$$m_D = \pm(5 + 5 \times 10^{-6} D) \text{和} m_D = \pm(3 + 2 \times 10^{-6} D)$$

（3）分辨率：1mm。

（4）显示：位液晶显示器（最大显示距离 9999.99m）。

（5）测量方式：单次、连续、平均、跟踪、平距、高差、坐标、预置放样。

（6）测量时间：连续 3s 、跟踪 0.8s。

（7）光源：红外发光二极管。

（8）电源：镍—镉电池，装卸式 6V，1.2A/h，充电时间 14h。

（9）照准望远镜：13 倍，正像，视场角 1.5°。

（10）功耗：小于 3.6W(6VDC)。

（11）环境温度：－20～＋50℃。

（12）体积：185mm×124mm×81mm。

（13）主机重量：1.6kg。

仪器部分参数说明如下。

发射频率：

$$F_{精} = 14835546\text{Hz}$$

$$F_{粗1} = 146886\text{Hz}$$

$$F_{粗2} = 149854\text{Hz}$$

发射光波长：　　$\lambda = 0.865\mu\text{m}$

仪器标准气象条件（即仪器气象修正值为 0 时气象条件）：气压：1013mbar，温度：15℃

仪器气象修正值计算公式：

$$D = 278.96 - 0.2904P/(1 + 0.003661T)$$

式中　D——修正值单位，$\times 10^{-6}$；

P——气压单位，hPa；

T——温度，℃。

若使用的气压的单位是 mmHg 时可换算 hPa。

换算公式：1hPa＝0.75mmHg。

（二）结构与性能

1. 主机

如图 4－17 所示，主机有发射、接收物镜、显示器和键盘。该测距仪主机可通过连接器安置在普通光学经纬仪或电子经纬仪上。利用光轴调节螺旋，可使测距仪主机的光轴与

经纬仪视准轴位于同一个竖直面内。同时，测距仪水平轴到经纬仪水平轴的高度与觇牌中心到反射镜的高度相同，因此经纬仪瞄准觇牌中心的视线与测距仪瞄准反射棱镜中心的视线能保持平行。

2. 反射镜

反射镜按其镜数的多少分为单棱镜、三棱镜和九棱镜，图 4－17 为单棱镜。通常距离在 1500m 以内选用单棱镜，若距离超过 1500m 但小于 2500m 则选用三棱镜，棱镜安置在三脚架上，利用光学对中器和水准管进行对中和整平。

三、距离测量的步骤

（1）先在测站上将电子经纬仪对中整平，将电子经纬仪初始设置到 D3000 的位置上。

（2）取出 D3000 系列测距仪，安装电池，把测距仪装载在经纬仪的支柱上。

（3）用 CE－201N 电缆联接测距仪和电子经纬仪。

CE－201N 联机时需插到位，且联接电子经纬仪盘左时的物镜斜下方接口。

（4）镜站安装好反射棱镜。

（5）照准目标。经纬仪照准觇牌中心。测距仪照准反射棱镜中心，如图 4－18 所示。

（6）测距准备。按电源开关键 PWR 开机，主机自检并显示原设定的温度、气压和棱镜常数值。需输入此时此地新的温度、气压和棱镜常数值。

（7）距离测量。按距离测量键进行测量。

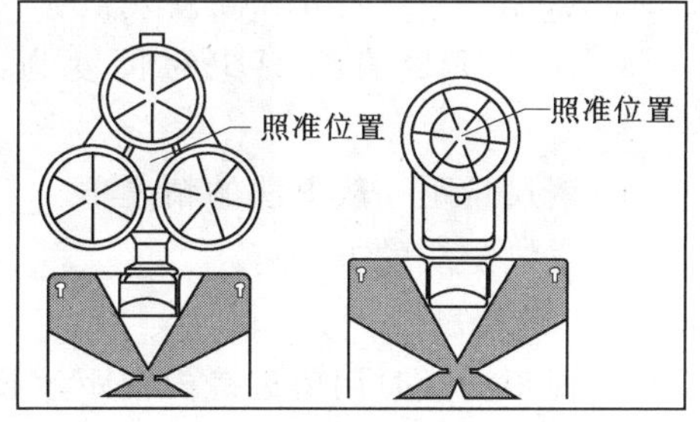

图 4－18　照准棱镜示意图

四、测距仪使用注意事项

（1）不准将测距仪物镜对准太阳或其他强光源，以免损坏测距仪内感光元件。

（2）气象条件对光电测距影响较大，无风的阴天是观测的良好时机。

（3）测线应尽量离开地面障碍物 1.3m 以上，避免通过发热体和较宽水面的上空。

（4）测线应避开强电磁场干扰的地方，例如测线不宜接近变压器、高压线等。

（5）镜站的后面不应有反光镜和其他强光源等背景的干扰。

（6）注意爱护仪器，防止仪器受日晒雨淋，阳光下或雨天观测应撑伞保护仪器。

（7）如出现电压报警，注意及时更换电池。测距完毕后应立即关机，换站时应断电后再搬仪器。

小　结

距离测量是测量的基本工作之一，本项目主要介绍钢尺量距、视距测量和光电测距，其主要内容如下。

1. 钢尺量距

钢尺量距是指利用钢尺进行距离丈量的方法。钢尺量距方法分为一般方法和精密方法：一般方法的精度要求为 1/3000 以上；精密方法的精度要求为 1/10000 以上。钢尺量距方法一般只适用于平坦地区。

2. 视距测量

视距测量是指利用光学仪器进行距离丈量的方法。视距测量的精度较低一般仅为 1/300～1/200。若水准仪进行视距测量时，要求地面起伏不能大于仪器高度。若用经纬仪进行视距测量，则无此限制。视距测量可用于平坦地区也可用于山区。

3. 光电测距

光电测距是指利用测距仪或全站仪进行距离的方法。光电测距精度较钢尺量距和视距测量都高，且不受地理条件限制，是目前较为先进的距离测量方法。

拓展和能力测试题

一、填空题

1. 用目估法或经纬仪法把许多点标定在某一已知直线上的工作为__________。

2. 仪器安置在 A 点进行视距测量，仪器高 $i=1.480$m，在 B 点上立尺，读得上、中、下三丝读数为 2.205m、1.500m、0.759m，测出竖直角为 3°26′48″。由此分别求得水平距离 D_{AB} 为__________ m 和高差 h_{AB} 为__________ m。

3. 往返丈量直线 AB 的长度为：$D_{AB}=126.72$m，$D_{BA}=126.76$m，其相对误差为__________。

4. 钢尺量距一般方法的精度 K __________，困难地区 K __________。

5. 直线定线的方法有__________、__________两种。

二、选择题

1. 视距测量时用望远镜内视距丝装置，根据几何光学原理同时测定两点间的（　　）的方法。

A. 斜离和高差　B. 水平距离和高差　C. 距离和高程

2. 一钢尺名义长 $l_{名}=50$m，检定时平铺量整尺得实长 $l_{实}=50.0046$m，则用该尺平铺量相应一整尺的误差与改正数为（　　）mm。

A. ±4.6、+4.6　B. ±4.6、−4.6

C. −4.6、+4.6　D. +4.6、+4.6

3. 量得两点间的倾斜距离为 S，倾斜角为 α，则两点间水平距离为（　　）。

A. $S\sin\alpha$　B. $S\cos\alpha$　C. $S\tan\alpha$　D. $S\cot\alpha$

4. 一钢尺名义长度为 30m，与标准长度比较得实际长度为 30.015m，则用其量得两点间的距离为 64.780m，该距离的实际长度是（　　）。

A. 64.748m　B. 64.812m　C. 64.821m　D. 64.784m

5. 在测量学科中，距离测量的常用方法有钢尺量距、电磁波测距和（　　）测距。

A. 视距法　B. 经纬仪法　C. 水准仪法　D. 罗盘仪法

6. 某段距离的平均值为 100mm，其往返较差为+20mm，则相对误差为（　　）。

A. 0.02/100　B. 0.002　C. 1/5000　D. 1/10000

7. 在距离丈量中衡量精度的方法是用（　　）。

A. 往返较差　B. 相对误差　C. 闭合差　D. 绝对误差

8. 距离丈量的结果是求得两点间的（　　）。

A. 斜线距离　　B. 水平距离　　C. 折线距离　　D. 坐标差值

9. 精密钢尺量距，一般要进行的三项改正是尺长改正、（　　）改正和倾斜改正。

A. 比例　　B. 高差　　C. 气压　　D. 温度

10. 精密钢尺量距中，所进行的倾斜改正量（　　）。

A. 不会出现正值　　B. 不会出现负值

C. 不会出现零值　　D. 会出现正值、负值和零值

11. 电磁波测距的基本原理是：（　　）（说明：c 为光速，t 为时间差，D 为空间距离）。

A. $D=ct$　　B. $D=\frac{1}{2}ct$　　C. $D=\frac{1}{4}ct$　　D. $D=2ct$

12. 在测距仪及全站仪的仪器说明上的标称精度，常写成$\pm(A+BD)$，其中，B 称为（　　）。

A. 固定误差　　B. 固定误差系数　　C. 比例误差　　D. 比例误差系数

13. 全站仪具有（　　）功能。

A. 测角　　B. 测边

C. 测坐标　　D. 测角、测边、测坐标

14. 红外光测距测线上应该（　　）。

A. 没有障碍物；测线上只架一个反射器；不存在强烈光源，严禁强烈光对射测距仪；测距时应加强监察

B. 有障碍物；测线上可架多个反射器，不存在强烈光源，不能有强光对射，测距有自动化功能不必监察

C. 有障碍物；测线上架一个反射器，也可有多个反射器，有强烈光对射测距仪，测距时应监察

项目五 定 向 测 量

【教学目标】

了解直线方向的表示方法，了解三种方位角之间的关系；着重掌握坐标方位角的推算公式并能够进行坐标方位角的推算；掌握坐标正、反算的基本方法；掌握罗盘仪的使用，并能够使用罗盘仪测定直线的磁方位角。

【教学要求】

任　务	能　力　要　求	相　关　知　识
直线方向的表示方法	（1）能够根据工程实际情况选择合适的表示直线方向的方法； （2）了解三种方位角之间的关系的换算； （3）能够进行坐标方位角与象限角关系的换算； （4）能够用罗盘仪测定直线的磁方位角	（1）标准方向； （2）真方位角、磁方位角、坐标方位角以及象限方位角的概念； （3）三种方位角之间的关系； （4）罗盘仪的构造和使用； （5）用罗盘仪测定直线磁方位角
坐标方位角的计算	（1）能够计算直线的正、反坐标方位角； （2）能够进行直线坐标方位角的推算	（1）正、反坐标方位角的概念； （2）直线坐标方位角的推算公式
坐标正、反算	（1）能够进行坐标正算； （2）能够进行坐标反算	（1）坐标正算计算公式； （2）坐标反算计算公式； （3）根据坐标增量符号进行方位角象限的判断

任务一 直 线 定 向

在测量工作中，常用确定两点间平面位置的相对关系，除了需要测量两点之间的水平距离外，还需要确定这条直线的方向。在测量学中，确定一条直线与标准方向之间所夹的水平角的工作称为直线定向。

一、标准方向

标准方向也称基本方向。我国通常用的标准方向有三种，即真子午线方向、磁子午线方向和坐标纵轴方向，简称为真北方向、磁北方向和轴北方向。

真子午线方向：地面上任一点在其真子午线处的切线方向，称为该点的真子午线方向，它是用天文测量的方法测定的。

磁子午线方向：地面上任一点在其磁子午线处的切线方向，称为该点的磁子午线方向。磁针静止时所指的方向，即磁子午线方向。它是用罗盘仪测定的。

由于地球的磁南、北极与地球的南、北极是不重合的，其夹角称为磁偏角，以 δ 表示。当磁子午线北端偏于真子午线方向以东时，称为东偏；当磁子午线北端偏于真子午线方向以西时，称为西偏；在测量中以东偏为正，西偏为负，如图 5－1 所示。磁偏角在不同地点有不同的角值和偏向，我国磁偏角的变化范围大约在 $+6°$（西北地区）～$-10°$（东北地区）之间。

坐标纵轴线方向：又称轴子午线方向，我国采用高斯平面直角坐标系，其每一投影带中央子午线方向为坐标纵轴线方向。即 r 轴方向，平行高斯平面直角坐标系 r 坐标轴的方向称为坐标纵线。

不论任何子午线方向，都是指向北（或南）的，由于我国位于北半球，所以常把北方向作为标准方向。测量中常用这三个方向来作为直线定向的标准方向，即所谓的三北方向。如图 5－1 所示。

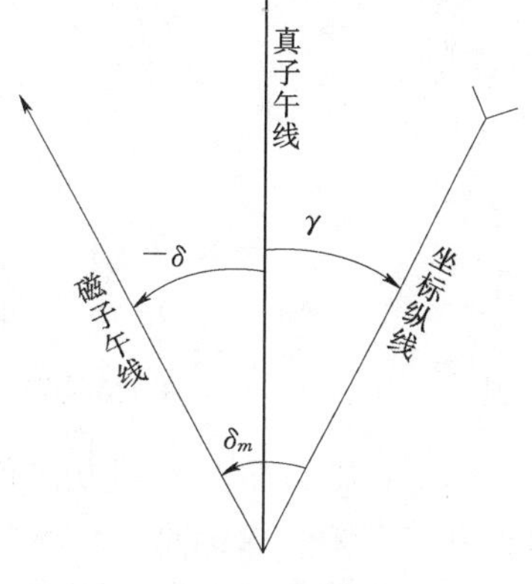

图 5－1 三北方向示意图

二、表示直线方向的方法——方位角和象限角

测量工作中，常用方位角来表示直线的标准方向。

（一）方位角

1. 定义

由标准方向北端顺时针方向量到某直线上的夹角，称为该直线方位角，范围为 0°～360°。

2. 分类及关系

根据所选标准方向不同，方位角分为：真方位角 A、磁方位角 A_m、坐标方位角 α，如图 5－2 所示。

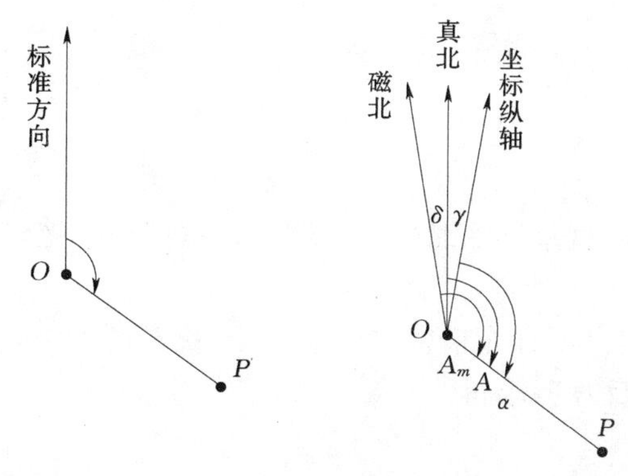

图 5－2 方位角示意图

（1）真方位角从真子午线方向的北端开始，顺时针量到直某线的水平角，称为该直线的真方位角，一般用 A 表示。

（2）磁方位角从磁子午线方向的北端开始，顺时针量到某直线的水平角，称为该直线的磁方位角，用 A_m 表示。

（3）坐标方位角从坐标纵轴方向的北端开始，顺时针量到某直线的水平角，称为该直线的坐标方位角，用 α 表示（以后不加说明，方位角均指坐标方位角）。

3. 几种方位角之间的关系

（1）真方位角与磁方位角之间的关系。由于磁南北极与地球南北极不重合，因此过地球上某点的真子午线与磁子午线不重合，同一点的真子午线方向与磁子午线方向不重合，其夹角称为磁偏角，用 δ 表示。磁子午线方向在真子午线方向东侧，称为东偏，δ 为正。反之称为西偏，δ 为负。如图 5－3 所示。真方位角与磁方位角之间可用下式进行换算：

$$A=A_m+\delta \tag{5-1}$$

式中的 δ 值，东偏取正值，西偏取负值。我国磁偏角的变化大约在 $-10°\sim+6°$ 之间。

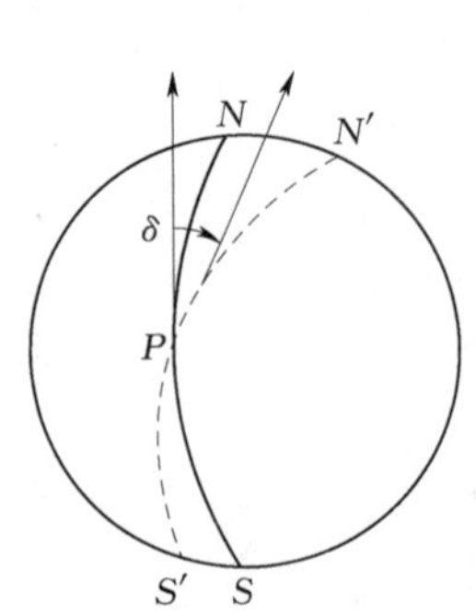

图 5-3　磁偏角示意图

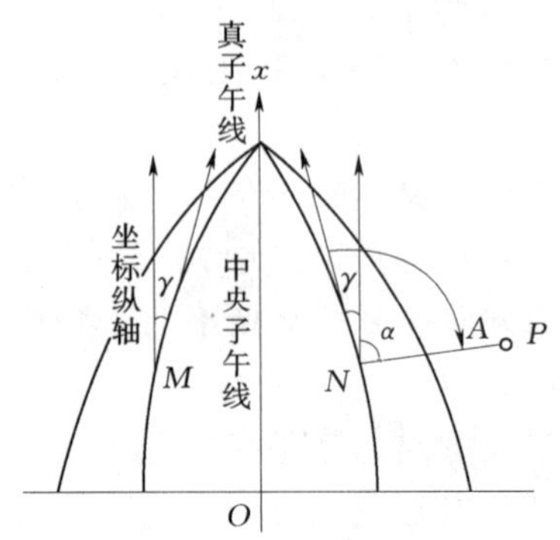

图 5-4　子午线收敛角示意图

(2) 真方位角与坐标方位角之间的关系。赤道上各点的真子午线相互平行，地面上其他各点的真子午线都收敛地球两极，是不平行的。地面上各点的真子午线北方向与中央子午线北方向之间的夹角，称为子午线收敛角，用 γ 表示。当轴子午线方向在真子午线方向以东，称为东偏，γ 为正。反之称为西偏，γ 为负，如图 5-4 所示。真方位角 A 与坐标方位角 α 之间的关系为

$$A=\alpha+\gamma \tag{5-2}$$

式中的 γ 值，东偏取正值，西偏取负值。

(3) 坐标方位角与磁方位角的关系。若已知某点的磁偏差 δ 与子午线收敛角 γ，则坐标方位角 α 与磁方位角 Am 之间的换算式为

$$\alpha=Am+\delta-\gamma \tag{5-3}$$

4. 方位角测量

真方位角——用天文观测方法观测太阳或其他恒星（如北极星）测定，也可用陀螺经纬仪测定。

磁方位角——可用罗盘仪（compass）来测定。不宜作精密定向。

坐标方位角——由两个已知点坐标经“坐标反算”求得。

(二) 象限角

1. 定义

直线与标准方向所夹的锐角，称为该直线的象限角。即由标准方向的北端或南端，顺时针或逆时针量到直线所夹的锐角，称为该直线的象限角，用 R 表示，其范围为 $0°\sim90°$。

2. 分类及关系

根据所选标准方向不同，象限角分为真象限角、磁象限角、坐标象限角 R。

3. 坐标象限角 R

从纵坐标轴方向的北端或南端，顺时针或逆时针量到直线所夹的锐角，称为该直线的

坐标象限角，用 R 表示，其范围为 0°～90°。

4. 正、反坐标象限角关系

南北互换，东西互换，角值不变；或Ⅰ、Ⅲ象限互换，Ⅱ、Ⅳ象限互换，角值不变。

象限角不但要表示角度的大小，而且还要注记该直线位于第几象限。Ⅰ～Ⅳ象限，分别用北东、南东、南西和北西表示。如图 5－5 中 R_{O4} 在第四象限，角度为 45°，则该象限角表示北西 45°（NW45°）。

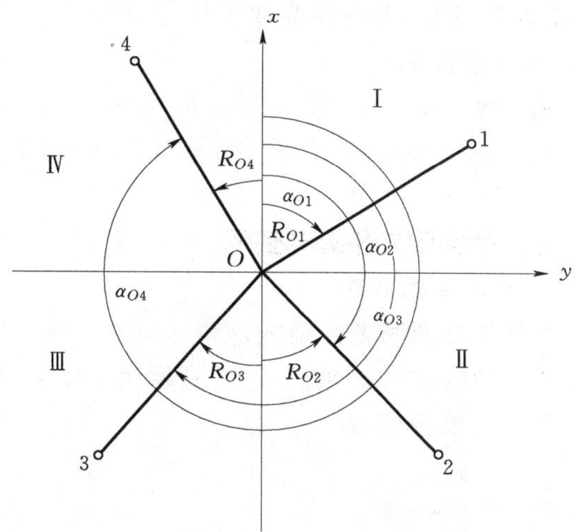

图 5－5 方位角与象限角关系

（三）坐标方位角和象限角的换算关系

由图 5－6 可以看出，坐标方位角与象限角的换算关系见表 5－1。

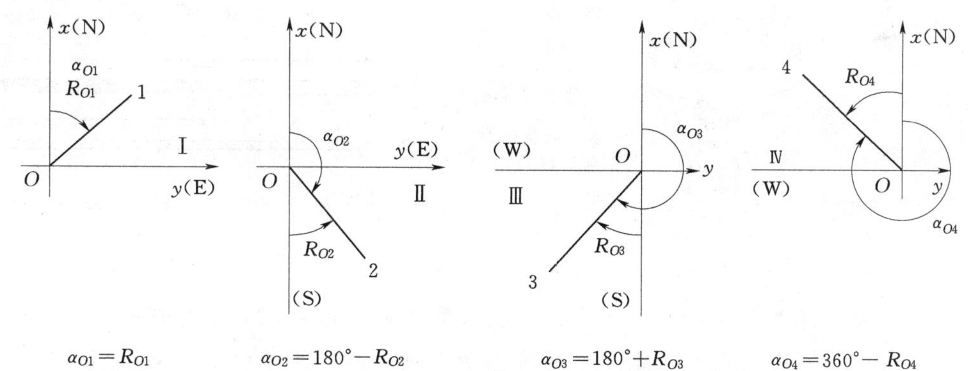

图 5－6 坐标方位角与象限角的换算关系

表 5－1　　坐标方位角与象限角的换算关系

直线定向	坐标方位角推算象限角	象限角推算坐标方位角
北东（NE） 第Ⅰ象限	$R=\alpha$	$\alpha=R$
南东（SE） 第Ⅱ象限	$R=180°-\alpha$	$\alpha=180°-R$
南西（SW） 第Ⅲ象限	$R=\alpha-180°$	$\alpha=180°+R$
北西（NW） 第Ⅳ象限	$R=360°-\alpha$	$\alpha=360°-R$

【例 5－1】 测得各直线坐标象限角 NE30°，SE45°，SW45°，NW60°，求其方位角。

解 $\alpha_1=R_1=30°$　　$\alpha_2=180°-R_2=135°$

$\alpha_3=180°+R_3=225°$　　$\alpha_4=360°-R_4=300°$

【例 5-2】 测得各直线坐标方位角 $\alpha_1=25°30'$，$\alpha_2=165°30'$，$\alpha_3=248°40'$，$\alpha_4=336°50'$，求其象限角。

解 $R_1=\alpha_1=25°30'$，Ⅰ；$R_2=180°-\alpha_2=180°-165°30'=14°30'$，Ⅱ

$R_3=\alpha_3-180°=248°40'-180°=68°40'$，Ⅲ；$R_4=360°-\alpha_4=360°-336°50'=23°10'$，Ⅳ

三、罗盘仪的构造与使用

1. 罗盘仪的构造

罗盘仪是利用磁针确定直线方向的一种仪器，通常用于独立测区的近似定向，以及林区线路的勘测定向。如图 5-7 所示为 DQL-1 型罗盘仪构造图。它主要由望远镜、罗盘盒、基座三部分组成。

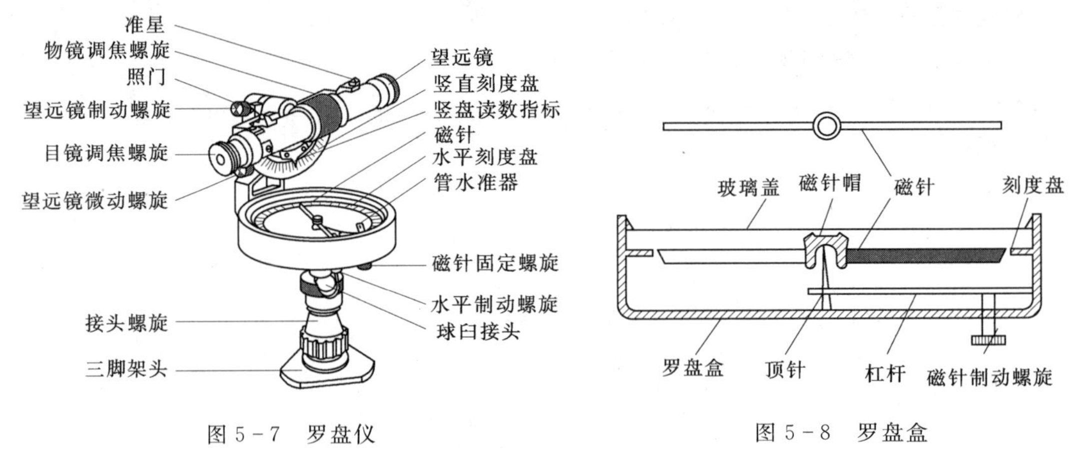

图 5-7 罗盘仪　　　　图 5-8 罗盘盒

望远镜是瞄准部件，由物镜、十字丝、目镜所组成。使用时转动目镜看清十字丝，用望远镜照准目标，转动物镜对光螺旋使目标影像清晰，并以十字丝交点对准该目标。望远镜一侧装置有竖直度盘，可测量目标点的竖直角。

罗盘盒如图 5-8 所示，盒内磁针安在度盘中心顶针上，自由转动，为减少顶针的磨损，不用时用磁针制动螺旋将磁针托起，固定在玻璃盖上。刻度盘的最小分划为 30′，每隔 10°有一注记，按逆时针方向由 0°到 360°，盘内注有 N（北）、S（南）、E（东）、W（西），盒内有两个水准器用来使该度盘水平。基座是球状结构，安在三脚架上，松开球状接头螺旋，转动罗盘盒使水准气泡居中，再旋紧球状接头螺旋，此时度盘就处于水平位置。

磁针的两端由于受到地球两个磁极引力的影响，并且考虑到我国位于北半球，所以磁针北端要向下倾斜，为了使磁针水平，常在磁针南端加上几圈铜丝，以达到平衡的目的。

2. 罗盘仪的使用

将罗盘仪置于直线一端点，进行对中整平，照准直线另一端点后，放松磁针制动磁针。待磁针静止后，磁针在刻度盘上所指的读数即为该直线的磁方位角。其读数方法是：当望远镜的物镜在刻度圈 0°上方时，应按磁针北端读数。

使用罗盘仪时，周围不能有任何铁器，以免影响磁针位置的正确性。在铁路附近和高压电塔下以及雷雨天观测时，磁针的读数将会受到很大影响，应该注意避免。测量结束

时，必须旋紧磁针制动螺旋，避免顶针磨损，以保护磁针的灵活性。

任务二　坐标方位角的推算

一、正、反坐标方位角

测量工作中的直线都是具有一定的方向的，一条直线存在正、反两个方向，如图 5－9 所示。就直线 AB 而言，点 A 是起点，点 B 是终点，通过起点 A 的坐标纵轴方向与直线 AB 所夹的坐标方位角 α_{AB}，称为直线 AB 的正坐标方位角；过终点 B 的坐标纵轴方向与直线 AB 所夹的坐标方位角 α_{BA}，称为直线 AB 的反坐标方位角（又称为直线 BA 的正坐标方位角）。图 5－9 中，$\alpha_{AB}=\alpha_{BA}-180°$。

正方位角与反方位角关系：同一直线正反坐标方位角相差 180°。表达式为

$$\alpha_{正}=\alpha_{反}\pm180° \tag{5-4}$$

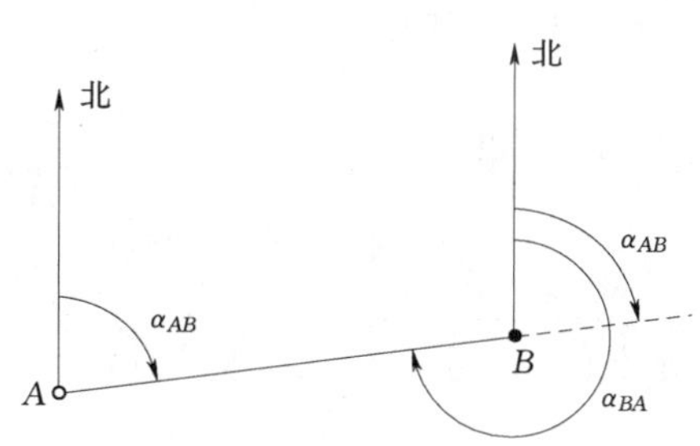

图 5－9　坐标方位角定义示意图

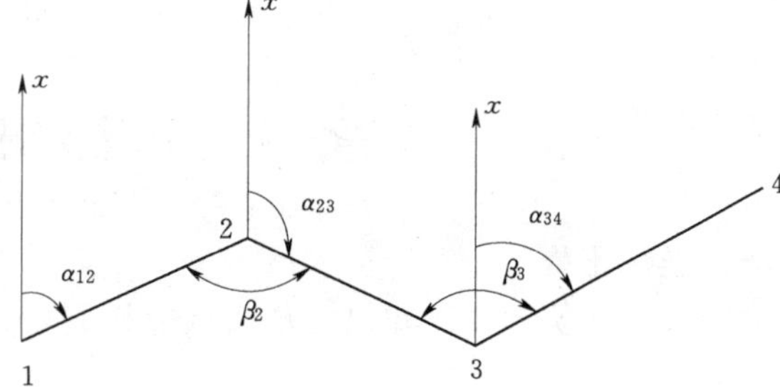

图 5－10　坐标方位角推算

二、坐标方位角的推算

在实际工作中并不需要测定每条直线的坐标方位角，而是通过与已知坐标方位角的直线连测后，推算出各直线的坐标方位角。如图 5－10 所示，已知直线 12 的坐标方位角 α_{12}，观测了水平角 β_2 和 β_3，要求推算直线 23 和直线 34 的坐标方位角。

由图 5－10 可以看出：

$$\alpha_{23}=\alpha_{21}-\beta_2=\alpha_{12}+180°-\beta_2$$

$$\alpha_{34}=\alpha_{32}+\beta_3=\alpha_{23}+180°+\beta_3$$

因 β_2 在推算路线前进方向的右侧，该转折角称为右角；β_3 在左侧，称为左角。从而可归纳出推算坐标方位角的一般公式为

$$\alpha_{前}=\alpha_{后}+\beta_{左}\pm180° \quad 或 \quad \alpha_{前}=\alpha_{后}-\beta_{右}\pm180° \tag{5-5}$$

$$\alpha_{前}=\alpha_{后}\pm\beta_{^{左}_{右}}\pm180° \tag{5-6}$$

计算中，如果前两项的和大于 180°，应减去 180°；如果前两项的和小于 180°，应加上 180°。如果 $\alpha_{前}$ 计算结果仍大于 360°，应再减去 360°；如果 $\alpha_{前}$ 计算结果仍小于 0°，则再加上 360°。

【例 5－3】　如图 5－11 所示，$\alpha_{12}=102°30'$，$\beta_{2左}=170°54'$，$\beta_{2右}=189°06'$，$\beta_{3右}=165°18'$，$\beta_{3左}=194°42'$，求 α_{23}、α_{34}。

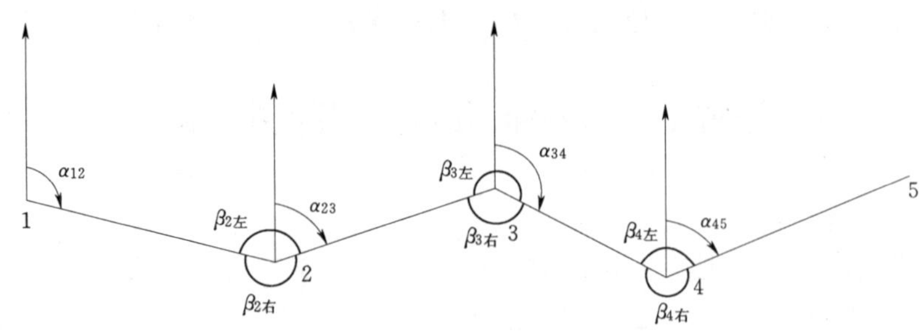

图 5-11 [例 5-3] 图

解

$$\alpha_{23}=\alpha_{12}+180°+\beta_{2左}=102°30'+180°+170°54'=93°24'$$
$$\alpha_{34}=\alpha_{23}+180°-\beta_{3右}=93°24'+180°-165°18'=108°06'$$
$$\alpha_{23}=\alpha_{12}+180°-\beta_{2右}=102°30'+180°-189°06'=93°24'$$
$$\alpha_{34}=\alpha_{23}+180°+\beta_{3左}=93°24'+180°+194°42'=108°06'$$

任务三　坐标计算原理

一、坐标正算

如图 5-12 所示，已知 A、B 两点边长 D_{AB} 和坐标方位角 α_{AB}，A 点坐标（x_A，y_A），求 B 点坐标（x_B，y_B）。

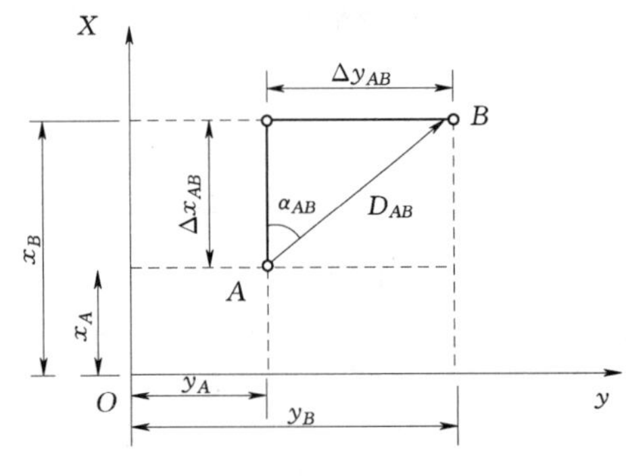

图 5-12　坐标正算示意图

$$\left.\begin{aligned}\Delta x_{AB}&=D_{AB}\cos\alpha_{AB}\\ \Delta y_{AB}&=D_{AB}\sin\alpha_{AB}\end{aligned}\right\}\tag{5-7}$$

$$\left.\begin{aligned}x_B&=x_A+\Delta x_{AB}\\ y_B&=y_A+\Delta y_{AB}\end{aligned}\right\}\tag{5-8}$$

二、坐标反算

已知 $A(x_A, y_A)$、$B(x_B, y_B)$ 两点坐标，求 α_{AB}、D_{AB}。

$$D_{AB}=\sqrt{\Delta x_{AB}^2+\Delta y_{AB}^2}\tag{5-9}$$

$$\tan\alpha_{AB}=\frac{\Delta y_{AB}}{\Delta x_{AB}}$$

α_{AB} 的具体计算方法如下：

（1）计算 Δx_{AB}、Δy_{AB}。

$$\Delta x_{AB}=x_B-x_A$$
$$\Delta y_{AB}=y_B-y_A$$

（2）计算 α_{ABR}。

$$\alpha_{ABR}=\arctan\left|\frac{\Delta y_{AB}}{\Delta x_{AB}}\right|\tag{5-10}$$

（3）根据 Δx_{AB}、Δy_{AB} 的正负号来判断 α_{AB} 所在的象限。

1） $\Delta x_{AB}>0$ 且 $\Delta y_{AB}>0$ 则为一象限。$\alpha_{AB}=\alpha_{ABR}$。

2） $\Delta x_{AB}<0$ 且 $\Delta y_{AB}>0$ 则为二象限。$\alpha_{AB}=180°-\alpha_{ABR}$。

3） $\Delta x_{AB}<0$ 且 $\Delta y_{AB}<0$ 则为三象限。$\alpha_{AB}=180°+\alpha_{ABR}$。

4） $\Delta x_{AB}>0$ 且 $\Delta y_{AB}<0$ 则为四象限。$\alpha_{AB}=360°-\alpha_{ABR}$。

5） $\Delta x_{AB}=0$ 且 $\Delta y_{AB}>0$ 则 $\alpha_{AB}=90°$。

6） $\Delta x_{AB}=0$ 且 $\Delta y_{AB}<0$ 则 $\alpha_{AB}=270°$。

【例 5-4】 已知 A 的坐标为（25，48），B 的坐标为（85，65），求直线 AB 的方位角和两点间的距离。

解 先求 C、D 的坐标增量：

$$\Delta X_{CD}=X_D-X_C=85-25=60(\text{m})$$

$$\Delta Y_{CD}=Y_D-Y_C=65-48=17(\text{m})$$

然后代入公式：

$$D_{AB}=\sqrt{\Delta X_{AB}^2+\Delta Y_{AB}^2}=\sqrt{60^2+17^2}=62.362$$

$$\alpha'_{AB}=\arctan\frac{\Delta Y_{AB}}{\Delta X_{AB}}=\arctan\frac{17}{60}=15°49'09''$$

$\Delta X_{AB}>0$，$\Delta Y_{AB}>0$ 时，α_{AB} 处于第Ⅰ象限，所求方位角 $\alpha_{AB}=\alpha'_{AB}=15°49'09''$。

小　　结

在测量工作中要确定两点间平面位置的相对关系，除了需要测量两点之间的水平距离以外，还需要确定这条直线的方向，本项目主要介绍了定向测量的基本知识，本项目的主要内容如下。

1. 直线定向

确定一条直线与标准方向之间所夹的水平角的工作称为直线定向，在测量工作中一般用方位角和象限角来表示直线的方向，学习中，要理解坐标方位角与象限角的关系，掌握正、反坐标方位角的换算。

2. 坐标方位角的推算

坐标方位角的推算是本项目的重点内容之一，掌握坐标方位角的计算为后续学习导线内业计算打下基础。重点掌握坐标方位角的推算方法，尤其注意公式中左、右角和“+”、“-”号的使用以及如何根据坐标增量的符号确定坐标方位角的范围。

3. 坐标正、反算

坐标正、反算是本项目又一个重点内容，坐标正算是导线计算的基础，坐标反算是施工放样中计算放样数据的关键。学习这部分内容时，坐标反算是难点，需要进行坐标方位角象限的判断。

4. 用罗盘仪测定直线磁方位角

了解罗盘仪的构造及使用方法，特别是罗盘仪的读数方法，并通过实验掌握如何用罗盘仪测定直线的磁方位角。

拓展和能力测试题

一、填空题

1. 直线定向的标准方向有__________、__________、__________。

2. 已知直线 AB 的坐标方位角为 186°，则直线 BA 的坐标方位角为__________。

3. 已知 A、B 两点的坐标分别为 $X_A=4342.99\text{m}$，$Y_A=3814.29\text{m}$；$X_B=2404.50\text{m}$，$Y_B=525.72\text{m}$。则 AB 的边长 D_{AB} 为__________，AB 的方位角 α_{AB} 为__________。

4. 支导线 ABC，已知 AB 边的坐标方位角为 $\alpha_{AB}=223°40'02''$，又测得左角为 $\beta_B=333°42'35''$，则 BC 边的坐标方位角为__________。

5. 某直线的磁方位角为 120°17′，而该处的磁偏角为东偏 13°30′，则该直线的真方位角为__________。

二、选择题

1. 在高斯平面直角坐标系中，以纵坐标线北端按顺时针方向量到一直线的角度称为该直线的（　　）。

A. 坐标方位角　　B. 象限角　　C. 水平角　　D. 竖直角

2. 坐标方位角是以（　　）为标准方向，顺时针转到直线的夹角。

A. 真子午线方向　　B. 磁子午线方向　　C. 坐标纵轴方向　　D. 铅垂线方向

3. 标准方向的北端或南端与直线间所夹的锐角叫做（　　）。

A. 正象限角　　B. 反方位角　　C. 方位角　　D. 象限角

4. 确定直线与（　　）之间的夹角关系的工作称为直线定向。

A. 标准方向　　B. 东西方向　　C. 水平方向　　D. 基准线方向

5. 第Ⅳ象限直线，象限角 R 和坐标方位角 α 的关系为（　　）。

A. $R=\alpha$　　B. $R=180°-\alpha$　　C. $R=\alpha-180°$　　D. $R=360°-\alpha$

6. 第Ⅱ象限直线，象限角 R 和坐标方位角 α 的关系为（　　）。

A. $R=\alpha$　　B. $R=180°-\alpha$　　C. $R=\alpha-180°$　　D. $R=360°-\alpha$

7. 象限角的角值为（　　）。

A. 0°～360°　　B. 0°～180°　　C. 0°～270°　　D. 0°～90°

8. 坐标方位角的角值范围为（　　）。

A. 0°～270°　　B. －90°～90°　　C. 0°～360°　　D. －180°～180°

9. 某直线 AB 的坐标方位角为 230°，则其坐标增量的符号为（　　）。

A. Δx 为正，Δy 为正　　B. Δx 为正，Δy 为负

C. Δx 为负，Δy 为正　　D. Δx 为负，Δy 为负

10. 某直线的方位角为 260°，则该直线的象限角为（　　）。

A. NE60°　　B. SE30°　　C. SE80°　　D. SW80°

11. 正西南方向的象限角为（　　）。

A. WS45°　　B. WN45°　　C. NW45°　　D. SW45°

12. 一条指向正南方向直线的方位角和象限角分别为（　　）。

A. 90°、90°　　B. 180°、0°　　C. 0°、90°　　D. 270°、90°

13. 过地面上某点的真子午线方向与磁子午线方向常不重合，两者之间的夹角，称为（　　）。

A. 真磁角　　B. 真偏角　　C. 磁偏角　　D. 子午线偏角

14. 过地面上某点的真子午线方向与中央子午线方向常不重合，两者之间的夹角，称为（　　）。

A. 中央线收敛角　　B. 子午线收敛角　　C. 磁偏角　　D. 子午线偏角

15. 坐标纵轴方向，是指（　　）方向。

A. 真子午线方向　　B. 磁子午线方向　　C. 中央子午线方向　　D. 铅垂方向

16. 坐标增量的“+”或“−”决定于方位角所在的象限，当方位角在第Ⅳ象限，则（　　）。

A. Δx、Δy 均为“+”　　B. Δx 为“−”、Δy 为“+”

C. Δx、Δy 均为“−”　　D. Δx 为“+”、Δy 为“−”

17. PQ 的距离 D_{PQ} 和方位角 α_{PQ} 为（　　）时，则 PQ 两点的坐标增量为 $\Delta x_{PQ}=-74.894\text{m}$，$\Delta y_{PQ}=+254.044\text{m}$。

A. 179.150m，$163°34'27''$　　B. 264.854m，$106°25'33''$

C. 179.150m，$253°34'27''$　　D. 264.854m，$286°25'33''$

三、简答题

如何进行磁方位角的测定？

四、计算题

1. 已知 A 点的坐标 A(1745.20m，5485.37m)，AB 边的边长为 $D_{AB}=194.02\text{m}$，AB 边的方位角为 $\alpha_{AB}=139°20'00''$，试计算 B 点的坐标。

2. 已知 A 点的坐标为 A（2485.70m，5634.68m），B 点的坐标为 B（2335.70m，5484.68m），试求 AB 的边长 D_{AB} 和方位角 α_{AB}。

项目六　全站仪及其使用

【教学目标】

熟悉全站仪的概念、了解其基本组成和功能，掌握仪器的基本操作方法，会使用仪器进行水平角测量、距离测量、坐标测量、悬高测量、对边测量、面积测量、后方交会，掌握数据采集和放样的方法。

【教学要求】

任　务	能　力　要　求	相　关　知　识
概论	（1）明确全站仪的概念； （2）了解全站仪的基本组成和功能； （3）熟悉全站仪的精度和等级； （4）了解全站仪的特点和应用	（1）全站仪概念； （2）全站仪的基本组成； （3）全站仪的精度和等级； （4）全站仪的特点和应用
全站仪的使用	（1）了解全站仪各部件名称和功能； （2）熟悉键盘功能和信息显示含义； （3）了解全站仪的设置； （4）熟悉全站仪使用的注意事项	（1）主要技术指标； （2）大气改正值的设置； （3）全站仪使用的注意事项
全站仪的测量方法	（1）掌握全站仪常规测量； （2）熟悉全站仪程序测量； （3）掌握数据采集和放样的方法	（1）角度、距离、坐标测量； （2）悬高测量、对边测量、面积测量、后方交会测量； （3）数据采集和放样的方法

在传统测量中，人们把使用一种仪器在同一个测站点上同时测定某一点的平面位置和高程的方法称为速测法。这种仪器称为速测仪。

速测仪最初就是根据这个原理而设计的测量仪器。速测仪器的距离测量是通过光学方法来实现的，我们称这种速测仪为“光学测速仪”。实际上“光学测速仪”就是指带有视距丝的经纬仪，被测定点的平面位置由经纬仪的角度测量及光学视距来确定，而高程则是用三角高程的测量方法来确定的。带有“视距丝”的光学速测仪，由于其快速、简易、方便，在短距离（100m 以内）、低精度（1/200、1/500）的测量中（如碎部点测量），具有较大优势，得到了广泛的应用。

电子测距技术的出现大大地推动了速测仪的发展。用光电测距代替光学视距，用电子经纬仪代替光学经纬仪测角，使得仪器的测量距离更大、时间更短、精度更高。随着仪器结构、功能的进一步完善，便出现了全站仪的概念。

任务一 概 述

一、全站仪的概念

随着科学技术的发展，出现了由电子测角、电子测距、电子计算和数据存储等单元组成的三维坐标测量系统，能自动显示测量结果，能与外围设备交换信息的多功能测量仪器。由于仪器在一个测站点能快速进行三维坐标测量、定位和自动数据采集、处理、存储等工作，较完善地实现了测量和数据处理过程的电子化和一体化，人们通常称之为全站型电子速测仪，简称为全站仪。

全站仪按其结构形式可分为积木式和整体式两种。积木式也称组合式，它是指电子经纬仪和测距仪可以分离开使用，照准部与测距轴不共轴。作业时，测距仪安装在电子经纬仪上，相互之间用电缆实现数据通信，作业结束后卸下分别装箱。这种仪器可根据作业精度要求，用户可以选择不同测角、测距设备进行组合，具有很强的灵活性。整体式也称集成式，它是将电子经纬仪和测距仪融为一体，共用一个光学望远镜，角度和距离测量只需一次照准，测量结果能自动显示并能与外围设备双向通信。其优点是体积小、结构紧凑、性能稳定、操作方便、精度高。

二、全站仪的应用

全站仪由于使用方便，在测量工作中得到广泛应用，其品种和型号也越来越多。目前常见的有我国南方 NTS 系列，科力达 KTS 系列，北光博飞的 BTS 系列，瑞士徕卡 TPS/TC/TCR 系列，日本索佳 SET 系列、拓普康 GTS 系列、尼康 DTM 系列。全站仪正朝着功能全、效率高、全自动、易操作、体积小、重量轻等方向发展。如徕卡公司生产的 TCA2003/TPS1800 全自动全站仪，又称测量机器人，可以自动识别、照准目标、自动读数、数据处理和存储，实现无人值守、连续观测，适用于监视建筑物（如大坝等）的变化情况，使测量工作的自动化向更高领域发展。

全站仪的应用可以归纳为四个方面：一是在地形测量过程中，可以将控制测量和地形测量同时进行；二是在施工放样测量中，可以将设计好的管线、道路、工程建筑的位置按图纸数据测设到地面上；三是作为图根控制的导线测量、前方交会、后方交会等用全站仪承担，不但操作简单而且速度快、精度高；四是通过传输设备，可以将全站仪与计算机、绘图机相连，形成内外一体的测绘系统，从而大大提高地形图测绘的质量和效率。

三、全站仪的基本组成

1. 基本组成

全站仪（total station）由电子测角、电子测距、电子补偿、微机处理装置四大部分组成，它本身就是一个带有特殊功能的计算机控制系统，其微机处理装置由微处理器、存储器、输入部分和输出部分组成。由微处理器对获取的倾斜距离、水平角、竖直角、垂直轴倾斜误差、视准轴误差、垂直度盘指标差、棱镜常数、气温、气压等信息加以处理，从而获得各项改正后的数据。全站仪的组成如图 6－1 所示。

从总体上看，全站仪的组成可分为两大部分：

（1）采集数据设备。主要有电子测角系统、电子测距系统、自动补偿设备等。

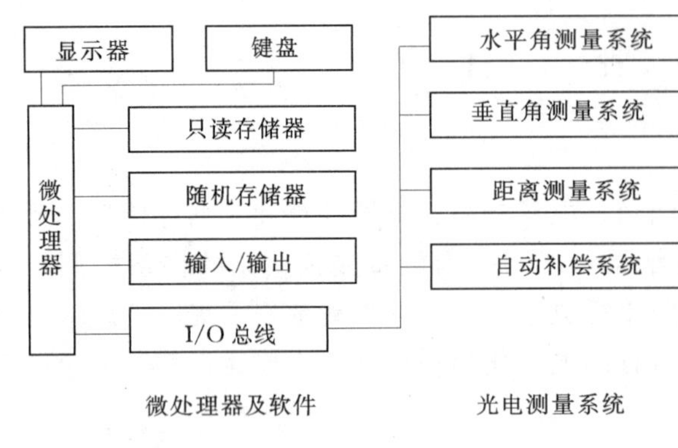

图 6-1 全站仪的组成

(2) 微处理器。微处理器是全站仪的核心装置，主要由中央处理器，随机储存器和只读存储器等构成，测量时微处理器根据键盘或程序的指令控制各分系统的测量工作，进行必要的逻辑和数值运算以及数字存储、处理、管理、传输、显示等。

通过上面两大部分有机结合，才真正地体现“全站”功能，既能自动完成数据采集，又能自动处理数据，使整个测量过程工作有序、快速、准确地进行。

2. 同轴望远镜

在全站仪的望远镜中，照准目标的视准轴、光电测距的红外光发射光轴和接收光轴是同轴的。因此，测量时当望远镜照准棱镜中心就能同时测定水平角、垂直角和斜距。

3. 竖轴倾斜自动补偿

当仪器未精确整平以致竖轴倾斜时，对测量水平角和竖直角引起的误差，不能用盘左盘右观测取中数消除。因此，全站仪内设有倾斜传感器，即水平补偿系统，自动改正竖轴倾斜对水平角和竖直角的影响，当仪器整平在 3′范围内，补偿精度可达到 0.1″。双轴液体补偿器几乎为当今所有全站仪所使用。

4. 数据存储与通信

把测量数据先在仪器内存储起来，然后传送到外围设备（电子记录手簿、计算机等）。大多数的全站仪内部都有一大容量内存，有的还配置储存卡来增加存储容量。仪器上还设有标准的 RS-232C 通信接口，用电缆与计算机的 COM 口连接，实现全站仪与计算机的双向数据传输。

四、全站仪的精度及等级

1. 全站仪的精度

全站仪是集光电测距、电子测角、电子补偿、微机数据处理于一体的综合型测量仪器，其主要精度指标是测距精度和测角精度。

测距精度是仪器的重要技术指标之一。全站仪的测距精度为

$$m_D=\pm(A+B\times10^{-6}D) \tag{6-1}$$

式中 m_D——测距中误差，mm；

A——固定误差，mm；

B——比例误差；

D——距离，km。

NTS-350 型短程红外测距仪的测距精度为

$$m_D=\pm(5+5\times10^{-6}D)$$

当距离 D 为 0.6km 时，测距精度是 $m_D=\pm5.8$mm。

如南方 NTS－352 全站仪的标称精度为：测角精度 $m_\beta=\pm2''$；测距精度 $m_D=\pm(2+2\times10^{-6}D)$mm。在全站仪的精度等级设计中，对测距和测角精度的匹配采用“等影响”原则，即

$$\frac{m_\beta}{\rho}=\frac{m_D}{D} \tag{6-2}$$

式中　取 $D=1\sim2$km，$\rho=206265''$，则所示的对应关系见表 6－1。

表 6－1　　m_β 与 m_D 的关系

$m_\beta/('')$	$m_D(D=1\text{km})/\text{mm}$	$m_D(D=2\text{km})/\text{mm}$
1	4.8	2.4
1.5	7.3	3.6
5	24.2	12.1
10	48.5	24.2

2. 全站仪的等级

国家计量检定规程（JJG 100—1994）将全站仪准确度等级分划为四个等级（表 6－2）。

表 6－2　　全站仪准确度等级分划表

准确度等级	测角标准差 m_β	测距标准差 m_D/mm
Ⅰ	$\lvert m_\beta\rvert\leqslant1''$	$\lvert m_D\rvert\leqslant5$
Ⅱ	$1''<\lvert m_\beta\rvert\leqslant2''$	$\lvert m_D\rvert\leqslant5$
Ⅲ	$2''<\lvert m_\beta\rvert\leqslant6''$	$5<\lvert m_D\rvert\leqslant10$
Ⅳ	$6''<\lvert m_\beta\rvert\leqslant10''$	$\lvert m_D\rvert\leqslant10$

Ⅰ、Ⅱ级仪器为精密型全站仪，主要用于高等级控制测量及变形观测等；Ⅲ、Ⅳ级仪器主要用于道路和建筑地的施工测量、电子平板数据采集、地籍测量和房地产测量等。

五、全站仪的基本功能

全站仪型号众多，按键功能丰富，但其基本功能相似。

1. 快速测量功能

（1）单测量。即单次测角，单次测距。

（2）全测量。即角度、距离的全部同时测量。

（3）跟踪测量。如同时跟踪测距，也可跟踪测角。

（4）连续测量。角度或距离分别连续测量，或同时连续测量。

（5）程式测量。即按设计的程序进行快速间接测量，如悬高测量、对边测量、面积测量、后方交会等。

2. 参数输入储备功能

（1）角度、距离、高差的输入储备。

（2）坐标、方位角、高程的输入储备。

（3）修正参数（如距离改正数）输入储备。

（4）测量术语、代码、指令输入储备。

3. 计算与显示功能

（1）观测值（水平角、竖直角、斜距）的显示。

（2）水平距离、高差的计算与显示。

（3）坐标、高程的计算与显示。

（4）储备的指令与参数的显示功能。

4. 测量记录、通讯传输功能

全站仪的通讯传输功能是以有线形式或无线形式与有关的其他设备进行测量数据的交换。

六、电脑全站仪的主要特点

电脑全站仪亦称智能型全站仪，具有双轴倾斜补偿器，双边主、附显示器，双向传输通信，大容量的内存或磁卡与电子记录簿两种记录方式以及丰富的机内软件，因而测量速度快、观测精度高、操作简便、适用面宽、性能稳定，深受广大测绘技术人员的欢迎。

电脑全站仪的主要特点如下：

（1）电脑操作系统。电脑全站仪具有像通常 PC 机一样的 DOS 或 WIN 操作系统。

（2）大屏幕显示。可显示数字、文字、图像，也可显示电子气泡居中情况，以提高仪器安置的速度与精度，并采用人机对话式控制面板。

（3）大容量的内存。一般内存在 1M 以上，其中主内存有 640K、数据内存 320K、程序内存 512K、扩展内存 512K。

（4）采用国际计算机通用磁卡。所有测量信息都可以文件形式记入磁卡或电子记录簿，磁卡采用无触点感应式，可以长期保留数据。

（5）自动补偿功能。补偿器装有双轴倾斜传感器，能直接检测出仪器的垂直轴，在视准轴方向和横轴方向上的倾斜量，经仪器处理计算出改正值并对垂直方向和水平方向值加以改正，提高测角精度。

（6）测距时间快，耗电量少。

任务二　全站仪的使用

全站仪的种类很多，各种型号的仪器与功能大致相同。在此以南方公司生产的 NTS350 系列全站仪为例进行介绍。

一、仪器各部件名称

1. 仪器构造

南方全站仪 NTS－350 仪器构造及部件名称如图 6－2 所示。

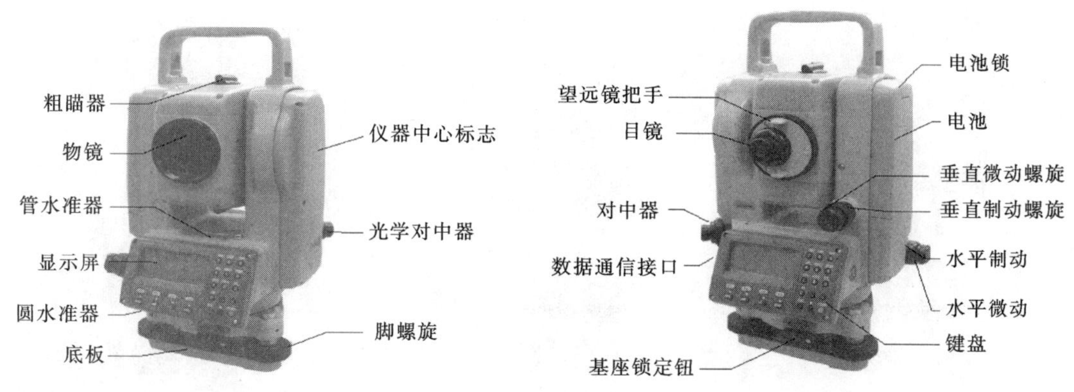

图 6-2　南方全站仪 NTS-350

2. 主要技术指标

南方全站仪 NTS-350 主要技术指标见表 6-3。

表 6-3　主要技术指标

最大测程（单棱镜）	1.8km
最大测程（三棱镜）	2.6km
测距精度	$\pm(3mm+2\times10^{-6}D)$
测距时间	精测单次 3s，跟踪 1s
测角方式	光电增量式
测角精度	2″/5″级
测角探测方式	水平盘：对径，竖直盘：对径
望远镜放大倍率	30 倍
补偿器系统	双轴液体电容式，可选
补偿器工作范围	±3′
补偿器精度	1″
显示类型	双面，LCD，四行，图形式
电源	可充电镍—氢电池
电池连续工作时间	8h
重量	6.5kg
工作环境温度	−20～+45℃

3. 反射棱镜

全站仪在进行测量距离等作业时，须在目标处放置反射棱镜。反射棱镜有单（叁）棱镜组，可通过基座连接器将棱镜组连接在基座上安置到三脚架上，也可直接安置在对中杆上（图 6－3）。棱镜组由用户根据作业需要自行配置。

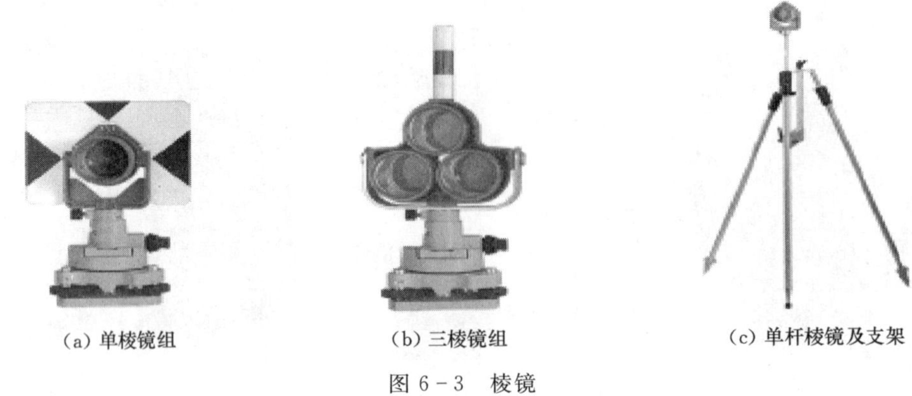

(a) 单棱镜组　(b) 三棱镜组　(c) 单杆棱镜及支架

图 6－3　棱镜

二、键盘功能与信息显示（图 6－4）

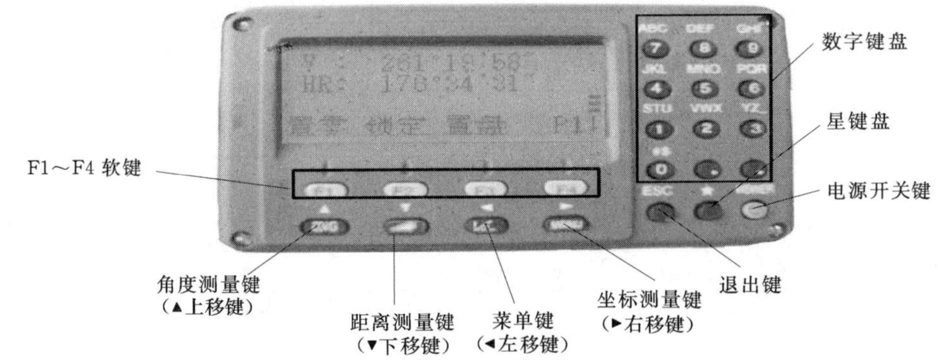

图 6－4　键盘功能与信息显示

1. 操作键（表 6－4、表 6－5）

操作键名称及功能键列于表 6－4 内，显示窗内常用符号的含义见表 6－5。

表 6－4　　**操作键名称及功能键**

按键	名　称	功　　能
ANG	角度测量键	进入角度测量模式（▲上移键）
◢	距离测量键	进入距离测量模式（▼下移键）
⊿	坐标测量键	进入坐标测量模式（◀左移键）
MENU	菜单键	进入菜单模式（▶右移键）
ESC	退出键	返回上一级状态或返回测量模式
POWER	电源开关键	电源开关
F1－F4	软键（功能键）	对应于显示的软键信息
0－9	数字键	输入数字和字母、小数点、负号
★	星键	进入星键模式

表 6-5　显示窗内常用符号的含义

显示符号	内　　容	显示符号	内　　容
V%	垂直角（坡度显示）	E	东向坐标
HR	水平角（右角）	Z	高程
HL	水平角（左角）	*	EDM（电子测距）正在进行
HD	水平距离	m	以米为单位
VD	高差	ft	以英尺为单位
SD	倾斜	fi	以英尺与英寸为单位
N	北向坐标		

2. 功能键

功能键如图 6-5 所示。

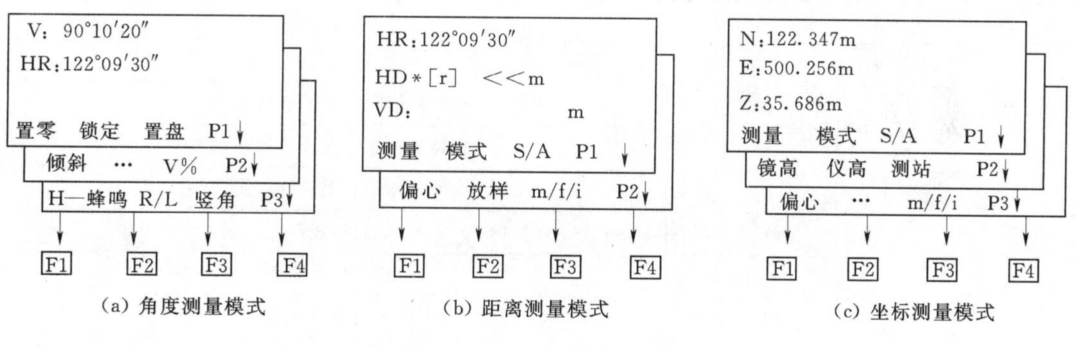

(a) 角度测量模式　(b) 距离测量模式　(c) 坐标测量模式

图 6-5　主要功能键页面

角度测量、距离测量、坐标测量的分页软键及功能分别列于表 6-6～表 6-8。

表 6-6　角度测量分页软键及功能

页　数	软　键	显示符号	功　　能
第 1 页（P1）	F1	置零	水平角置为 0°0′0″
	F2	锁定	水平角读数锁定
	F3	置盘	通过键盘输入数字设置水平角
	F4	P1↓	显示第 2 页软键功能
第 2 页（P2）	F1	倾斜	设置倾斜改正开或关，若选择开则显示倾斜改正
	F2	……	------------------------------
	F3	V%	垂直角与百分比坡度的切换
	F4	P2↓	显示第 3 页软键功能
第 3 页（P3）	F1	H-蜂鸣	仪器转动至水平角 0°、90°、180°、270°是否蜂鸣的设置
	F2	R/L	水平角右/左计数方向的转换
	F3	竖角	垂直角显示格式（高度角/天顶距）的切换
	F4	P3↓	显示第 1 页软键功能

表 6-7 **距离测量分页软键及功能**

页 数	软 键	显示符号	功 能
第 1 页（P1）	F1	测量	启动距离测量
	F2	模式	设置测距模式为 精测/跟踪/……
	F3	S/A	温度、气压、棱镜常数等设置
	F4	P1↓	显示第 2 页软键功能
第 2 页（P2）	F1	偏心	偏心测量模式
	F2	放样	距离放样模式
	F3	m/f/i	距离单位的设置 米/英尺/英寸
	F4	P2↓	显示第 1 页软键功能

表 6-8 **坐标测量分页软键及功能**

页 数	软 键	显示符号	功 能
第 1 页（P1）	F1	测量	启动测量
	F2	模式	设置测距模式为 精测/跟踪
	F3	S/A	温度、气压、棱镜常数等设置
	F4	P1↓	显示第 2 页软键功能
第 2 页（P2）	F1	镜高	设置棱镜高度
	F2	仪高	设置仪器高度
	F3	测站	设置测站坐标
	F4	P2↓	显示第 3 页软键功能
第 3 页（P3）	F1	偏心	偏心测量模式
	F2	……	…………………………
	F3	m/f/i	距离单位的设置 米/英尺/英寸
	F4	P3↓	显示第 1 页软键功能

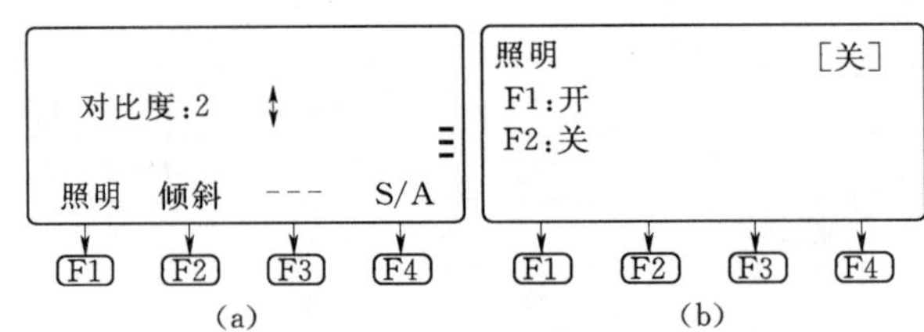

图 6-6 星键页面

3. 星键（图 6-6）

按下星键可以对以下项目进行设置：

（1）对比度调节。按星键后，通过按［▲］或［▼］键，可以调节液晶显示对比度。

（2）照明。按星键后，通过按F1选择“照明”，按F1或F2选择开关背景光。

（3）倾斜。按星键后，通过按F2选择“倾斜”，按F1或F2选择开关倾斜改正。

（4）S/A。按星键后，通过按[F4]选择“S/A”，可以对棱镜常数和温度气压进行设置。并且可以查看回光信号的强弱。

4. 菜单[MENU]功能键

菜单 1/3	菜单 2/3	菜单 3/3
F1：数据采集	F1：程序	F1：对比度
F2：放样	F2：参数组 1	F2：格网因子
F3：存储管理 P1	F3：照明 P2	P3↓

三、全站仪的设置

1. 温度、气压、棱镜常数等设置（表 6-9）

该模式可显示电子距离测量（EDM）时接收到的光线强度（信号水平），大气改正值（PPM）和棱镜常数改正值（PSM）。预先测得测站周围的温度和气压，例如：温度 25℃ 气压 1017.5hpa。

表 6-9　温度、气压设置

步骤	操作	操作过程	显示
第 1 步	按键[◢]	确认进入距离测量模式第 1 页屏幕	HR： 170°30′20″ HD： 235.343m VD： 36.551m 测量 模式 S/A P1↓
第 2 步	按键[F3]	按[F3]（S/A）键，模式变为参数设置，显示棱镜常数改正（PSM），大气改正值（PPM）和反射光的强度（信号）	设置音响模式 PSM：0.0 PPM：2.0 信号：[					] 棱镜 PPM T－P ····
第 3 步	按键[F3]	按键[F3]执行［T－P］	温度和气压设置 温度 －＞ 15.0℃ 气压： 1013.2hpa 输入 ········ ········ 回车
第 4 步	按键[F1]输入温度 按键[F4]输入气压	按键[F1]执行［输入］输入温度与气压 * 1。按[F4]执行［回车］确认输入	温度和气压设置 温度： －＞ 25.0℃ 气压： 1017.5hpa 输入 ········ ········ 回车

2. 设置大气改正

全站仪发射红外光的光速随大气的温度和压力而改变，本仪器一旦设置了大气改正值即可自动对测距结果实施大气改正。

改正公式如下：（计算单位：m）

F1（精　测）＝14985518Hz

F1（跟踪测）＝149855.18Hz

F1（跟踪测）＝151368.82Hz

发射光波长：$\lambda=0.865\mu m$

NTS 系列全站仪标准气象条件（即仪器气象改正值为 0 时的气象条件）：

气压：1013hPa　　温度：20℃

大气改正的计算：

$$\Delta S=273.8-0.2900P/(1+0.00366T)$$

式中　ΔS——改正系数，10^{-6}；

P——气压，hPa，若使用的气压单位是 mmHg 时，按 1hPa＝0.75mmHg 进行换算；

T——温度，℃。

3. 大气折光和地球曲率改正

仪器在进行平距测量和高差测量时，可对大气折光和地球曲率的影响进行自动改正。

大气折光和地球曲率的改正依下面所列的公式计算：

经改正后的平距：

$$D=S[\cos\alpha+\sin\alpha S\cos\alpha(K-2)/2R_e]$$

经改正后的高差：

$$H=S[\sin\alpha+\cos\alpha S\cos\alpha(1-K)/2R_e]$$

若不进行大气折光和地球曲率改正，则计算平距和高差的公式为

$$D=S\cos\alpha$$

$$H=S\sin\alpha$$

式中　K——大气折光系数，$K=0.14$；

R_e——地球曲率半径，$R_e=6370$km；

α——水平面起算的竖角；

S——斜距。

注意：本仪器的大气折光系数出厂时已设置为 $K=0.14$。K 值有 0.14 和 0.2 可选。也可选择关闭。

操作：按[F4]开机，在“F3：其他设置”里的“F3：两差改正”，可以设置。

4. 设置反射棱镜常数

南方全站的棱镜常数的出厂设置为－30，若使用棱镜常数不是－30 的配套棱镜，则必须设置相应的棱镜常数。一旦设置了棱镜常数，则关机后该常数仍被保存。

5. 其他设置

最小读数的设置：5″/1″；自动关机设置：开/关；自动倾斜补偿设置：双轴/关；照明开关设置：开/关；仪器常数设置：－0.5。

6. 全站仪的基本设置

按住[F4]键开机可进行基本设置，设置项目有单位设置、模式设置、其他设置。

四、全站仪测量的注意事项

（1）严禁将仪器直接放在地面上，以免砂土对中心连接螺旋造成损坏。

（2）在烈日下测量应避免将物镜直接照准太阳。若需要可安装滤光器。

（3）作业前应仔细全面检查仪器，确信仪器各项指标、功能、电源、初始设置和改正参数均符合要求时再进行作业。

（4）在强光下、雨天或潮湿环境下测量时，请务必在测伞的遮掩下进行。

（5）仪器安装至三脚架或拆卸时，要一只手先握住仪器，以防仪器跌落。

（6）迁站时，勿必将仪器从三角架上取下。

（7）仪器不使用时，应将其装入箱内，置于干燥处，注意防震、防尘和防潮。

（8）若仪器工作处的温度与存放处的温度差异太大，应先将仪器留在箱内，避免温度骤变。

（9）仪器使用完毕后，用绒布或毛刷清除仪器表面灰尘。仪器被雨水淋湿后，切勿通电开机，应用干净软布擦干并在通风处放一段时间。在取下内部电池时，应先关掉电源。

（10）若仪器长期不使用时，应将仪器上的电池卸下分开存放。电池应每月充电一次。

（11）外露光学件需要清洁时，应用脱脂棉或镜头纸轻轻擦净，切不可用其他物品擦拭。

（12）仪器运输应将仪器装于箱内进行，运输时应小心避免挤压、碰撞和剧烈震动，长途运输最好在箱子周围使用软垫。

（13）即使发现仪器功能异常，非专业维修人员不可擅自拆开仪器，以免发生不必要的损坏。

五、电池的使用

全站仪的电池是全站仪最重要的部件之一，现在全站仪所配备的电池一般为 Ni－MH（镍氢电池）和 Ni－Cd（镍镉电池），电池的好坏、电量的多少决定了外业时间的长短。

（1）电池一定要在仪器对中整平前装好，以免因震动影响仪器的对中整平；关机后再取出，以免丢失数据。

（2）电源应在对中整平后打开，搬动仪器前关闭，因为全站仪的自动补偿器在倾斜状态耗电量特别大。

（3）可充电池可以反复充电使用，但是如果在电池还存有剩余电量的状态下充电，则会缩短电池的工作时间，此时，电池的电压可通过刷新予以复原，从而改善作业时间，充足电的电池放电时间约需 8h。

（4）不要连续进行充电或放电，否则会损坏电池和充电器，如有必要进行充电或放电，则应在停止充电约 30min 后再使用充电器。

（5）距离测量的耗电量远远大于角度测量，测量过程中应尽量减少测距次数。特别在程序测量功能下，显示测量数据后应立即按停止，否则测距一直在进行。

（6）仪器长期不用应至少三个月通电检测一次，防止电子元器件受潮。

总之，测量人员只有在日常的工作中，注意全站仪的使用和维护，注意全站仪电池的充放电，认真、仔细观察一切的工作状态和数据显示内容，完全可以及时发现和避免错误发生。所以，只有掌握全站仪的工作原理、熟悉操作步骤、明确测量功能、合理设置仪器参数、正确选择测量模式，才能真正充分发挥全站仪在测量工作中的优势。

任务三 全站仪的测量方法

一、测量前的准备工作

1. 安置仪器

在测站点上安置全站仪，在目标点安置反射棱镜，并使镜面朝向主机。

2. 设置参数

按电源开关键PWR开机，进行初始化（有的仪器不需要初始化），即竖直角过零。设置棱镜常数，设置温度、气压值或输入大气改正值。进行施测前应保证有充足的电源。

二、水平角测量

（1）按角度测量键，使全站仪处于角度测量模式，照准第一个目标 A。

（2）设置 A 方向的水平度盘读数为 $0°00'00''$。

（3）照准第二个目标 B，此时显示的水平度盘读数即为两方向间的水平夹角。

（全站仪在测角时一定注意，角度的左旋增大或右旋增大。）

三、距离测量

1. 距离测量前的准备工作

（1）测距模式设置。测距模式有精测模式、跟踪模式、粗测模式三种。精测模式是最常用的测距模式，测量时间约2.5s，最小显示单位1mm；跟踪模式，常用于跟踪移动目标或放样时连续测距，最小显示一般为1cm，每次测距时间约0.3s；粗测模式，测量时间约0.7s，最小显示单位1cm或1mm。

（2）反射镜设置。反射镜有两类：一是棱镜，二是反射片。

（3）棱镜常数设置。

（4）气象改正值（ppm）设置。

2. 距离测量

照准棱镜中心，按◢键，即开始连续测量距离，显示内容从上往下为水平角（HR）、平距（HD）和高差（VD）。若再按◢键一次，显示水平角（HR）、竖直角（V）和斜距（SD）。在距离测量时，可按测距键选择不同的测距模式。应注意，显示的高差值是全站仪横轴中心与棱镜中心的高差，并非地面高差。

3. 放样

在距离测量模式下，选“放样”进行距离放样，输入设计的距离放样值，在指定方向照准棱镜中心，按◢键，开始放样测量，显示出测量的距离与设计的放样距离之差。移动棱镜，直到与设计距离的差值为0m，即 $dHD=0$，如图6-7所示。

四、坐标测量（图6-8）

在坐标测量模式下直接测定立棱镜点坐标，具体操作如下：

（1）要设置测站点的三维坐标。

（2）要设置仪器高、目标高和棱镜常数。设置大气改正值或气温、气压值。

（3）设置后视点的坐标或方位角。当设定后视点的坐标时，全站仪会自动计算后视方向的方位角，并设定后视方向的水平度盘读数为其方位角。

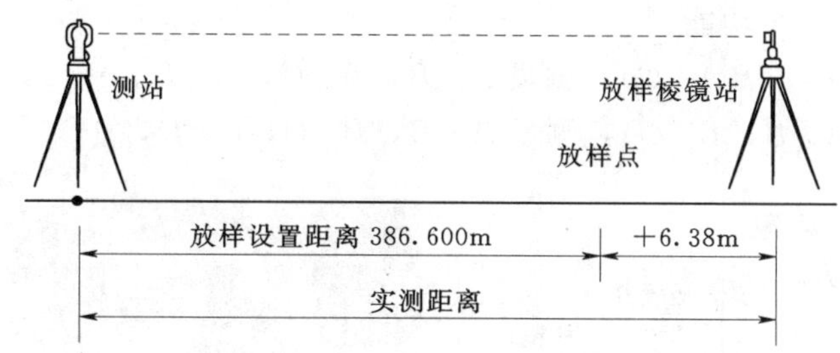

图 6-7　距离放样示意图

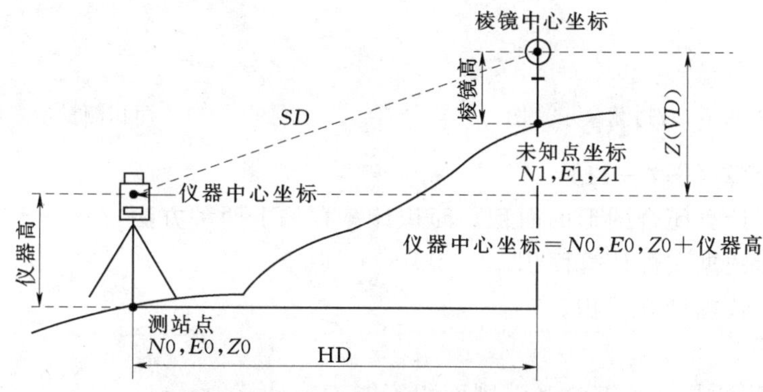

图 6-8　坐标测量示意图

(4) 照准目标棱镜，按坐标测量键，全站仪开始测距并计算显示测点的三维坐标未知点的坐标由下面公式计算并显示出来：

测站点坐标：($N0$，$E0$，$Z0$)；相对于仪器中心点的棱镜中心坐标：(n，e，z)；仪器高：仪高未知点坐标：($N1$，$E1$，$Z1$)；棱镜高：镜高高差：$Z(VD)$。

$$N1=N0+n$$

$$E1=E0+e$$

$$Z1=Z0+\text{仪高}+Z-\text{镜高}$$

仪器中心坐标：($N0$，$E0$，$Z0$+仪器高)。

五、悬高测量（图 6-9）

为了得到不能放置棱镜的目标点高度，只需将棱镜架设于目标点所在铅垂线上的任一点，然后进行悬高测量。悬高测量的精度与测距、测角和量仪器高精度有关，在选取测站时，要尽量使测站靠近测点。

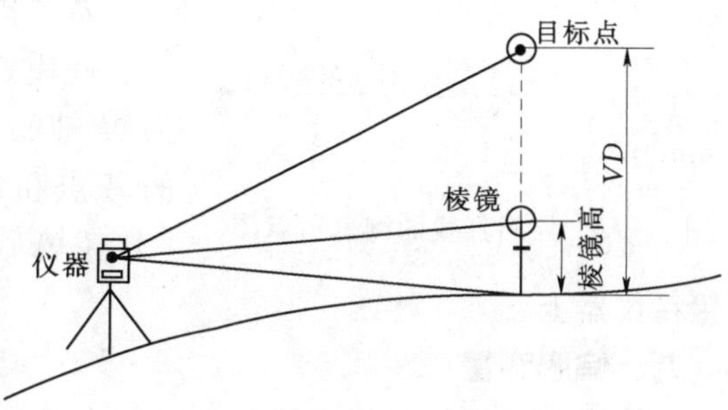

图 6-9　悬高测量示意图

六、对边测量（图 6-10）

测量两个目标棱镜之间的水平距离（dHD）、斜距（dSD）、高差（dVD）和水平角（HR）。也可直接输入坐标值或调用坐标数据文件进行计算。

对边测量模式有两个功能：

(1) MLM－1($A-B$，$A-C$)：测量$A-B$，$A-C$，$A-D$，…

(2) MLM－2($A-B$，$B-C$)：测量$A-B$，$B-C$，$C-D$，…

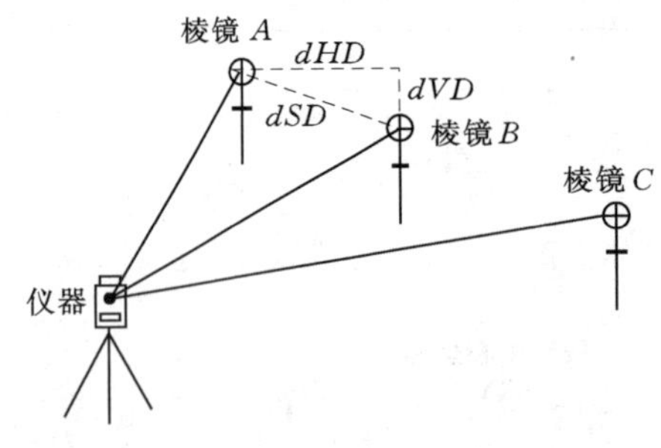

图 6－10　对边测量示意图

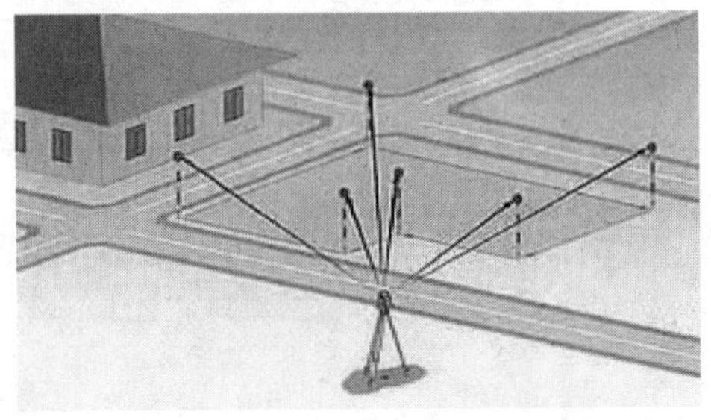

图 6－11　面积测量示意图

七、面积计算（图 6－11）

该模式用于计算闭合图形的面积，面积计算有如下两种方法：

(1) 用坐标数据文件计算面积。

(2) 用测量数据计算面积。

注意：

1) 如果图形边界线相互交叉，则面积不能正确计算。

2) 混合坐标文件数据和测量数据来计算面积是不可能的。

3) 面积计算所用的点数是没有限制的。测点少于 3 个点时会出现错误。

所计算的面积不能超过 200000m^2 或 300 亩。

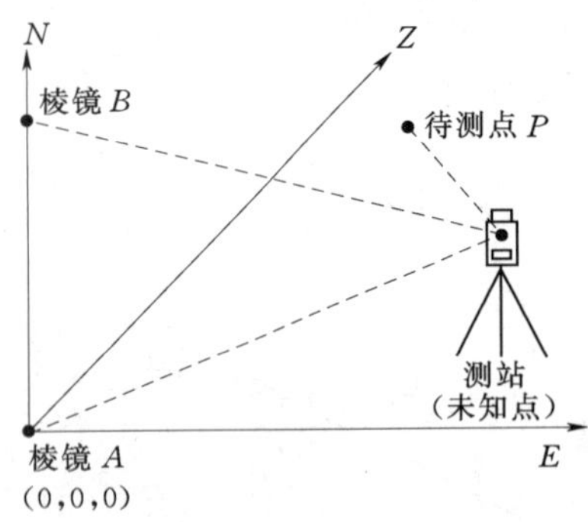

图 6－12　点到直线的测量示意图

测站点应尽量靠近被测多边形，尽量减少距离长度；条件允许时，把全站仪安置在多边形内部的中点最佳，尽量使各点的距离长度相等；观测时，各测点必须按相同的顺序编号（顺时针或逆时针方向），否则计算结果不正确。

八、点到直线的测量（图 6－12）

此模式用于相对于原点 $A(0，0，0)$ 和以直线 AB 为 N 轴的目标点坐标测量，将 2 块棱镜安放在直线上的 A 点和 B 点上，安置仪器在未知点 C 上，在测定这 2 块棱镜后，仪器的坐标数据和定向角就被计算，且设置在仪器上。

九、偏心测量

当棱镜难于直接安置在目标点（如在树木的中心，水池的中心）上时，可将棱镜安置在待测点的旁边，与悬高测量相类似，测出相应的角度、距离和高差，最后确定待测点的坐标和高程。此模式是十分有用的。

偏心测量模式包括：角度偏心测量、距离偏心测量、平面偏心测量、圆柱偏心测量。

十、后方交会测量（图 6－13）

在新点上安置仪器，用最多可达 7 个已知点的坐标和这些点的测量数据计算新坐标，后方交会的观测如下：

（1）距离测量后方交会。测定两个或更多的已知点。

（2）角度测量后方交会。测定 3 个或更多的已知点。

（3）角度和距离不能交叉使用。当使用角度进行测量时，已知点的方向应为顺时针或逆时针，并且相邻两点的夹角不能超过 180°。

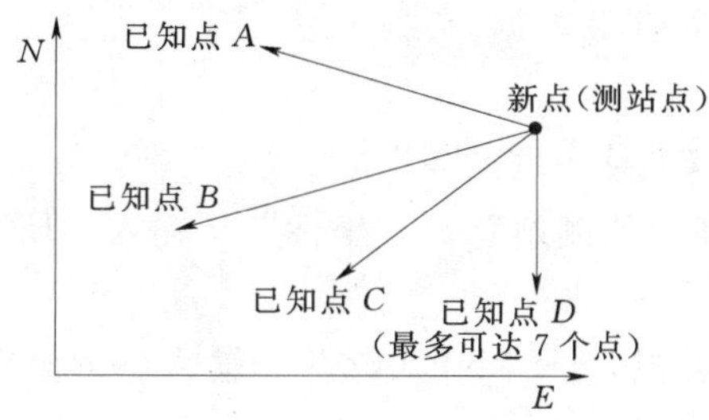

图 6－13　后方交会示意图

A
a_{0A}
(x_a, y_a, H_a)
B

图 6－14　数据采集示意图

十一、数据采集（图 6－14）

1. 数据采集菜单的操作

按下[MENU]键，仪器进入主菜单 1/3 模式，按下[F1]（数据采集）键，显示选择文件设置文件名，按[F4]显示数据采集菜单 1/2，按下[F1]输入测站点，按下[F2]输入后视点，按下[F3]进行测量。

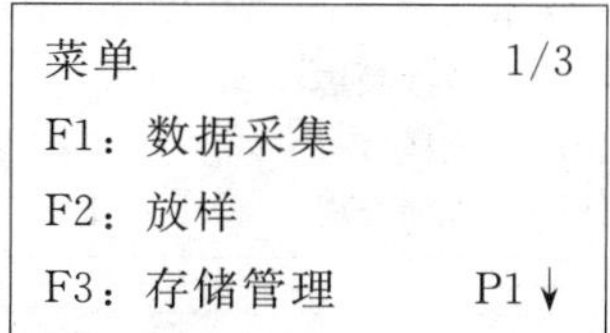

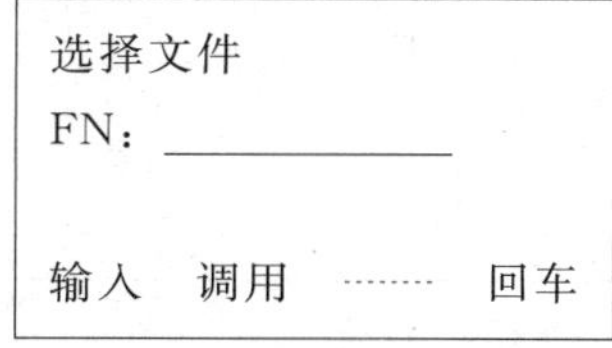

数据采集　1/2
F1：输入测站点
F2：输入后视点
F3：测量　P↓

NTS－350 系列可将测量数据存储在内存中，内存划分为测量数据文件和坐标数据文件。

测量数据：被采集的数据存储在测量数据文件中。

测点数目：（在未使用内存于放样模式的情况下）最多可达 3440 个点。

2. 操作步骤

（1）选择（或新建）数据采集文件，使其所采集数据存储在该文件中。

当需要保存测量数据的时候，应先选择参数设置，在“是否仅存坐标数据”中，选择“否”。

（2）选择坐标数据文件。可进行测站坐标数据及后视坐标数据的调用。（当无需调用已知点坐标数据时，可省略此步骤。）

（3）设置测站点。包括仪器高和测站点号及坐标。测站点坐标可按如下两种方法设定：

1）利用内存中的坐标数据来设定。

2）直接由键盘输入。

(4) 设置后视点，通过测量后视点进行定向，确定方位角。后视点定向角可按如下三种方法设定：

1）利用内存中的坐标数据来设定。

2）直接键入后视点坐标。

3）直接键入设置的定向角。

方位角的设置需要通过测量来确定。

(5) 设置待测点的棱镜高，开始采集，存储数据。

3. 操作流程

(1)“menu”—“数据采集”—输入文件名—“回车”。

(2)“输入测站点”—输入点号、仪高—“测站”—“坐标”—输入NEZ坐标—“回车”—“记录”。

(3)“输入后视点”—输入点号—“后视”—“NE/AZ”—输入NE坐标—“回车”—照准后视点—“测量”—“角度”。

(4)“测量”—输入点号、镜高—“测量”—“坐标”。

4. 操作示例显示

(1) 设置文件名的示例。见表6-10。(选定数据采集菜单中已有文件作为数据采集的文件。)

表6-10　　　　设置文件名

操作过程	操作	显示
按下[MENU]键		菜单 1/3 F1：数据采集 F2：放样 F3：存储管理 P↓
①由主菜单1/3按[F1]（数据采集）键	[F1]	选择文件 FN：______ 输入 调用 …… 回车
②按[F2]（调用）键，显示文件目录＊1	[F2]	SOUDATA /M0123 —>＊LIFDATA /M0234 DIEDATA /M0355 …… 查找 …… 回车
③按［▲］或［▼］键使文件表向上下滚动，选定一个文件＊2)，3)	［▲］或［▼］	LIFDATA /M0234 DIEDATA /M0355 —>KLSDATA /M0038 …… 查找 …… 回车

续表

操作过程	操作	显示
④按[F4]（回车）键，文件即被确认显示数据采集菜单 1/2	[F4]	数据采集 1/2 F1：输入测站点 F2：输入后视点 F3：测量 P↓
（1）如果您要创建一个新文件，并直接输入文件名，可按[F1]（输入）键，然后键入文件名。 （2）如果菜单文件已被选定，则在该文件名的左边显示一个符号“*”。 （3）按[F2]（查找）键可查看箭头所标定的文件数据内容		

（2）设置测站点的示例见表 6-11。（利用内存中的坐标数据来设置测站点的操作步骤。）

表 6-11　　设置测站点

操作过程	操作	显示
①由数据采集菜单 1/2，按[F1]（输入测站点）键，即显示原有数据	[F1]	点号　->PT-01 标识符：________ 仪高：　0.000m 输入　查找　记录　测站
②按[F4]（测站）键	[F4]	测站点 点号：PT-01 输入　调用　坐标　回车
③按[F1]（输入）键*1）	[F1]	测站点 点号：PT-01 回退　空格　数字　回车
④输入点号，按[F4]键	输入点号 [F4]	点号　->PT-11 标识符： 仪高：　0.000m 输入　查找　记录　测站
⑤标识符跳过，输入仪高*2)	输入标识符 输入仪高	点号　->PT-11 标识符： 仪高：　1.235m 输入　查找　记录　测站

续表

操作过程	操作	显示
⑥按[F3]（记录）键	[F3]	点号　　－＞PT－11 标识符： 仪高－＞　1.235m 输入　查找　记录　测站 ＞记录？　　　　[是][否]
⑦按[F3]（是）键，显示屏返回数据采集菜单 1/3	[F3]	数据采集　　　　1/2 F1：输入测站点 F2：输入后视点 F3：测量　　　　P↓

(1) 若是新建文件，按[F1]键（输入点名）后，再按[F3]键（设置 N、E、Z 三维坐标）。

(2) 如果不需要输入仪高（仪器高），则可按[F3]（记录）键。

在数据采集中存入的数据有点号，标识符和仪高。如果在内存中找不到给定的点，则在显示屏上就会显示“该点不存在”

(3) 设置方向角示例见表 6－12。方位角一定要通过测量来确定。（以下通过输入点号设置后视点将后视定向角数据寄存在仪器内）

表 6－12　　设置方向角

操作过程	操作	显示
①由数据采集菜单 1/2 按[F2]（后视），即显示原有数据	[F2]	后视点－＞ 编码： 镜高：　0.000m 输入　置零　测量　后视
②按[F4]（后视）键 *1）	[F4]	后视 点号－＞ 输入　调用　NE/AZ　[回车]
③按[F1]（输入）键	[F1]	后视 点号： 回退　空格　数字　回车
④输入点号，按[F4]（ENT）键 按同样方法，输入点编码，反射镜高 *2） *3）	输入 PT # [F4]	后视点－＞PT－22 编码： 镜高：　0.000m 输入　置零　测量　后视

续表

操　作　过　程	操　作	显　　示
⑤按 F3 （测量）键	F3	后视点－>PT-22 编码： 镜高：　0.000m 角度　＊斜距　坐标　……
⑥照准后视点 选择一种测量模式并按相应的软键 例：F3（坐标）键 进行坐标计算，显示定向角计算结果设置水平度盘读数测量结果被寄存，显示屏返回到数据采集菜单1/2	照准 F2	V：　90°00′00″ HR：　0°00′00″ SD＊　<<< m >测量… 数据采集　1/2 F1：输入测站点 F2：输入后视点 F3：测量　P↓

（1）每次按 F3 键，输入方法就在坐标值，设置角和坐标点之间交替交换。

（2）点编码可以通过编码库中的登记号来输入，为了显示编码库文件内容，可按 F2（查找）。

（3）数据采集顺序可设置为［编辑－测量］。

如果在内存中找不到给定的点，则在显示屏上就会显示“该点不存在”

（4）碎部点采集的示例见表6-13。（草图法全站仪数据采集）

表6-13　　碎部点采集

操　作　过　程	操　作	显　　示
①由数据采集菜单1/2， 按 F3（测量）键，进入待测点测量	F3	数据采集　1/2 F1：测站点输入 F2：输入后视 F3：测量　P↓ 点号－> 编码： 镜高：　0.000m 输入　查找　测量　同前
②按 F1（输入）键，输入点号后按 F4 确认	F1 输入点号 F4	点号　＝PT-01 编码： 镜高：　0.000m 回退　空格　数字　回车 点号　＝PT-01 编码　－> 镜高：　0.000m 输入　查找　测量　同前

续表

操作过程	操作	显示
③编码跳过，输入棱镜高	F1 输入镜高 F4	点号：　PT-01 编码　—> 镜高：　1.200m 输入　查找　测量　同前 角度　*斜距　坐标　偏心
④按F3（测量）键	F3	
⑤照准目标点	照准	
⑥按F1到F3中的一个键 例：F3（坐标）键 开始测量 数据被存储，显示屏变换到下一个镜点	F2	N*　286.245m E：　76.233m Z：　14.568m 输入　查找　测量　同前
⑦输入下一个镜点数据并照准该点		点号　—>PT-02 编码： 镜高：　1.200m 输入　查找　测量　同前
⑧按F4（同前）键 按照上一个镜点的测量方式进行测量 测量数据被存储 按同样方式继续测量 按ESC键即可结束数据采集模式	照准 F4	N*　387.169m E：　88.467m Z：　13.768m 输入　查找　测量　同前 点号　—>PT-03 编码： 镜高：　1.200m 输入　查找　测量　同前

（5）数据采集参数设置。在此模式下可作表6-14所列数据采集模式的参数设置。

表6-14　设置参数项目

菜单	选择项目	内容
F1：测距模式	精测/粗测	选择测距模式：精测/跟踪
F2：测距次数	N次/重复	选择测距次数：N次/重复测距
F3：存储设置	是/否	进行数据采集时，测量数据是否自动计算坐标数据并存入坐标文件

F1：测距模式默认设置为精测；

F2：测距次数默认设置为重复测距；

F3：存储设置默认设置为同时存测量数据和坐标数据。

如果在采集数据时，需要改变这几项设置，应先进行参数设置。

十二、坐标放样

放样模式有两个功能，即测定放样点和利用内存中的已知坐标数据设置新点，如果坐标数据未被存入内存，则也可从键盘输入坐标，坐标数据也可通过个人计算机从传输电缆装入仪器内存。

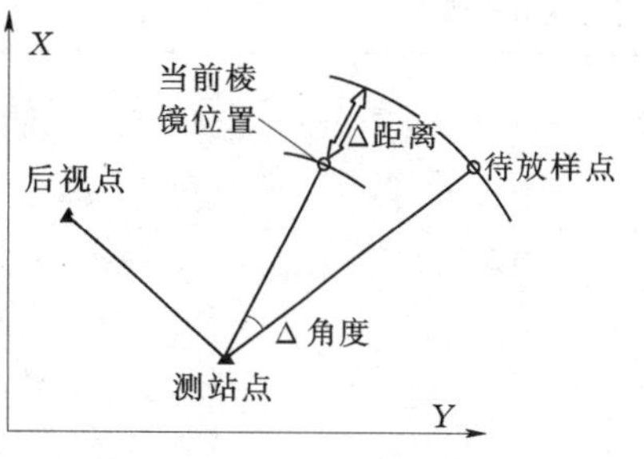

图 6-15　坐标放样示意图

1．坐标放样菜单的操作

按下 MENU 键，仪器进入主菜单 1/3 模式，按下 F2 （放样）键，显示放样菜单 1/2，按下 F1 输入测站点，按下 F2 输入后视点，按下 F3 输入放样点。实施放样有两种方法可供选择。

菜单　1/3	放样　1/2	放样
F1：数据采集	F1：输入测站点	点号：＿＿＿＿
F2：放样	F2：输入后视点	
F3：存储管理　P1↓	F3：输入放样点　P↓	输入　调用　坐标　回车

2．放样步骤

（1）选择数据采集文件，使其所采集数据存储在该文件中。无文件可跳过。

（2）选择坐标数据文件。可进行测站坐标数据及后视坐标数据的调用。

（3）设置测站点。设置测站点的方法有如下两种：

1）利用内存中的坐标设置。

2）直接键入坐标数据。

（4）设置后视点，确定方位角。以下三种后视点设置方法可供选用：

1）利用内存中的坐标数据文件设置后视点。

2）直接键入坐标数据。

3）直接键入设置角。

（5）输入所需的放样坐标，开始放样。实施放样有两种方法可供选择：

1）通过点号调用内存中的坐标值。

2）直接键入坐标值。

3．操作流程

（1）“menu”→“放样”→输入文件名→“回车”。

（2）“输入测站点”→“坐标”→输入 NEZ 坐标→“回车”。

（3）“输入后视点”→“NE/AZ”→输入 NE 坐标→“回车”→提示“照准”？→照准后视点→“是”。

（4）“放样”→“坐标”→输入 NEZ 坐标→“回车”→计算 HR 和 HD 的值→计算距离差值 dD 和角度差 dHR→照准棱镜→“角度”→使显示的 $dHR=0$→“距离”→使显示的 $dHD=0$→“继续”→放下一个点。

4．操作示例显示

（1）直接输入测站点坐标的示例见表 6-15。

表 6-15　　直接输入测站点坐标

操作过程	操作	显示
由放样菜单 1/2 按[F2]	按下[MENU]键，[F2]	放样 1/2 F1：输入测站点 F2：输入后视点 F3：输入放样点 P↓
①由放样菜单 1/2 按[F1]（测站点号输入）键，即显示原有数据	[F1]	测站点 点号：______ 输入　调用　坐标　回车
②按[F3]（坐标）键	[F3]	N：0.000m E：0.000m Z：0.000m 输入 …… 点号　回车
③按[F1]（输入）键，输入坐标值按[F4]（ENT）键＊1），2）	[F1] 输入坐标 [F4]	N：10.000m E：25.000m Z：63.000m 输入 …… 点号　回车
④按同样方法输入仪器高，显示屏返回到放样菜单 1/2	[F1] 输入仪高 [F4]	仪器高 输入 仪高：0.000m 输入 …… …… 回车
⑤返回放样菜单	[F1] 输入 [F4]	放样 1/2 F1：输入测站点 F2：输入后视点 F3：输入放样点 P↓

（2）直接输入后视点坐标的示例见表 6-16。

表 6-16　　直接输入后视点坐标

操作过程	操作	显示
①由放样菜单 1/2 按[F2]（后视）键，即显示原有数据	[F2]	后视 点号=： 输入　调用　NE/AZ　回车
②按[F3]（NE/AZ）键	[F3]	N->　0.000m E：0.000m 输入 …… 点号　回车

续表

操作过程	操作	显示
③按[F1]（输入）键，输入坐标值按[F4]（回车）键＊1)，2)	[F1] 输入坐标 [F4]	后视 H(B)＝　120°30′20″ ＞照准？　　[是]　[否]
④照准后视点	照准后视点	
⑤按[F3]（是）键，显示屏返回到放样菜单 1/2	照准后视点 [F3]	放样　　　　1/2 F1：输入测站点 F2：输入后视点 F3：输入放样点　　P↓

（3）直接输入放样点坐标值的示例见表 6－17。

表 6－17　　直接输入放样点坐标值

操作过程	操作	显示
①由放样菜单 1/2 按[F3]（放样）键	[F3]	放样　　　　1/2 F1：输入测站点 F2：输入后视点 F3：输入放样点　　P↓
[F3]（坐标）键	[F3]	放样 点号：________ 输入　调用　坐标　回车
按输入，按[F4]（ENT）键	[F3] 输入坐标 [F4]	N：　12.322m E：　34.286m Z：　1.5772m 输入　……　……　回车
当放样点设定后，仪器就进行放样元素的计算 HR：放样点的水平角计算值 HD：仪器到放样点的水平距离计算值	[F1] 输入镜高 [F4]	计算 HR：　122°09′30″ HD：　245.777m 角度　距离　……　……
④照准棱镜，按[F1]角度键 点号：放样点 HR：实际测量的水平角 dHR：对准放样点仪器应转动的水平角 ＝实际水平角—计算的水平角 当 dHR＝0°00′00″时，即表明放样方向正确	照准 [F1]	点号：　LP－100 HR：　2°09′30″ dHR：　22°39′30″ 距离　……　坐标　……

续表

操作过程	操作	显示
⑤按F1（距离）键 HD：实测的水平距离 dHD：对准放样点尚差的水平距离 =实测高差—计算高差 * 2)	F1	HD * [r] <m dHD: m dZ: m 模式 角度 坐标 继续 HD * 245.777m dHD: −3.223m dZ: −0.067m 模式 角度 坐标 继续
⑥按F1（模式）键进行精测	F1	HD * [r] <m dHD: m dZ: m 模式 角度 坐标 继续 HD * 244.789m dHD: −3.213m dZ: −0.047m 模式 角度 坐标 继续
⑦当显示值 dHR，dHD 和 dZ 均为 0 时，则放样点的测设已经完成 * 3)		
⑧按F3（坐标）键，即显示坐标值	F3	N: 12.322m E: 34.286m Z: 1.5772m 模式 角度 …… 继续
⑨按F4（继续）键，进入下一个放样点的测设	F4	放样 点号：______ 输入 调用 坐标 回车

十三、存储管理模式

在此模式下可使用下列内存项目：

存储管理 1/3	存储管理 2/3	存储管理 3/3
F1：文件状态	F1：坐标输入	F1：数据通信
F2：查找	F2：删除坐标	F2：初始化
F3：文件维护 P	F3：输入编码 P	P↓

（1）文件状态。检查存储数据的个数/剩余内存空间。

（2）查找。查看记录数据。

(3) 文件维护。删除文件/编辑文件名。

(4) 坐标输入。将坐标数据输入并存入坐标数据文件。

(5) 删除坐标。删除坐标数据文件中的坐标数据。

(6) 输入编码。将编码数据输入并存入编码库文件。

(7) 数据通信。发送测量数据或坐标数据，或编码库数据/上载坐标数据或编码库数据/设置通信参数。

(8) 初始化。内存初始化。

1. 文件识别符号（*、@、&）

位于文件名之前的文件识别符表明该文件的使用状态。对于测量数据文件，"*"表示数据采集模式下被选定的文件；对坐标数据文件，"*"表示放样模式下被选定的文件；"@"表示数据采集模式下被选定的坐标文件；"&"表示用于放样和数据采集模式被选定的坐标文件。

2. 数据类型识别符号（M/C）

位于四位数之前的数据类型识别符号表明该数据的类型。"M"表示测量数据；"C"表示坐标数据；四位数字表示文件中数据的总数。

3. 直接键入坐标数据（表 6-18）

放样点或控制点的坐标数据可直接由键盘输入，并可存入内存中的一个文件内。

表 6-18 直接键入坐标数据

操作过程	操作	显示
①由主菜单 1/3 按[F3]（存储管理）键	[F3]	存储管理 1/3 F1：文件状态 F2：查找 F3：文件维护 P↓
②按[F4]（P↓）键	[F4]	存储管理 2/3 F1：输入坐标 F2：删除坐标 F3：输入编码 P↓
③按[F1]（输入坐标）键	[F1]	选择文件 FN：______ 输入 调用 — 回车
④按[F1]（输入），输入你想设置的文件名 按[F4]（ENT）键 *1)	[F1] 输入 PN [F4]	输入坐标数据 点号：______ 输入 调用 — 回车

续表

操作过程	操作	显示
⑤[F1]（输入）键，输入点号 按[F4]键 * 1）	[F1] 输入点号 [F4]	N：　12.322m E：　34.286m Z：　1.5772m 输入　—　—　回车
⑥用同样方法输入坐标数据进入下一个点输入显示屏点号自动加1	[F1] 输入坐标 [F4]	输入坐标数据 点号：SOUTH－100 输入　调用　—　回车

4. 数据通信

您可以直接将内存中的数据文件传送到计算机，也可以从计算机将坐标数据文件和编码库数据直接装入仪器内存。

数据通信的菜单如下：

数据传输
F1：发送数据
F2：接收数据
F3：通信参数

F1：发送数据——发送数据

F2：接收数据——传入数据

F3：通信参数——通信参数设置

注意：在进行数据通信时，首先要检查通信电缆连接是否正确，微机与全站仪的通信参数设置是否一致。另外，每次野外工作之后要注意及时传送数据到电脑，可以保证仪器有足够内存，同时，也减少了数据丢失的可能性。

5. 数据初始化（清零）

此模式用于初始化内存储器，下列类型数据可以进行初始化：

文件数据：全部测量数据和坐标数据文件；

编码数据：编码库数据；

全部数据：文件数据和编码数据。

注意：尽管对内存进行了初始化，但下列数据是不会被初始化的，测站点坐标，仪器高和反射镜高。

十四、全站仪导线测量

在后续控制测量中介绍。

十五、全站仪数字化测图

在后续地形图测绘中介绍。

小　结

本项目主要介绍了全站仪的基本结构、菜单功能，并以NTS-352全站仪为例介绍了全站仪的操作使用方法。主要内容如下：

（1）全站仪的结构和组成。

（2）全站仪的使用。

（3）全站仪的常规测量。

（4）全站仪的菜单测量。

拓展和能力测试题

一、填空题

1. 电子测角的度盘主要有__________、__________、动态度盘三种形式。

2. 全站仪精度指标是________________、________________。

3. 全站仪基本设置项目有__________设置、__________设置和其他设置。

4. 只有掌握全站仪工作原理，熟悉__________，明确测量功能，合理设置__________，正确选择测量模式，才能真正充分发挥全站仪在测量工作中的优势。

二、选择题

1. 全站仪由光电测距仪、电子经纬仪和（　　）组成。

A. 电子水准仪　B. 坐标测量仪　C. 读数感应仪　D. 数据处理系统

2. 用全站仪进行距离或坐标测量前，需设置正确的大气改正数，设置的方法可以是直接输入测量时的气温和（　　）。

A. 气压　B. 湿度　C. 海拔　D. 风力

3. 用全站仪进行距离或坐标测量前，不仅要设置正确的大气改正数，还要设置（　　）。

A. 乘常数　B. 湿度　C. 棱镜常数　D. 温度

4. 全站仪测量点的高程的原理是（　　）。

A. 水准测量原理　B. 导线测量原理　C. 三角测量原理　D. 三角高程测量原理

5. 在用全站仪进行角度测量时，若不输入棱镜常数和大气改正数，（　　）所测角值。

A. 影响　B. 不影响

C. 水平角影响，竖直角不影响　D. 水平角不影响，竖直角影响

6. 在测距仪及全站仪的仪器说明书上的标称精度，常写成±$(A+BD)$，A和B分别称为（　　）。

A. 固定误差、相对误差　B. 比例误差、绝对误差

C. 固定误差、比例误差　D. 比例误差、相对误差

7. 全站仪与计算机进行数据通信前，必须将全站仪和计算机上的通信参数设置一致，

主要有（　　）、校验位（parity）、停止位（stop bit）和回答方式（protocol）。

A. 波特率　　B. 波特位　　C. 校验率　　D. 数码位

8. 水平角测量方式设置有两种（　　）。

A. 正镜、倒镜　　B. 测回法、全圆测回法　　C. 左角、右角

9. 双轴液体补偿可以实现（　　）。

A. 仪器精平　　B. 距离修正　　C. 水平角、竖直角的修正

10. 若某全站仪的标称精度，为±（$3mm+2\times10^{-6}D$），则用此全站仪测量 2km 长的距离，其误差的大小为（　　）。

A. ±7mm　　B. ±5mm　　C. ±3mm　　D. ±2mm

11. 根据全站仪坐标测量的原理，在测站点瞄准后视点后，方向值应设置为（　　）。

A. 测站点至后视点的方位角　　B. 后视点至测站点的方位角

C. 0°　　D. 90°

12. 在用全站仪进行点位放样时，若棱镜高和仪器高输入错误，（　　）放样点的平面位置。

A. 影响　　B. 不影响

C. 盘左影响，盘右不影响　　D. 盘左不影响，盘右影响

13. 全站仪有三种常规测量模式，下列选项不属于全站仪的常规测量模（　　）。

A. 角度测量模式　B. 方位测量模式　C. 距离测量模式　D. 坐标测量模式

14. 全站仪的主要技术指标有最大测程、测角精度、放大倍率和（　　）。

A. 最小测程　　B. 缩小倍率　　C. 自动化和信息化程度　　D. 测距精度

15. 全站仪在测站上的操作步骤主要包括：安置仪器、开机自检、（　　）、选定模式、后视已知点、观测前视欲求点位及应用程序测量。

A. 输入风速　　B. 输入参数　　C. 输入距离　　D. 输入仪器名称

16. 若用（　　）根据极坐标法测设点的平面位置，则不需预先计算放样数据。

A. 全站仪　　B. 水准仪　　C. 经纬仪　　D. 测距仪

17. 用全站仪观测水平角 n 测回，其度盘可按（　　）配置。

A. $180°/n$　　B. 根据仪器精度采用不同配置公式

C. 某一固定值进行　　D. 根据需要任意

18. 全站仪在使用时，应进行必要的准备工作，即完成一些必要的设置。下列选项不属于全站仪的必要设置的有（　　）。

A. 仪器参数和使用单位的设置　　B. 棱镜常数的设置

C. 气象改正值的设置　　D. 视准轴的设置

19. 用光电经纬仪以光学速测法全站测量，其中（　　）。

A. 水平角、竖直角、距离由光电经纬仪自动测量

B. 水平角、竖直角由光电经纬仪自动测量

C. 距离由光电经纬仪自动测量

20. 光学经纬仪以光学速测法全站测量的直接测量参数是（　　）。

A. 水平角，标尺读数，竖盘读数　　B. 距离，水平角，竖直角

C. 平距，方位角，高差

三、判断题

1. 全站仪是集光、机、电于一体的高科技测量仪器。（　　）
2. 全站仪常规测量采用直接输入一个方位角来定向。（　　）
3. 进行地面两点距离放样时可不考虑仪高和镜高。（　　）
4. 通过预设温度和湿度可算得大气改正值。（　　）
5. 光电测距仪的测距原理，关键在于测定电磁波往返于两点间所用时间。（　　）
6. 全站仪的原始观测数据为水平角、竖直角和平距。（　　）
7. 激光信号测距时，可以不用反射棱镜直接照准目标测距。（　　）

四、简答题

1. 全站仪测量的注意事项有哪些？
2. 简述全站仪放样的操作步骤。

项目七　测量误差的基本知识

【教学目标】

本项目为测量误差的基本知识，主要介绍了测量误差的概念、来源和分类；偶然误差的特性；衡量观测值精度的指标；误差传播定律及其应用。通过学习本项目，要求了解测量误差的概念和来源；认识到观测条件对观测值质量的影响；掌握测量误差的分类；理解偶然误差的特性；熟知衡量观测值精度的指标；掌握误差传播定律及其在测量中的应用。

【教学要求】

任　务	能　力　要　求	相　关　知　识
测量误差的基本知识	(1) 能够理解测量误差的概念及来源； (2) 能够区分系统误差和偶然误差； (3) 能够根据偶然误差的特性确定测量限差	(1) 测量误差的概念； (2) 观测条件； (3) 系统误差和偶然误差的概念； (4) 偶然误差的特性
衡量观测值精度的指标	(1) 能够进行中误差、相对误差和极限误差的计算； (2) 能够根据精度指标来衡量观测值的精度高低； (3) 能够根据实际情况选取合适的衡量精度的指标	(1) 中误差、相对误差和极限误差的概念； (2) 中误差、相对误差和极限误差的计算
误差传播定律及其在测量中的应用	(1) 能够理解误差传播定律的推导过程； (2) 能够运用误差传播定律评定观测值函数的精度	(1) 观测值倍数函数的中误差及其应用； (2) 观测值和或差函数的中误差及其应用； (3) 观测值线性函数的中误差及其应用； (4) 观测值一般函数的中误差及其应用

任务一　测量误差概述

测量工作中，尽管观测者按照规定的操作要求认真进行观测，但在同一量的各观测值之间，或在各观测值与其理论值之间仍存在差异。例如，对同一段距离重复丈量若干次，量得的长度经常不完全相等，对某一三角形的三个内角进行观测其和不等于 180°，水准测量闭合路线的高差总和往往不等于零等，这些都说明观测值中不可避免地有误差存在。

研究观测误差的来源及其规律，采取各种措施消除或减小其误差影响，求得最可靠值

以及正确评价测量成果的精度，是测量工作者的一项主要任务。

一、测量误差的定义

真值是观测对象客观存在的量，如三角形内角和为180°。每次对其观测所得的数值，称为观测值。设观测对象的真值为X，观测值为$L_i(i=1，2，\cdots，n)$，则观测值与真值之差，称为真误差，其定义式为

$$\Delta_i=L_1-X \quad (i=1,2,\cdots,n) \tag{7-1}$$

二、测量误差的来源

测量误差的主要来源有以下三个方面。

1. 仪器和工具

由于仪器构造不完善和精密度的限制，仪器本身的这些误差和工具的制造也存在一定的误差，必然使观测结果受到一定的影响；另外，测量所用的仪器，尽管事先经过了检验校正，但还存在残余误差没有完全消除，同样使观测结果受到一定的影响。

2. 观测者

在观测的过程中，由于人感官能力的限制，虽然观测者认真仔细，但在仪器的安置、照准、读数都会产生一定的误差。当然观测者技术水平的高低和工作态度的好坏，也会使观测成果的质量受到不同的影响。

3. 外界条件

观测时所处的外界条件发生变化，如温度、湿度、风力、明亮度、大气折光和地球曲率等，它们对观测结果都会产生直接影响。

因此，测量所用仪器、观测者以及观测时所处的外界条件等三方面的因素是引起测量误差的主要来源，通常称为观测条件。同时，也是产生测量误差的主要原因。显然，观测条件的好坏与观测成果的质量密切相关。

三、测量误差的分类

测量误差按其性质可分为系统误差和偶然误差两大类。

1. 系统误差

在相同的观测条件下作一系列的观测，如果观测误差在大小、符号上表现出一致性，即按一定的规律变化或保持为常数，这种误差称为系统误差。产生系统误差的原因很多，主要是由于使用的仪器不够完善及外界条件所引起的。例如，用50m的钢尺量距时，其实际长度比标准尺（50m）略长或略短ΔL，则用这把钢尺量出的距离D，含有$\Delta LD/30$的误差，它的大小和正负号是一定的，具有单向性，量的距离越长，尺段数越多，误差就愈大，具有累积性。因此，必须尽可能地消减系统误差的影响。

消除系统误差的影响，一般在观测前，采取有效的预防措施，如对仪器设备进行必要的检验与校正，并选择有利的观测条件等；观测时，可以采用适当的观测方法，如水准测量中采用前、后视距相等的方法，可以消除i角的影响；观测后，可以采用改正的方法，对观测结果进行必要的计算改正，如钢尺量距中的尺长、温度改正等。

2. 偶然误差

在相同的观测条件下作一系列的观测，如果误差的大小和符号在表面上看来，没有任何规律，即误差的大小不等，符号不同，这种误差称为偶然误差。

偶然误差的产生，往往是观测条件中不稳定和难于严格控制的多种随机因素引起的，因此，每次观测前不能预知误差出现的符号和大小，即误差呈现出偶然性。例如，用望远镜瞄准目标时，由于观测者眼睛的分辨能力和望远镜的放大倍数有一定限度，观测时光线强弱的影响，致使瞄准目标不能绝对正确，可能偏左一些，也可能偏右一些，纯属偶然性，数学上称随机性，所以偶然误差也称随机误差。

在测量过程中，除了上述两类性质的误差外，有时会由于观测者在工作中粗心大意发生错误，称为粗差，如测错、读错、记错等。凡含有粗差的观测值应舍去不用，并需要重测。为了杜绝错误，除加强作业人员的责任心，提高技术水平外，还应采取必要检核、验算措施，防止和及时发现粗差。一般是在测量工作中，进行多于需要的观测，称为多余观测，例如，测量一平面三角形的内角，只需要测得其中的任意两个，即可确定其形状，但实际上也测出第三个角，以便检核内角和。三个内角观测值之和不等于理论值 180°就产生了不符值，从而判断观测结果的正确性。

系统误差和偶然误差是观测误差的两个方面，在观测过程中总是同时产生的。如果观测值中的粗差被剔除，系统误差被消除或削弱到最小限度，观测值中仅含偶然误差，或是偶然误差占主导地位时，该观测值称为带有偶然误差的观测值。

任务二　偶然误差的特性

偶然误差产生的原因纯系随机性的，只有通过大量观测才能揭示其内在的规律，这种规律具有重要的实用价值。现通过一个实例来阐述偶然误差的统计规律。

在相同的观测条件下，对 217 个三角形独立地观测了其三个内角，每个三角形内角之和应等于它的真值 180°，由于观测值存在误差而往往不相等。根据式（7-1）可计算各三角形内角和真误差（在测量工作中称为三角形闭合差）为

$$\Delta i=(L_1+L_2+L_3)_i-180° \quad (i=1,2,\cdots,n) \tag{7-2}$$

式中　$(L_1+L_2+L_3)_i$——i 个三角形内角观测值之和。

现取误差区间的间隔 $d\Delta=3''$，将这一组误差按其正负号与误差值的大小排列。出现在基本区间误差的个数称为频数，用 K 表示，频数除以误差的总个数 n 得 K/n，称误差在该区间的频率。统计结果列于表 7-1，此表称为频率分布表。

表 7-1　　误差频率分布表

误差区间 $d\Delta(3'')$	$-\Delta$			$+\Delta$		
	K	K/n	$(K/n)/d\Delta$	K	K/n	$(K/n)/d\Delta$
0～3	30	0.138	0.046	29	0.134	0.045
3～6	21	0.097	0.032	20	0.092	0.031
6～9	15	0.069	0.023	18	0.083	0.028
9～12	14	0.065	0.022	16	0.073	0.024
12～15	12	0.055	0.018	10	0.046	0.015
15～18	8	0.037	0.012	8	0.037	0.012

续表

误差区间 dΔ(3″)	−Δ			+Δ		
	K	K/n	$(K/n)/\mathrm{d}\Delta$	K	K/n	$(K/n)/\mathrm{d}\Delta$
18～21	5	0.023	0.008	6	0.028	0.009
21～24	2	0.009	0.003	2	0.009	0.003
24～27	1	0.005	0.002	0	0	0
27 以上	0	0	0	0	0	0
Σ	108	0.498	0.144	109	0.502	0.167

由表 7－1 中可以看出大小误差和出现的个数之间有一定规律性，若以误差大小为横坐标，各区间的频率除以区间的间隔值（此处间隔值为 3″）为纵坐标绘成直方形图，如图 7－1 所示。图 7－1 中长方条面积代表误差出现在该区间的频率。这种图通常称直方图，它形象地表示了误差的分布情况。如果各区间无限缩小，则可以想到，图中各长方形顶边所形成的折线将变成光滑的曲线，如图 7－2 所示。

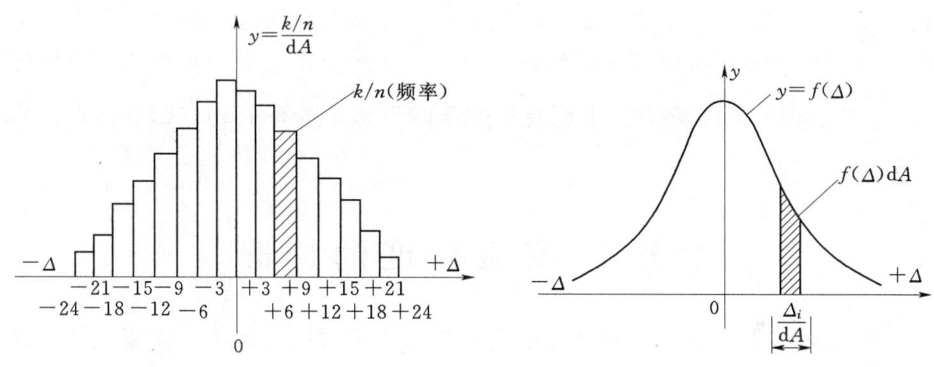

图 7－1　直方图　　　　图 7－2　误差分布曲线

通过上面的实例，可以概括偶然误差的特性如下。

1. 有限性

在一定条件下的有限观测值中，其误差的绝对值不会超过一定的界限，或者说超过一定限值的误差，其出现的概率为零。

2. 密集性

绝对值较小的误差比误差绝对值较大的误差出现的次数多，或者说，小误差出现的概率大，大误差出现的概率小。

3. 对称性

绝对值相等的正误差与负误差出现的次数大致相等，或者说它们出现的概率相等。

4. 抵偿性

由对称性可知，当观测次数无限增多时，其算术平均值趋近于零，即

$$\lim_{n\to\infty}\frac{\Delta_1+\Delta_2+\cdots+\Delta_n}{n}=\lim_{n\to\infty}\frac{[\Delta]}{n}=0 \tag{7-3}$$

式中　$[\Delta]$——误差总和。

换言之，偶然误差的理论均值为零。

凡有抵偿性的误差，原则上都可按偶然误差处理。

如果继续观测更多的三角形，即增加误差的个数，当 $n\to\infty$ 时，各误差出现的频率也就趋近于一个完全确定的值，这个数值就是误差出现在各区间的概率。此时如将误差区间无限缩小，那么图 7-1 中各长方条顶边所形成的折线将成为一条光滑的连续曲线，如图 7-2 所示，这条曲线称为误差分布曲线，也称正态分布曲线。曲线上任一点的纵坐标 y 均为横坐标 Δ 的函数，其函数形式为

$$y=f(\Delta)=\frac{1}{\sqrt{2\pi}\sigma}e^{-\frac{\Delta^2}{2\sigma^2}} \tag{7-4}$$

式中　e——自然对数的底（e=2.7183）；

σ——观测值的标准差；

σ^2——方差。

图 7-2 中小长方条的面积 $f(\Delta)d\Delta$，代表误差出现在该区间的概率，即

$$p=f(\Delta)d\Delta \tag{7-5}$$

由式（7-5）可知，当函数 $f(\Delta)$ 较大时，误差出现在该区间的概率也大，反之则较小。因此，称函数 $f(\Delta)$ 为概率密度函数，简称密度函数。图中分布曲线与横坐标所包围的面积为 $\int_{-\infty}^{+\infty}f(\Delta)d\Delta=1$（直方图中所有长方条面积总和也等于 1），即偶然误差出现的概率为 1，是必然事件。

任务三　衡量精度的标准

为了鉴定观测结果的质量，就要有正确的判断成果质量的方法，而测量成果优劣的主要标志就是指其精度的高低。因此必须有一个衡量精度的标准。

精度是指一组观测值误差分布的密集或离散的程度，即离散度的大小。而误差分布的离散度大小，可以用标准差 σ 的数值来量度。

衡量精度的标准有多种，这里仅介绍几种常用的精度指标。

一、中误差

中误差即为观测误差的标准差 σ，则其定义为

$$\sigma^2=\lim_{n\to\infty}\frac{[\Delta\Delta]}{n} \tag{7-6}$$

用上式求 σ 值要求观测数 n 趋近无穷大，但实际上是不现实的。在实际测量工作中，观测数总是有限的，为了评定精度，一般采用下述公式：

$$m=\pm\sqrt{\frac{[\Delta\Delta]}{n}} \tag{7-7}$$

其中

$$[\Delta\Delta]=\Delta_1^2+\Delta_2^2+\cdots+\Delta_n^2 \tag{7-8}$$

式中　m——中误差；

n——观测值总数。

比较式（7-6）与式（7-7）可以看出，标准差 σ 与中误差 m 的不同在于观测个数的

区别。标准差为理论上的观测精度指标，而中误差则是观测数 n 为有限时的观测精度指标。所以，中误差实际上是标准差的近似值，统计学上称为估值，随着 n 的增加，m 将趋近 σ。

必须指出，在相同的观测条件下进行的一组观测，测得的每一个值都为同精度观测值，也称为等精度观测值。中误差愈小，即表示该组观测中，绝对值较小的误差愈多，则该组观测值的精度愈高。但是同精度观测值的真误差彼此并不相等，有的差异还比较大，这是由于真误差具有偶然误差的性质。

【例 7-1】 设有甲、乙两组观测值，对一三角形的内角和各进行了 5 次观测，其真误差分别为

甲组：+4″、−3″、+1″、−2″、−3″

乙组：+5″、−5″、0、+2″、+1″

则两组观测值的中误差分别为

$$m_{甲}=\sqrt{\frac{16+9+1+4+9}{5}}=\pm 2.8''$$

$$m_{乙}=\sqrt{\frac{25+25+0+4+1}{5}}=\pm 3.3''$$

由此可以看出，甲组观测值比乙组观测值的精度高，因为乙组观测值中有较大误差，用平方能反映较大误差的影响，因此，测量工作中采用中误差作为衡量精度的标准。

应该再次指出，中误差 m 是表示一组观测值的精度。例如，$m_{甲}$ 是表示甲组观测值中每一个观测值的精度，而不能用每次观测所得的真误差（+4″、−3″、1″、−2″、−3″）与中误差（±2.8″）相比较，来说明一组中哪一次观测值的精度高或低。

二、相对误差

测量工作中，有时只用中误差还不能完全表达测量成果的精度高低。例如，分别丈量了 600m 及 60m 两段距离，其中误差均为 ±30mm，并不能认为两者的测量精度是相同的。为此，通常采用中误差或真误差与观测值之比，并将分子化为 1 的无名数 $\frac{1}{N}$ 表示测量精度，称为相对中误差或相对误差。例如上述两段距离的相对中误差分别为 $\frac{0.03}{600}=\frac{1}{20000}$，后者则为 $\frac{0.03}{60}=\frac{1}{2000}$，前者分母大比值小，丈量精度高。

相对误差不用于评定测角精度，因为角度观测的误差与角度大小无关。

三、允许误差——极限误差

由偶然误差的特性（有限性）可知，在一定的观测条件下，误差的绝对值不会超过一定的限值。误差理论和大量统计证明：绝对值大于 2 倍中误差的偶然误差出现的机会为 4.5%，大于 3 倍中误差的偶然误差出现的机会仅为 0.3%，已经是概率接近于零的小概率事件，或者说实际上的不可能事件。因此，为确保观测成果的质量，在测量工作中通常规定以 3 倍中误差作为偶然误差的极限值，称为极限误差或容许误差，即

$$\Delta_{容}(\Delta_{限})=3m \text{ 或 } \Delta_{容}(\Delta_{限})=2m \qquad (7-9)$$

如果实际工作要求较严格，有时也采用 2 倍中误差作为容许误差。超过上述限差的观

测值，应舍去不用，或返工重测。

容许误差是生产中规定的一个消去粗差的标准。

任务四　误差传播定律

在测量工作中，有些未知量往往不能直接测得，而是由某些直接观测值通过一定的函数关系间接计算而得，例如水准测量中，测站的高差是由前、后视读数求得的，即 $h=a-b$。式中高差 h 是直接观测值 a、b 的函数。由于观测值 a、b 客观存在的误差，必然使得 h 也受其影响而产生误差。这种因观测值包含有误差，使得观测值的函数也产生误差的现象，称为误差传播。那么阐述观测值中误差与其函数中误差之间关系的定律，称为误差传播定律。

以下分别以线性与非线性两种函数形式进行讨论。

一、线性函数

设有线性函数

$$Z=K_1x_1 \pm K_2x_2 \tag{7-10}$$

式中　x_1、x_2——独立观测值，其中误差分别为 m_1、m_2；

K_1、K_2——常数。

设函数 Z 的中误差为 m_Z，下面来推导中误差 m_Z 与 m_1、m_2 的关系。

若 x_1 和 x_2 的真误差为 Δx_1 和 Δx_2，则函数 Z 必有真误差 ΔZ，即

$$Z+\Delta Z=K_1(x_1+\Delta x_1) \pm K_2(x_2+\Delta x_2) \tag{7-11}$$

式（7-11）减式（7-10）得真误差的关系式为

$$\Delta Z_1=K_1\Delta x_1 \pm K_2\Delta x_2 \tag{7-12}$$

设对 x_1 及 x_2 各观测了 n 次，则有

$$\left.\begin{aligned} \Delta Z_1&=K_1(\Delta x_1)_1 \pm K_2(\Delta x_2)_1 \\ \Delta Z_2&=K_1(\Delta x_1)_2 \pm K_2(\Delta x_2)_2 \\ &\vdots \\ \Delta Z_n&=K_1(\Delta x_1)_n \pm K_2(\Delta x_2)_n \end{aligned}\right\} \tag{7-13}$$

对式（7-13）两边平方求和，并除以 n，则得

$$\frac{[\Delta Z^2]}{n}=\frac{K_1^2[\Delta x_1^2]}{n}+\frac{K_1^2[\Delta x_2^2]}{n} \pm 2\,\frac{K_1K_2[\Delta x_1\Delta x_2]}{n} \tag{7-14}$$

由于 Δx_1、Δx_2 均为独立观测值的偶然误差。因此，乘积 $\Delta x_1\Delta x_2$ 也必然呈现偶然性，根据偶然误差的第四特性，有

$$\lim_{n\to\infty}\frac{K_1K_2[\Delta x_1\Delta x_2]}{n}=0$$

根据中误差的定义，得中误差的关系为

$$m_Z^2=K_1^2m_1^2+K_2^2m_2^2 \tag{7-15}$$

线性函数的一般形式为

$$Z=K_1x_1 \pm K_2x_2 \pm \cdots \pm K_nx_n \tag{7-16}$$

推广之，可得线性函数中误差的关系式：

$$m_Z^2=K_1^2m_1^2+K_2^2m_2^2+\cdots+K_n^nm_n^n \tag{7-17}$$

故观测值线性函数的中误差，等于各常数与相应观测值中误差之乘积的平方和。

特殊情况：

（1）和差函数 $Z=x_1\pm x_2$，其中误差关系为

$$m_Z^2=m_1^2+m_2^2 \text{或} m_z=\pm\sqrt{m_1^2+m_2^2} \tag{7-18}$$

若 $m_1=m_2=m$，则

$$m_Z^2=2m^2 \text{ 或 } m_Z=\pm\sqrt{2}m \tag{7-19}$$

当各观测值 x 彼此独立且

$$Z=\pm x_1\pm x_2\pm\cdots\pm x_n$$

则

$$m_Z=\pm\sqrt{m_1^2+m_2^2+\cdots+m_n^2} \tag{7-20}$$

若　$m_1=m_2=\cdots=m_n=m$ 时，则

$$m_Z=\pm m\sqrt{n} \tag{7-21}$$

即 n 个同精度独立观测值代数和的中误差，等于观测值中误差的$\sqrt{n}$倍。

（2）倍函数 $Z=Kx$，则

$$m_Z=Km_x \tag{7-22}$$

【例 7－2】 有一矩形，两条边的测量长度为 $a=50.00\text{m}\pm0.04\text{m}$，$b=40.00\text{m}\pm0.03\text{m}$，试求矩形的周长 p 及其中误差 m_p。

解　矩形的周长为

$$p=2a+2b=(2\times50.00)+(2\times40.00)=180.00(\text{m})$$

由式（7－15）得

$$m_p=\pm\sqrt{(2m_a)^2+(2m_b)^2}=\pm\sqrt{(2\times0.04)^2+(2\times0.03)^2}=0.10(\text{m})$$

最后结果一般写成：$p=180.00\text{m}\pm0.10\text{m}$

【例 7－3】 在 1∶1000 比例尺地形图上，量得 A、B 两点间的距离 $d=132.5\text{mm}$，其中误差 m_d 为$\pm0.1\text{mm}$，求 A、B 间的实际长度 D 及其中误差 m_D。

解　A、B 间的实际长度与图上量得长度之间是倍数函数关系，即

$$D=K\cdot d=1000\times132.5\text{mm}=132.5\text{m}$$

$$m_D=K\cdot m_d=1000\times0.1\text{mm}=0.1\text{m}$$

最后结果为

$$D=132.5\text{m}+0.1\text{m}$$

【例 7－4】 自水准点 BM_1 向水准点 BM_2 进行水准测量，设各段所测高差分别为

$$h_1=+4.758\text{mm}\pm5\text{mm}$$

$$h_2=+5.415\text{mm}\pm4\text{mm}$$

$$h_3=-2.452\text{mm}\pm3\text{mm}$$

求 BM_1、BM_2 两点间的高差及其中误差。

解　BM_1、BM_2 之间的高差 $h=h_1+h_2+h_3=+7.721\text{m}$；高差中误差为

$$m_h=\pm\sqrt{m_1^2+m_2^2+m_3^2}=\pm\sqrt{5^2+4^2+3^2}$$

$$=\pm 7.1(\text{mm})$$

【例 7-5】 对某量同精度观测了 n 次，观测值为 L_1，L_2，…，L_n，其中误差为 m，试求其算术平均值 L 的中误差 M。

解
$$L=\frac{1}{n}(L_1+L_2+\cdots+L_n) \tag{7-23}$$

按照线性函数的误差传播定律，则有

$$M^2=\frac{1}{n^2}m^2+\frac{1}{n^2}m^2+\cdots+\frac{1}{n^2}m^2=\frac{1}{n}m^2$$

即

$$M=\frac{m}{\sqrt{n}} \tag{7-24}$$

上式说明，算术平均值的中误差为观测值中误差的$\frac{1}{\sqrt{n}}$。因此，增加观测次数可以提高算术平均值的精度。

注意：根据函数 $M=\frac{m}{\sqrt{n}}$可知，如果设观测值的中误差 $m=1$ 时，算术平均值的中误差 M 与观测次数 n 增加到 10 以后，算术平均值精度的提高效果就不再明显了。所以，不能单以增加观测次数来提高测量成果的精度，还应该注意提高观测值的测量精度。

【例 7-6】 设同精度测得某三角形的 3 个内角 α、β、γ，其测角中误差均为 m。三角形闭合差为 $\omega=\alpha+\beta+\gamma-180°$，则改正后的内角 $\alpha'=\alpha-\frac{\omega}{3}$，求三角形闭合差 ω 及改正后内角 α'的中误差 m_ω 与 m_α。

解 因为三内角均为独立等精度观测值，闭合差与三内角的函数关系式为和差函数，则有

$$m_\omega^2=m_\alpha^2+m_\beta^2+m_\gamma^2=3m^2$$

所以

$$m_\omega=\pm\sqrt{3}m$$

求 α'的中误差时，因为 $\omega=\alpha+\beta+\gamma-180°$，则式 $\alpha'=\alpha-\frac{\omega}{3}$中的 α 与 ω 并非独立观测值，不能直接套用公式，为此应消去 ω，得 α'与独立观测（三内角）的函数关系式为

$$\alpha'=\alpha-\frac{1}{3}(\alpha+\beta+\gamma-180°)=\frac{2}{3}\alpha-\frac{1}{3}\beta-\frac{1}{3}\gamma+60°$$

由此得
$$m_{\alpha'}^2=\left(\frac{2}{3}m_\alpha\right)^2+\left(\frac{1}{3}m_\beta\right)^2+\left(\frac{1}{3}m_\gamma\right)^2=\frac{2}{3}m^2$$

$$m_\alpha'=\pm\sqrt{\frac{2}{3}}m$$

二、非线性函数

非线性函数即一般函数，其形式为

$$Z=f(x_1,x_2,\cdots,x_n) \tag{7-25}$$

式中　x_1，x_2，…，x_n——直接观测值，其中误差分别为 m_1，m_2，…，m_n，函数 Z 的中

误差为 m_Z。

若 x_1，x_2，…，x_n 包含有真误差 Δx_1，Δx_2，…，Δx_n，则函数 Z 也将产生真误差 ΔZ，即

$$Z+\Delta Z=f(x_1+\Delta x_1, x_2+\Delta x_2+\cdots+x_n+\Delta x_n) \tag{7-26}$$

由于 Δx_1，Δx_2，…，Δx_n 很小，则上式可用泰勒级数展开成线性函数的形式，并取其一次项，得

$$Z+\Delta Z=f(x_1, x_2, \cdots, x_n)+\frac{\partial f}{\partial x_1}\Delta x_1+\frac{\partial f}{\partial x_2}\Delta x_2+\cdots+\frac{\partial f}{\partial x_n}\Delta x_n \tag{7-27}$$

式（5－27）减式（5－25）得

$$\Delta Z=\frac{\partial f}{\partial x_1}\Delta x_1+\frac{\partial f}{\partial x_2}\Delta x_2+\cdots+\frac{\partial f}{\partial x_n}\Delta x_n \tag{7-28}$$

另一种方法是直接对非线性函数式（5－25）取全微分，得

$$\mathrm{d}Z=\frac{\partial f}{\partial x_1}\mathrm{d}x_1+\frac{\partial f}{\partial x_2}\mathrm{d}x_2+\cdots+\frac{\partial f}{\partial x_n}\mathrm{d}x_n \tag{7-29}$$

因为真误差均很小，用真误差 ΔZ，Δx_1，Δx_2，…，Δx_n 代替上式的 $\mathrm{d}Z$，$\mathrm{d}x_1$，$\mathrm{d}x_2$，…，$\mathrm{d}x_n$，得真误差关系式

$$\Delta Z=\frac{\partial f}{\partial x_1}\Delta x_1+\frac{\partial f}{\partial x_2}\Delta x_2+\cdots+\frac{\partial f}{\partial x_n}\Delta x_n \qquad \text{（同式 7-28）}$$

式中 $\frac{\partial f}{\partial x_i}$（$i=1$，2，…，$n$）——函数对各变量所取的偏导数，以观测值代入，所得的值为常数。

因此，式（7－28）是线性函数的真误差关系式，仿式（7－15），得函数 Z 的中误差式为

$$m_Z^2=\left(\frac{\partial f}{\partial x_1}\right)^2 m_1^2+\left(\frac{\partial f}{\partial x_2}\right)^2 m_2^2+\cdots+\left(\frac{\partial f}{\partial x_n}\right)^2 m_n^2 \tag{7-30}$$

【例 7－7】 直线 AB 的长度 $D=129.055\text{m}\pm0.003\text{m}$，方位 $\alpha=60°29'12''\pm5''$，求直线端点 B 的点位中误差。

解 坐标增量的函数式为

$$\Delta x=D\cos\alpha$$
$$\Delta y=D\sin\alpha$$

设 $m_{\Delta x}$、$m_{\Delta y}$、$m_{\Delta D}$、m_α 分别为 Δx、Δy、D 及 α 的中误差，将上两式对 D 及 α 求偏导数，得

$$\frac{\partial(\Delta x)}{\partial D}=\cos\alpha;\quad \frac{\partial(\Delta x)}{\partial a}=-D\sin\alpha$$
$$\frac{\partial(\Delta y)}{\partial D}=\sin\alpha;\quad \frac{\partial(\Delta y)}{\partial a}=D\cos\alpha$$

由式（5－30），得

$$m_{\Delta x}^2=\cos^2\alpha m_D^2+(-D\sin\alpha)^2\left(\frac{m_\alpha}{\rho''}\right)^2$$
$$m_{\Delta y}^2=\sin^2\alpha m_D^2+(D\cos\alpha)^2\left(\frac{m_\alpha}{\rho''}\right)^2$$

则 B 点的点位中误差为

$$m_B^2=m_{\Delta x}^2+m_{\Delta y}^2=m_D^2+\left(D\frac{m_\alpha}{\rho''}\right)^2$$

$$m_B=\pm\sqrt{m_D^2+\left(D\frac{m_\alpha}{\rho''}\right)^2}$$

将 $m_D=\pm3\text{mm}$，$m_\alpha=\pm5''$，$\rho''=206265''$，$D=129.055\text{mm}$ 代入上式得 $m_B=\pm4\text{mm}$。

由此可以看出，应用误差传播定律求观测值函数的中误差时，不但和观测值的精度有关，而且与函数本身也有关。

现在，可以根据误差传播定律的推导过程，以及上述举例，总结出应用误差传播定律的步骤如下：

(1) 列函数式。根据所提问题中函数与自变量（直接观测值）的关系写出

$$Z=f(x_1,x_2,\cdots,x_n)$$

(2) 求真误差关系式。将函数式进行全微分，即得

$$\Delta Z=\frac{\partial f}{\partial x_1}\Delta x_1+\frac{\partial f}{\partial x_2}\Delta x_2+\cdots+\frac{\partial f}{\partial x_n}\Delta x_n$$

在由真误差关系式转换为中误差关系式之前，必须检查式中各变量的误差之间是否相互独立，不包含共同的误差。如有不独立情况，则应通过误差代换、同类项合并或移项等方法处理，使所求量的误差表达成独立误差的函数，并注意单位的统一，然后才能应用误差传播定律，将其转换成中误差关系式。

(3) 换成中误差关系式。就是将真误差 Δxi 代以相应的中误差 m_i，然后将式中的各项各自平方，且在式子右边用“＋”号连接所得的结果，即可得出公式

$$m_Z^2=\left(\frac{\partial f}{\partial x_1}\right)^2m_1^2+\left(\frac{\partial f}{\partial x_2}\right)^2m_2^2+\cdots+\left(\frac{\partial f}{\partial x_n}\right)^2m_n^2$$

任务五　等精度观测的平差

在相同的观测条件（人员、仪器设备、观测时的外界条件）下进行的观测，称为等精度观测。在不同的观测条件下进入的观测，称为不等精度观测。若对某一量进行多次观测时，只有等精度观测，才可根据偶然误差的特性取其算术平均值作为最终观测结果。若非等精度观测，则不然。

一、算术平均值

设在相同的观测条件下某量进行了 n 次等精度观测，其观测值为 L_1，L_2，…，L_n。该量的真值设为 X，观测值的真误差则为

$$\Delta_i=L_i-X(i=1,2,\cdots,n) \tag{7-31}$$

将上式求和后除以 n，得

$$\frac{[\Delta]}{n}=\frac{[L]}{n}-X$$

当 $n\to\infty$ 时，根据偶然误差的第四特性，有

$$X=\lim_{n\to\infty}\frac{[L]}{n}=\frac{L_1+L_2+\cdots+L_n}{n} \tag{7-32}$$

此时观测值的算术平均值为该量的真值，但在实际工作中 n 总是有限的。因此，算术平均值只是接近于真值，是比任何观测值都可靠的值，故通常把算术平均值称为最可靠值。

算术平均值的中误差，已在［例 7-5］中说明。

二、观测值的中误差

任务三中给出了评定的精度的中误差的公式

$$m=\pm\sqrt{\frac{[\Delta\Delta]}{n}}$$

式中
$$\Delta_i=L_i-X(i=1,2,\cdots,n) \tag{7-33}$$

真值 X 有时是知道的，例如三角形三个内角之和为 180°，但更多的情况下，真值是不知道的。因此，真误差也就无法知道，这时如何求出观测值的中误差呢？由上述可知，算术平均值是最可靠的数值。因此，可将每个观测值加一改正数 V_i，使其等于最或是值（因误差与改正数的符号相反）：

$$V_i=\overline{X}-L_i(i=1,2,\cdots,n) \tag{7-34}$$

将式（7-33）和式（7-34）合并得

$$\Delta_i+V_i=\overline{X}-X(i=1,2,\cdots,n)$$

令 $\overline{X}-X=\delta$，则

$$\Delta_i+V_i=\delta \quad 或 \quad \Delta_i=-V_i+\delta$$

上式等号两边平方求和再除以 n，得

$$\frac{[\Delta\Delta]}{n}=\frac{[VV]}{n}-2\delta\frac{[V]}{n}+\delta^2$$

顾及 $[V]=0$，得

$$\frac{[\Delta\Delta]}{n}=\frac{[VV]}{n}+\delta^2 \tag{7-35}$$

其中
$$\delta=\overline{X}-X=\frac{[L]}{n}-\left(\frac{[L]}{n}-\frac{[\Delta]}{n}\right)=\frac{[\Delta]}{n}$$

$$\delta^2=\frac{1}{n^2}(\Delta_1+\Delta_2+\cdots+\Delta_n)^2=\frac{[\Delta^2]}{n^2}+2\frac{[\Delta_i\Delta_j]}{n^2}$$

当 $n\to\infty$ 时，上式右端第二项趋于 0，则

$$\delta^2=\frac{[\Delta\Delta]}{n^2}=\frac{m^2}{n}$$

将上式代入式（7-35）中，得

$$\frac{[VV]}{n}=m^2-\frac{m^2}{n}$$

所以

$$m=\pm\sqrt{\frac{[VV]}{n-1}} \tag{7-36}$$

这就是用改正数求等精度观测值中误差的公式，又称为白塞尔公式。

将式（7－36）代入式（7－24），得算术平均值的中误差公式

$$m=\pm\sqrt{\frac{[VV]}{n(n-1)}} \tag{7-37}$$

【例 7－8】 对某段距离进行了 5 次等精度测量，观测数据载于表 7－2 中，试求该距离的算术平均值，一次观测值的中误差，算术平均值的中误差及相对中误差。

表 7－2　　观测值及算术平均值中误差计算

编号	观测值	ΔL/m	V/mm	VV/mm	精　度　评　定
1	219.945	0.045	－4	16	$X=219.941\text{m}$ $m=\pm\sqrt{\frac{[VV]}{N-1}}=\pm\sqrt{\frac{218}{4}}=\pm7.4(\text{mm})$ $M=\pm\frac{m}{\sqrt{n}}=\pm\frac{7.4}{\sqrt{5}}=\pm3.3(\text{mm})$ 相对中误差：$\frac{M}{x}=\frac{3.3}{219941}\approx\frac{1}{66500}$
2	219.935	0.035	＋6	36	
3	219.943	0.043	－2	4	
4	219.950	0.050	－9	81	
5	219.932	0.032	＋9	81	
Σ	$L_0=219.900$	0.205	0	218	

解　在测量计算工作中，经常采用列表进行计算，本例中所列的为表 7－2 的式样。将观测数据顺序填入表中，然后开始计算。

首先是求算术平均值，但在实际计算中，为了运算方便，往往选择一适当的近似值 L_0（本例中选 219.900），以减少冗长数字参加运算，算术平均值的计算如下

$$x=L_0+\sum_{i=1}^{n}(L_i-L_0)/n=219.900+0.205/5=219.941(\text{m})$$

其中

$$L_i-L_0=\Delta L_0$$

其余按顺序在表内逐一进行计算。

小　　结

测量误差是测量过程中必然会存在的，也是测量技术人员必须要面对和处理的问题。本项目主要介绍了以下内容。

1. 测量误差的定义及特性

介绍了测量误差的来源、性质，并简单介绍了偶然误差的特性。

2. 衡量精度的指标

衡量精度的指标主要有中误差、极限误差和相对误差。其中，中误差是衡量精度的绝对指标；当观测误差与观测值的大小有关时，用相对误差来衡量精度，相对误差是观测值中误差的绝对值与观测值之比；极限误差是另一个衡量精度的指标，极限误差为 2 倍的中误差。

3. 误差传播定律

阐述观测值的中误差与其函数中误差之间关系的定律称为误差传播定律。了解误差传播定律的应用。

拓展和能力测试题

一、填空题

1. 观测误差按性质可分为__________和__________两类。

2. 当测量误差大小与观测值大小有关时，衡量测量精度一般用__________来表示。

3. 用经纬仪对某角观测 4 次，由观测结果算得观测值中误差为±20″，则该角的算术平均值中误差为__________。

4. 某线段长度为 300m，相对误差为 1/2500，则该线段绝对误差为__________。

5. 算术平均值的精度比直接观测的精度高__________倍。

二、选择题

1. 下列选项不属于测量误差因素的是（　　）。

A. 测量仪器　B. 观测者的技术水平　C. 外界环境　D. 测量方法

2. 引起测量误差的因素有很多，概括起来有以下三个方面：（　　）。

A. 观测者、观测方法、观测仪器　B. 观测仪器、观测者、外界因素

C. 观测方法、外界因素、观测者　D. 观测仪器、观测方法、外界因素

3. 测量误差按其性质可分为（　　）和系统误差。

A. 偶然误差　B. 中误差　C. 粗差　D. 平均误差

4. 衡量一组观测值的精度的指标是（　　）。

A. 中误差　B. 允许误差　C. 算术平均值中误差　D. 相对误差

5.（　　）是测量中最为常用的衡量精度的标准。

A. 系统误差　B. 偶然误差　C. 中误差　D. 限差

6. 等精度观测是指（　　）的观测。

A. 允许误差相同　B. 系统误差相同　C. 观测条件相同　D. 偶然误差相同

7. 下列误差中，（　　）为偶然误差。

A. 照准误差和估读误差　B. 横轴误差和指标差

C. 水准管轴不平行于视准轴的误差　D. 支架差和视准差

8. 经纬仪的对中误差属于（　　）。

A. 系统误差　B. 偶然误差　C. 中误差　D. 限差

9. 尺长误差和温度误差属（　　）。

A. 偶然误差　B. 系统误差　C. 中误差　D. 容许误差

10. 在距离丈量中衡量精度的方法是用（　　）。

A. 往返较差　B. 相对误差　C. 闭合差　D. 中误差

11. 某边长丈量若干次，计算得到平均值为 540m，平均值的中误差为 0.05m，则该边长的相对误差为（　　）。

A. 0.0000925　B. 1/10800　C. 1/10000　D. 1/500

12.（　　）可以解释为“某量的误差大小与该量的比值，并换算成分子为 1 的分数”。

A. 相对误差　B. 极限误差　C. 真误差　D. 中误差

13. 在相同的观测条件下进行一系列的观测，如果误差出现的符号和大小具有确定性的规律，这种误差称为（　　）。

A. 偶然误差　　B. 极限误差　　C. 相对误差　　D. 系统误差

14. 对某角观测 4 测回，每测回观测中误差为±8.5″，则其算术平均值中误差为（　　）。

A. ±2.1″　　B. ±1.0″　　C. ±4.2″　　D. ±8.5″

15. 丈量一正方形 4 个边长，其观测中误差均为±2cm，则该正方形周长中误差为（　　）。

A. ±0.5cm　　B. ±2cm　　C. ±4cm　　D. ±8cm

16. 真误差为（　　）与真值之差。

A. 改正数　　B. 算术平均数　　C. 中误差　　D. 观测值

17. 通常取（　　）倍或 3 倍中误差作为极限误差。

A. 1　　B. 3　　C. 4　　D. 6

18. 容许误差是指在一定观测条件下（　　）绝对值不应超过的限值。

A. 中误差　　B. 偶然误差　　C. 相对误差　　D. 观测值

19. 在观测次数相对不多的情况下，可以认为大于（　　）倍中误差的偶然误差实际是不可能出现的。

A. 1　　B. 2　　C. 3　　D. 4

20. 丈量某长方形的长为 a=20m±0.004m，宽为 b=15m±0.003m，则它们的丈量精度（　　）。

A. 相同　　B. 不同　　C. 不能进行比较　　D. 以上都不对

21. 按测量误差原理，误差分布较为离散，则观测质量（　　）。

A. 越低　　B. 不变　　C. 不确定　　D. 越高

22. 绝对值大于 3 倍中误差的偶然误差出现的概率仅仅只有（　　）。

A. 3%　　B. 5%　　C. 3‰　　D. 5‰

三、简答题

为什么观测结果都取算术平均值？

项目八　平面控制测量

【教学目标】

掌握平面控制测量的基本原理和方法，明确导线测量外业工作的内容及施测要求。掌握导线测量内业计算的方法，并注意检核条件。

【教学要求】

任　务	能　力　要　求	相　关　知　识
概述	了解国家平面控制网	控制测量概念
导线测量	(1) 能够根据工程情况选择合理的平面控制测量方法； (2) 能够根据工程情况选择合理的导线布置形式和进行导线外业工作； (3) 能够正确根据导线外业数据，进行导线内业计算	(1) 三角测量、导线测量和全球卫星定位系统测量三种方法的概念、比较和选择； (2) 导线测量外业工作的内容及施测要求； (3) 导线测量内业计算的方法
交会定点	了解前方交会、后方交会方法及用途	前方交会、后方交会要求

任务一　概　　述

在测量工作中，为了防止误差累积和提高测量的精度和速度，测量工作必须遵循“从整体到局部”、“先控制后碎部”的测量工作原则。即在进行测图或进行建筑物施工放样前，先在测区内选定少数控制点，构成一定的几何图形或一系列的折线，然后精确测定控制点的平面位置和高程，这种测量工作称为控制测量。

控制测量分为平面控制测量和高程控制测量两部分。精确测定控制点平面坐标（X，Y）的工作称为平面控制测量，精确测定控制点高程（H）的工作称为高程控制测量。

控制网按其性质不同分为平面控制网和高程控制网；按其范围和用途分为全球控制网、国家控制网、城市控制网和小地区控制网。

全球控制网是由国际组织在全球范围内建立的大地测量参考框架，主要用于确定、研究地球的形状、大小及其运动变化，确定和研究地球的板块运动等。

根据国家经济建设和国防建设的需要，国家测绘部门在全国范围内采用“分级布网、逐级控制”的原则，建立国家级平面控制网，作为科学研究、地形测量和施工测量的依据，称为国家平面控制网。

国家平面控制网按其精度分为一等、二等、三等、四等四个等级，一等精度最高，是

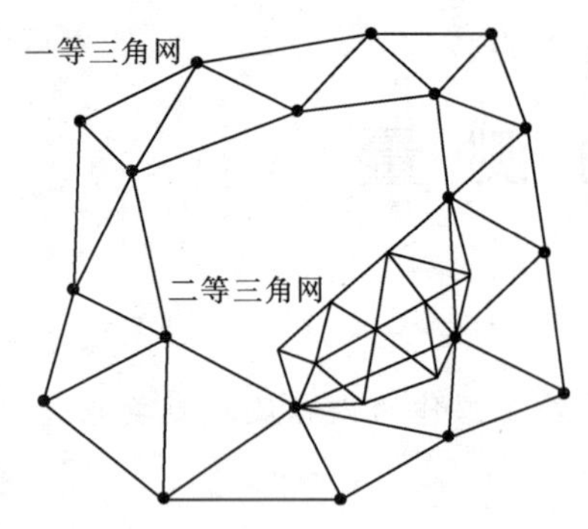

图 8-1　国家平面控制网

国家控制网骨干；二等控制网是在一等控制网上加密的控制网，是国家控制网的全面基础；三等、四等控制网是在二等控制网的基础上进一步加密建立的，一般作为地形图的测绘和施工控制测量依据。图 8-1 为国家平面控制网的一部分。

在城市地区，为测绘大比例尺地形图、进行市政工程和建筑工程放样，在国家控制网的控制下而建立的控制网，称为城市控制网。

小地区控制网是指面积在 $15km^2$ 内的控制网，包括为大比例尺测图建立的测图控制网和为工程建设建立的工程控制网。

下面简略介绍国家平面控制网和图根平面控制网。

一、国家平面控制网

建立国家平面控制网的方法主要有三角测量、精密导线测量和“GPS”测量。

三角测量是在地面上选择若干有控制意义的点（称为控制点）组成一系列三角形（三角形的顶点称为三角点），观测三角形的内角，并精密测定起始边（基线）的边长和方位角，应用三角学中正弦定理解算出各个三角形的边长，再根据起始点坐标、起始方位角和各边边长，采用一定的方法推算出各三角点的平面坐标。图 8-2 为三角控制网。

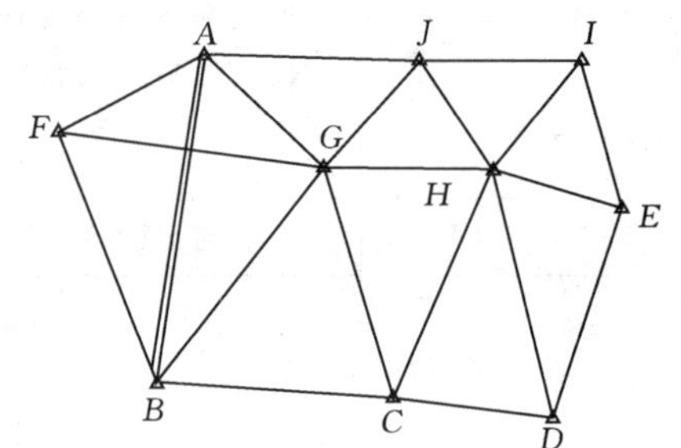

图 8-2　三角控制网

精密导线测量是在通视条件困难的地区，采用精密导线测量来代替相应等级的三角测量是非常方便的。特别是近代电磁波测距仪和全站仪的出现，为精密导线测量创造了便利条件。

导线测量是将一系列地面点组成一系列折线形状，如图 8-3 所示，在外业上观测各转折角，测定各导线边长后，在内业上根据起始坐标和起始方位角来推算各导线点的平面坐标。精密导线测量也分为四个等级，即一等、二等、三等、四等。

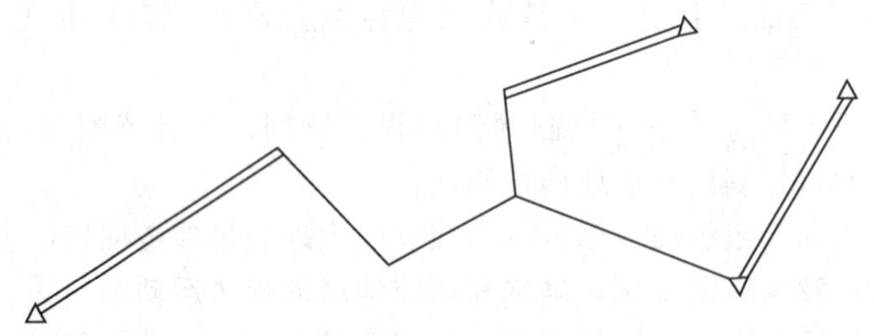
图 8-3　导线控制网

“GPS”测量是利用“GPS”接收机，接收“GPS”全球定位系统卫星信号来确定接收机位置平面坐标和高程的一种方法。“GPS”测量不受天气、时间和地域的限制，目前

已广泛用于各等级的控制测量。但“GPS”测量不能在隐蔽地区和室内测量。

国家各等级平面控制测量主要技术指标见表 8－1。

表 8－1　　国家平面控制测量主要技术指标

等　　级	平均边长/km	起始边中误差	测角中误差/(″)	三角形最大闭合差/(″)
一	20～25	1/350000	±0.7	±2.5
二	13	1/250000	±1.0	±3.5
三	8	1/150000	±1.8	±7.0
四	2～6	1/100000	±2.5	±9.0

二、图根控制网

直接用于测图而建立的控制网称为图根控制网。工程建设中常常需要大比例尺地形图，为了满足测绘地形图的需要，必须在首级控制网的基础上对控制点进一步加密，《水利水电工程测量规范》（DL/T 5173—2003）中规定测图控制点的密度见表 8－2 所示。控制网可以附合于国家高级控制点上，形成统一坐标系统，也可布设成独立控制网，假定一点坐标和测定起始边的方位角推算其他图根控制点的坐标，其布设形式可采用导线、小三角、交会法，技术指标见表 8－3。

表 8－2　　图 根 点 密 度 表

测 图 比 例 尺	每平方公里的控制点数	每幅图的控制点数
1：5000	4	20
1：2000	15	15
1：1000	40	10
1：500	120	8

表 8－3　　图根平面控制网技术指标

<table>
<tr><td>项　目</td><td colspan="2">边长（图上 mm）</td><td colspan="2">锁系全长（图上 mm）</td><td rowspan="2">三角形个数</td><td rowspan="2">三角形内角</td><td rowspan="2">交会点方向数</td><td rowspan="2">交会角</td></tr>
<tr><td>比例尺</td><td>1：500
1：1000
1：2000</td><td>1：5000
1：10000</td><td>1：500
1：1000
1：2000</td><td>1：5000
1：10000</td></tr>
<tr><td>四边形中心网</td><td rowspan="3">100～200</td><td rowspan="3">200</td><td>—</td><td>—</td><td>—</td><td>≥20</td><td rowspan="3">—</td><td rowspan="3">—</td></tr>
<tr><td>两已知边间三角锁</td><td>1200</td><td>1500</td><td>12</td><td rowspan="2">≥30</td></tr>
<tr><td>线性锁</td><td>1000</td><td>1300</td><td>10</td></tr>
<tr><td>单三角</td><td rowspan="4">200～350</td><td rowspan="4">250～500</td><td></td><td></td><td></td><td></td><td>2</td><td rowspan="2">150≥γ≥30</td></tr>
<tr><td>前（侧）方交会点</td><td rowspan="2">—</td><td rowspan="2">—</td><td rowspan="3">—</td><td rowspan="3">—</td><td>3</td></tr>
<tr><td>后方交会点</td><td>4</td><td>γ≥30</td></tr>
<tr><td>旁点交会点</td><td>600</td><td>1000</td><td>3</td><td>150≥γ≥30</td></tr>
</table>

由于图根控制测量的特点是范围小、边长较短、精度要求相对较低，因而图根点标志一般采用木桩或埋设简易混凝土标石（图 8－4），即可满足要求。选点后绘制点之记图，如图 8－5 所示。

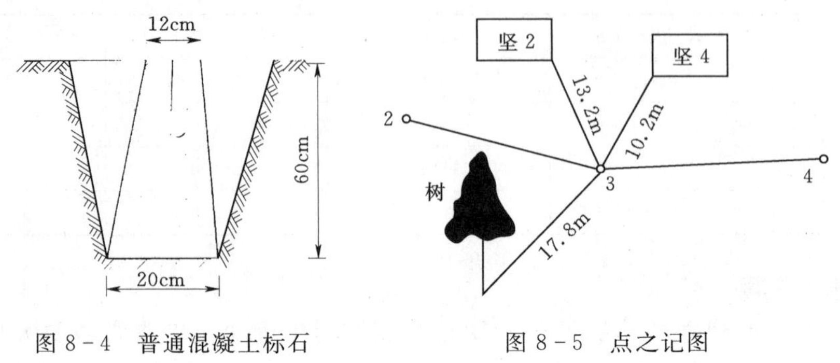

图 8－4　普通混凝土标石　　　　图 8－5　点之记图

任务二　导　线　测　量

一、导线测量概述

测量中所讲的导线是将测区内选择的相邻控制点依次连成连续的折线，称为导线。组成导线的控制点称为导线点，每条折线称为导线边，相邻两条折线间所夹的水平角为转折角。导线测量的过程就是用测量仪器观测这些折线的水平距离和转折角及起始边的方位角。根据已知点坐标和观测数据，推算未知点的平面坐标。

导线测量的优点是：可呈单线布设，坐标传递迅速；且只需前、后两个相邻导线点通视，易于越过地形、地物障碍，布设灵活；各导线边均直接测定，精度均匀；导线纵向误差较小。导线测量的缺点是：控制面积小；检核观测成果质量的几何条件少；横向误差较大。

由于导线测量布设灵活、计算简单、适应面广，因而是平面控制测量常用的一种方法，主要用于带状地区、隐蔽地区、城建地区、地下工程、线路工程等控制测量。

按使用仪器和工具的不同，导线测量可分为经纬仪视距导线、经纬仪量距导线、光电测距导线和全站仪导线 4 种。用经纬仪测量转折角的同时采用视距测量方法测定边长的导线，称为经纬仪视距导线；若用经纬仪测量转折角，用钢尺测定边长的导线，称为经纬仪量距导线；若用光电测距仪测定导线边长，用经纬仪测转折角，则称为光电测距导线；若用全站仪测量边长和角度，称为全站仪导线。

（一）导线的布设形式

在测量生产实际工作中，按照不同的情况和要求，单一导线可以布设成闭合导线、附合导线、支导线 3 种形式。

1. 闭合导线

起始于同一导线点的多边形导线，称为闭合导线。如图 8－6（b）所示，从一导线点 B（高级点或假定已知点）出发，经过若干条折线和一系列未知导线点 1、2、3、4 点，

最后又回到 B 点上结束，构成一个闭合多边形。它有 3 个检核条件：1 个多边形内角和条件，两个坐标增量条件。闭合导线一般适用于在面积较宽阔的地区测图控制。

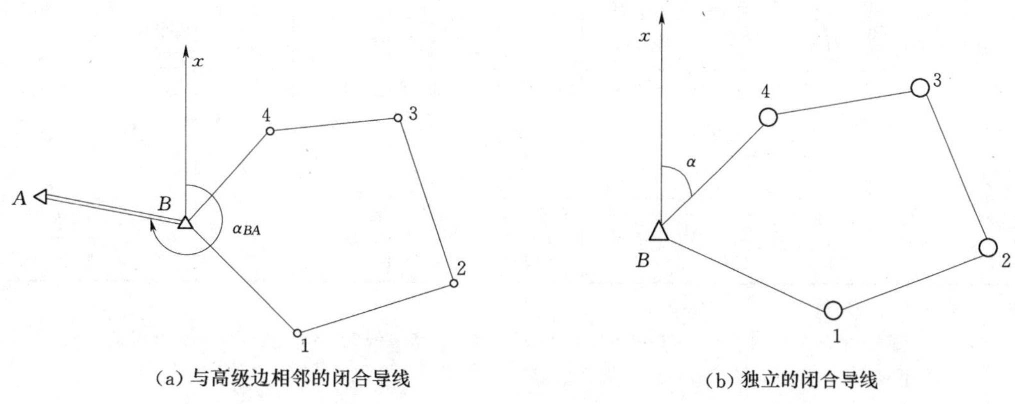

(a) 与高级边相邻的闭合导线　　(b) 独立的闭合导线

图 8-6　闭合导线

2. 附合导线

布设在两高级边之间的导线，称为附合导线。如图 8-7 所示，从一已知边 AB 出发，经过 1、2、3 点，最后附合到另一已知边 CD。它有 3 个检核条件：1 个坐标方向条件，两个坐标增量条件。附合导线一般适用带状地区作测图控制，也广泛用于线形工程的施工中。

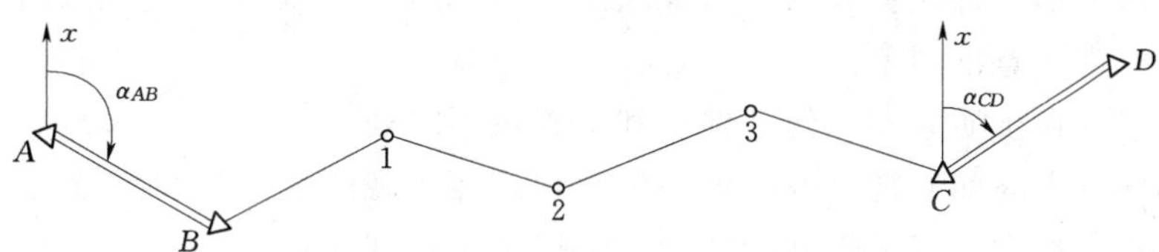

图 8-7　附合导线示意图

3. 支导线

从一高级控制边 AB 出发，既不闭合到起始边 AB，又不附合到另一已知边的导线，称为支导线。

如图 8-8 所示，支导线只有必要的起算数据，无检核条件，它只限于在图根导线中使用，且支导线的点数一般不应超过两个。

图 8-8　支导线示意图

(二) 工程及图根导线测量

导线测量的主要技术要求见表 8-4。

二、导线测量的外业工作

导线测量分为外业和内业两大部分。在野外选定导线点的位置，测量导线各转折角和边长及独立导线时测定起始方位角的工作，称为导线测量的外业工作。主要包括选点及埋设标志、测角、量边和导线定向四个方面。

表 8-4　　导线测量的主要技术要求

等级	导线长度/km	平均边长/km	测角中误差/(″)	测距中误差/mm	测距相对中误差	测回数			方位角闭合差	导线全长相对闭合差
						1″级仪器	2″级仪器	6″级仪器		
三等	14	3	1.8	20	1/150000	6	10	—	$3.6''\sqrt{n}$	≤1/55000
四等	9	1.5	2.5	18	1/80000	4	6	—	$5''\sqrt{n}$	≤1/35000
一级	4	0.5	5	15	1/30000	—	2	4	$10''\sqrt{n}$	≤1/15000
二级	2.4	0.25	8	15	1/14000	—	1	3	$16''\sqrt{n}$	≤1/10000
三级	1.2	0.1	12	15	1/7000	—	1	2	$24''\sqrt{n}$	≤1/5000

注　1. 表中 n 为测站数；
2. 当测区测图的最大比例尺为 1∶1000 时，一级、二级、三级导线的导线长度，平均边长可适当放大，但最大长度不应大于表中规定相应长度的 2 倍。

(一) 踏勘选点和建立标志

踏勘选点的主要任务就是根据实地情况和测图比例尺，在测区内选择一定数量的导线点。踏勘选点之前首先搜集测区内和测区附近已有控制点成果资料和各种比例尺地形图，把控制点展绘在地形图上，然后在地形图上拟定导线的布设方案，并到测区实地勘察测区范围大小、地形起伏、交通条件、物资供应及已有控制点保存等情况，以便修改，落实点位和建立标志。如果测区范围很小，或测区没有地形图资料，则要详细踏勘现场，根据已有控制点，测区地形条件及测图和施工测量的要求等具体情况，合理地选择导线点的位置。实地选点时常注意下列事项：

(1) 导线点选在土质坚实，便于保存和安置仪器之处。

(2) 相邻导线点之间通视良好，地势较平坦，便于观测水平角和测量边长。

(3) 导线点应选在周围视野开阔的地方，以便于碎部测量。

(4) 导线各边长度大致相等，以减小调焦引起的观测误差。

(5) 导线点分布要均匀，有足够的密度，便于控制整个测区。

导线点选定后，应按规范埋设点位标志和编号。临时性的导线点一般在地面上打入木桩，如图 8-9 (a) 所示，为完全牢固，其周围浇灌一些混凝土，如图 8-9 (b) 所示，

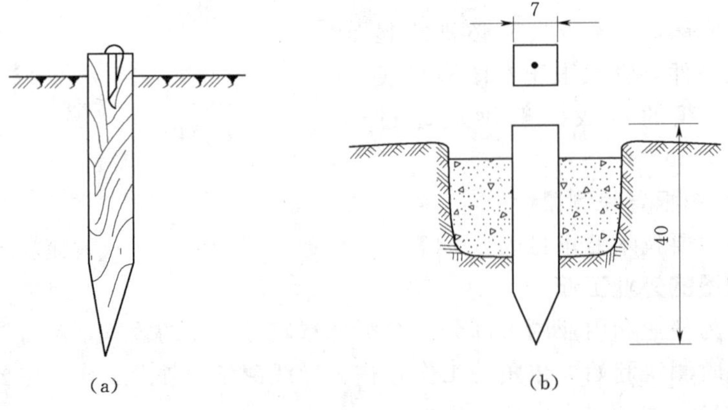

图 8-9　木桩（单位：cm）

并在桩顶中心钉一小钉，钉头表示导线点标志。也可在水泥地面上用红漆划一圆，圆内点一小点，作为临时标志。

(二) 水平角观测

导线的转折角一般采用测回法观测。各级导线的主要技术指标见表8-5。

表8-5　图根导线转折角观测技术要求

测图比例尺	仪器类型	转折角测回数	测角中误差	半测回差	测回差	导线角度闭合差
1∶500～1∶2000	J_2	2个"半测回"	30″	18″		$60''\sqrt{n}$
	J_6	2个测回			24″	
1∶5000～1∶10000	J_2	2个"半测回"	20″	18″		$40''\sqrt{n}$
	J_6	2个测回			24″	

导线的转折角有左、右角之分，在导线前进方向左侧的水平角称为左角，右侧的水平角称为右角。

为防止差错，测角时应统一规定左角或右角。习惯上都观测左角。对于闭合导线应按逆时针方向编号，内角即为左角。

(三) 边长测量

导线边长的测量可以采用钢尺量距，即用鉴定过的钢尺直接丈量每一条导线边的水平距离，应往返各丈量一次，往返丈量的相对误差不得超过1/2000，在比较困难的条件下，也不得超过1/1000。

导线边长的测量也可用电磁波测距仪测定，其测量方法参考项目四有关内容。

(四) 导线定向

为了传递方位角和推算导线点的坐标，需测定导线起始边的方位角，确定导线起始边方位角的工作称为导线定向。

当导线与高级控制点相连接时，如图8-10所示，必须观测连接角（β_B、β_1），有时须观测连接边（D_{B1}）。

若无高级控制点连接的闭合导线，则应用罗盘仪测定导线起始边的磁方位角，并假定起始点的坐标为起算数据。

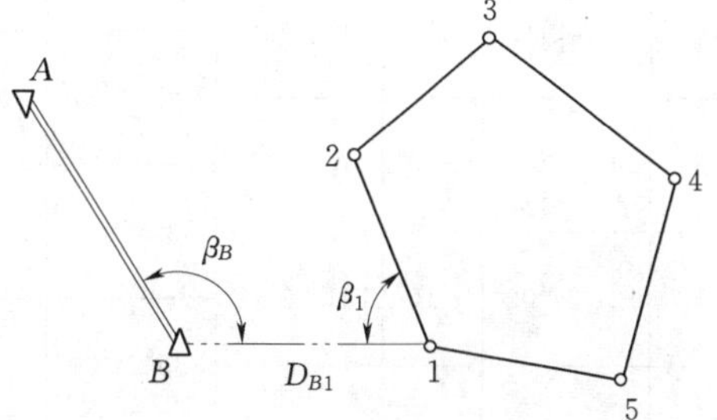

图8-10　高级闭合导线

三、导线测量的内业工作

传统的内业工作指在室内进行数据的处理，主要包括检查观测数据、平差计算、资料整理等内容，由于计算机的广泛应用，传统的内业工作也可在现场完成。

计算前必须全面检查导线测量的外业记录：数据是否齐全正确，成果是否符合规范的精度要求，起算数据是否准确。然后绘制导线略图，坐标点号，弄清起始点和连接边的关系。

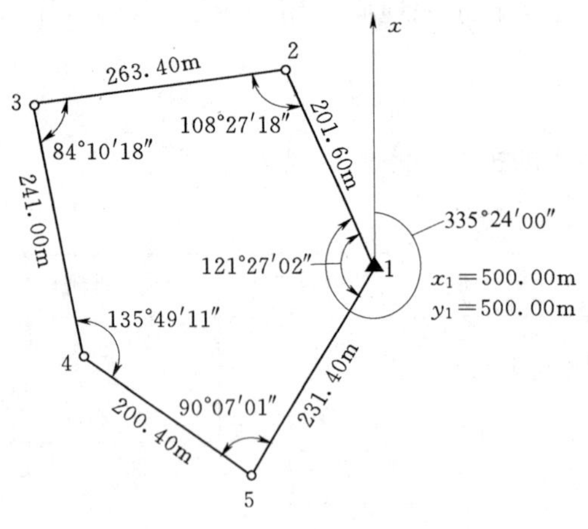

图 8-11　闭合导线算例图

由于测量工作不可避免含有误差，因此实际测角和测距的结果与理论得数值往往不符，致使导线的方位角和坐标增量不能满足已知条件，而产生角度闭合差和坐标增量闭合差。内业计算时须先进行闭合差的计算和调整，然后再计算各导线点的坐标。

下面分别介绍闭合导线和附合导线的坐标计算方法。

(一) 闭合导线的计算

闭合导线一般分下面 6 个步骤进行，现以图 8-11 为例，介绍闭合导线的计算步骤。

1. 准备工作

将校核过有关数据和点号按顺序填入“闭合导线计算表”中（表 8-6）。已知数据用双线标注。

表 8-6　　闭合导线坐标计算表

点号	观测角（左角）	改正数	改正角	坐标方位角	距离/m	增量计算值		改正后增量		坐标值		点号
						Δx/m	Δy/m	Δx/m	Δy/m	x/m	y/m	
(1)	(2)	(3)	(4)=(2)+(3)	(5)	(6)	(7)	(8)	(9)	(10)	(11)	(12)	(13)
1										500.00	500.00	1
				335°24′00″	201.60	+5 +183.30	+2 −83.92	+183.35	−83.90			
2	108°27′18″	−10″	108°27′08″							683.35	416.10	2
				263°51′08″	263.40	+7 −28.21	+2 −261.89	−28.14	−261.87			
3	84°10′18″	−10″	84°10′08″							655.21	154.23	3
				168°01′16″	241.00	+7 −235.75	+2 +50.02	−235.68	+50.04			
4	135°49′11″	−10″	135°49′01″							419.53	204.27	4
				123°50′17″	200.40	+5 −111.59	+1 +166.46	−111.54	+166.47			
5	90°07′01″	−10″	90°06′51″							307.99	370.74	5
				33°57′08″	231.40	+6 +191.95	+2 +129.24	+192.01	+129.26			
1	121°27′02″	−10″	121°26′52″							500.00	500.00	1
				335°24′00″								
2												
Σ	540°00′50″	−50″	540°00′00″		1137.80	−0.30	−0.09	0	0			

辅助计算：

$f_\beta=\sum\beta_{测}-(n-2)\times180°$

$=540°00′50″-(5-2)\times180°=+50″$

$f_{\beta容}=\pm60″\sqrt{n}=\pm60″\sqrt{5}=\pm134″$

$|f_\beta|<|f_{\beta容}|$

$f_x=\sum\Delta x_{测}=-0.30\text{m}\quad f_y=\sum\Delta y_{测}=-0.09\text{m}$

$f_D=\sqrt{f_x^2+f_y^2}=\sqrt{(-0.30\text{m})^2+(-0.09\text{m})^2}$

$=0.31\text{m}$

$K=\dfrac{f_D}{\sum D}=\dfrac{0.31\text{m}}{1137.80\text{m}}\approx\dfrac{1}{3600}<K_{容}=\dfrac{1}{2000}$

2. 角度闭合差的计算与调整

（1）角度闭合差的计算。由几何定理可知，n 边闭合多边形内角和的理论值为

$$\sum\beta_{理}=(n-2)\times180° \tag{8-1}$$

由于测角存在误差，致使实测的内角之和不等于内角理论值，两者的差值，称为角度闭合差，以 f_β 表示，即

$$f_\beta=\sum\beta_{测}-\sum\beta_{理}=\sum\beta_{测}-(n-2)\times180° \tag{8-2}$$

不同等级的导线，规范中规定了不同的限差，见表 8-2，对于图根导线：

$$f_\beta\leqslant f_{\beta容}=\pm60''\sqrt{n}$$

（2）角度闭合差的调整。当 $|f_\beta|\leqslant|f_{\beta容}|$ 时，可以对所测角度进行调整。角度闭合差分配采取“整数分配，大角分大，小角分小”的原则。具体分配方法是，把 f_β 反号平均分配到每一个角度上，每一个角度分得的调整值为 $V_\beta=-f_\beta/n$，角值取至秒。如果 f_β 的数值不能被整除，可将余数均匀分配在各大角。见表 8-6 第（3）栏。

改正后的各角角度为 $\overline{\beta_i}=\beta_i-f_\beta/n=\beta_i+V_\beta$，填表 8-6 第（4）栏。

水平角的改正数之和应与角度闭合差的大小相等符号相反，即 $\sum V_\beta=-f_\beta$，使改正后的内角和等于 $(n-2)\times180°$，作为计算校核。

3. 导线各边方位角的推算

用改正后的角值和起始边的方位角按式（8-3）进行推算：

$$\alpha_{前}=\alpha_{后}+\overline{\beta_{左}}\pm180° \tag{8-3}$$

如 $\alpha_{后}+\overline{\beta_{左}}\geqslant180°$，则式（6-3）中的“±”取“－”；如 $\alpha_{后}+\overline{\beta_{左}}<180°$，则式（8-3）中的“±”取“＋”。具体计算方法参照项目四。

为了校核，最后在经起点 A 上观测改正后的角值 β_A，又推算起始边方位角与原已知方位角相等，否则要重新检查计算，直到符合要求为止，将计算结果填入表 8-6 第（5）栏内。

4. 坐标增量的计算

计算前将各边的长度按点号对应填入表 8-6 第（6）栏内，边长取值至 cm。纵横坐标增量根据项目五介绍的公式 $\Delta x_{AB}=D_{AB}\cos\alpha_{AB}$ 和 $\Delta y_{AB}=D_{AB}\sin\alpha_{AB}$ 分别计算。算出的纵坐标增量 Δx 填入表 8-6 第（7）栏，横坐标增量 Δy 填入表 8-6 第（8）栏。坐标增量有正有负，在表中增量前要标明正负号，坐标增量取值至 cm。

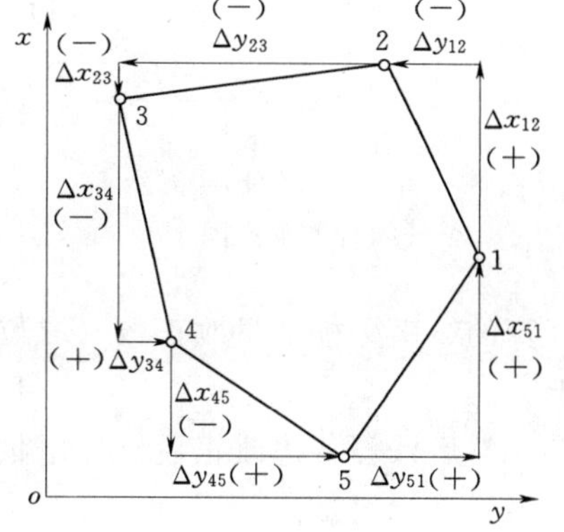

图 8-12　坐标增量示意图

5. 坐标增量闭合差的计算与调整

（1）坐标增量闭合差的计算。由于闭合导线的起点和终点为同一点，假如测角和测距都没有误差，由图 8-12 可知，纵坐标增量 Δx 的代数和、横坐标增量 Δy 的代数和的理论值等于零，即

$$\left.\begin{aligned}\sum \Delta x_{理}=0\\ \sum \Delta y_{理}=0\end{aligned}\right\}\quad(8-4)$$

但由于测角和量边都存在误差，角度虽经改正满足了多边形图形条件，但仍然存在残余误差，使边角对应关系不能完全符合。因此，计算的纵坐标增量、横坐标增量的代数和不等于其理论值，二者之间产生一个差数，分别称为纵坐标增量闭合差和横坐标增量闭合差。用 f_x 和 f_y 表示，即

$$\left.\begin{aligned}f_x=\sum \Delta x_{测}-\sum \Delta x_{理}=\sum \Delta x_{理}\\ f_y=\sum \Delta y_{测}-\sum \Delta y_{理}=\sum \Delta y_{理}\end{aligned}\right\}\quad(8-5)$$

(2) 坐标增量闭合差的调整。由于存在坐标增量闭合差 f_x、f_y，使闭合导线不能闭合形成封闭的多边形，如图 8-10 所示，将出现一个缺口 1—1′，缺口的长度 f_D，称导线全长闭合差，即

$$f_D=\sqrt{f_x^2+f_y^2}\quad(8-6)$$

f_D 的大小与导线的总长 $\sum D$ 成正比，但 f_D 本身的大小不能反映导线测量的精度，因此通常用导线全长相对闭合差（K）来衡量导线测量的精度，即将 f_D 值与导线的总长度 $\sum D$ 之比，以分子为 1 的分数形式表示，即

$$K=\frac{f_D}{\sum D}=\frac{1}{\sum D/f_D}\quad(8-7)$$

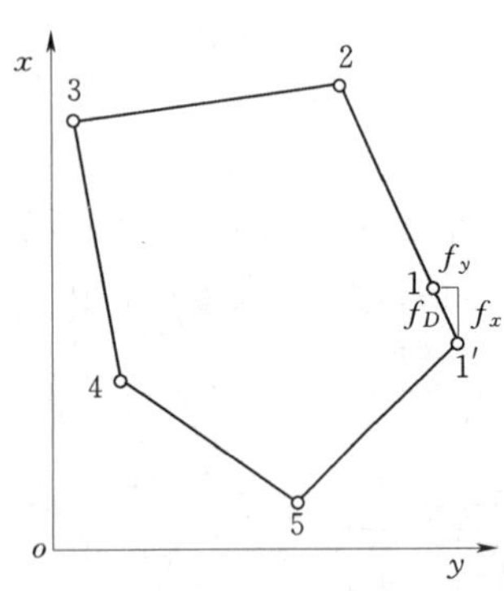

图 8-13 坐标增量及导线全长闭合差示意图

K 值愈小，导线测量精度愈高。不同等级的导线全长相对闭合差的允许值应满足表8-4 中的规定，图根导线的 K 值不应超过 1/2000。若 K 值符合精度要求，须将坐标增量闭合差 f_x、f_y 以相反的符号，按与边长成正比例分配到各坐标增量上，使改正后的坐标增量等于其理论值。以 V_{xi}、V_{yi} 分别表示第 i 边的纵横坐标增量改正数，D_i 表示第 i 边的边长，即

$$\left.\begin{aligned}V_{xi}=-\frac{f_x}{\sum D}D_i\\ V_{yi}=-\frac{f_y}{\sum D}D_i\end{aligned}\right\}\quad(8-8)$$

计算的纵横坐标增量改正数（取位至 cm）分别填入表 8-6 第（7）、(8) 栏增量计算值的上方。

然后计算各边改正后坐标增量，用各边纵横增量值加相应的改正数。即得各边改正后的纵横坐标增量：

$$\left.\begin{aligned}\Delta\hat{x}_i=\Delta x+V_{\Delta xi}\\ \Delta\hat{y}_i=\Delta y+V_{\Delta yi}\end{aligned}\right\}\quad(8-9)$$

分别填入表 8-6 第（9）、（10）栏中。

检核方法：

纵横坐标增量改正数之和应满足式（8-10）：

$$\left.\begin{aligned} V_{x_i} &= -f_x \\ V_{y_i} &= -f_y \end{aligned}\right\} \tag{8-10}$$

改正后的坐标增量总和应等于其理论值，即

$$\left.\begin{aligned} \sum\Delta\hat{x}_i &= \sum\Delta x_{理} \\ \sum\Delta\hat{y}_i &= \sum\Delta y_{理} \end{aligned}\right\} \tag{8-11}$$

6. 导线点的坐标计算

由起始点 A 的已知坐标 x_A、y_A 和改正后的坐标增量 $\Delta\hat{x}_i$、$\Delta\hat{y}_i$，依次取代数和求得，填入表 8-6 第（11）、（12）栏中，计算公式为

$$\left.\begin{aligned} x_{前} &= x_{后} + \Delta\hat{x}_i \\ y_{前} &= y_{后} + \Delta\hat{y}_i \end{aligned}\right\} \tag{8-12}$$

最后还要推算起点 A 的坐标，看是否与已知坐标相等，以作校核。

闭合导线本身虽有严格的检核条件，但如果起始点的坐标和起算方位角弄错了，单从整个计算过程就很难发现，直至测图时才可能知道，所以，闭合导线测量前一定要认真核对已知条件。

（二）附合导线的计算

附合导线的坐标计算步骤与闭合导线基本相同，但由于两者几何条件不同，致使角度闭合差及坐标增量闭合差的计算与闭合导线有些区别。

下面着重介绍其不同点。附合导线如图 8-11 所示，BA 和 CD 为导线两端的高级连接边，其方位角为 α_{AB}、α_{CD}，起迄点的坐标为 x_A、y_A 和 x_C、y_C，见表 6-5，用下划线标注。观测数据（水平角和导线边长）已填入表 8-7 中。

1. 角度闭合差的计算

由起始边 AB，已知坐标方位角 α_{AB} 和观测角，用项目四学过的内容依次推各导线边的方位角，最终可以算出终边 CD 的坐标方位角 α'_{CD}。

$$\alpha'_{CD} = \alpha_{AB} + \sum\beta_i - 5\times180°$$

写成一般公式为

$$\alpha'_{终} = \alpha_{始} + \sum\beta_i - n\times180° \tag{8-13}$$

式中 n——转折角个数。

由于附合导线终边的坐标方位角 α_{CD} 为已知值，因此，由观测角 β_i 推算出的终边方位角 α'_{CD} 与已知终边方位角 α_{CD} 若不相等，则产生角度闭和差 f_β，即

$$f_\beta = \alpha'_{CD} - \alpha_{CD}$$

写成一般公式为

$$f_\beta=\alpha'_{终}-\alpha_{始}=\alpha_{始}+\sum\beta_i-n\times180°-\alpha_{终} \tag{8-14}$$

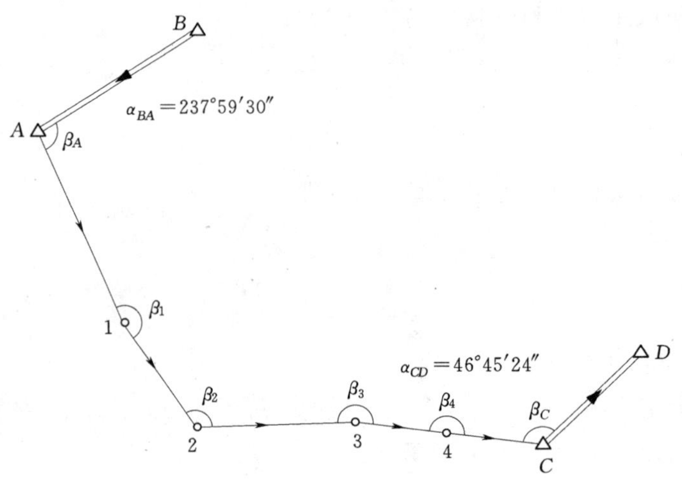

图 8-14　附合导线示意图

图 8-14 算例中 $f_\beta=+24''$，f_β 的允许值以及调整方法与闭合导线相同。

2. 坐标增量闭合差的计算

由附合导线的几何图形可知，各边坐标增量代数和的理论值应等于终、始两点的坐标值之差，即

$$\left.\begin{aligned}\sum\Delta x_{理}=x_{终}-x_{始}\\ \sum\Delta y_{理}=y_{终}-y_{始}\end{aligned}\right\} \tag{8-15}$$

如果不等，其差数应为坐标增量闭合差，用 f_x、f_y 分别表示纵、横坐标增量闭合差，即

$$\left.\begin{aligned}f_x=\sum\Delta x_{测}-\sum\Delta x_{理}=\sum\Delta x_{测}-(x_{终}-x_{始})\\ f_y=\sum\Delta y_{测}-\sum\Delta y_{理}=\sum\Delta y_{测}-(y_{终}-y_{始})\end{aligned}\right\} \tag{8-16}$$

对于图 8-11 中的算例

$$\left.\begin{aligned}f_x=\sum\Delta x_{测}-(x_C-x_D)\\ f_y=\sum\Delta y_{测}-(y_C-y_D)\end{aligned}\right\}$$

图 8-11 算例中 $f_x=-0.15$m，$f_y=+0.14$m。

导线全长闭合差 f_D 和相对闭合差 K、坐标增量闭合差 f_x、f_y 的调整与闭合导线完全相同，见表 8-7。

（三）支导线的计算

由于支导线没有多余的校核条件，因此支导线的计算没有角度闭合差、坐标增量闭合差及改正数的计算。支导线的计算只有下面 3 个计算步骤：

（1）根据起算边方位角和观测角推算各边方位角。

（2）根据边长和方位角推算各边坐标增量。

（3）根据已知点坐标和坐标增量推算各点坐标。

表 8-7　　附合导线坐标计算

点号	观测角（左角）/(° ′ ″)	改正数 /(″)	改正角 /(° ′ ″)	坐标方位角 /(° ′ ″)	距离 /m	坐标增量		改正后的坐标增量		坐标值		点号
						Δx/m	Δy/m	$\Delta\hat{x}$/m	$\Delta\hat{y}$/m	$\hat{x}$/m	$\hat{y}$/m	
1	2	3	4	5	6	7	8	9	10	11	12	13
B												
				237 59 30								
A	99 01 00	+6	99 01 06							2507.69	1215.63	A
				157 00 36	225.85	+0.05 −207.91	−0.04 +88.21	−207.86	+88.17			
1	167 45 36	+6	167 45 42							2299.83	1303.80	1
				144 46 18	139.03	+0.03 −113.57	−0.03 +80.20	−113.54	+80.17			
2	123 11 24	+6	123 11 30							2186.29	1383.97	2
				87 57 48	172.57	+0.03 +6.13	−0.03 +172.46	+6.16	+172.43			
3	189 20 36	+6	189 20 42							2192.45	1556.40	3
				97 18 30	100.07	+0.02 −12.73	−0.02 +99.26	−12.71	+99.24			
4	179 59 18	+6	179 59 24							2179.74	1655.64	4
				97 17 54	102.48	+0.02 −13.02	−0.02 +101.65	−13.00	+101.63			
C	129 27 24	+6	129 27 30							2166.74	1757.27	C
				46 45 24								
D												
总和	888 45 18	+36	888 45 54		740.00	−341.10	+541.78	−340.95	+541.64			
辅助计算	$\alpha'_{CD}=46°44'48''$ $\alpha_{CD}=46°45'24''$ $f_\beta=\alpha'_{CD}-\alpha_{CD}=+24''$ $f_{\beta允}=\pm60''\sqrt{n}=\pm147''$			$f_x=\sum\Delta x_{测}-(x_C-x_A)=-0.15\text{m}$，$f_y=\sum\Delta y_{测}-(y_C-y_A)=+0.14\text{m}$ 导线全长闭合差 $f=\sqrt{f_x^2+f_y^2}=0.20\text{m}$ 导线相对闭合差 $K=\frac{1}{\sum D/f}\approx\frac{1}{3700}$ 允许相对闭合差 $K_{允}=1/2000$								

任务三　全站仪导线测量

一、全站仪导线布设形式

在利用导线法进行图根控制时，根据导线的构成形式可分为单一导线和导线网。大比例尺数字测图中一般布设单一导线，单一导线主要有闭合导线、附合导线和支导线 3 种布设形式（图 8-6、图 8-7 和图 8-8）。

二、全站仪直接三维坐标导线测量

在一些精度要求不高的地形图测绘工作中，可以利用全站仪数据采集功能直接测量图根点的三维坐标。

下面说明进行导线测量的操作步骤。如图 8-6（a）为一条图根级闭合导线，A、B

点坐标为已知，需要测定 1、2、3、4 点坐标。

操作流程如下：

（1）按“MENU”—按 F2 “数据采集”—输入文件名—“回车”。

（2）“输入测站点”—输入点号“B”、仪高—“测站”—“坐标”—输入 NEZ 坐标—“回车”—“记录”。

（3）“输入后视点”—输入点号“A”—“后视”—“NE/AZ”—输入 NE 坐标—“回车”—照准后视点—“测量”—“角度”。

（4）“测量”—输入点号“1”、镜高—“测量”—“坐标”。

（5）当在“B”点设站，测完“1”点坐标后，仪器搬至“1”号点，以“1”号点为测站点，“B”号点为后视方向，按上述同样方法测量“2”号点坐标。以同样的方法向前施测，最后测出“B”点坐标，应与原来“B”点坐标相同，作为校核。这样就完成了如图 8-6（a）所示的导线坐标测量，并在仪器文件中储存所有的测量坐标。

三、一步测量法

一步测量法就是在图根导线选点、埋桩以后，将图根导线测量与碎部测量同时作业，在测定导线后，提取各条导线测量数据进行导线平差，而后可按新坐标对碎部点进行坐标重算。目前许多测图软件都支持这种作业方法。

一步测量法具体步骤（图 8-15）如下。

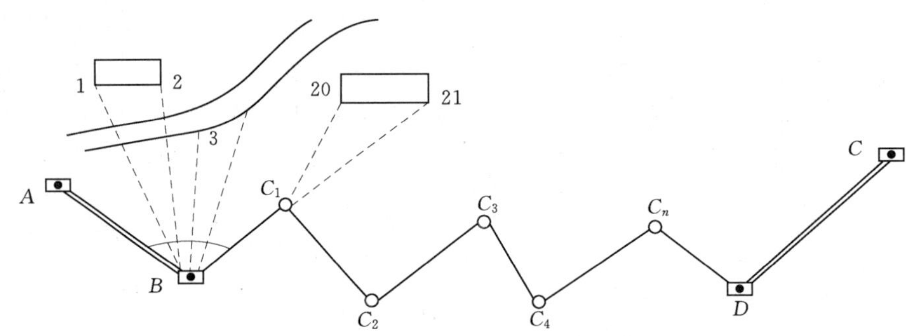

图 8-15　一步测量法示意图

（1）全站仪安置于 B 点（坐标已知）。后视 A 点，前视 C_1 点，用测回法通过角度和距离测量，得出 C_1 的坐标。

（2）仪器不动，后视 A 点作为零方向，直接运用坐标测出测站 B 点周围的 1，2，3，…碎部点的坐标，根据碎部点的坐标、编码及连接信息，显示屏上实时展绘碎部点并连接成图。

（3）仪器搬至 C_1 点，此测站点坐标已知（上一站已测出），后视 B 点，用和 C_1 点同样的测量方法测得下一导线点 C_2 点坐标。紧接着后视 B 点作为零方向，进行本站的碎部测量，如施测 20，21，…各碎部点坐标，实时展绘碎部点成图。同理，依次测得各导线点和碎部点坐标。

（4）待导线测到 C_n 测站，可测得 D 点坐标记作 D' 点。D' 坐标与已知坐标之差，即为该附合导线的闭合差。

（5）若闭合差在限差范围之内，则可平差计算出各导线点的坐标。为提高测图精度，

可根据平差后的坐标值，重新计算各碎部点的坐标，然后再显示成图。若闭合差超限，想办法找出导线错误之处，返工重测（只重测导线点），直到闭合为止。闭合后，重算碎部点坐标即可成图。

一步测量法使图根控制测量少设一次站，少跑一遍路，提高了外业效率，尤其是使用全站仪测图效果非常明显，但它只适合于大比例尺数字测图。

四、辐射法

辐射法就是在某一通视良好的等级控制点安置全站仪，用极坐标测量方法，按全圆方向观测方式直接测定周围选定的图根控制点坐标，如图 8-16 所示。

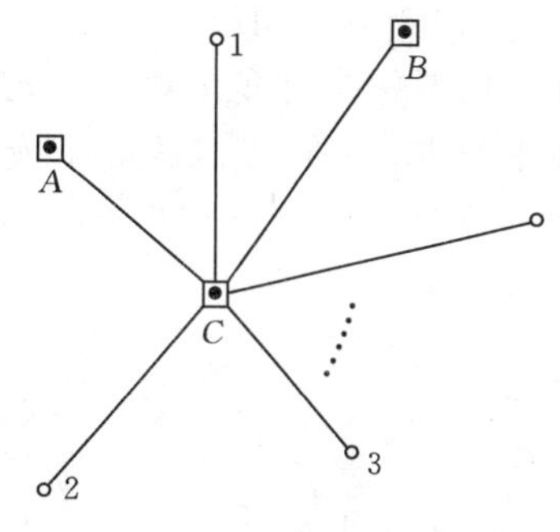

图 8-16　辐射法示意图

这种方法无需平差计算，可直接测出坐标。为了保证图根点的可靠性，一般要进行二次测量（另选定向点）。若只进行一次测量，则要求最后测定的一个点必须与第一个点重合，以检查观测质量。

任务四　交 会 法 测 量

交会法测量是采用经纬仪测角交会确定未知点坐标的一种方法。当测区内已有控制点的数量不能满足测图或施工放样需要时，在通视良好的情况下，通常用此法来加密控制点。经纬仪测角交会法布设形式有前方交会法、侧方交会法和后方交会法三种。

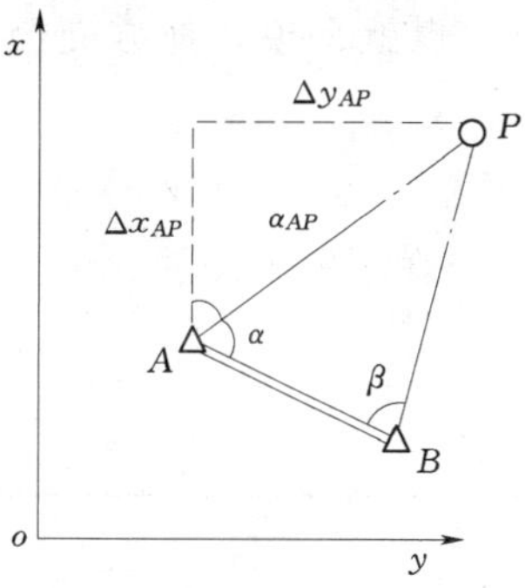

交会测量也包括外业和内业两部分工作，外业工作与本项目任务二基本相同。任务四着重介绍交会测量的内业计算。

一、前方交会法

（一）前方交会法的定义及基本图形

在两个已知控制点 A 和 B 上，分别观测水平角$\angle A$ 和$\angle B$，以计算待定点 P 的坐标的方法，称为前方交会法。

如图 8-17 所示，这就是前方交会的基本图形。

图 8-17　前方交会

（二）前方交会法的计算原理

由如图 8-17 可知

$$\left.\begin{aligned} x_P &= x_A + \Delta x_{AP} = x_A + D_{AP}\cos\alpha_{AP} \\ y_P &= y_A + \Delta y_{AP} = y_A + D_{AP}\sin\alpha_{AP} \end{aligned}\right\} \tag{8-17}$$

$$\alpha_{AP} = \alpha_{AB} - \alpha \tag{8-18}$$

将式（8-18）代入式（8-17）经系数变换及推导，得

$$\left.\begin{aligned} x_P &= \frac{x_A\cot\beta + x_B\cot\alpha + (y_B - y_A)}{\cot\alpha + \cot\beta} \\ y_P &= \frac{y_A\cot\beta + y_B\cot\alpha + (x_A - x_B)}{\cot\alpha + \cot\beta} \end{aligned}\right\} \tag{8-19}$$

这就是著名的戎格公式，又称余切公式。

（三）前方交会法的布设形式

图 8－18 是前方交会法布设的基本图形，虽然能按公式（8－19）求出待定点 P 的坐标，但图中没有多余观测，无法发现观测结果有否错误和提高待定点的精度。因此，在实际工作中，一般要求再 3 个或 4 个已知点上，对同一未知点观测两组数据，如图 8－18 所示，分两组计算 P 点坐标，由两组坐标计算点位较差 f_D：

$$f_D=\sqrt{(x_{p1}-x_{p2})^2+(y_{p1}-y_{p2})^2} \tag{8-20}$$

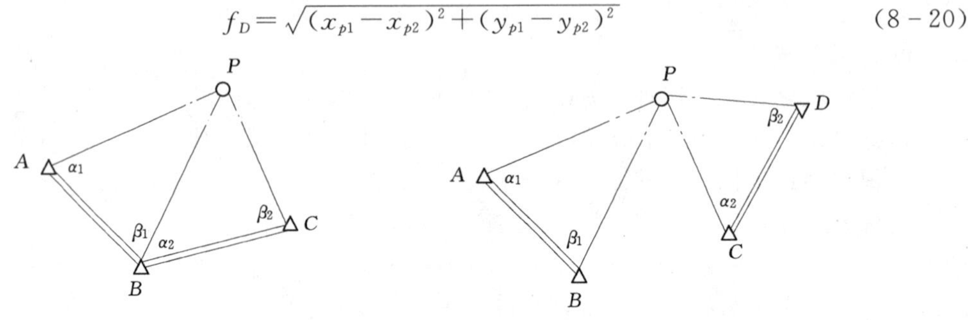

图 8－18　前方交会布置示意图

一般测量规范规定，$f_D \leqslant 2$ 倍比例尺的精度，即

$$f_D \leqslant \pm 0.0002M(\text{m})$$

式中　M——测图比例尺分母。

当 f_D 在允许范围内，可取两组坐标的平均值作为最后结果。也就是说，前方交会不在需要角度改正。

为了控制观测质量，提高交会点的精度，在选点时，交会角应大于 30°和小于 150°，最好使、两角近似相等。水平角的观测用 DJ_6 经纬仪按方向观测法观测两个测回。

前方交会算例，见表 8－8。

表 8－8　　前方交会点坐标计算表

野外略图	计算公式
P 牛头山 云头山 A α1 β1 α2 β2 C 桃园 B 燕山	$x_P=\dfrac{x_A\cot\beta+x_B\cot\alpha+(y_B-y_A)}{\cot\alpha+\cot\beta}$ $y_P=\dfrac{y_A\cot\beta+y_B\cot\alpha+(x_A-x_B)}{\cot\alpha+\cot\beta}$

已知数据				观测角值				P 点坐标计算值			
X_A	1685.320	Y_A	2886.531	α/(° ′ ″)		B/(° ′ ″)		X		Y	
X_B	1450.584	Y_B	3328.005	α_1	68 06 18	β_1	60 30 36	X_{P1}	2044.138	Y_{P1}	3312.560
X_C	1733.778	Y_C	3677.721	α_2	52 29 24	β_2	79 21 42	X_{P2}	2044.128	Y_{P2}	3312.566
检核	测图比例尺 1∶1000　　$f_{容}=\pm 0.2\times 1000(\text{mm})=\pm 200\text{mm}$ $f_D=\sqrt{(x_{p1}-x_{p2})^2+(y_{p1}-y_{p2})^2}=\sqrt{10^2+6^2}=11.7\text{mm}<\pm 200\text{mm}$										
中数	$X_P=2044.133\text{m}$　　$Y_P=3312.563\text{m}$										

二、侧方交会法

如图 8-19（a）所示，在一个已知控制点 A（或 B）和未知点 P 上，分别观测水平角 α 和 β。以计算待定点 P 的坐标，称为侧方交会。

侧方交会仍然用余切公式进行解算，计算 P 点坐标前，先用公式 $\alpha=180°-(\beta+\gamma)$ 或 $\beta=180°-(\alpha+\gamma)$ 求出另一已知点的内角，如图 8-19（a）所示。因只有一个三角形，且只观测了两个角，没有检核条件。为了检查侧方交会点位的精度，实际工作中，一般要求在未知点上对第三个已知点观测一个检查角 ε，如图 8-19（b）所示。根据算得的 P 点坐标和 B、C 两已知点坐标反算出方位角 α_{PB}、α_{PC} 及距离 D_{PC}。

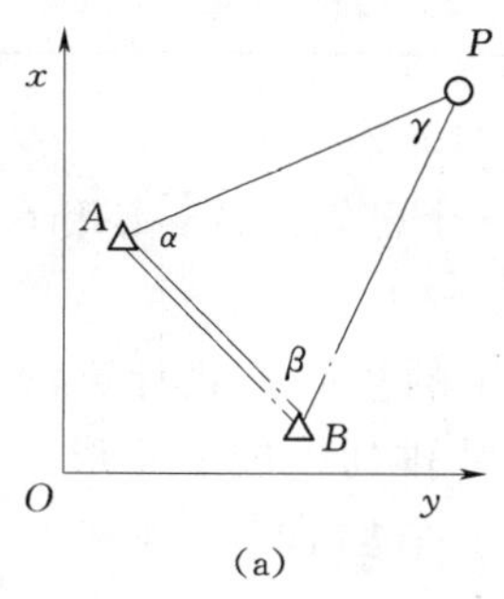

（a）

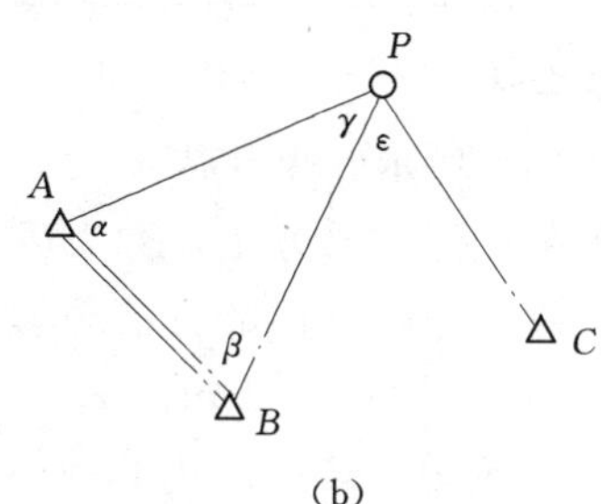

（b）

图 8-19　侧方交会

由 PB 和 PC 方向的方位角计算检查角的角值 $\varepsilon_{计}$，即

$$\varepsilon_{计}=\alpha_{PB}-\alpha_{PC}$$

若观测角值 $\varepsilon_{测}$ 和计算角值 $\varepsilon_{计}$ 不相等，则说明有误差，其误差用 β_ε 表示，则

$$\beta_\varepsilon=\varepsilon_{计}-\varepsilon_{测}=(\alpha_{PB}-\alpha_{PC})-\varepsilon_{测} \tag{8-21}$$

在 1∶500～1∶2000 比例尺测图中，$\beta_{\varepsilon_{容}}\leqslant\pm0.0002M\rho/D_{PC}$，（$M$ 为测图比例尺的分母）。

侧方交会算例，见表 8-9。已知数据带有下划线，观测数据带有小括号。

表 8-9　　**侧方交会点坐标计算表**

<table>
<tr><td colspan="4">野　外　略　图</td><td colspan="4">计　算　公　式</td></tr>
<tr><td colspan="4">P 茶坝
竹园
A
α
β
C 小岭
B 紫南垭</td><td colspan="4">$$\left.\begin{aligned}x_P&=\frac{x_A\cot\beta+x_B\cot\alpha+(y_B-y_A)}{\cot\alpha+\cot\beta}\\y_P&=\frac{y_A\cot\beta+y_B\cot\alpha+(x_A-x_B)}{\cot\alpha+\cot\beta}\end{aligned}\right\}$$</td></tr>
<tr><td colspan="2" rowspan="2">点号及点名</td><td colspan="2" rowspan="2">观测角值/(° ′ ″)</td><td colspan="4">坐　　标</td></tr>
<tr><td colspan="2">X</td><td colspan="2">Y</td></tr>
<tr><td>A</td><td>竹园</td><td>α</td><td>(59 59 54)</td><td>X_A</td><td><u>5060.350</u></td><td>Y_A</td><td><u>6315.660</u></td></tr>
<tr><td>B</td><td>紫南垭</td><td>β</td><td>57 30 12</td><td>X_B</td><td><u>4977.528</u></td><td>Y_B</td><td><u>6624.756</u></td></tr>
<tr><td>P</td><td>茶坝</td><td>γ</td><td>(62 29 54)</td><td>X_P</td><td>5302.960</td><td>Y_P</td><td>6522.169</td></tr>
</table>

续表

点号及点名		观测角值/(° ′ ″)		坐标			
				X		Y	
C	小岭			X_C	5059.650	Y_C	6895.430
检核	α_{PB}	162　30　12		$\varepsilon_{测}$	39°25′36″	D_{PC}	445.560
	α_{PC}	123　05　54					
	$\varepsilon_{计}$	39　24　18		β_{ε}	1′18″	$\beta_{\varepsilon容}$	1′54″
计算与校核	测图比例尺 1∶1000 $\beta_{\varepsilon容} \leqslant \pm 0.0002M\rho/D_{PC} = \pm 1'54''$　$\beta_{\varepsilon} = \varepsilon_{计} - \varepsilon_{测} = 1'18''$						

三、后方交会法

如图 8－20（a）所示，仅在待定点 P 上设站瞄准三个已知点 A、B 和 C，观测水平角 α、β 和 γ。解算待定点 P 的方法，称为后方交会法。

后方交会计算待定点坐标的方法较多。现介绍常用的重心公式计算法（略去推算过程）。如图 8－20（b）所示，已知点 A、B、C 按逆时针排列构成三角形，α 对应 BC 边，β 对应 AC 边，γ 对应 AB 边。为了有检核条件，还对另一已知点 K 观察了一个检查角 ε。

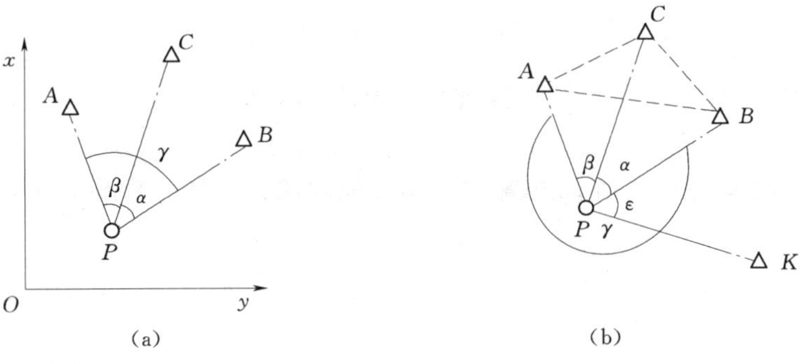

图 8－20　后方交会

现给出 P 点的计算公式如下：

$$\left.\begin{aligned} x_P &= \frac{P_A x_A + P_B x_B + P_C x_C}{P_A + P_B + P_C} \\ x_P &= \frac{P_A y_A + P_B y_B + P_C y_C}{P_A + P_B + P_C} \end{aligned}\right\} \tag{8-22}$$

式（8－22）中的 P_A、P_B、P_C 分别为

$$\left.\begin{aligned} P_A &= \frac{1}{\cot\angle A - \cot\alpha} \\ P_B &= \frac{1}{\cot\angle B - \cot\beta} \\ P_C &= \frac{1}{\cot\angle C - \cot\gamma} \end{aligned}\right\} \tag{8-23}$$

公式（8－22）中角 $\angle A$、$\angle B$、$\angle C$ 可查寻现成数据，无现成数据时，根据 A、B、C 点的已知坐标，通过坐标反算先求出 AC、AB、BC 边的坐标方位，再按式（8－24）

求得

$$\left.\begin{aligned}\angle A&=\alpha_{AB}-\alpha_{AC}\\ \angle B&=\alpha_{BC}-\alpha_{BA}\\ \angle C&=\alpha_{CA}-\alpha_{CB}\end{aligned}\right\}\qquad(8-24)$$

P 点坐标求出后，应根据检查角 ε，检查观测成果的质量，具体方法同侧方交会法。

后方交会算例，见表 8－10。

表 8－10　　后方交会点坐标计算表

野外略图	计算公式
象山 A　C 名山　B 宝山　β　α　P　回龙　平坝　K	$x_P=\dfrac{P_Ax_A+P_Bx_B+P_Cx_C}{P_A+P_B+P_C}$ $x_P=\dfrac{P_Ay_A+P_By_B+P_Cy_C}{P_A+P_B+P_C}$ $P_A=\dfrac{1}{\cot\angle A-\cot\alpha}$ $P_B=\dfrac{1}{\cot\angle B-\cot\beta}$ $P_C=\dfrac{1}{\cot\angle C-\cot\gamma}$

点号点名	已知点坐标		方位角 /(° ′ ″)		固定角 /(° ′ ″)		观测角 /(° ′ ″)		P_i	
A 象山	X_A	4173.215	α_{AB}	106 15 15	$\angle A$	30 38 30	α	46 36 54	P_A	1.34599024
	Y_A	5413.522	α_{AC}	75 37 45						
B 名山	X_B	4015.450	α_{BC}	319 55 39	$\angle B$	33 40 24	β	51 15 36	P_B	1.43132838
	Y_B	5954.639	α_{BA}	286 15 15						
C 宝山	X_C	4259.296	α_{CA}	255 37 45	$\angle C$	115 42 06	γ	262 07 30	P_C	−1.61389217
	Y_C	5749.501	α_{CB}	139 55 39						
K 回龙	X_K	3796.846	α_{PK}	97 34 09	三角之和	180 00 00	$\varepsilon_{测}$	26 16 30	$\sum P$	+1.16342645
	Y_K	6086.259	α_{PB}	71 16 33						
计算与检核			β_ε	1′06″	$\Delta\varepsilon_{容}$	±1′26″	$\varepsilon_{计}$	26 17 36	D_{PK}	477.243
	测图比例尺 1∶1000 $\beta_{\varepsilon_{容}}\leqslant\pm0.0002M\rho/D_{PK}=\pm1'26''$　$\beta_\varepsilon=\varepsilon_{计}-\varepsilon_{测}=1'06''$									
P 点坐标	$X_P=3859.711$　$Y_P=5613.175$									

需指出的是检查点 K，不能和 A、B、C 四点共处在同一外接圆圆周上，此时 P 点坐标无定解，该圆称为危险圆。

小　　结

控制测量是地形测绘和工程施工测量工作的基础，精度要求高，理论性强。因此它是本课程的重点内容。主要内容如下。

1. 控制测量

在进行测图或进行建筑物施工放样前，先在测区内选定少数控制点，构成一定的几何图形或一系列的折线，然后精确测定控制点的平面位置和高程，这种测量工作称为控制测量。建立控制测量的方法有导线测量、三角测量和“GPS”测量。

2. 国家平面控制网

根据国家经济建设和国防建设的需要，国家测绘部门在全国范围内采用“分级布网、逐级控制”的原则，建立国家级平面控制网，作为科学研究、地形测量和施工测量的依据，称为国家平面控制网。国家平面控制网按其精度分为一等、二等、三等、四等，一等、二等作为国家控制网的基础。三等、四等作为一等、二等网的进一步加密或作为工程测量的基本控制。

3. 图根控制网

直接用于测图而建立的控制网称为图根控制网。

4. 导线测量

导线测量分为外业和内业两部分工作。其外业工作主要有踏勘选定、测角、测边及导线定向。内业工作主要包括角度闭合差计算与调整、坐标方位角的推算、坐标增量计算、坐标增量度闭合差计算与调整、各点坐标推算。角度闭合差调整原则是将闭合差反号平均分配到各观测角上，采取“整数分配、大角分大、小角分小”的原则，而坐标增量度闭合差调整原则是将闭合差反号按各边长成比例分配到各坐标增量上。导线计算的各个步骤之间相互联系，后一步以上一步计算结果为条件。因此各步计算要严格校核，以保证最后成果的正确无误。

5. 交会定点

当平面控制点的密度不能满足测量要求时，需要加密控制点，加密控制点通常采用交会定点。交会定点分为测角交会和距离交会。测角交会又分为前方交会、侧方交会、后方交会。

拓展和能力测试题

一、填空题

1. 控制测量分为__________和__________。

2. 一般认为在小于__________的范围内建立的控制网，称为小区域控制网。

3. 国家控制网的精度一般分为____________、____________、____________、__________等。

4. 导线测量的外业工作是__________、__________、__________、__________。

5. 测角交会法布设形式有__________、__________、__________三种。

二、选择题

1. 导线的布设形式有（　　）。

A. 一级导线、二级导线、图根导线　　B. 单向导线、往返导线、多边形导线

C. 闭合导线、附合导线、支导线　　D. 单向导线、附合导线、图根导线

2. 导线测量的外业工作不包括（　　）。

A. 选点　　B. 测角　　C. 量边　　D. 闭合差调整

3. 附合导线的转折角，一般用（　　）进行观测。

A. 测回法　　B. 方向观测法　　C. 三角高程法　　D. 二次仪器高法

4. 导线坐标计算时，角度闭合差的调整方法是将闭合差反符号后（　　）。

A. 按角度大小成正比例分配　　B. 按角度个数平均分配

C. 按边长成正比例分配　　D. 按边长成反比例分配

5. 导线坐标增量闭合差的调整方法是将闭合差反符号后（　　）。

A. 按角度个数平均分配　　B. 按导线边数平均分配

C. 按边长成反比例分配　　D. 按边长成正比例分配

6. 某导线全长 620m，纵横坐标增量闭合差分别为 $f_x=0.12\text{m}$，$f_y=-0.16\text{m}$，则导线全长相对闭合差为（　　）。

A. 1/2200　　B. 1/3100　　C. 1/4500　　D. 1/15500

7. 衡量导线测量精度的一个重要指标是（　　）。

A. 坐标增量闭合差　　B. 导线全长闭合差

C. 导线全长相对闭合差　　D. 相对闭合差

8.《工程测量规范》（GB 50026—2007）规定：图根导线的导线全长相对闭合差容许值为（　　）。

A. 1/8000　　B. 1/6000　　C. 1/5000　　D. 1/2000

9.《工程测量规范》（GB 50026—2007）规定：图根导线的方位角闭合差容许值为（　　）。

A. $\pm 24''\sqrt{n}$　　B. $\pm 30''\sqrt{n}$　　C. $\pm 50''\sqrt{n}$　　D. $\pm 60''\sqrt{n}$

10. 导线测量工作中，当角度闭合差在允许范围内，而坐标增量闭合差却远远超过限值，说明（　　）有错误。

A. 边长　　B. 角度　　C. 高程　　D. 连接测量

11. 闭合导线观测转折角一般是观测（　　）。

A. 左角　　B. 右角　　C. 外角　　D. 内角

12. 导线从已知点和已知方向出发，经过若干导线点最后测到另一已知点和已知方向上，此导线称为（　　）。

A. 闭合导线　　B. 附合导线　　C. 支导线

三、简答题

1. 控制测量的目的与作用是什么？

2. 布设导线，在选点时应注意哪些事项？

3. 经纬仪交会法有哪几种形式？对图形和观测有何要求？

四、计算题

1. 根据图 8－21 中的数据，完成闭合导线的计算。

2. 根据图 8－22 中的数据，完成附合导线的计算。

3. 如图 8－23 所示，完成前方交会的计算。

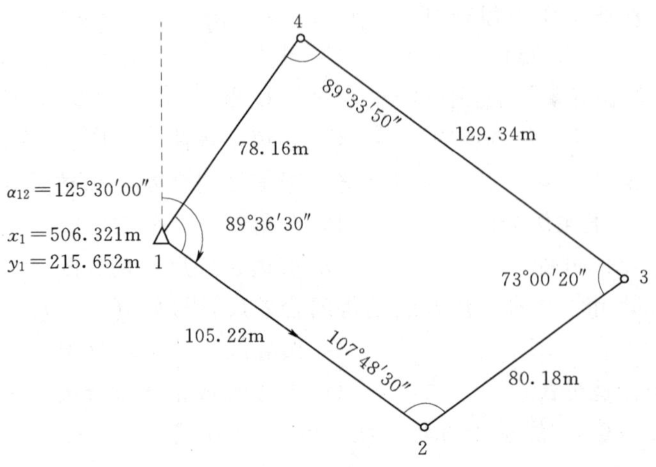

图 8－21　计算题 1 图

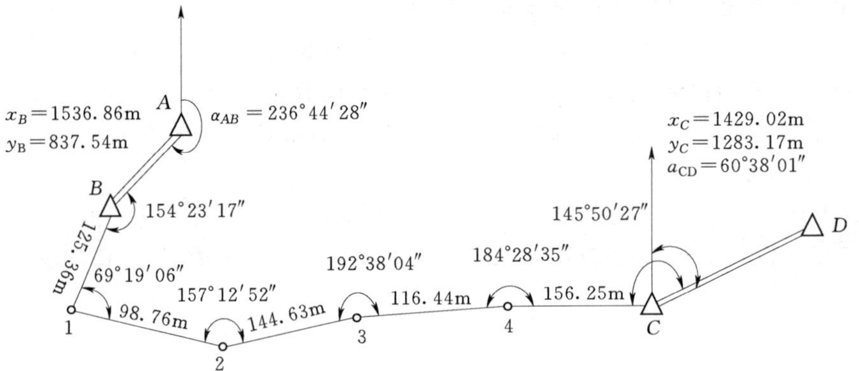

图 8－22　计算题 2 图

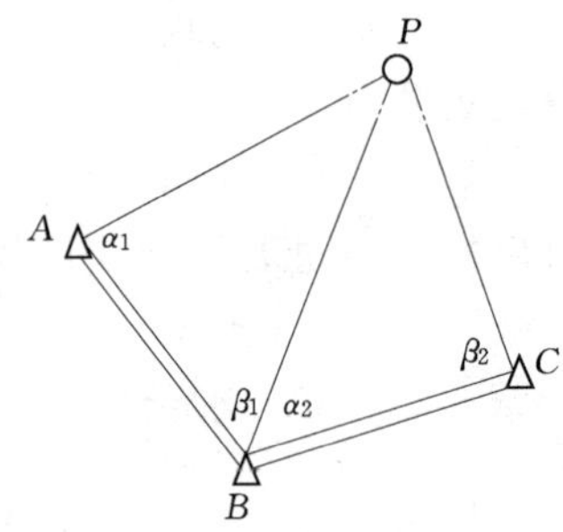

图 8－23　计算题 3 图

已知数据：$X_A=1000.000$　　$Y_A=1000.0000$

$X_B=907.860$　　$Y_B=1343.869$

$X_C=1117.568$　　$Y_C=1660.764$

观测数据：$\alpha_1=65°12'36''$　　$\beta_1=56°15'42''$

$\alpha_2=46°30'24''$　　$\beta_2=61°32'13''$

项目九　高程控制测量

【教学目标】

掌握高程控制测量的基本原理和方法，掌握三等、四等水准测量方法和实施，了解三角高程测量原理，了解三角高程测量的方法、计算及校核。

【教学要求】

任　务	能力要求	相关知识
高程控制网的概述	掌握高程控制测量的基本原理和方法	(1) 高程控制测量概念； (2) 高程控制测量施测方法
三等、四等水准测量	(1) 能够根据工程情况选择合理的高程控制测量方法； (2) 掌握四等水准测量的外业工作和内业计算	(1) 三等、四等水准测量主要技术要求，观测程序； (2) 三等、四等水准测量平差计算
三角高程测量	(1) 能够根据工程已知条件进行三角高程测量的外业工作和内业计算； (2) 了解三角高程测量的外业工作和内业计算	(1) 三角高程测量的概念； (2) 三角高程测量外业工作内容及施测要求以及内业计算方法

任务一　概　　述

一、高程控制测量概述

精确测定控制点高程的工作称为高程控制测量。高程控制测量首先要在测区建立高程控制网，为了测绘地形图或建筑物施工放样以及进行科学研究工作而需要进行的高程测量，我国在全国范围内建立了一个统一的高程控制网，高程控制网由一系列的水准点构成，沿水准路线按一定的距离埋设固定的标志称为水准点，水准点分为永久性和临时性水准点。等级水准点埋设永久性标志，三等、四等水准点埋设普通标石，国家等级水准点如图 9－1 所示。图根水准点可根据需要埋设永久性或临时性水准点，临时性水准点埋设木桩或在水泥板或坚硬岩石上用红油漆画出临时标志表示。

二、国家高程控制网

国家高程控制网分为一等、二等、三等、四等四个等级。一等、二等水准网是国家高程控制的基础，一等、二等水准路线一般沿着铁路、公路进行布设，形成闭合水准网或附合水准网，用精密水准测量方法测定其高程；三等、四水准测量主要用于一等、二等水准测量的加密，作为地形测量和工程测量的高程控制，布设闭合水准路线和附合水准路线。

水准网如图 9－2 所示，国家一等、二等水准测量技术指标在此略。

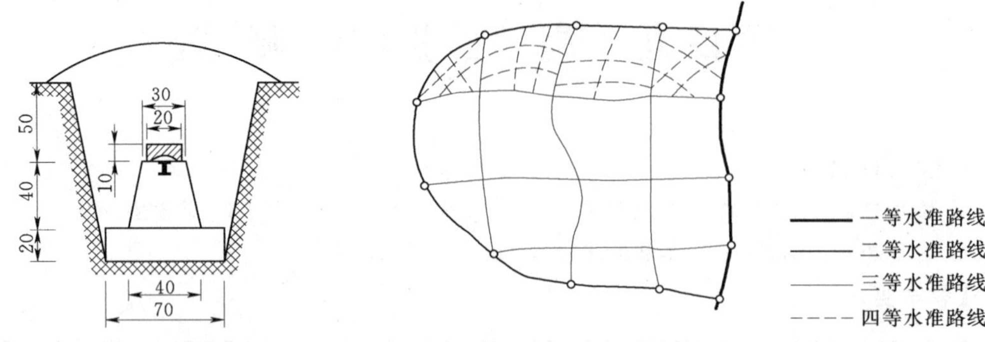

图 9－1　国家等级水准点（单位：mm）　　　图 9－2　国家等级水准网布设示意图

三、图根高程控制网

为了满足测图的需要，测定图根点的高程称为图根控制测量，图根控制网可以布设为水准网及三角高程网。图根控制测量按五等水准测量方法测定其高程。图根水准测量技术指标见任务二的表 9－1。

四、高程控制网的施测方法

三等、四等高程控制网的施测方法一般采用水准测量方法，图根高程网可采用水准测量方法或三角高程测量方法施测。

在水利工程施工测量和地形测量中，高程控制测量一般分为基本高程控制和加密高程控制，基本控制测量一般采用三等、四等及以上等级水准测量，加密一般采用五等水准测量及三角高程测量。本项目主要介绍三等、四等水准测量和三角高程测量。

任务二　三等、四等水准测量

三等、四等水准测量常作为小地区测绘地形图和施工测量的高程基本控制。

一、三等、四等水准测量的技术要求

在水利水电工程测量中，除了建立平面控制网外，还常用三等、四等水准建立精度较高的高程控制网和五等水准测量（又称图根水准测量）加密高程图根点。三等、四等水准测量与普通水准测量工作方法基本相同，都需要拟定水准路线，选点、埋石和观测，记录计算等工作。主要是观测程序、记录计算方法、精度要求有所不同，三等、四等水准测量必须所用双面水准尺和转点使用尺垫，且三等水准测量必须使测站数成为偶数。三等、四等水准测量的具体技术要求见表 9－1 和表 9－2。

表 9－1　　　　水准测量的主要技术要求

等级	水准仪型号	视线长度/m	前后视距差/m	前后视距累计差/m	视线最低高度/m	黑红面读数差/mm	黑红面高差之差/mm
三	DS_1	100	2	5	0.3	1.0	1.5
	DS_3	75				2.0	3.0

续表

等级	水准仪型号	视线长度/m	前后视距差/m	前后视距累计差/m	视线最低高度/m	黑红面读数差/mm	黑红面高差之差/mm
四	DS_3	100	5	10	0.2	3.0	5.0
五	DS_3	100	大致相等				
图根	DS_{10}	≤100					

注　当进行三等、四等水准测量，采用单面标尺变更仪器高度时，所测两高差，应与黑红面所测高差之差的要求相同。

表 9－2　　**水准测量的主要技术要求**

等级	每公里高差中误差/mm	路线长度/km	水准仪型号	水准尺	观测次数		往返较差、附和或环形闭合差	
					与已知点联测	附合或环形	平地/mm	山地/mm
三	6	≤50	DS_1	铟瓦	往返各一次	往一次	$12\sqrt{L}$	$4\sqrt{L}$
			DS_3	双面		往返各一次		
四	10	≤16	DS_3	双面	往返各一次	往一次	$20\sqrt{L}$	$6\sqrt{L}$
五	15	—	DS_3	单面	往返各一次	往一次	$30\sqrt{L}$	—

注　1. 结点之间或结点与高级点之间，其线路的长度，不应大于表中规定的 0.7 倍；
2. L 为往返测段、附合或环形的水准路线长度（km），n 为测站数；
3. 数字水准仪测量的技术要求和同等级的光学水准仪相同。

二、三等、四等水准测量的观测方法

三等、四等水准测量采用的仪器和观测方法相同，只是观测限差要求不同。下面以四等水准测量为例，介绍其观测、记录、计算方法。

（一）一测站上的观测程序和记录方法

选择有利地形设站。在测站上安置好水准仪，分别照准前、后视尺，估读视距，使前、后视距之差不应超过 3m，否则，应移动前视尺或水准仪以满足要求。然后按下列顺序观测记录。观测、记录、计算顺序和计算成果见表 6－10。

（1）照准后视尺黑面读数：上丝（1），下丝（2），中丝（3）。

（2）照准后视尺红面读数：中丝（4）。

（3）照准前视尺黑面读数：上丝（5），下丝（6），中丝（7）。

（4）照准前视尺红面读数：中丝（8）。

四等水准测量的观测程序也可以简称为：后（黑）—后（红）—前（黑）—前（红）。

（二）测站计算与校核

在测站上观测记录的同时，应随即进行测站计算与校核，以便及时发现和纠正错误，确认符合要求时，才可以迁站继续施测，否则应重新观测。迁站时前视标尺和尺垫不允许移动，将后视尺和尺垫移至下一站作为前视。

测站上的计算工作有以下 3 部分。

1. 视距部分

后视距离(9)＝[(1)－(2)]×100。

前视距离(10)=[(4)-(5)]×100。

前后视距差(11)=(9)-(10),其绝对值不得超过5m。

前后视距累积差(12)=本站(11)-上站(12)。

每测段视距累积差的绝对值应小于10m。

2. 高差部分

同一水准尺黑红面中丝读数差不得超过3mm。

后视尺黑红面读数之差(13)= K+黑(3)-红(4)。

前视尺黑红面读数之差(14)=K+黑(7)-红(8)。

式中K为尺常数，即A尺或B尺黑面与红面的起点读数之差。K值分别为$K_A=4.687$m，$K_B=4.787$m，例如表9-3中第一站后视尺为A，前视尺为B尺，计算(13)时，K值取$K_A=4.687$m，计算(14)时K值取$K_B=4.787$m。第二站因两水准尺交替，计算(13)时K值取$K_B=4.787$m，计算(14)时K值取$K_A=4.687$m。

黑面高差(15)=(3)-(7)。

红面高差(16)=(4)-(8)。

黑红面高差之差(17)=(15)-[(16)±0.100]=(13)-(14),其绝对值应小于5mm(校核使用)。

由于两水准尺的红面起始读数相差0.100m，因此，测得的红面高差应加0.100m或减0.100m才等于实际高差，即上式中(16)±0.100，取“+”或“-”，应根据前后视尺的K值来确定。当后视尺常数K为4.687时，则红面高差比黑面高差的理论值小0.100m，则应加上0.100m，即取“+”号，反之应减去0.100m，即取“-”号。

高差中数(18)=$\frac{1}{2}$[(15)+(16)±0.100]。

3. 检核计算

与一测段结束后或整个水准路线测量完毕，还应逐步检核计算有无错误，方法是：

先计算：$\sum$(3)、$\sum$(4)、$\sum$(7)、$\sum$(8)、$\sum$(9)、$\sum$(10)、$\sum$(15)、$\sum$(16)、$\sum$(18)，然后用下式校核：

$$\sum(3)-\sum(7)=\sum(15)$$

$$\sum(4)-\sum(8)=\sum(16)$$

$$\sum(9)-\sum(10)=\sum\text{末站}(12)$$

当测站总数为奇数时：$[\sum(15)+\sum(16)\pm0.100]/2=\sum(18)$

当测站总数为偶数时：$[\sum(15)+\sum(16)]/2=\sum(18)$

水准路线总长度$L=\sum(9)+\sum(10)$

(三) 高差闭合差的调整和水准点高程的计算

水准点高程的计算与普通水准测量计算方法一样，先进行高差闭合差的计算及调整。四等水准路线高差闭合差的限差为$\pm20\text{mm}\sqrt{L}$(L为路线总长，以km计)。如满足要求，将闭合差反号按与测段长度成正比例的法则分配到各段高差中，然后计算各水准点的高程。

表 9-3　　四等水准测量手簿计算

测站编号	测点	后尺 下丝 / 上丝 / 后距/m / 视距差 d	前尺 下丝 / 上丝 / 前距/m / 累积差 $\sum d$	方向及尺号	水准尺读数/m 黑面	水准尺读数/m 红面	K+黑－红/mm	高差中数/m	备注
1	BM_2—A	1.742 (1)	1.115 (5)	后 1	1.526 (3)	6.214 (4)	－1 (13)	0.625 (18)	
		1.311 (2)	0.6879 (6)	前 2	0.902 (7)	5.688 (8)	＋1 (14)		
		43.1 (9)	42.6 (10)	后－前	0.624 (15)	0.526 (16)	－2 (17)		
		＋0.5 (11)	＋0.5 (12)						
2	A—B	0.924	1.036	后 2	0.642	5.429	0	－0.116	
		0.361	0.481	前 1	0.758	5.446	－1		
		56.3	55.5	后－前	－0.116	－0.017	＋1		
		0.8	1.3						K_A＝4.687
3	B—C	1.826	2.062	后 1	1.545	6.233	－1	－0.233	K_B＝4.787
		1.262	1.493	前 2	1.778	6.565	0		
		56.4	56.9	后－前	－0.233	－0.332	－1		
		－0.5	＋0.8						
4	C—BM_3	1.502	1.836	后 2	1.212	5.998	＋1	－0.333	
		0.924	1.255	前 1	1.544	6.232	－1		
		57.8	58.1	后－前	－0.332	－0.234	＋2		
		－0.3	＋0.5						
校核计算		$\sum$(9)＝213.6		$\sum$(3)＝4.925		$\sum$(4)＝23.874			
		$\sum$(10)＝213.1		$\sum$(7)＝4.982		$\sum$(8)＝23.899			
		末站(12)＝＋0.5		$\sum$(15)＝－0.057		$\sum$(16)＝－0.057			
		全段总长 L＝426.7		$\sum$(17)＝0		$\sum$(18)[$\sum$(15)＋$\sum$(16)]/2＝－0.057			

三、三等、五等水准测量

三等水准测量一个测站上的观测程序为：后（黑）—前（黑）—前（红）—后（红）；五等水准测量观测程序为：后—后—前—前。记录计算与四等水准基本相同，仅观测限差不同，见表 9-1。

任务三　三 角 高 程 测 量

在山地测定控制点的高程，若采用水准测量，则速度慢，困难大，故可采用三角高程测量的方法。但必须用水准测量的方法在测区内引测一定数量的水准点，作为三角高程测量高程起算的依据。常见三角高程测量为电磁波测距三角高程测量和视距三角高程测量。电磁波测距三角高程测量适用于三等、四等和图根高程网。视距三角高程测量一般适用于图根高程网。

一、三角高程测量的原理

三角高程测量是根据两点间的水平距离和竖直角计算两点的高差。如图 9－3 所示，已知 A 点的高程 H_A，欲测出 B 点高程 H_B，可在 A 点安置经纬仪，在 B 点竖立标杆，用望远镜中丝瞄准标杆的顶点，测出竖直角 α，量出标杆高 V 及其仪器高 i，再根据 AB 的平距 D，则可算出 AB 的高差。

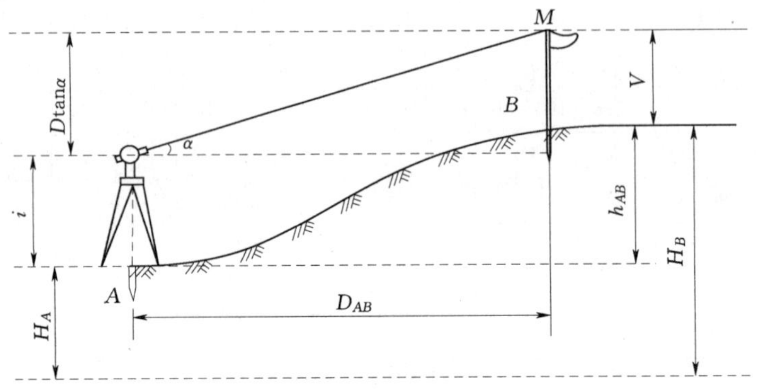

图 9－3　三角高程测量

有
$$h_{AB}=D\tan\alpha+i-V \tag{9-1}$$

若用测距仪测得斜距 S，则

$$h_{AB}=S\sin\alpha+i-V \tag{9-2}$$

$$h_{AB}=H_B-H_A=i+D\tan\alpha-l$$

B 点的高程为

$$H_B=H_A+h_{AB}=H_A+D\tan\alpha+i-V \tag{9-3}$$

或
$$H_B=H_A+h_{AB}=H_A+S\sin\alpha+i-V \tag{9-4}$$

二、球气差影响及改正方法

式（9－3）适用于 A、B 两点距离较近（小于 300m），此时水准面可近似看成平面，即视线为直线，当地面两点距离大于 300m 时，就要考虑地球曲率及观测视线受大气垂直折光的影响。地球曲率对高差的影响称为地球曲率差，简称球差。大气折光引起视线成弧线的差异称为大气折光差，简称气差。

如图 9－4 所示，MM' 为大气折光的影响，称为气差，EF 为地球曲率的影响，称为球差，由图 9－4 可得

$$h_{AB}+V+MM'=h'+i+EF$$

令 $f=EF-MM'$，称为球气差，简称为两差。整理上式得

$$h_{AB}=h'+i-V+f=D\tan\alpha+i-V+f \tag{9-5}$$

f 为球气差的联合影响，球差的影响为 $EF=\dfrac{D^2}{2F}$，但气差的影响较为复杂，它与气温、气压、地面坡度和植被等因素均有关。在我国境内一般认为气差是球差的 1/7，即 $MM'=\dfrac{D^2}{14R}$，所以球气差的计算式为

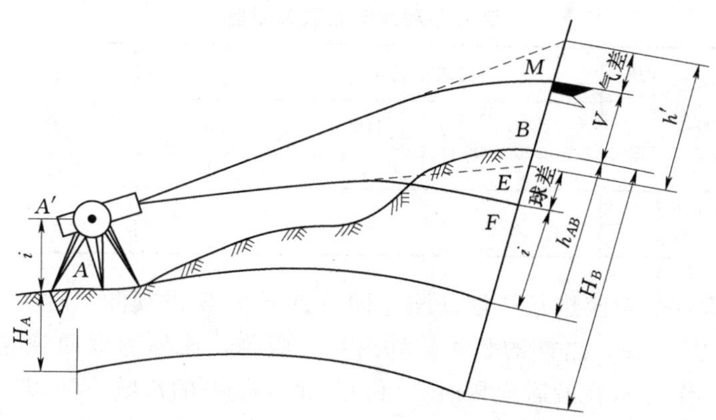

图 9-4 球气差对三角高程的影响

$$f = EF - MM' = \frac{D^2}{2R} - \frac{D^2}{14R} \approx 0.43\frac{D^2}{R} \tag{9-6}$$

式中 D——地面两点间的水平距离，取 100m；

R——地球半径，取 6371km；

f——球气差，cm。

若将式（9-6）中 D 取不同的值时，球气差 f 的数值列于表 9-4 中，用时可直接查。

表 9-4 球气差查取表

D/100m	1	2	3	4	5	6	7	8	9	10
f/cm	0.1	0.3	0.6	1.1	1.7	2.5	3.4	4.5	5.7	7.0

由上表可知，当两点水平距离 $D<300$m 时，其影响不足 1cm，故一般规定当 $D<300$m 时，不考虑球气差的影响；当 $D>300$m 时，才考虑其影响。

三、三角高程测量的外业工作

三角高程测量宜在平面控制网的基础上布设成附合高程导线、闭合高程导线。对于光电测距三角高程测量，应采用不低于Ⅱ级的光电测距仪、DJ_2 型经纬仪。对于视距三角高程测量，应采用 DJ_6 型经纬仪。

1. 安置仪器

安置仪器于测站，量仪器高 i 和标杆（觇牌）高 V。注意仪器高和标杆高都要丈量两次，读至 5mm，两次较差不大于 1cm，取平均数。

2. 测竖直角

用经纬仪中横丝瞄准目标，将竖盘水准管气泡居中，读取竖盘读数，盘左、盘右观测为一测回，竖直角观测测回数及限差见表 9-5。

3. 距离测量

光电测距三角高程测量应满足平面控制测量中对光电测距要求。视距三角高程测量一般只用于图根高程控制网上的图解支点，故其往返距离较差要求小于 1/200。

表 9-5　　竖直角观测测回数及限差

项目 \ 仪器 \ 等级		一、二级小三角		一、二级导线		图根控制
		DJ_2	DJ_6	DJ_2	DJ_6	DJ_6
测回数		2	4	1	2	1
各测回	竖直角互差	15	25	15	25	25
	指标差互差					

三角高程测量，一般应进行往返观测，即由 A 点向 B 点观测（称为直觇），再由 B 点向 A 点观测（称为反觇），这样的观测，称为对向观测，或称为双向观测。这样，取对向观测的高差平均值作为高差最后成果时，可以抵消球气差的影响，所以三角高程测量大多采用对向观测法。

采用全站仪进行三角高程测量时，可先将大气折光改正数及其他参数输入仪器，然后直接测定测点高程。

四、三角高程测量的内业工作

1. 计算高差

依公式进行高差计算，对于光电测距三角高程测量对向观测所求得的高差较差不应大于 $0.1D$（m）（D 为平距，以 km 为单位）；由两个单方向算得的高程不符值不应大于 $0.07\sqrt{D_1^2+D_2^2}$（m）（D_1、D_2 为两单方向边长，以 km 为单位）。

对于视距三角高程测量往返测高差较差不大于 1/7 等高距。

2. 计算高差闭合差

计算高差闭合差 f_h，其方法与水准测量方法相同。对于附合导线或闭合导线来说，其高差闭合差容许值为

$$f_{h容}=\pm 0.05\sqrt{[D^2]}(\mathrm{m}) \tag{9-7}$$

式中　D——各边的水平距离，km。

3. 计算高差改正数、改正后高差及各点高程

当 f_h 不超过 $f_{h容}$ 时，则按边长成正比例的原则，将 f_h 反符号分配于各高差之中，然后用改正后的高差，由起始点的高程计算各待定点的高程。

三角高程测量双向观测高差算例见表 9-6。

表 9-6　　三角高程测量的高差计算

起算点	A		B	
待定点	B		C	
往返测	往	返	往	返
斜距 S	593.391	593.400	491.360	491.301
竖直角 α	+11°32′49″	−11°33′06″	+6°41′48″	−6°42′04″
$S\sin\alpha$	118.780	−118.829	57.299	−57.330
仪器高 i	1.440	1.491	1.491	1.502
觇牌高 V	1.502	1.400	1.522	1.441
两差改正 f	0.022	0.022	0.016	0.016
单向高差 h	+118.740	−118.716	+57.284	−57.253
往返平均高差 $\overline{h}$	+118.728		+57.268	

五、误差分析

全站仪三角高程测量误差来源主要有以下 4 个方面。

1．测距误差的影响

全站仪测距中误差 m_D 对高差的影响与竖直角 α 的大小有关，但理论计算和实践表明，这种影响通常很小。工程测量中常用的全站仪测距精度不低于 $\pm(5+5\times10^{-6}D)$mm，由于测距精度很高，因此测距误差对高程测量的影响很小。

2．测角误差的影响

测角误差包括观测误差、仪器误差及外界条件影响。观测误差中有照准误差、读数误差及竖盘指标水准管气泡居中的误差等。仪器误差中有单指标竖盘偏心误差及竖盘分划误差等。外界条件影响主要是大气折光，但空气对流、空气能见度等也影响照准精度。目前全站仪竖盘指标设有自动归零补偿装置，从而提高了测角精度。分析表明，竖直角观测中误差 m_α 对高差的影响随边长的增长而增大，这项影响比测距误差的影响要大得多。

为了减小这项影响，一是边长不要太长，一般不能超过 1km；二是增加竖直角的测回数，提高测角精度，使 m_α 在$\pm2''$之内。对于相当于 J_2 级的全站仪，一测回方向的中误差为$\pm2''$，则一测回竖直角的中误差亦为$\pm2''$。若观测竖直角 2 测回，可使 m_α 在$\pm1.5''$之内，因而适当增加测回数可以减少测角误差对高差的影响。

3．大气折光的影响

大气折光影响主要决定于空气的密度。空气密度在一日内从早到晚不定地变化着，一般认为早、晚变化较大，中午比较稳定，阴天与夜间空气的密度亦较稳定，所以折光系数是个变数，通常采用其平均值来计算大气折光的影响，故计算中采用的系数值是有误差的。

当全站仪采用对向观测而且又在尽可能短的时间完成，则大气折光系数的变化是相当小的。这种情况下，对向观测可以大幅度削弱大气折光的影响。但实际上无论采用何种措施，大气折光系数不可能完全一样。

目前的研究资料表明，K 值在晴朗的白天取 0.13～0.15；阴天白天和夜间取 0.16～0.20；晴朗的夜间取 0.26～0.30。

由于大气折光对三角高程测量的精度影响极大，因此对精密高程测量来说，一方面应实地测出适合该地区情况的 K 值；另一方面，在实际测量中应采取适当的施测方案，如对向观测、选择有利时间段观测、以短视线传递高程等。

4．量高误差

仪器高 i 一般容易精确测量，而目标高 V 在有些情况下不易测量，而量高误差对高程的影响是直接的。作业时量仪器高 i 和棱镜高 V 各两次并精确到 1mm，然后取平均值，可以使 $m_i=m_V=2$mm。对于单向半测回观测，一般多采用单棱镜，读取棱镜高本身就有 2mm 的误差，而立棱镜时杆身倾斜是常有的。假设棱镜杆倾斜 3°，棱镜杆的高度为 2m，将会使棱镜的实际高比量得的高减小 3mm，这项误差将直接进入高差测量结果中。

小　结

1．高程控制测量

所谓高程控制测量就是精确的确定控制点高程的工作。高程控制网分为国家高程控制网和图根控制网两种。国家高程控制测量分为一等、二等、三等、四等。一等、二等高程控制测量是国家高程控制的基础，三等、四高程控制测量是一等、二等的加密或作为地形图测绘和工程施工测量的基本控制。

图根控制测量的精度低，主要用于确定图跟点的高程。

2. 三等、四等水准测量

三等、四等水准测量布设的形式有闭合水准路线、附合水准路线和支水准路线。

三等水准测量测站观测程序为：后—前—前—后，四等水准测量测站观测程序为：后—后—前—前。

3. 三角高程测量

当地形起伏较大采用三角高程测量来测定相邻控制点之间的高差。常见三角高程测量有电磁波测距三角高程测量和视距三角高程测量。

拓展和能力测试题

一、填空题

1. 一对双面水准尺的红、黑面的零点差应为________、________。

2. 四等水准测量，采用双面水准尺时，每站有____________个前、后视读数。

3. 三角高程的双向观测可以消除________和________的联合影响。

4. 两差即________和________。

5. 当距离小于________时，其影响不足1cm，不考虑球气差的影响。

6. 三角高程控制一般采用直觇和________的施测方法。

7. 三角高程导线布设形式为________高程导线和________高程导线。

二、选择题

1.《工程测量规范》(GB 50026—2007) 规定，四等水准测量每测段测站数应为(　　)。

A. 奇数站　　B. 偶数站　　C. 不作要求　　D. 视环境而定

2.《工程测量规范》(GB 50026—2007) 规定，四等水准测量中红黑面高差之差不得超过(　　)mm。

A. 2　　B. 3　　C. 5　　D. 10

3.《工程测量规范》(GB 50026—2007) 规定，四等水准测量中红黑面读数之差不得超过(　　)mm。

A. 2　　B. 3　　C. 5　　D. 10

4. 四等水准测量中测站检核应不包括(　　)检核。

A. 前后视距差　　B. 视距累积差　　C. 红黑面读数差

D. 红黑面高差之差　E. 高差闭合差

5. 四等水准测量时要求每测段测站数为偶数站，主要目的是消除(　　)。

A. i 角误差　　B. 标尺零点差　　C. 读数误差　　D. 视差

6. 四等水准测量中，每一站的前后视距差，不能超过(　　)。

A. 3m　　B. 5m　　C. 3mm　　D. 5mm

7. 四等水准测量中，前后视距差的累积值，不能超过(　　)。

A. 3m　　　　B. 5m　　　　C. 6m　　　　D. 10m

8. 四等水准测量中，平均高差的计算公式是（　　）。

A. （黑面高差＋红面高差)/2　　　　B.［黑面高差＋(红面高差±0.1m)］/2

C.［黑面高差＋(红面高差＋0.1m)］/2　　　　D.［黑面高差＋(红面高差－0.1m)］/2

9. 在三角高程测量中，当两点间的距离较大时，一般要考虑地球曲率和（　　）的影响。

A. 大气折光　　　　B. 大气压强　　　　C. 测站点高程　　　　D. 两点间高差

10. 在三角高程测量中，采用对向观测可以消除（　　）。

A. 视差的影响　　　　B. 视准轴误差

C. 地球曲率差和大气折光差　　　　D. 度盘刻划误差

三、计算题

表 9－7 为四等水准测量的记录手簿，试完成表中各种计算和计算校核。

表 9－7　　　　四等水准测量手簿

测站编号	点号	后尺 上丝 / 下丝 / 后距 / 视距差/m	前尺 上丝 / 下丝 / 前距 / 累加差/m	方向及尺号	标尺读数 黑面	标尺读数 红面	K＋黑－红 /mm	高差中数 /m	备注
1	1A—2A	1.842	1.213	后	1.628	6.315			$K_1=4687$ $K_2=4787$
		1.415	0.785	前	0.999	5.787			
				后－前	630				
2	2A—3A	1.645	2.033	后	1.364	6.150			
		1.082	1.459	前	1.746	6.434			
				后－前	－382				
3	3A—4A	1.918	1.839	后	1.620	6.306			
		1.322	1.253	前	1.546	6.334			
				后－前	74				
4	4A—5A	1.774	0.910	后	1.576	6.364			
		1.388	0.526	前	0.718	5.405			
				后－前	858				
检核	$\sum a$ 黑＝ $\sum b$ 黑＝ $\sum h$ 黑＝ $\sum h$ 中＝1/2($\sum h$ 黑＋$\sum h$)红＝			$\sum a$ 红＝ $\sum b$ 红＝ $\sum h$ 红＝			$\sum h$＝		

项目十　地形图的基本知识

【教学目标】

本项目介绍了地形图的比例尺、地形图的分幅和编号；地形图符号及其在地形图上的表示方法。通过本项目学习，应基本掌握地形图的基本知识。

【教学要求】

任　务	能力要求	相关知识
地形图的基本知识	掌握地形图的基本知识	（1）地形图的比例尺； （2）地形图的分幅与编号
地形图符号及其在地形图上的表示方法	（1）能够认识地形图符号； （2）掌握等高线的特性； （3）能够进行等高线的勾绘	（1）地物符号； （2）地貌符号； （3）典型地貌的表示方法； （4）等高线的特性

在国民经济建设和国防建设各项工程的规划、设计阶段，均需要地形图提供有关工程建设地区的自然结构、地形和环境条件等资料，以便使规划和设计符合实际情况。由于地形图包含了完整的平面和高程信息，客观地反映了地面的实际情况，因此，地形图是制订规划、进行工程设计的重要依据。

我国基本地形图分为 1∶5000、1∶10000、1∶25000、1∶50000、1∶100000、1∶250000、1∶500000、1∶1000000 八种比例尺。1∶5000～1∶50000 地形图一般采用航空摄影测量方法成图。而 1∶100000～1∶1000000 比例尺地形图根据较大比例尺地形图及各种测绘资料编绘而成。

任务一　地形图的比例尺及分幅与编号

一、平面图和地形图

地面上的固定物体称为地物；地面上各种高低起伏的形态称为地貌。地形是地物和地貌的总称。将地物、地貌沿铅垂线方向投影（正射投影）到水平面上，并按一定的比例尺和规定的符号缩绘到图纸上所成的图形，称为地形图。地形图既表示地物的平面位置，又表示地貌的起伏形态。只表示地物的平面位置，不表示地貌起伏形态的正射投影图称为平面图。地形图属于普通地图的一种。将地表上的自然、社会、经济等地理信息，按一定的要求及数学模式投影到旋转椭球面上，再按制图的原则和比例缩绘所成的图，叫做地图。

二、地形图的比例尺

地形图上任意一线段长度与地面上相应线段的实际水平长度之比，称为地形图的比

例尺。

1. 数字比例尺

数字比例尺一般用分子为1的整分数形式表示。设图上某一线段长度为 d，地面上相应线段的实际水平长度为 D，则图的比例尺为

$$\frac{d}{D}=\frac{1}{\frac{D}{d}}=\frac{1}{M}=1:M \tag{10-1}$$

式中　M——比例尺分母。

通常称 1∶500、1∶1000、1∶2000、1∶5000 地形图为大比例尺地形图；1∶1 万、1∶2.5 万、1∶5 万、1∶10 万地形图为中比例尺地形图；1∶25 万、1∶50 万、1∶100 万地形图为小比例尺地形图。

2. 图示比例尺

如图 10－2 所示，图示比例尺中最常见的直线比例尺。用一定长度的线段表示图上的实际长度，并按地形图比例尺计算出相应地面上的水平距离注记在线段上，称为直线比例尺。

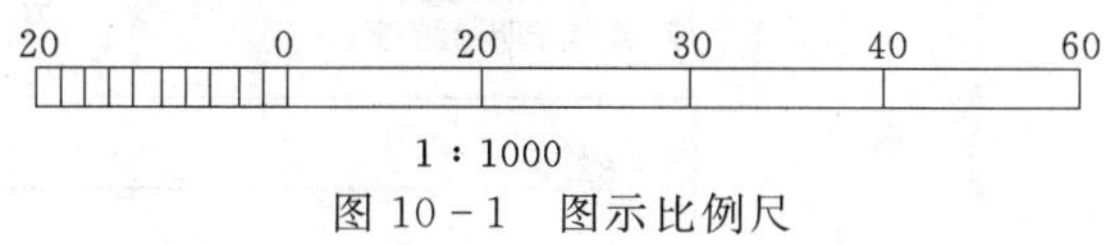

图 10－1　图示比例尺

3. 比例尺精度

人们用肉眼能分辨的图上最小距离为 0.1mm，因此我们把地形图上 0.1mm 所表示的实地水平距离，称为地形图比例尺精度。表 10－1 为不同大比例尺地形图的比例尺精度。

表 10－1　　大比例尺地形图的比例尺精度

比例尺	1∶5000	1∶2000	1∶1000	1∶500
比例尺精度/m	0.50	0.20	0.10	0.05

比例尺精度有如下用途：

(1) 根据比例尺精度确定测绘地形图时量距精度；

(2) 根据用图的要求，确定所选用地形图的比例尺。

三、地形图的分幅与编号

为了便于测绘、保管和使用地形图，需要将大面积的地形图进行统一分幅、编号。

1. 分幅方法

大比例尺地形图常采用正方形分幅或矩形分幅法，它是按统一的直角坐标纵、横坐标格网划分的。1∶500、1∶1000、1∶2000 比例尺地形图上图幅大小一般采用 50cm×50cm、40cm×50cm 和 40cm×40cm 三种分幅。根据需要也可用其他规格的分幅。而中、小比例尺地形图则按经纬度来划分，即左、右以经线为界，上、下以维线为界，图幅形状近似梯形，故称为梯形分幅。关于梯形分幅本书不作详细介绍。

各种比例尺地形图的图幅大小见表 10－2。

2. 编号方法

大比例尺地形图的编号有 3 种方式。

(1) 坐标编号法。按该图幅西南角的坐标进行编号。如图 10－2 所示一幅 1∶1000 比

表 10-2 矩形和正方形的分幅及面积

比例尺	矩形分幅		正方形分幅		
	图纸大小/(cm×cm)	实地面积/km²	图幅大小/(cm×cm)	实地面积/km²	一幅 1∶5000 图所含幅数
1∶5000	—	—	40×40	4	1
1∶2000	50×40	0.8	50×50	1	4
1∶1000	50×40	0.2	50×50	0.25	16
1∶500	50×40	0.05	50×50	0.0625	64

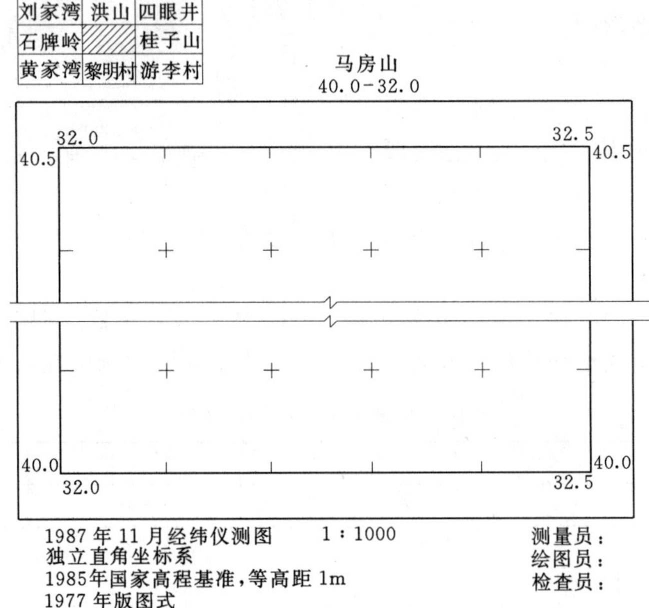

图 10-2 地形图分幅和编号

例尺地形图的图幅，其图幅编号为 40.0—32.0。编号时 1∶2000，1∶1000 比例尺地形图坐标取至 0.1km，1∶500 比例尺地形图取至 0.01km。

(2) 行列编号法。按象限号、行号、列号进行编号。在城市测量中，地形图一般以城市平面直角坐标系统的坐标线划分图幅，矩形图幅常采用东西 50cm，南北 40cm。城市 1∶10000 地形图的编号是象限号+行号+列号，例如某图的编号为Ⅳ—1—2。

一幅 1∶10000 地形图包括 25 幅 1∶2000 地形图，所以 1∶2000 地形图的编号为Ⅳ—1—2— [1]，[2]，…，[25]。一幅 1∶10000 地形图包括 100 幅 1∶1000 地形图，所以 1∶1000 地形图的编号为Ⅳ—1—2— [1]，[2]，…，[100]。

按行号、列号进行编号。一般以代号（如 A，B，C，…）为横行，由上到下排列，以阿拉伯数字为纵列，从左到右排列，编定按先行后列的顺序，中间加上连字符。如图 10-3 所示中 A—4。

(3) 流水编号法。在工程建设和小区规划中，还经常采用自由分幅按流水编号法。流

水编号是按从左到右，从上到下，用阿拉伯数字编号，如图 10－4 所示。

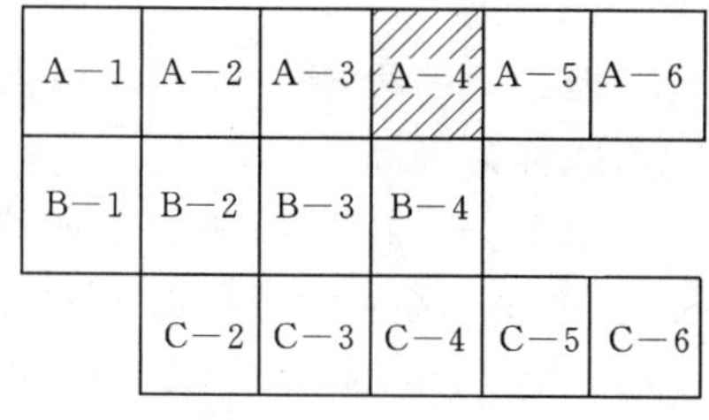

图 10－3　行列编号

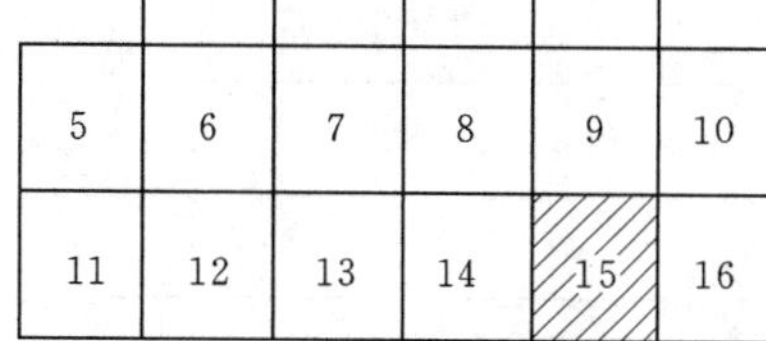

图 10－4　数字顺序编号

任务二　地形图上地物和地貌的表示方法

一、地物符号

地物在地形图上表示的基本原则是：凡是能依比例表示的地物，应将它们按一定比例缩小在地形图上。而不能按比例表示的地物，用相应的地物符号表示在图上。用不同比例尺测绘地形图时，地物符号也不同。地物符号分类如下。

1. 比例符号

当地物的轮廓较大时，其形状、大小和位置可按测图比例尺缩绘在图上的符号，称为比例符号。如房屋、湖泊等，如表 10－2 中，从编号 1 到 27 都是比例符号（14b 与 15 除外）。

2. 非比例符号

有些地物轮廓较小，不能按测图比例尺表示地物大小和形状的符号，采用图式规定的符号表示，这些符号称非比例符号。如控制点，独立树等，表 10－2 中，从编号 28 到 45 都是非比例符号。

3. 半比例符号

凡长度可按比例尺缩绘，而宽度不能按比例尺缩绘的狭长地物符号，称为半比例符号。如输电线、小路等，表 7－2 中，从编号 46 到 55 都是半比例符号。

4. 注记符号

用文字、数字等对地物名称、性质、用途或数量在图上进行说明，称为地物注记。如房屋结构和层数、地名、路名、碎部点高程、河流名称和流水方向等。

在地形图中表示地物和地貌的专门符号称为地形图图式。表 10－2 是我国《1：500，1：1000，1：2000 地形图图式》中部分的地物和地貌符号。

二、地貌符号

表示地貌的方法很多，在地形图中主要采用等高线法。对于等高线不能表示的地貌采用特殊的地貌符号和地貌注记来表示。

根据地面倾斜角的大小将地貌分成 4 种类型：地面倾角小于 3°，称为平地；地面倾角在 3°～6°，称为丘陵；地面倾角在 10°～25°，称为山地；地面倾角大于 25°，称为高山地。

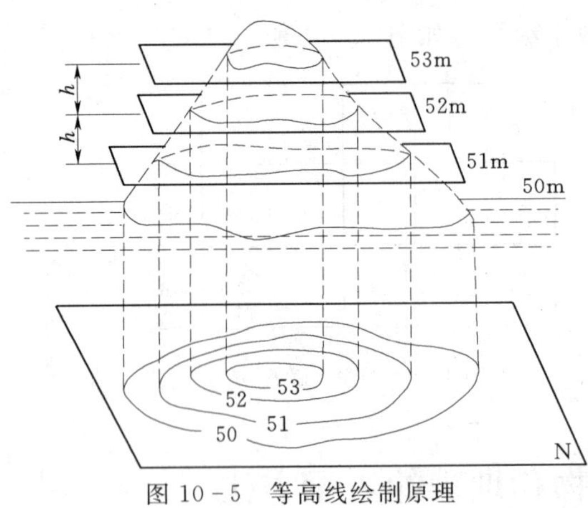

图 10－5　等高线绘制原理

(一) 等高线表示地貌的原理

1. 原理

地面上高程相等的相邻各点连成的闭合曲线称为等高线。

图 10－5 中的山头被水所淹，水面高程为 50m，这时水面与山头的交线就是一条高程为 50m 的等高线。若水面上升 1m，又可得到高程为 51m 的等高线。依次类推，可得一组等高线，将这组等高线投影到水平面上，再按测图比例尺缩绘到图纸上，就得到表示该山头的等高线图。

表 10－3　　　　**地形图图式（摘录）**

编号	符号名称	1∶500　1∶1000	1∶2000
1	一般房屋 混—房屋结构 3—房屋层数	混 3	1.6
2	简单房屋		
3	建筑中的房屋	建	
4	破坏房屋	破	
5	棚房	45°　1.6	
6	架空房屋	混凝土4　混凝土　混凝土4　1.0	1.0
7	廊房	混 3　1.0	1.0
8	台阶	0.6　1.0　1.0	
9	无看台的露天体育场	体育场	
10	游泳池	泳	
11	过街天桥		
12	高速公路 a. 收费站 0—技术等级代码	a　0　0.4	
13	等级公路 2—技术等级代码 （G325）—国道路线编码	2(G325)　0.2　0.4	
14	乡村路 a. 依比例尺的 b. 不依比例尺的	a　4.0　1.0　0.2 b　8.0　2.0　0.3	
15	小路	1.0　4.0　0.3	
16	内部道路	1.0　1.0	
17	阶梯路	1.0	
18	打谷场、球场	球	

续表

编号	符号名称	1∶500　1∶1000	1∶2000	编号	符号名称	1∶500　1∶1000	1∶2000
19	旱地	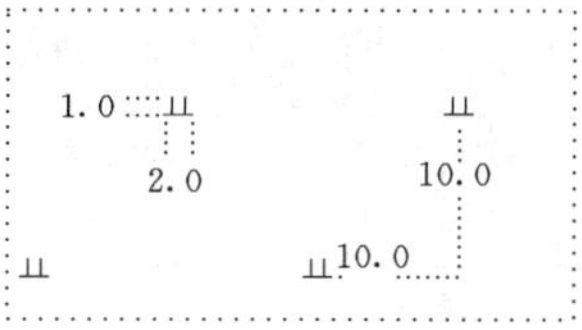 1.0 2.0 10.0 10.0		27	喷水池	1.0 3.6	
20	花圃	1.6 1.6 10.0 10.0		28	GPS控制点	3.0 B 14/495.267	
				29	三角点 凤凰山—点名 394.468—高程	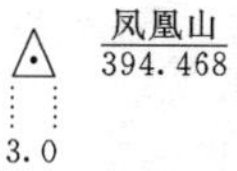 3.0 凤凰山/394.468	
21	有林地	1.6 松6		30	导线点 116—等级、点号 84.46—高程	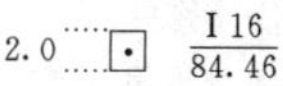 2.0 I16/84.46	
				31	埋石图根点 16—点号 84.46—高程	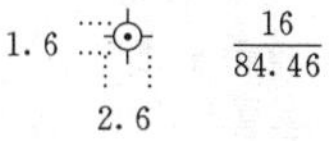 1.6 2.6 16/84.46	
22	人工草地	2.0 3.0 10.0 10.0		32	不埋石图根点 25—点号 62.74—高程	 1.6 25/62.74	
				33	水准点 Ⅱ 京 石 5—等级、点名、点号 32.804—高程	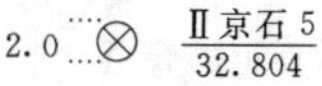 2.0 Ⅱ京石5/32.804	
23	稻田	0.2 3.0 1.0 10.0 10.0		34	加油站	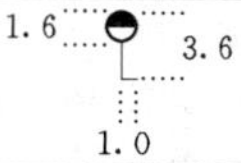 1.6 3.6 1.0	
24	常年湖	青湖		35	路灯	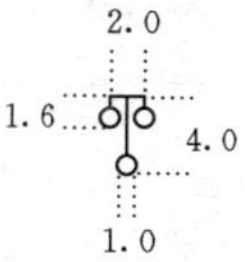 2.0 1.6 4.0 1.0	
25	池塘	塘	塘	36	独立树 a. 阔叶	a 1.6 2.0 3.0 1.0	
26	常年河 a. 水涯线 b. 高水界 c. 流向 d. 潮流向 ←ıııı涨潮 →落潮	a b 0.15 3.0 c 1.0 0.5 d 7.0			b. 针叶	b 1.6 3.0 1.0	
					c. 果树	c 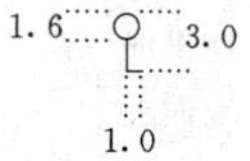 1.6 3.0 1.0	
					d. 棕榈、椰子、槟榔	d 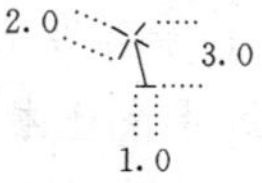 2.0 3.0 1.0	

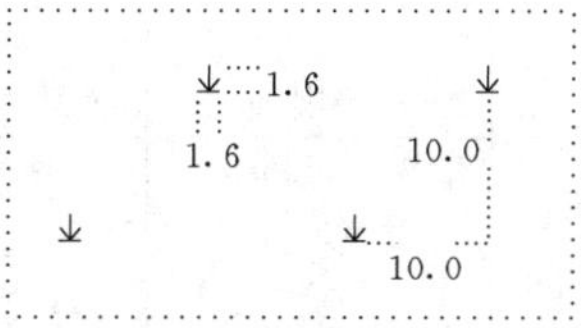

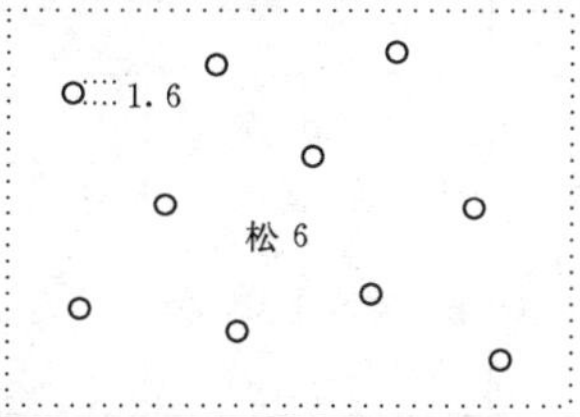

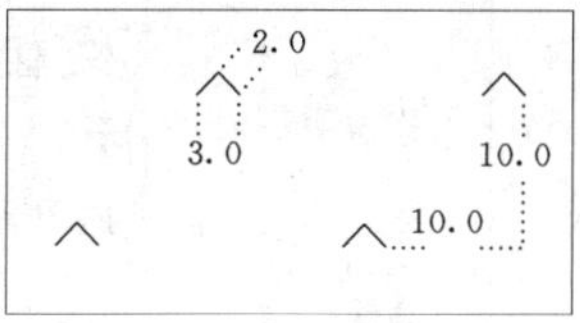

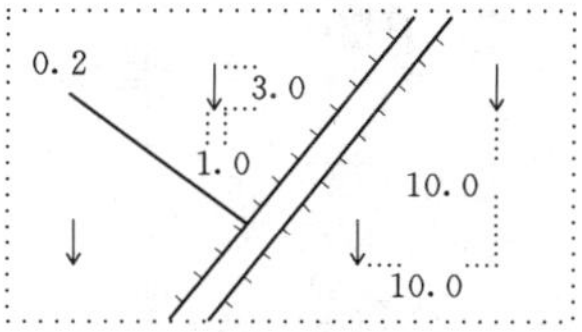

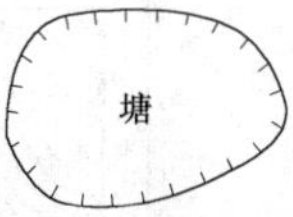

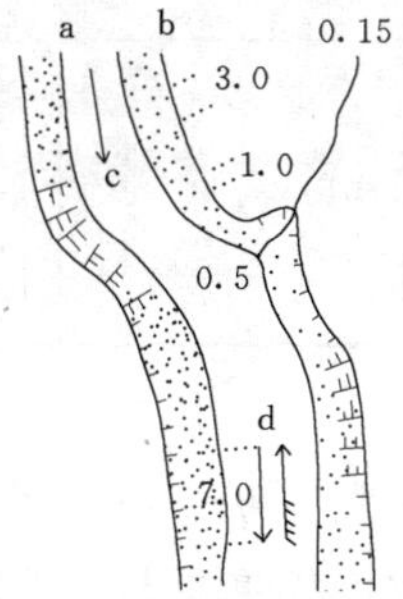

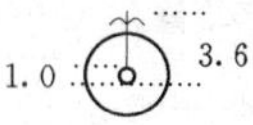

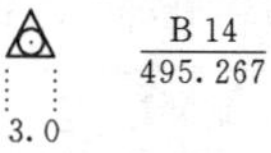

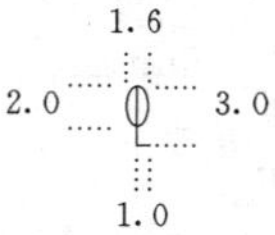

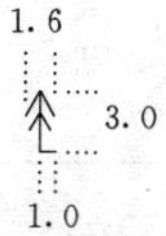

续表

编号	符号名称	1∶500　1∶1000	1∶2000	编号	符号名称	1∶500　1∶1000	1∶2000
37	上水检修井	2.0		53	电线架		
38	下水（污水）、雨水检修井	2.0		54	配电线 地面上的	4.0	
39	下水暗井	2.0		55	陡坎 a. 加固的 b. 未加固的	2.0 a b	
40	煤气、天然气检修井	2.0		56	散树、行树 a. 散树 b. 行树	a 1.6 b 10.0 1.0	
41	热力检修井	2.0		57	一般高程点及注记 a. 一般高程点 b. 独立性地物的高程	a 0.5 163.2	b 75.4
42	电信检修井 a. 电信人孔 b. 电信手孔	a 2.0 2.0 b 2.0		58	名称说明注记	友谊路 中等线体 4.0(18k) 团结路 中等线体 3.5(15k) 胜利路 中等线体 2.75(12k)	
43	电力检修井	2.0		59	等高线 a. 首曲线 b. 计曲线 c. 间曲线	a 0.15 b 0.3 c 1.0 6.0 0.15	
44	污水篦子	2.0 2.0　1.0		60	等高线注记	25	
45	地面下的管道	污 4.0 1.0		61	示坡线	0.8	
46	围墙 a. 依比例尺的 b. 不依比例尺的	a 10.0 b 10.0 0.3 0.6		62	梯田坎	56.4 1.2	
47	挡土墙	1.0 0.3 6.0					
48	栅栏、栏杆	10.0 1.0					
49	篱笆	10.0 1.0					
50	活树篱笆	6.0 1.0 0.6					
51	铁丝网	10.0 1.0					
52	通讯线 地面上的	4.0					

2. 等高距 h 和等高线平距 d

地形图上相邻等高线间的高差称为等高距，用表 h 示。同一幅地形图的等高距是相同的，因此称为基本等高距。在测绘地形图时，应根据地面坡度、测图比例尺按国家规范要

求选择合适的基本等高距，见表 10－4。

表 10－4　　地形图的基本等高距　　单位：m

地形类别	比例尺			
	1∶500	1∶1000	1∶2000	1∶5000
平地（地面倾角：$\alpha<30°$）	0.5	0.5	1	2
丘陵（地面倾角：$3°\leqslant\alpha<10°$）	0.5	1	2	5
山地（地面倾角：$10°\leqslant\alpha<25°$）	1	1	2	5
高山地（地面倾角：$\alpha\geqslant25°$）	1	2	2	5

两相邻等高线之间的水平距离称为等高线平距，用 d 表示。相邻两条等高线之间的地面坡度 i 为

$$i=\frac{h}{dM} \tag{10-2}$$

式中　M——地形图比例尺分母。

在同一幅地形图上，由于相邻两条等高线的等高距相同，则等高线平距 d 的大小与地面坡度 i 有关。在地形图上等高线平距愈小，则地面坡度愈陡；等高线平距愈大，则地面坡度愈缓；等高线平距相同，则地面坡度相同。

（二）等高线的种类

等高线分为首曲线、计曲线、间曲线、助曲线四类，如图 10－6 所示。

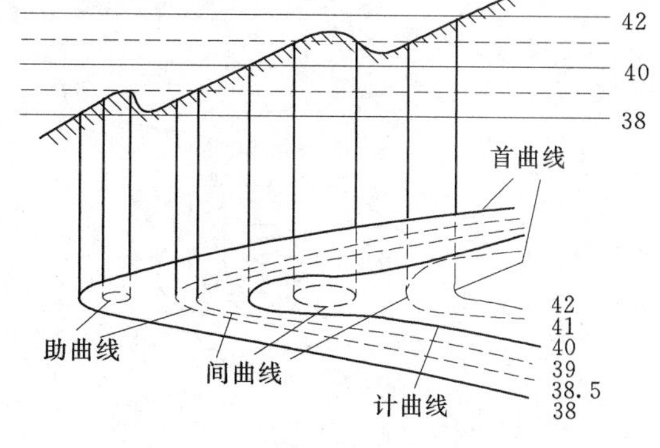

图 10－6　等高线分类

（1）首曲线。按基本等高线绘制的等高线称为首曲线，用 0.15mm 宽的实线绘制。

（2）计曲线。由零米起算，每隔四条首曲线绘一条加粗的等高线称为计曲线，计曲线用 0.30mm 宽的粗实线绘制，其上注记高程。

（3）间曲线。按 1/2 基本等高距绘制等高线称为间曲线，用 0.15mm 宽的长虚线绘制。

（4）助曲线。按 1/4 基本等高距绘制等高线，称为助曲线，用 0.15mm 宽的短虚线绘制。

（三）几种类型地貌的等高线表示方法

无论多么复杂的地貌形态，都是由山头、洼地、山脊、山谷、鞍部等几种类型地貌组合而成。了解这些典型地貌的等高线图形将有助于测绘地形图和使用地形图，如图 10－7 所示。

1. 山头和洼地

山的最高部位称为山头。四周高而中间低的地形称为洼地。山头和洼地的等高线都是

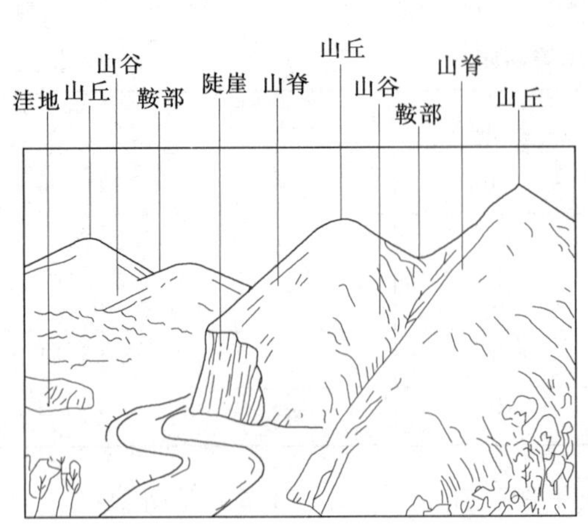

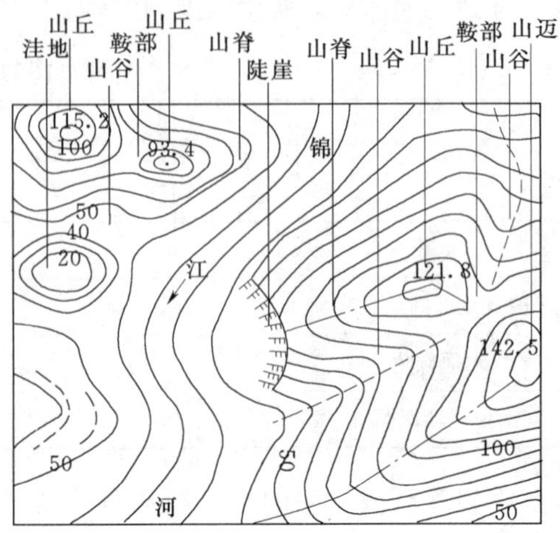

图 10-7　综合地貌及其等高线表示方法

一组闭合曲线，如图 10-8 所示。其区别在于：山头等高线内圈等高线的高程大于外圈；洼地等高线外圈高程大于内圈。这种区别也可以用示坡线表示，示坡线是垂直绘在等高线上的短线，指向下坡方向。山头的示坡线绘在一组闭合曲线的外侧，而洼地的示坡线绘在闭合曲线的内侧。

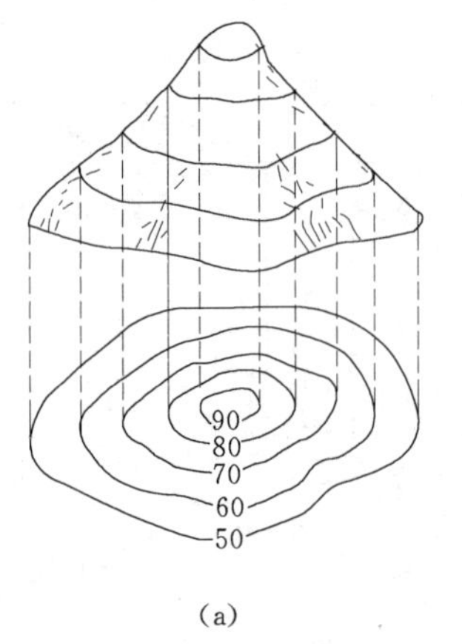

(a)

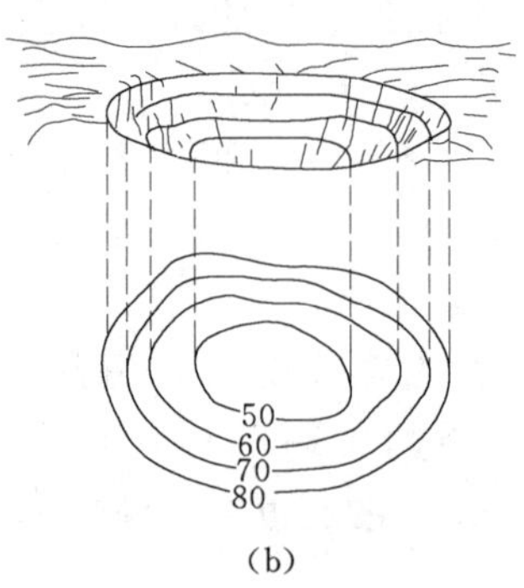

(b)

图 10-8　山头与洼地的等高线

2. 山脊和山谷

山脊是山顶向一个方向延伸的高地称为山脊。山脊上最高点的连线称为山脊线，也称为分水线。山谷是向一个方向延伸的洼地称为山谷。山谷最低点连线称为山谷线，也称集水线。山脊和山谷的等高线都是由一组向某一方向凸出的曲线组成，凸出方向的等高线高程变大的是山谷，凸出方向高程变小的是山脊，如图 10-9 所示。

3. 鞍部

两相邻山头之间呈马鞍形的凹地称为鞍部，如图 10-10 所示。鞍部的最低点既是两个山顶的山脊线的连结点，又是两条山谷线的连结点。其等高线的特点是一组圈大的闭合曲线内，套有两组圈数不同闭合曲线组成。

图 10－9　山脊与山谷的等高线

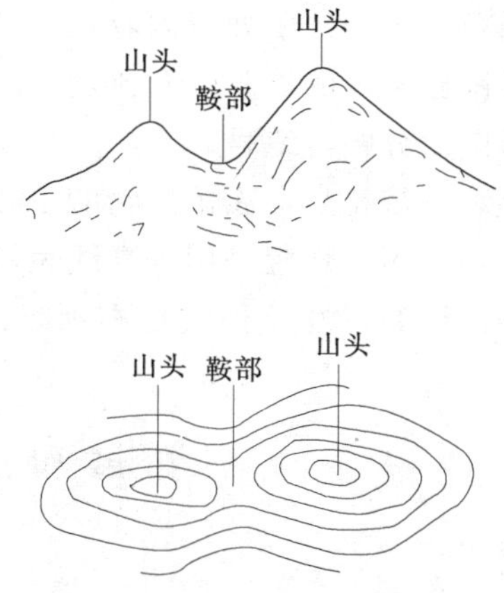

图 10－10　鞍部的等高线

4. 陡崖和悬崖

陡崖是坡度在 70°以上的陡峭崖壁，有石质和土质之分。如果用等高线表示，将是非常密集或重合为一条线，因此采用陡崖符号来表示，如图 10－11（a）和（b）所示。

悬崖是上部突出，下部凹进的陡崖。悬崖上部的等高线投影到水平面时，与下部的等高线相交，下部凹进的等高线部分用虚线表示，如图 10－11（c）所示。

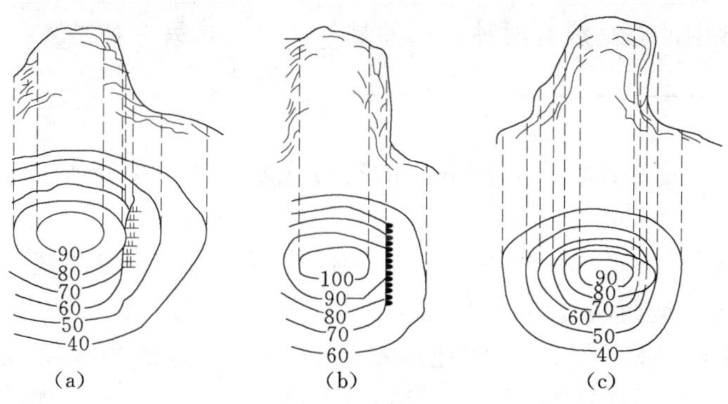

图 10－11　陡崖与悬崖的表示

（四）等高线的特性

（1）同一条等高线上各点的高程相等。

（2）等高线是一条连续的闭合曲线（间曲线和助曲线除外）。

（3）不同高程的等高线除悬崖、陡崖外不得相交或重合。

（4）同一幅地形图中，基本等高距相同，等高线的疏密表示地面坡度的陡缓。

（5）山脊线和山谷线处处与等高线正交，山脊线凸向低处，山谷线凸向高处。

掌握等高线的特性，使我们能正确地测绘等高线和使用地形图。

小　　结

地形图是制订工程规划、进行设计的重要依据，同时也是施工和管理中不可缺少的基础资料。本项目主要介绍了如下内容：

（1）地形图比例尺的概念以及比例尺的分类及比例尺精度。

（2）地形图的分幅与编号。

（3）地物和地貌符号，表示地物的符号可分为比例符号、非比例符号、半比例符号和注记符号；在地形图上地貌是用等高线表示的，等高线是地面上高程相等的相邻点连成的闭合曲线。等高线的特性及种类是本项目的重点内容，是进行等高线勾绘的基础和理论依据。

拓展和能力测试题

一、填空题

1. 若知道某地形图上线段 AB 的长度是 3.5cm，该长度代表实地水平距离为 17.5cm，地形图的比例尺为________，比例尺精度为________。

2. 地形图比例尺表示形式分为________和________两种。

3. 大比例尺（1∶500、1∶1000、1∶2000）地形图一般采用________正方形分幅或矩形分幅。

4. 地物符号有____________、____________、____________三种。

5. 等高线种类有____________、____________、____________、____________四种。

6. 地形图上常用的等高线有两种，一种是________，另一种是________。

7. 地性线包括________、________、________等种。

二、选择题

1. 地形图是按一定的比例尺，用规定的符号表示（　　）的平面位置和高程的正射投影图。

A. 地物、地貌　　B. 房屋、道路、等高线

C. 人工建筑物、地面高低　　D. 地物、等高线

2. 地形图的比例尺是 1∶500，则地形图上 1mm 表示地面的实际的距离为（　　）。

A. 0.05m　　B. 0.5m　　C. 5m　　D. 50m

3. 地形图上如没有指北针则可根据图上（　　）方向判定南北方向。

A. 河流流水方向　　B. 山脉走向方向　　C. 房屋方向　　D. 坐标格网

4. 既反映地物的平面位置，又反映地面高低起伏形态的正射投影图称为地形图。地形图上的地貌符号用（　　）表示。

A. 不同深度的颜色　B. 晕消线　　C. 等高线　　D. 示坡线

5. 下列各种比例尺的地形图中，比例尺最大的是（　　）。

A. 1∶5000　　B. 1∶2000　　C. 1∶1000　　D. 1∶500

6. 比例尺为 1∶2000 的地形图的比例尺精度是（　　）。

A. 2m　　B. 0.002m　　C. 0.02m　　D. 0.2m

7. 下列关于比例尺精度，说法正确的是（　　）。

A. 比例尺精度指的是图上距离和实地水平距离之比

B. 比例尺为 1∶500 的地形图其比例尺精度为 5cm

C. 比例尺精度与比例尺大小无关

D. 比例尺精度可以任意确定

8. 等高距是两相邻等高线之间的（　　）。

A. 高程之差　　B. 平距　　C. 间距　　D. 差距

9. 在大比例尺地形图上，坐标格网的方格大小是（　　）。

A. 50cm×50cm　　B. 40cm×50cm　　C. 40cm×40cm　　D. 10cm×10cm

10. 下列说法正确的是（　　）。

A. 等高距越大，表示坡度越大　　B. 等高距越小，表示坡度越大

C. 等高线平距越大，表示坡度越小　　D. 等高线平距越小，表示坡度越小

11. 下面选项中不属于地性线的是（　　）。

A. 山脊线　　B. 山谷线　　C. 山脚线　　D. 等高线

12. 在1∶1000地形图上，设等高距为1m，现量得某相邻两条等高线上两点A、B之间的图上距离为0.02m，则A、B两点的地面坡度为（　　）。

A. 1%　　B. 5%　　C. 10%　　D. 20%

13. 地形图的等高线是地面上高程相等的相邻点连成的（　　）。

A. 闭合曲线　　B. 曲线　　C. 闭合折线　　D. 折线

14. 地形图的比例尺用分子为1的分数形式表示时，（　　）。

A. 分母大，比例尺大，表示地形详细　　B. 分母小，比例尺小，表示地形概略

C. 分母大，比例尺小，表示地形详细　　D. 分母小，比例尺大，表示地形详细

15. 在地形图上，量得A点高程为21.17m，B点高程为16.84m，AB的平距为279.50m，则直线AB的坡度为（　　）。

A. 6.8%　　B. 1.5%　　C. －1.5%　　D. －6.8%

16. 一组闭合的等高线是山丘还是盆地，可根据（　　）来判断。

A. 助曲线　　B. 首曲线　　C. 高程注记　　D. 计曲线

17. 地形图上用于表示各种地物的形状、大小以及它们位置的符号称为（　　）。

A. 地形符号　　B. 比例符号　　C. 地物符号　　D. 地貌符号

18. 地形图比例尺的大小是以（　　）来衡量的。

A. 比例尺的分子　　B. 比例尺的倒数　　C. 比例尺的比值　　D. 比例尺的精度

19. 同样大小图幅的1∶500与1∶2000两张地形图，其表示的实地面积之比是（　　）。

A. 1∶4　　B. 1∶16　　C. 4∶1　　D. 16∶1

20. 下列四种比例尺地形图，比例尺最大的是（　　）。

A. 1∶5000　　B. 1∶2000　　C. 1∶1000　　D. 1∶500

21. 测绘地形图常用图幅尺寸有（　　）等几种规格。

A. 45cm×45cm　　B. 45cm×50cm　　C. 45cm×40cm　　D. 50cm×40cm

22. 地形图上表示的地物长度按比例，宽度不按比例的符号，称为（　　）。

A. 比例符号　　B. 线性符号　　C. 非比例符号　　D. 注记符号

23. 山脊等高线和山谷等高线都是一组凸曲线，但（　　）等高线凸向低处，而山谷

等高线凸向高处。

A. 鞍部　　B. 山丘　　C. 山脊　　D. 洼地

24. 要求在地形图上表示的地面线段精度达到 0.1m，则选择的最合适的测图比例尺应为（　　）。

A. 1：50　　B. 1：1000　　C. 1：2000　　D. 1：10000

25. 按基本等高距绘出的等高线称为（　　）。

A. 计曲线　　B. 间曲线　　C. 首曲线　　D. 助曲线

26. 在比例尺为 1：2000，等高距为 2m 的地形图上，如果按照指定坡度 $i=5\%$，从坡脚 A 到坡顶 B 来选择路线，其通过相邻等高线时在图上的长度为（　　）。

A. 10mm　　B. 20mm　　C. 25mm　　D. 30mm

27. 两不同高程的点，其坡度应为两点（　　）之比，再乘以 100%。

A. 高差与其平距　　B. 高差与其斜距　　C. 平距与其斜距　　D. 斜距与其高差

28. 在地形图上表示的方法是用（　　）。

A. 比例符号、非比例符号、半比例符号和注记　　B. 山脊、山谷、山顶、山脚

C. 计曲线、首曲线、间曲线，助曲线　　D. 地物符号和地貌符号

三、判断题

1. 不同高程的等高线不能重合或相交。（　　）

2. 山脊线和山谷线是构成地貌的骨架，通常称为地性线。（　　）

3. 等高线向低处凸出表示山脊，向高处凹进表示山谷。（　　）

4. 等高距是两相邻等高线之间的水平距离。（　　）

5. 在同一幅地形图内，等高线越密集表示地面坡度越缓。（　　）

6. 地物符号分为比例符号，非比例符号，线性符号，注记符号。（　　）

7. 平面图、地形图的主要区别是地形图表示地面的高低起伏形态。（　　）

8. 地形图比例尺愈大，反映的地物、地貌愈详细。（　　）

9. 1：500 比例尺图的比例尺精度为 0.05m。（　　）

10. 注记符号分为地物注记和地貌注记。（　　）

项目十一　大比例尺地形图的测绘

【教学目标】

掌握测绘大比例尺地形图的方法、步骤以及全站仪测图等内容。通过本项目的学习，应基本掌握用经纬仪测绘大比例尺地形图的方法。

【教学要求】

任　务	能力要求	相关知识
测图前的准备工作	能绘制坐标方格网	展绘控制点
经纬仪测图法	(1) 掌握经纬仪测图的作业步骤； (2) 掌握地形图的拼接、检查与整饬	(1) 测图前的准备工作； (2) 经纬仪测图； (3) 地形图的拼接、检查与整饬
全站仪测图简介	(1) 认识全站仪数字化测图的优点； (2) 了解全站仪数字化测图的作业过程	(1) 全站仪测图的优点； (2) 全站仪测图中点的表示方法； (3) 全站仪测图的作业过程

地面的控制测量完成之后，测区内的所有的控制点的平面坐标和高程则是已知的。地形图测绘时，首先要把控制点展绘在图纸上，然后根据已知的控制点的实地位置和图上位置，测定控制点周围的所有地物、地貌的特征点相对于控制点高差、距离和方向，从而在图上确定地物、地貌的特征点的位置。所谓的地物特征点，就是地物形状轮廓线的转折点，或地物的中心点；所谓的地貌特征点，就是地貌方向变化点或坡度变化点。地形图测绘的主要工作就是根据控制点测定地物、地貌的特征点在图上位置，再根据地物、地貌的特征点用地物符号对地物进行描绘、用等高线对地貌进行勾绘，并对描绘和勾绘的对象进行检查、装饰、注记、使之符合地形图图式标准。本项目主要介绍大比例尺地形图测绘工作的全过程。

任务一　测图前的准备工作

在测区完成控制测量工作后，就可以得到图根控制点的平面坐标和高程，进行地形图的测绘。测图前应做好下列准备工作。

一、图纸准备

测绘地形图使用图纸为一面打毛的聚酯薄膜，聚酯薄膜厚度为0.07～0.10mm，伸缩率小于0.2‰。聚酯薄膜图纸具有坚韧耐湿，透明度好，伸缩性小，可以水洗，着墨后可直接晒蓝图等优点；缺点是易燃、易折、易老化。

二、绘制坐标格网

大比例尺地形图图式规定：1∶500～1∶2000比例尺地形图一般采用50cm×50cm正

方形分幅或 50cm×40cm 矩形分幅；1∶5000 一般采用 40cm×40cm 正方形分幅，或 50cm×40cm 矩形分幅。为了展绘控制点，需要在图纸上绘出 10cm×10cm 的正方形格网称为坐标格网。绘制坐标格网的常用方法有对角线法、绘图仪法。

1. 对角线法

如图 11-1 所示，先用 1m 钢板尺在图纸上绘两条对角线相交于 M 点。自交点 M 沿对角线量长度相等的四个线段得 A、B、C、D 四点，并连成矩形。在矩形的 A 点处自下而上和自左向右每 10cm 量取一分点，连接对边相应的分点，形成坐标格网。

2. 绘图仪法

在计算机中用 AutoCAD 软件编辑好坐标格网图形，然后通过绘图仪绘制在图纸上。

绘出坐标格网后，应进行检查。用 1m 钢板尺检查对角线方向各格网交点是否位于同一条直线上，其偏差不超过 0.2mm；用标准尺检查小方格的边长，其偏差不超过 0.2mm；小方格对角线长度，其偏差不超过 0.3mm。

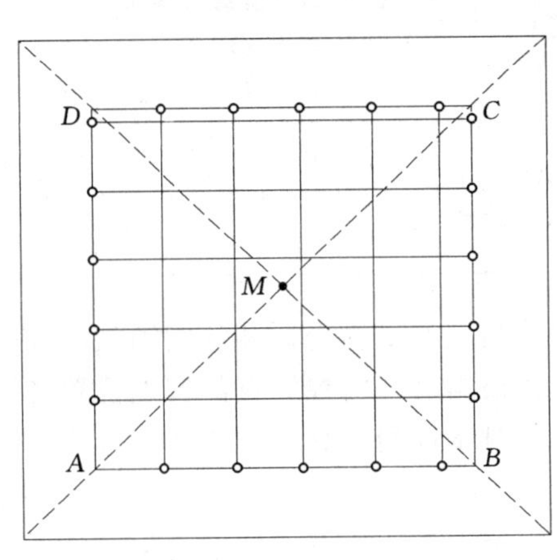

图 11-1　对角线法绘制坐标方格网

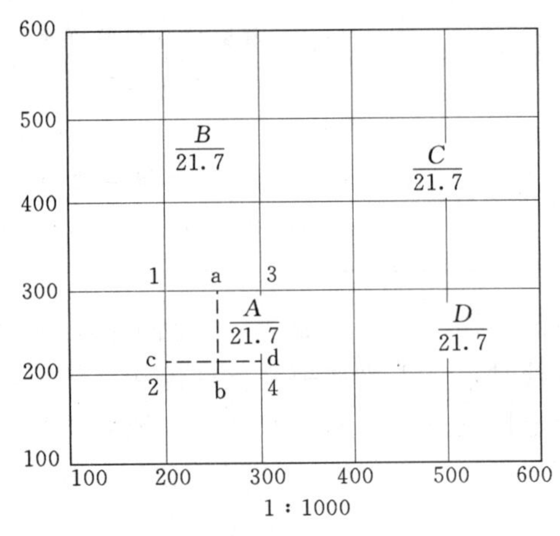

图 11-2　展绘控制点

三、展绘控制点

根据控制点的坐标，将其点位表示在图上，称为展绘控制点。展点前，确定图幅的四角坐标并注记在图上。展点的方法有人工展点法和坐标展点仪法。下面介绍人工展点方法。

已知控制点 A 点的坐标为 $x_A=214.60$m，$y_A=256.78$m。首先确定 A 点所在小方格 1234。自 1，2 点用比例尺分别向右量（256.78m－200m）＝56.78m，定出 a，b 两点；自 2，4 点用比例尺分别向上量（214.60m－200m）＝14.60m，定出 c、d 两点。连接 ab，cd 得到交点即为 A 点位置，展完 B 点后，用比例尺检查 AB 两控制点间距离，其偏差在图上不得超过 0.3mm，用相应的控制点符号表示，点的右侧用分数形式注明点号及控制点高程。用同样方法展绘其他控制点，如图 11-2 所示的 B、C、D 点。

任务二　经纬仪测图法

大比例尺地形图的测绘方法有常规测图法和数字测图法。常规测图法常用的方法是经

纬仪配合量角器测图，简称经纬仪测图法。其实质是按极坐标定点进行测图。

一、操作程序

1. 安置经纬仪

如图 11－3 所示，将经纬仪安置于测站点 A（控制点）上，对中、整平，量取仪器高 i，填入手簿。

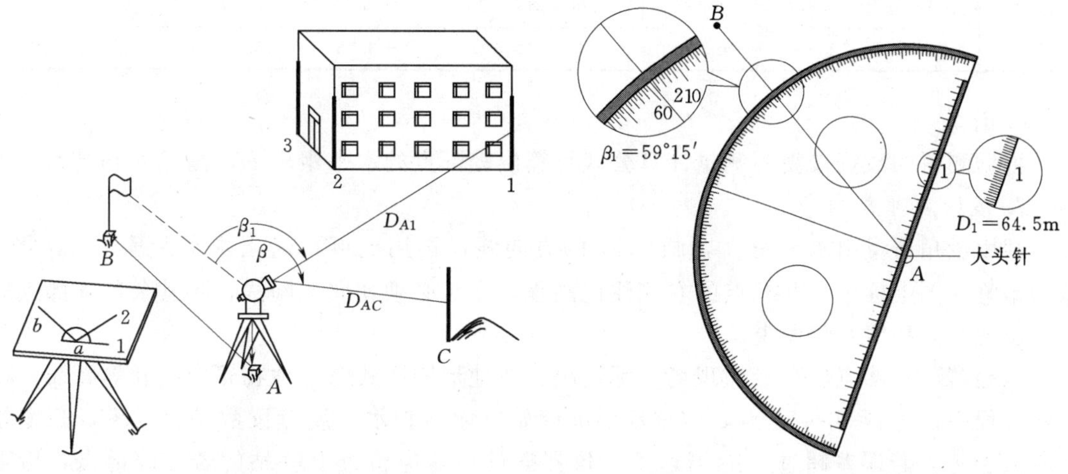

图 11－3　经纬仪配合量角器测图　　　　图 11－4　展绘碎部点示意图

2. 定向

（1）仪器定向。在盘左位置后视另一控制点 B，置水平度盘读数 0°00′00″，AB 方向称为起始方向或后视方向，又称零方向。为了防止错误，需进行定向检查，即瞄准另一控制点 C，检查水平角，其角度检测值与原角值之差不应大于 2′。

（2）图纸定向。小平板安置在经纬仪附近，图纸上控制点方向与实地控制点的方向大致相同。连接图上对应的控制点 a、b，并适当延长 ab 线，ab 即为图上起始方向线。然后用小针通过量角器圆心插在 a 点，使量角器圆心 a 固定在测站点上（图 11－4）。

3. 立尺

立尺员将视距尺依次立在地物和地貌的特征点上。立尺前，立尺员应根据实地情况及本测站实测范围，选定立尺点，并与观测员、绘图员共同商定跑尺路线。比如在平坦地区跑尺，可由近及远，再由远及近地跑尺，立尺结束时处于测站附近。在丘陵或山区，可沿地性线或等高线跑尺。

4. 观测

观测员转动经纬仪照准部，瞄准点 1 上的标尺，读取水平角 β，视距间隔 l，竖盘读数 L，中丝读数 v。同法观测周围 2、3、…，各点。

5. 记录

记录员将测得的水平角 β，视距间隔 l，竖盘读数 L，中丝读数 v 等数据依次填入手簿，见表 11－1，对特殊的碎部点，如道路交叉口、山顶、鞍部等，还应在备注中加以说明，以备查用。

表 11-1　　碎部测量手簿

测站：A　后视点：B　　仪器高 i=1.42m 指标差 x=0
测站高程 HA=27.40m　　视线高程 H 视=$HA+i$=28.82m

点号	水平角	上丝	下丝	中丝	竖盘读数	高差	平距	高程	备注
1	44 34	1.520	1.300	1.42	88 06	+0.73	22.0	47.27	
2	56 43	2.871	1.128	2.00	92 32	−8.28	174.0	38.26	
3	75 11	2.000	0.840	1.42	72 19	+33.57	105.3	80.11	山顶

6. *计算*

根据测得的数据按视距测量计算公式计算出碎部点的水平距离 D，高差 h 和高程 H。

7. *展绘碎部点*

利用量角器量出水平角 β_1，画出 α_1 的方向线，再用比例尺量出水平距离 D_{A1}，将 1 点用铅笔在图上标定，并在点的右侧注记高程，字头必须朝北。同法，将其余各碎部点的平面位置及高程展绘于图上。

测绘若干碎部点后，参照现场实际情况，按地形图图式勾绘地物轮廓线和等高线。在施测过程中，每测 30～50 点，应重新照准起始方向检查水平度盘读数是否为零，归零差不应大于 4′，若误差超过 4′应当返工。仪器搬站后，应检查上一站的若干碎部点，检查无误后，才能在新的测站上开始测量。

二、碎部点的选择

地形图是根据测绘在图纸上的碎部点来勾绘的，因此碎部点选择恰当与否，直接影响地形图的质量。要综合取舍，合理地选择能够反映这些地物、地貌特征的碎部点，以最佳的保真度显示地形现状，既可保证成图质量，又可提高工作效率。

1. *地物的特征点*

对于地物应选择能放映地物形状的特征点，例如房屋的房角、河流、道路的方向转变点，道路交叉点等，连接相关特征点，便能绘出与地面相似的地物形状，见图 11-5。

图 11-5　碎部点的选择示意图

2. 地貌的特征点

对于地貌，如图 11－5 中的山丘，应选择在山顶和鞍部、地性线（山脊线和山谷线）上坡度和方向改变的地方以及山脚地形变换点等能控制地貌形状的特征点上立尺测绘。

为了能如实地反映地面情况，即使在地面坡度变化不大的地方，每相隔一定距离也应立尺。地形点的密度是随测图比例尺的大小和地形变化情况来决定的，其间隔一般控制在图上 2～3cm。碎部点的间距和碎部点的最大视距应符合表 11－2 的规定。

表 11－2　　碎部点的最大间距和最大视距

测图比例尺	地形点最大间距/m	最大视距/m			
		主要地物点		次要地物点和地貌点	
		一般地区	城市建筑区	一般地区	城市建筑区
1∶500	15	60	50	100	70
1∶1000	30	100	80	150	120
1∶2000	50	180	120	250	200
1∶5000	100	300	—	350	—

任务三　地形图的绘制

一、地物描绘

各种地物应按“地形图图式”规定的符号表示。房屋其轮廓用直线连接；河流、铁路、公路等应按实际形状连成光滑曲线；对于不能按比例描绘的重要地物，应按“地形图图式”规定的符号表示；有些地物需要用文字、数字、特定符号来说明。

二、地貌勾绘

地貌主要用等高线来表示。对于不能用等高线来表示的特殊地貌，如陡崖、悬崖、冲沟、雨裂等，按图式规定符号绘制。

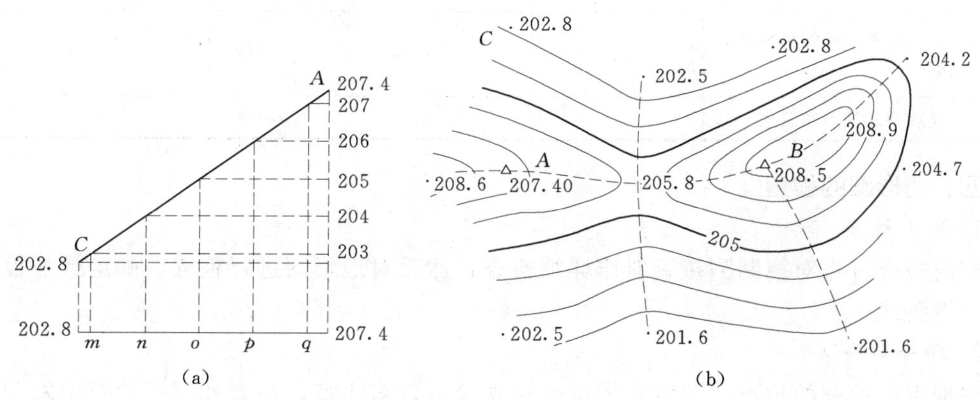

图 11－6　等高线的勾绘

如图 11－6（b）所示，在图纸上测定了许多地貌特征点和一般高程点，下面说明等高线勾绘的过程。

首先在图上连结山脊线、山谷线等地形线，用虚线表示。由于图上等高线的高程必须是等高距的整数倍，而碎部点的高程一般不是整数，因此需要在相邻点间用内插法定出等高线的通过点。等高线勾绘的前提是两相邻碎部点间坡度是均匀的，因此两点之间平距与高差成正比的关系，内插出各条等高线的通过点。在实际工作中，内插等高线通过点可采用解析法、图解法和目估法，而目估法最常用。目估法是采用“先取头定尾，后中间等分”的方法，先画计曲线，后画首曲线。例如，图 11-6（b）中地面上两碎部点高程分别为 201.6m 和 205.8m，基本等高距为 1m，则首尾等高线的高程为 202m 和 205m，然后再首尾两等高线间 3 等分，共有 2 条等高线，高程分别为 203m 和 204m。用同样方法定出相邻两碎部点间等高线的通过点。最后把高程相同的点用光滑曲线连接起来，勾绘出等高线。首曲线用细实线表示；计曲线用粗实线表示，并注记高程。

三、地形图的拼接

当测区面积较大，整个测区分成许多图幅分别进行测绘，这样相邻图幅连接处的地物和地貌应该完全吻合，但由于测量误差和绘图误差的存在，往往不能吻合。图 11-7 表示相邻两图幅的接图情况。规范规定接图误差不应大于表 11-3 规定的平面、高程中误差的 $2\sqrt{2}$倍。如果符合接图限差要求，可取平均位置改正相邻图幅的地物和地貌。

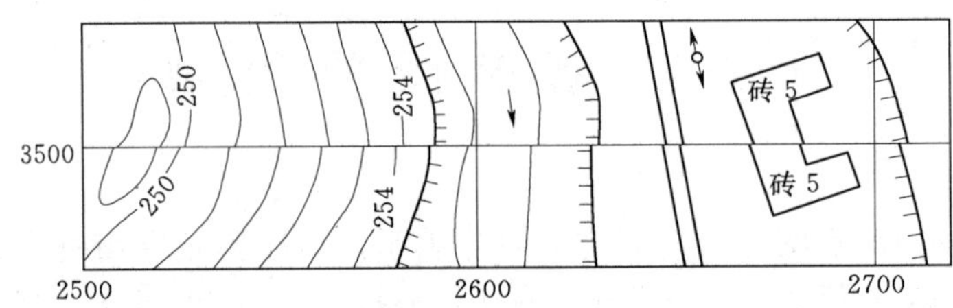

图 11-7　地形图的拼接

表 11-3　　地物、地貌拼接偏差技术要求

地区类别	点位中误差/mm（图上）	邻近地物点间距中误差/mm（图上）	等高线高程中误差（等高距）			
			平地	丘陵地	山地	高山地
山地、高山地和设站施测困难的旧街坊内部	0.75	0.6	1/3	1/2	2/3	1
平地、丘陵地和城市建筑区		0.5	0.4			

四、地形图的检查

1. 室内检查

室内检查首先对控制测量资料作详细检查，然后对地形图进行检查，确定野外检查重点和巡视路线。

2. 野外检查

根据室内检查的重点按预定路线进行巡视检查。对于室内检查和巡视检查中发现重大问题，到野外设站用仪器检查，及时进行修改。

五、地形图的整饰

地形图的整饰按照先图内后图外，先地物后地貌的顺序，依图式符号的规定进行整

饰，使图面整洁清晰。图内整饰还包括坐标格网和图廓等全部内容。图外整饰包括图名、图号、接图表、平面坐标和高程系统、比例尺、施测单位、测绘者、测绘日期等。

六、验收

上述工作完毕后，将地形图及其有关记录、计算资料一并上交，经有关验收单位审核，评定质量。

任务四　数字化测图简介

数字化测图是指将地面模型以数字形式表示，经过计算机及相关软件编辑、处理后得到相应的数字化地形图的作业过程。数字化测图实质上是一种全解析计算机辅助测图的方法。与图解法测图相比，其具有明显的优越性和广阔的发展前景。

一、数字测图的概念

1. 数字测图的基本思想

随着电子技术和计算机技术日新月异的发展及其在测绘领域的广泛应用，20 世纪 80 年代产生了全站型电子速测仪、电子数据终端，并逐步构成了野外数据采集系统，将其与计算机辅助制图系统相结合，形成了一套从野外数据采集到内业制图实现了全过程数字化和自动化的测量制图系统，人们通常将这种测图方式称为数字化测图，简称数字测图。近些年，随着电子全站仪和 GPS-RTK 等先进测量仪器和技术的普及，数字测图得到了突飞猛进的发展，并逐步取代了白纸测图方法。

数字测图是通过数字测图系统实现的，其基本思想是：将采集的各种有关的地物和地貌信息（模拟量）转化为数字形式，通过数据接口传输给计算机进行数据处理，得到内容丰富的电子地图，需要时由计算机的图形输出设备（如显示器、绘图仪）绘出地形图或各种专题地图。将模拟量转化为数字形式这一过程通常称为数据采集。目前，数据采集方法主要有野外数据采集、航片（卫片）数据采集、地图数字化法采集。数字测图的基本思想和作业过程如图 11－8 所示。

数字测图就是通过采集有关的绘图信息并及时记录在数据终端（或直接传输给便携机），然后在室内通过数据接口将采集的数据传输给计算机，并由计算机对数据进行处理，再经过人机交互的屏幕编辑，形成绘图数据文件，即数字地图文件，最后由计算机控制绘图仪自动绘制所需的地形图，最终由磁盘等存储介质保存电子地图。虽然数字测图生产的产品仍然以提供图解地形图为主，但是它以数字形式保存着地形模型及地理信息。

2. 数字测图的图形描述

地形绘图信息一般包括定位信息、连接信息和属性信息。定位信息也称点位信息，是用仪器在外业测量中测得的，最终以 X、Y、$Z(H)$ 表示的三维坐标。点号在测图系统中是唯一的，根据它可以提取点位坐标。连接信息是指测点的连接关系。它包括连接点号和连接线型，据此可将相关的点连接成一个地物。上述两种信息皆称为图形信息，又称为几何信息。以此信息可以绘制房屋、道路、河流、地类界、等高线等图形。属性信息又称为非几何信息，包括定性信息和定量信息。属性的定性信息用来描述地图图形要素的分类或对地图图形要素进行标名，一船用拟定的特征码和文字表示。有了特征码就知道它是什么

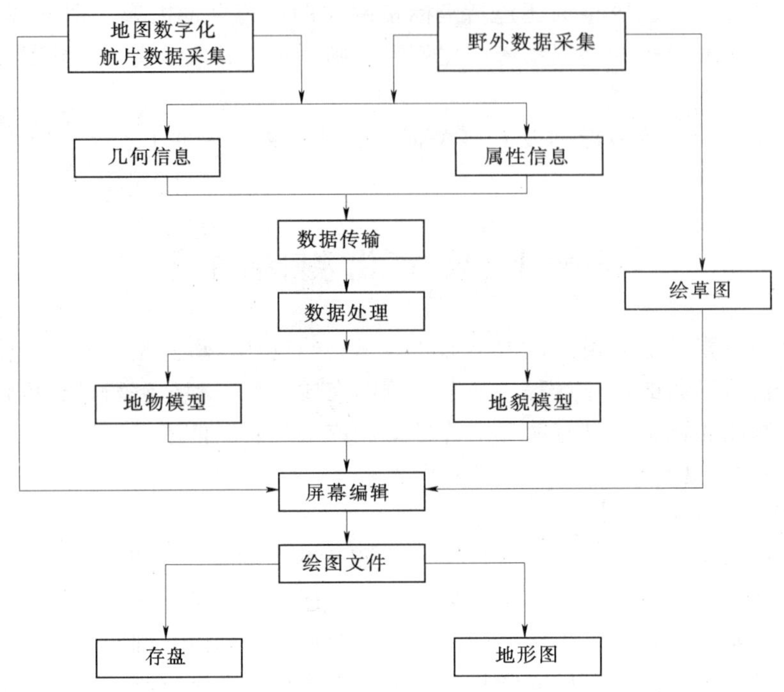

图 11－8　数字测图的基本思想和作业过程

点，对应的图式是什么。属性的定量信息是说明地图要素的性质、特征或强度的。例如面积、楼层、人口、产量、流速等，一般用数字表示。

连接信息与属性信息只能靠观测员实地观察确定，没有准确、完整的连接与属性信息，点位信息作为孤立的点，是没有价值的。所以，对于大比例尺数字化测图而言，观察与记录连接与属性信息是细致、复杂的工作，需要观测员具有良好的地形表现能力和专业素质。

数字地图可以生成电子地图和数字地面模型（DTM)，以数学描述和图像描述的数字地形表达方式，可实现对客观世界的三维描述。数字地形信息作为地理空间数据的基本信息之一，已成为地理信息系统（GIS）的重要组成部分。所以，数字化测图的出现标志着地形测量理论与实践的革命性进步。

广义地讲，制作以数字形式表示的地图的方法和过程就是数字测图，主要包括全野外数字化测图（地面数字测图）、地图数字化成图、数字摄影测量和遥感数字测图。狭义的数字测图指全野外数字化测图，本书主要介绍全野外数字化测图。

二、数字测图与白纸测图的区别

数字测图是在白纸测图的基础上发展起来的，但数字测图外业采用了电子全站仪、GPS-RTK 等先进测量仪器，内业采用计算机辅助制图，它实质上是一种全解析、全数字的测图方法。所以，数字测图与白纸测图相比，具有无可比拟的优越性。

1. 测图、用图自动化

白纸测图主要是手工作业、外业测量人工记录计算、人工绘制地形图以及用图时在图上人工量算坐标、距离和面积，等等。数字测图则是野外测量自动记录、自动解算，是内

业数据自动处理、自动绘图、自动成图，用图时向用图者提供可处理的数字地图，用户可自动提取所需要的图数信息。数字测图实现了测图、用图自动化。

2. 图形数字化

用计算机存储介质保存的数字地图存储了图中具有特定意义的数字、文字、符号等各类数据信息，可方便地进行传输、处理和供多用户共享。数字地图不仅可以自动提取点位坐标、两点距离、方位，自动计算面积、土方，自动绘制纵横断面图，还可以方便地将其传输到AutoCAD、MAPGIS等软件设计系统中，供工程设计部门进行计算机辅助设计和供地理信息系统建库使用。数字地图的管理既节省空间，操作又十分方便。

3. 点位精度高

平板仪白纸测图时，地物点平面位置的误差主要受解析图根点的测定误差和展绘误差、测定地物点的视距误差和方向误差、地形图上地物点的展点误差等影响，综合影响使地物点平面位置的测定误差图上约为±0.5mm（1∶1000）。经纬仪视距法测定地形点高程时，即使在较平坦地区（0°～6°）视距为150m，地形点高程测定误差也达±0.06m，而且随着倾斜角的增大，高程测定误差会急剧增加。

用全站仪采集数据，测定地物点距离在450m内的误差约为±22mm，测定地形点的高程误差约为±21mm；若距离在300m以内，则测定地物点误差约为±15mm，测定地形点的高程误差约为±18mm。在数字测图中，野外采集的数据精度毫无损失，并与测图比例尺无关。数字测图的高精度为地籍测量、管线测量、房产测量、工程规划设计等工作提供了保障。

4. 便于成果更新

数字测图的成果是以点的定位信息和属性信息存入计算机，当实地有变化时，只需输入变化信息的坐标、编码，经过编辑处理，很快便可以得到更新的地图，从而可以确保地图的现势性和可靠性，可谓“一劳永逸”。

5. 避免因图纸伸缩带来的各种误差

白纸测图图形信息表示在图纸上，随着时间的推移，会因图纸的伸缩变形而产生误差。数字测图的成果以数字形式保存，摆脱了对图纸的依赖性。

6. 能以各种形式输出成果

数字测图成果可以直接输出在显示器或投影仪上，甚至可以在显示器上观看不同视角的立体图，输出立体景观；计算机与打印机联机时，可以打印各种需要的资料信息，如打印数据表格，当图形精度要求不高时可以直接打印图形；计算机与绘图仪联机，可以输出各种不同比例尺的地形图、专题图等，以满足不同用户的需要。

7. 方便成果的深加工利用

数字测图不同的数据分层存放，数字地图可以存储海量的地面信息，这是白纸测图无法比拟的。数字测图不受图面负载量的限制，从而便于成果的深加工利用，拓宽测绘工作的服务面。比如，CASS软件中定义了26个层（用户可以根据需要定义新层），控制点、房屋、道路、交通设施、管线设施、水系设施、地貌土质、植被园林等均存放于不同的层中。通过关闭层、打开层等操作来提取相关信息，可方便地得到所需要的测区内各类专题图、综合图，如路网图、电网图、水系图、地形图等。又如，在数字地籍图的基础上，可以综合相关内容，补充加工成不同用户所需的城市规划用图、城市建设用图、房地产图以及各种管理用图和工程建设用图。

8. 可作为地理信息系统的重要信息源

地理信息系统（GIS）具有强大的空间信息查询检索功能、空间分析功能以及辅助决策功能，在国防建设、城市规划、交通管理以及人们的日常生活中得到了广泛的应用。数据采集是建立地理信息系统最基础的工作，而且建立一个地理信息系统，花在数据采集上的时间和精力约占整个工作量的 80%。地理信息系统要发挥辅助决策功能，必然需要现势性强的地理信息基础数据。数字测图能提供现势性强的地理基础信息，经过一定的格式转换，其成果即可进入地理信息系统数据库并更新数据库。一个好的数字测图系统应该是地理信息系统的一个子系统。

三、数字测图系统

1. 数字测图系统的组成

数字测图是通过数字测图系统来实现的。数字测图系统是以计算机为核心，在外连输入、输出设备硬件和软件的支持下，对地形空间数据进行采集、输入、成图、处理、绘图、输出、管理的测绘系统。数字测图系统主要由数据输入、数据处理和数据输出三部分组成，如图 11－9 所示。

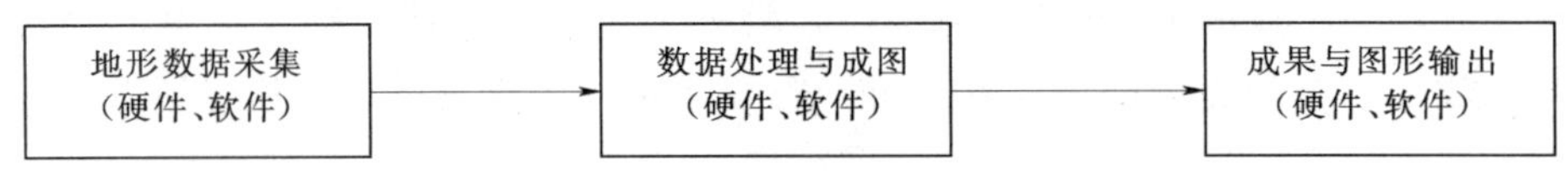

图 11－9　数字测图系统的概念框图

2. 数字测图系统的结构

目前，大多数数字测图系统内容丰富，具有多种数据采集方法，具有多功能和多种应用范围，能输出多种图形和数据资料。

数字测图系统包括数据输入、数据处理和数据输出三部分，每一部分都包含一系列的硬件和软件。用于野外采集数据（数据输入）的硬件设备有全站仪或 GPS 接收机等；用于室内输入的设备有数字化仪、扫描仪、解析测图仪等；用于数据输出的设备主要有磁盘、显示器、打印机和数控绘图仪等；便携机或微机是数字测图系统的硬件控制设备，既用于数据处理，又用于数据采集（数据输入）和数据输出。

数字测图系统的软件包括系统软件和应用软件。数字测图的软件是数字测图系统的关键，一个功能完善的数字测图系统软件应集数据采集、数据处理（包括图形数据的处理、属性数据及其他数据格式的处理）、图形编辑与修改、成果输出与管理于一体，且通用性强、稳定性好，并提供与其他软件进行数据转换的接口。目前，国内测绘行业使用的测绘软件主要有广州南方测绘仪器公司开发的地形地籍成图系统 CASS 系列，北京清华山维新技术开发有限公司开发的电子平板全息测绘系统 EPSW 系列，武汉瑞得信息工程有限公司开发的数字化测图系统 RDMS 系列等。本书讲授的就是南方 CASS 地形地籍成图系统。

3. 数字测图系统的分类

数字测图系统由于硬件配置、工作方式、数据输入方法、输出成果内容的不同，可组成多种不同的数字测图系统。按输入方法可分为原图数字化数字成图系统、航测数字成图

系统、野外数字测图系统、综合采样（集）数字测图系统；按硬件配置可分为全站仪配合电子手簿测图系统、电子平板测图系统等；按输出成果内容可分为大比例尺数字测图系统、地形地籍测图系统、地下管线测图系统、房地产测量管理系统城市规划成图管理系统，等等。

四、数字测图的基本过程

数字测图的作业过程依据使用的设备和软件、数据源及图形输出目的的不同而有所区别，但不论是测绘地形图还是制作种类繁多的专题图、行业管理用图，只要是测绘数字图，都必须包括数据采集、数据处理、图形输出三个基本过程。

1. 数据采集

地形图、航空航天遥感相片、图形数据或影像数据、统计资料、野外测量数据或地理调查资料等，都可以作为数字测图的信息源。数据资料可以通过键盘或转储的方式输入计算机；图形和图像资料一定要通过图数转换成计算机能够识别和处理的数据。

目前，我国数据采集主要有以下几种方法。

（1）GPS 法，即通过 GPS 接收机采集野外碎部点的信息数据。

（2）大地测量仪器法，即通过全站仪、测距仪、经纬仪等大地测量仪器实现碎部点野外数据采集。

（3）航测法，即通过航空摄影测量和遥感手段采集地形点的信息数据。

（4）数字化仪法，即通过数字化仪在已有地图上采集信息数据。

前两者是野外采集数据，后两者是室内采集数据。

野外数据采集是通过全站仪或 GPS 接收机实地测定地形点的平面位置和高程，自动存储在仪器内存或电子手簿中，再传输到计算机。若野外使用便携机，可直接将点位信息存储在便携机中。每个地形点的记录内容包括点号、平面坐标、高程、属性编码和与其他点的连接关系等。点号通常是按测量顺序自动生成的，也可以按需要外业现场编辑；平面坐标和高程是全站仪或 GPS 接收机自动解算的；属性编码指示了该点的性质，野外通常只输入简编码，或不输入编码，用绘草图等形式形象记录碎部点的属性信息，内业可用多种手段输入属性编码；点与点之间的连接关系通常采用绘草图或在便携机上边测边绘来确定。由于目前全站仪与 GPS 接收机的测量精度高，很容易达到厘米级的精度，所以全野外数字测图（地面数字测图）是数字测图精度最高的方法，是城镇大比例尺（尤其是 1∶500）测图中主要的测图方法。

对于已有纸质地形图的地区，如纸质地形图现势性较好，图面表示清晰、正确，图纸变形小，则数据采集可在室内通过数字化仪和扫描仪在相应地图数字化软件的支持下进行。早期采用数字化仪进行数字化，得到的数字地图精度低于原图，作业效率也低，这种数字化法已被扫描数字化法所取代。扫描数字化法是先用扫描仪扫描得到栅格数据，再用扫描矢量化软件将栅格图形转换成矢量图形。扫描矢量化作业模式不仅速度快（扫描一幅图不过几分钟）、劳动强度小，而且精度几乎没有损失。该方法已经成为地图数字化的主要方法，它适用于各种比例尺地形图的数字化，对大批量、复杂度高的地形图更具有明显的优势。

航测法以航空摄影获取的航空相片作为数据源，利用测区的航空摄影测量获得的立体像对，在解析绘图仪上或在经过改装的立体量测仪上采集地形特征点，并自动转换成数字信息。由于受精度的限制，该法已逐渐被全数字摄影测量系统所取代。基于影像数字化仪、计算机、数字摄影测量软件和输出设备构成的数字摄影测量工作站是摄影测量、计算机立体视觉影像理解和图像识别等学科的综合成果，计算机不但能完成大多数摄影测量工作，而且借助模式识别理论，实现自动或半自动识别，从而大大提高了摄影测量的自动化程度。全数字摄影测量系统大致作业过程为：将影像扫描数字化，利用立体观测系统观测立体模型（计算机视觉），利用系统提供的一系列量测功能—扫描数据处理、测量数据管理、数字定向、立体显示、地物采集、自动提取 DTM、自动生成正射影像等功能，使量测过程自动化。原武汉测绘科技大学推出的 VirtuoZo 全数字摄影测量系统，已被很多测绘单位采用，并得到了迅速的推广和普及。

2. 数据处理

数据处理阶段是指在数据采集以后到图形输出之前对图形数据的各种处理。数据处理主要包括数据传输、数据预处理、数据转换、数据计算、图形生成、图形编辑与整饰、图幅接边、图形信息的管理与应用等。

数据传输是指将全站仪内存或电子手簿中的数据传输至计算机。

数据预处理包括坐标变换、各种数据资料的匹配、比例尺的统一等。

数据转换包括的内容很多，如将碎部点记录数据文件转换为坐标数据文件；将带简码的数据文件或无码数据文件转换为带绘图编码的数据文件，供自动绘图使用；将 AutoCAD 的图形数据文件转换为 GIS 的交换文件。

数据计算主要是针对地貌关系的。当数据输入到计算机后，为建立数字地面模型绘制等高线，需要进行插值模型建立、插值计算、等高线光滑处理三个过程的工作。数据计算还包括对房屋类呈直角拐弯的地物进行误差调整，消除非直角化误差等。

数据处理通过计算机软件实现，经过数据处理后，可产生平面图形数据文件和数字地面模型文件。欲得到规范的地形图，还要对数据处理后生成的初始图形进行修改、编辑、整理，还需要加上文字注记、高程注记等，并填充各种面状地物符号，还要进行图形整饰、图幅接边、图形信息的管理等工作，所有这些工作都属于数据处理。

数据处理是数字测图的关键阶段，数字测图系统的优劣取决于数据处理功能的强弱。

3. 图形输出

经过数据处理以后，即可得到数字地图，也就是形成一个图形文件，存储在磁盘或光盘上，可永久保存。可以将数字地图转换成地理信息系统的图形数据，用于建立和更新 GIS 图形数据库。可以将数字地图打印输出成纸质地图。输出图形是数字测图的主要目的，通过对层的控制，可以编制和输出各种专题地图（包括平面图、地籍图、地形图、管网图、带状图、规划图等），以满足不同用户的需要。也可采用矢量绘图仪、栅格绘图仪、图形显示器、缩微系统等绘制或显示数字地图。

大比例尺数字化测图作业流程如图 11－10 所示。

五、全野外数字测图作业模式

由于使用的硬件设备不同以及软件设计者的思路不同，数字测图有不同的作业模式。就目前全野外数字测图而言，可分为两种不同的作业模式：数字测记模式（简称测记式）

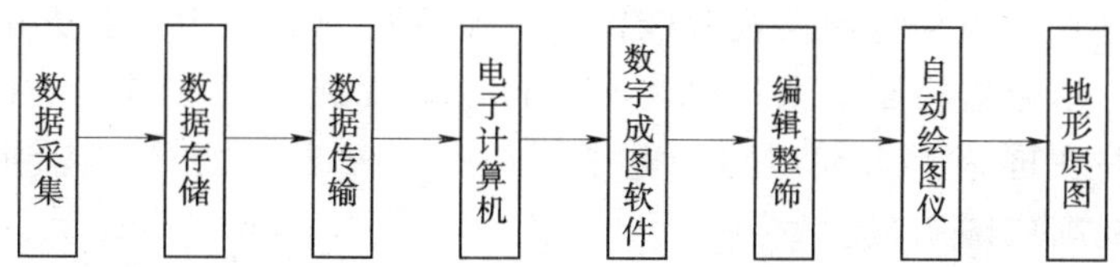

图 11－10　大比例尺数字化测图作业流程示意图

和电子平板测绘模式（简称电子平板）。

1. 数字测记模式

数字测记模式是一种野外数据采集、室内成图的作业方法。根据野外数据采集硬件设备的不同，可将其进一步分为全站仪数字测记模式和 GPS—RTK 数字测记模式。

全站仪数字测记模式是目前最常见的测记式数字测图作业模式，为大多数软件所支持。该模式是用全站仪实地测定地形点的三维坐标，并用内存储器（或电子手簿）自动记录观测数据，到室内将采集的数据传输给计算机，由人工编辑成图或自动成图。该方法野外采集数据速度快、效率高。采用全站仪，由于测站和镜站的距离可能较远（1km 以上），测站上很难看到所测点的属性和与其他点的连接关系，通常使用对讲机保持测站与镜站之间的联系，以保证测点编码（简码）输入的正确性；或者在镜站手工绘制草图，并记录测点属性、点号及其连接关系，供内业绘图使用。

随着 GPS 技术的日臻成熟，GPS－RTK 数字测记模式已被广泛地应用于数据采集。GPS－RTK 数字测记模式采用 GPS 实时动态地位技术，实地测定地形点的三维坐标，并自动记录定位信息。采集数据的同时，在移动站输入编码、绘制草图或记录绘图信息，供内业绘图使用。目前，移动站的设备已高度集成，接收机、天线、电池与对中杆集于一体，重量仅几千克，使用和携带很方便。使用 GPS－RTK 采集数据的最大优势是不需要测站和碎部点之间通视，只要接收机与空中 GPS 卫星通视即可；且移动站与基准站的距离在 20km 以内可达厘米级的精度（如果采用网络传输数据则不受距离的限制）。实践证明，在非居民区、地表植被较矮小或稀疏区域的地形测量中，用 GPS－RTK 比全站仪采集数据效率更高。

2. 电子平板测绘模式

电子平板测绘模式就是“全站仪＋便携机＋相应测绘软件”实施的外业测图模式。这种模式用便携机（笔记本电脑）的屏幕模拟测板在野外直接测图，即把全站仪测定的碎部点实时地展绘在便携机屏幕上，用软件的绘图功能边测边绘。这种模式现场完成绝大多数测图工作，实现数据采集、数据处理、图形编辑现场同步完成，外业即测即所见，外业工作完成图也就绘制出来了，实现了内外业一体化。但该方法对设备要求较高，便携机不适应野外作业环境（如供电时间短、液晶屏幕光强看不清等）是主要的缺陷，目前主要用于房屋密集的城镇地区的测图工作。

电子平板测绘模式按照便携机所处位置，分为测站电子平板和镜站遥控电子平板。测站电子平板是将装有测图软件的便携机直接与全站仪连接，在测站上实时地展点，观察测站周围的地形，用软件的绘图功能边测边绘，可以及时发现并纠正测量错误，图形的数学精度高。但测站电子平板受视野所限，对碎部点的属性和碎部点间的连接关系不易判断准确。而镜站遥控电子平板是将便携机放在镜站，使手持便携机的作业员在跑点现场指挥立镜员跑点，并发出指令遥控驱动全站仪观测（自动跟踪或人工照准），观测结果通过无线传输到便携机，并在屏幕上自动展点。电子平板在镜站现场能够“走到、看到、绘到”，不易漏测，便于提高成图质量。

针对目前电子平板测图模式的不足，许多公司研制开发掌上电子平板测图系统，用基于 Windows CE 的 PDA（掌上电脑）取代便携机。PDA 体积小、重量轻、待机时间长。这种掌上电子平板测图系统的出现，使电子平板作业模式更加方便、实用。

六、数字测图的发展与展望

近几年又出现了视频全站仪和三维激光扫描仪等快速数据采集设备，快速测绘数字景观图成为可能。通过在全站以上安装数字相机（视频全站仪）的方法，可在对被测目标进行摄影的同时，测定相机的摄影姿态，经过计算机对数字影像处理，得到数字地形图或数字景观图；利用三维激光扫描仪，通过空中或地面激光扫描，获取高精度地表及构筑物三维坐标，经过计算机实时或事后对三维坐标及几何关系的处理，得到数字地形图或数字景观图。这种快速测绘数字景观的成图模式可能成为今后建立数字城市的主要手段。

小　　结

在测区完成控制测量工作后，就可以得到图根控制点的平面坐标和高程，进行地形图的测绘。本项目主要阐述了大比例尺地形图的测绘方法，并简要介绍了全站仪数字化测图。

（1）测图前的准备工作。进行大比例尺测图前，应做好测图前的准备工作，搜集好资料，准备好测量绘图计算等工具、坐标格网的绘制、控制点的展绘等。

（2）经纬仪测图法。经纬仪测图法是碎部测量的一种基本方法，其作业步骤安置仪器、定向、观测、计算等。作业时应注意认真操作，经常检查零方向。

（3）地形图的拼接、检查和整饰。图纸测完后要进行拼接、整饰和检查。相邻图幅需要进行严格的拼接。然后进行地形图原图的铅笔整饰。并对成图质量作室内和室外的全面检查，并及时修改，经检查符合要求后，应按其质量评定等级，予以验收，最终上交控制测量和地形图成果。

（4）在传统测图方法的基础上了解全站仪数字化测图的基本方法和作业模式。

拓展和能力测试题

一、选择题

1. 测图前的准备工作主要有（　　）。

A. 组织领导、场地划分、后勤供应　　B. 计算坐标、展绘坐标、检核坐标

C. 资料、仪器工具、文具用品的准备　　D. 图纸准备、方格网绘制、控制点展绘

2. 若地形点在图上的最大距离不能超过 3cm，对于比例尺为 1∶500 的地形图，相应地形点在实地的最大距离应为（　　）。

A. 15m　　B. 20m　　C. 30m　　D. 35m

3. 当两边地物如道路、房屋等错开不到（　　）可在透明纸上进行修正后自然地衔接起来。

A. 1mm　　B. 2mm　　C. 1cm　　D. 2cm

二、简答题

1. 试述经纬仪测绘法测绘地形图的操作步骤。

2. 大比例尺数字化测图的作业方法有哪几种？

三、绘图题

根据图 11－11 地形点用 1m 的等高距勾绘等高线。

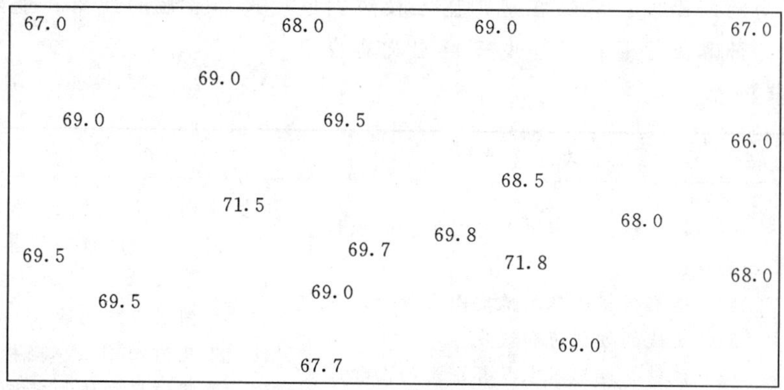

图 11－11　绘图题

项目十二　地 形 图 的 应 用

【教学目标】

掌握在地形图上确定点的坐标、两点间的水平距离和方位角以及点的高程和直线坡度的方法；掌握在地形图上量算图形面积的方法；掌握水库库容的确定方法；能够应用地形图绘制已知方向的断面图；能够在地形图上按限制坡度选择最短的线路；能够应用地形图进行土地平整并计算土方量；了解电子地图及其应用。

【教学要求】

任　　务	能 力 要 求	相 关 知 识
地形图的基本应用	(1) 能够根据地形图确定图上点的坐标和高程； (2) 能够根据地形图确定图上两点间的平距、直线的方位角和坡度； (3) 能够在地形图上量算图形的面积	(1) 求图上某点的坐标和高程； (2) 图解法、解析法计算水平距离和方位角； (3) 求图上直线的坡度； (4) 用几何图形法、坐标计算法、平行线法、透明方格纸法和求积仪法量算面积
地形图在工程建设中的应用	(1) 能够根据地形图绘制已知方向的纵断面图； (2) 能够按限制坡度选择最短线路； (3) 能够在地形图上确定汇水面积； (4) 能够根据地形图按工程实际需要将地面平整成水平场地和倾斜场地并计算填挖方量	(1) 绘制纵断面图的方法步骤； (2) 坡度、平距和高差的关系； (3) 设计高程的计算； (4) 填挖方量的计算

在地形图上，可以直接确定点的概略坐标、点与点之间的水平距离和直线间的夹角、直线的方位等。既能利用地形图进行实地定向，确定点的高程和两点间高差，也能从地形图上计算出面积和体积，还可以从图上决定设计对象的施工数据。无论是水利工程建设、资源勘查、土地利用及规划，还是工程设计、军事指挥等，都离不开地形图。因此，正确识读和应用地形图，是每个水利工程技术人员必备的基本技能。

任务一　地形图应用的基本内容

在工程建设规划设计时，往往要用解析法或图解法在地形图上求出任意点的坐标和高程，确定两点之间的距离、方向和坡度，利用地形图绘制断面图等，这就是用图的基本内容，现分述如下。

一、确定图上点的坐标

图 12－1 是比例尺为 1：1000 的地形图坐标格网的示意图，以此为例说明求图上 A 点

坐标的方法。首先根据 A 的位置找出它所在的坐标方格网 $abcd$，过 A 点作坐标格网的平行线 ef 和 gh。然后用直尺在图上量得 $ag=62.3\text{mm}$，$ae=55.4\text{mm}$；由内、外图廓间的坐标标注知：$x_a=20.1\text{km}$，$y_a=12.1\text{km}$。则 A 点坐标为

$$x_A=x_a+ag\cdot M=20100\text{m}+62.3\text{mm}\times1000=20162.3\text{m}$$
$$y_A=y_a+ae\cdot M=12100\text{m}+55.4\text{mm}\times1000=12155.4\text{m} \quad (12-1)$$

式中　M——比例尺分母。

如果图纸有伸缩变形，为了提高精度，可按下式计算：

$$\left.\begin{aligned}x_A&=x_a+ag\cdot M\cdot\frac{l}{ab}\\ y_A&=y_a+ae\cdot M\cdot\frac{l}{ad}\end{aligned}\right\} \quad (12-2)$$

式中　l——方格 $abcd$ 边长的理论长度，一般为 10cm，ad、ab 分别用直尺量取的方格边长。

二、确定两点间的水平距离

如图 12-1 所示，欲确定 AB 间的水平距离，可用如下两种方法求得。

（一）图解法

用卡规在图上直接卡出线段长度，再与图示比例尺比量，即可得其水平距离。也可以用刻有毫米的直尺量取图上长度 d_{AB} 并按比例尺（M 为比例尺分母）换算为实地水平距离，即

$$D_{AB}=d_{AB}\cdot M \quad (12-3)$$

或用三棱比例尺直接量取直线长度。

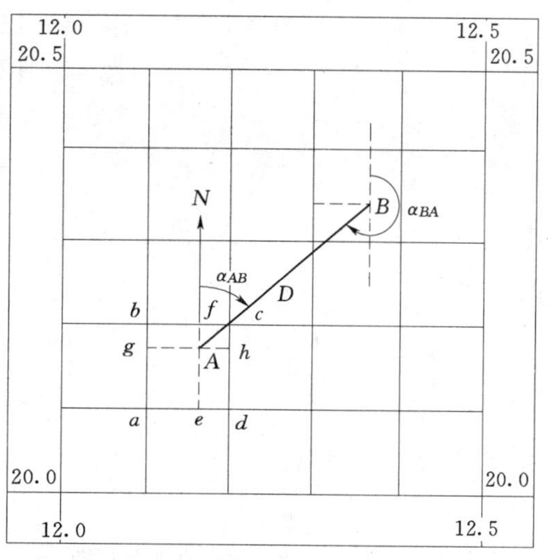

图 12-1　地形图的应用

（二）解析法

按式（12-2），先求出 A、B 两点的坐标，再根据 A、B 两点坐标由公式计算：

$$D_{AB}=\sqrt{(x_B-x_A)^2+(y_B-y_A)^2} \quad (12-4)$$

三、确定两点间直线的坐标方位角

欲求图 12-1 上直线 AB 的坐标方位角，可有下述两种方法。

（一）图解法

在图上先过 A、B 点分别作出平行于纵坐标轴的直线，然后用量角器分别度量出直线 AB 的正、反坐标方位角 α'_{AB} 和 α'_{BA}，取这两个量测值的平均值作为直线 AB 的坐标方位角，即

$$\alpha_{AB}=\frac{1}{2}(\alpha'_{AB}+\alpha'_{BA}\pm180^\circ) \quad (12-5)$$

式中，若 $\alpha'_{BA}>180^\circ$，取 -180°；若 $\alpha'_{BA}<180^\circ$，取 $+180^\circ$。

（二）解析法

首先确定 A、B 两点的坐标，然后按式（12-6）确定直线 AB 的坐标方位角。

$$\tan\alpha_{AB}=\frac{\Delta y_{AB}}{\Delta x_{AB}}=\frac{y_B-y_A}{x_B-x_A} \tag{12-6}$$

四、确定点的高程

利用等高线，可以确定点的高程。如图 8－2 所示，A 点在 28m 等高线上，则它的高程为 28m。M 点在 27m 和 28m 等高线之间，过 M 点作一直线基本垂直这两条等高线，得交点 P、Q，则 M 点高程为

$$H_M=H_P+\frac{d_{PM}}{d_{PQ}}\cdot h \tag{12-7}$$

式中　H_P——P 点高程；

h——等高距；

d_{PM}、d_{PQ}——图上 PM、PQ 线段的长度。

例如，设用直尺在图上量得 $d_{PM}=5\text{mm}$、$d_{PQ}=12\text{mm}$，已知 $H_P=27\text{m}$，等高距 $h=1\text{m}$，把这些数据代入式（12－7）得

$$h_{PM}=5/12\times1=0.4(\text{m})$$

$$H_M=27+0.4=27.4(\text{m})$$

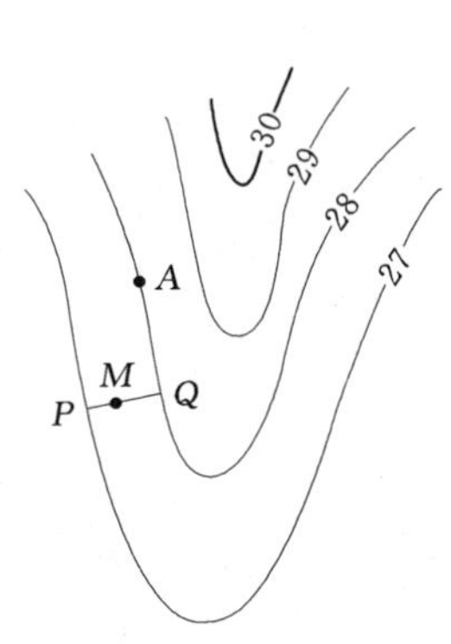

图 12－2　确定点的高程图

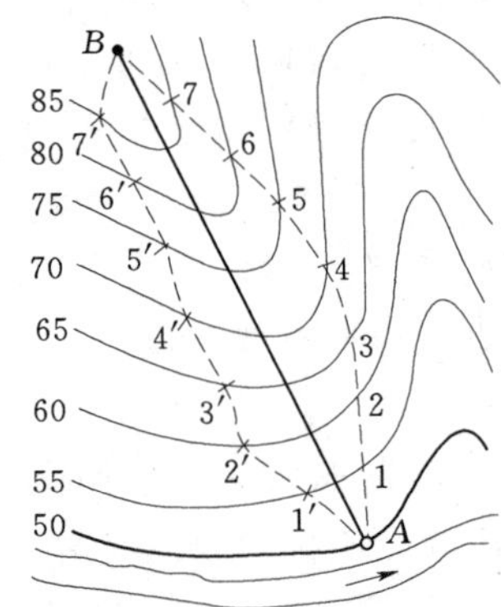

图 12－3　选定等坡路线

五、确定两点间直线的坡度

A、B 两点间的高差 h_{AB} 与水平距离 D_{AB} 之比，就是 A、B 间的平均坡 i_{AB}，即

$$i_{AB}=\frac{h_{AB}}{D_{AB}} \tag{12-8}$$

例如：$h_{AB}=H_B-H_A=86.5-49.8=+36.7(\text{m})$，设 $D_{AB}=876\text{m}$，则 $i_{AB}=+36.7/876=+0.04=+4\%$。

坡度一般用百分数或千分数表示。$i_{AB}>0$ 表示上坡；$i_{AB}<0$，表示下坡。若以坡度角表示，则

$$\alpha=\arctan\frac{h_{AB}}{D_{AB}}$$

任务二　地形图在工程建设中的应用

一、绘制已知方向纵断面图

在道路、管道设计和土方计算中常利用地形图绘制沿线方向的断面图。如图 12－4 所示，要求绘出 AB 方向的断面图。绘制方法如下。

（1）如图 12－4 在厘米格纸上绘出直角坐标系，横轴表示水平距离，纵轴表示高程。为了绘图方便，水平距离的比例尺一般选择与地形图相同；为了较明显地反映路线方向的地面起伏，以便于在断面图上作竖向布置，取高程比例尺是水平距离比例尺的 10 倍或 20 倍。

（2）在图 12－4 中设直线 AB 与等高线的交点分别为 1，2，3，4，…，以线段 $A1$，$A2$，$A3$，…，AB 为半径，在图 8－6 的横轴上以 A 为起点，截得对应 1，2，3，…，B 点，即两图中同名线段一样长。

（3）把图 12－4 中 A，1，2，…，B 点的高程作为图 12－5 中横轴上同名点的纵坐标值，这样就作出断面上的地面点，把这些点依次平滑地连接起来，就形成断面图。

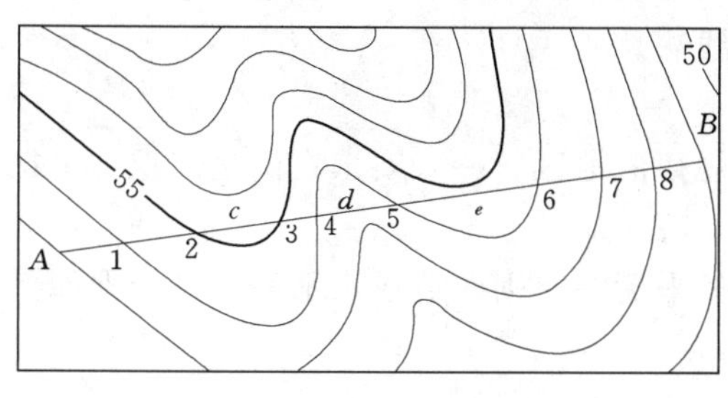

图 12－4　等高线图

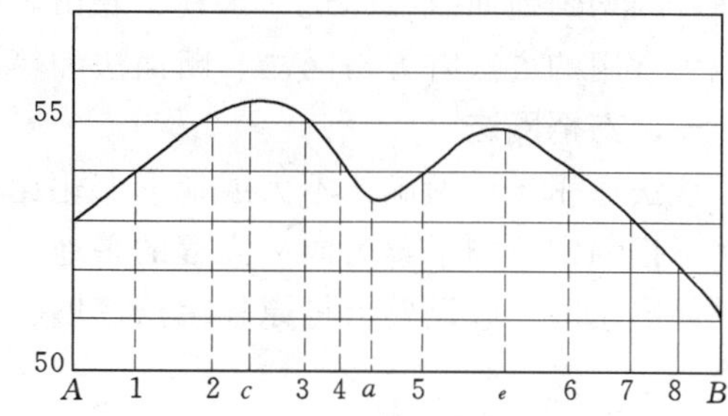

图 12－5　绘制纵断面图

为了较合理地反映断面的起伏，应根据相邻等高线 55m 和 56m 内插出 2、3 点之间的 c 点高程。同法内插出 d、e 点。此外应注意，在纵轴注记的起始高程 50m 应比 AB 断面上最低点 B 的高程略小一些。这样绘出的断面线完全在横轴的上部。

二、按限制坡度选择最短路线

如图 12－3 所示，要从 A 向山顶 B 选一条公路的路线。已知等高线的基本等高距为 $h=5\text{m}$，比例尺 1∶10000，规定坡度 $i=5\%$，则路线通过相邻等高线的平距应该是 $D=h/i=5/5\%=100\text{m}$。在 1∶10000 图上平距应为 1cm，用圆规以 A 为圆心，1cm 为半径，作圆弧交 55m 等高线于 1 或 1′。再以 1 或 1′为圆心，按同样的半径交 60m 等高线于 2 或 2′。同法可得一系列交点，直到 B。把相邻点连接，即得两条符合于设计要求的路线的大致方向。然后通过实地踏勘，综合考虑选出一条较理想的公路路线。

由图 12－3 中可以看出，A—1′—2′—3′…线路的线形，不如 A—1—2—3…线路线形好。

三、确定汇水面积的边界线

当在山谷或河流修建大坝、架设桥梁或敷设涵洞时，都要知道有多大面积的雨水汇集

图 12－6　确定汇水面积边界线

在这里，这个面积称为汇水面积。汇水面积的边界是根据等高线的分水线（山脊线）来确定的。分水线的勾绘要点是：①分水线应通过山顶、鞍部及凸向低处（山脊线）等高线的拐点，在地形图应先找出这些特征的地貌，然后进行勾绘；②分水线与等高线正交；③边界线由坝的一端开始，最后回到坝的另一端，形成一闭合环线。闭合环线所包围的面积就是汇水面积。如图 12－6 所示，通过山谷在 *MN* 处要修建水库的大坝，就须确定该处的汇水面积，即由图中分水线（点划线）*AB*、*BC*、*CD*、*DE*、*EF* 与 *FA* 线段所围成的面积；再根据该地区的降雨量就可确定流经 *MN* 处的水流量。这是设计桥梁、涵洞或水库容量的重要数据。

任务三　地形图在平整土地中的应用及方量的计算

平整场地是指按照工程需要，将施工场地自然地表整理成符合一定高程的水平面或一定坡度的均匀地面。在建筑、水利、农田等基本建设中，均需要进行土地平整工作。平整场地中常用的方法有方格网法、断面法和等高线法。

一、方格网法

该法适用于地形起伏不大或地形变化比较规律的地区。一般要求在满足填挖方平衡的条件下把划定范围平整为同一高程的平地。

如图 12－7 假设要求将原地貌按挖填土方量平衡的原则改造成水平面，其步骤如下。

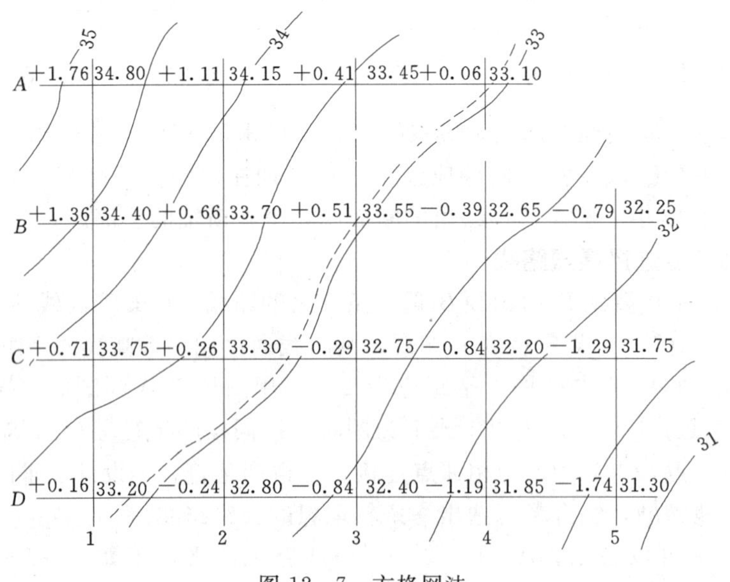

图 12－7　方格网法

1．地形图上绘方格网

在地形图上拟建场地内绘制方格网。方格网的大小取决于地形复杂程度，地形图比例

尺大小，以及土方概算的精度要求。例如在设计阶段采用 1∶500 的地形图时，根据地形复杂情况，一般边长取 10m、20m、50m。方格网绘制完后，根据地形图上的等高线，用内插法求出每一方格顶点的地面高程，并注记在相应方格顶点的右上方。

2. 计算设计高程

先将每一方格顶点的高程加起来除以 4，得到各方格的平均高程，再把每个方格的平均高程相加除以方格总数，就得到设计高程 H_0。

$$H_0=(H_1+H_2+\cdots+H_n)/n$$

式中　H_i——每一方格的平均高程；

　　n——方格总数。

从设计高程 H_0 的计算方法和图 12-7 以看出：方格网的角点 $A1$、$A4$、$B5$、$D1$、$D5$ 的高程只用了一次，边点 $A2$、$A3$、$B1$、$C1$、$D2$、$D3$…的高程用了二次，拐点 $B4$ 的高程用了三次，而中间点 $B2$、$B3$、$C2$、$C3$…的高程都用了四次，因此，设计高程的计算公式也可写为

$$H_0=(\sum H_{角}+2\sum H_{边}+3\sum H_{拐}+4H_{中})/4n \tag{12-9}$$

将方格顶点的高程（图 12-7）代入式（12-9），即可计算出设计高程为 33.04m 。在图上内插出 33.04m 等高线（图中虚线），称为填挖边界线（或称零线）。

3. 计算挖、填高度

根据设计高程和方格顶点的高程，可以计算出每一方格顶点的挖、填高度，即

$$填、挖高度=地面高程-设计高程 \tag{12-10}$$

将图中各方格顶点的挖、填高度写于相应方格顶点的左上方。正号为挖深，负号为填高。

4. 计算挖、填土方量

挖、填土方量可按角点、边点、拐点和中点分别按式（12-11）计算：

$$\left.\begin{aligned}&角点:挖(填)高\times 1/4\ 方格面积\\&边点:挖(填)高\times 1/2\ 方格面积\\&拐点:挖(填)高\times 3/4\ 方格面积\\&中点:挖(填)高\times\ 1\ 方格面积\end{aligned}\right\} \tag{12-11}$$

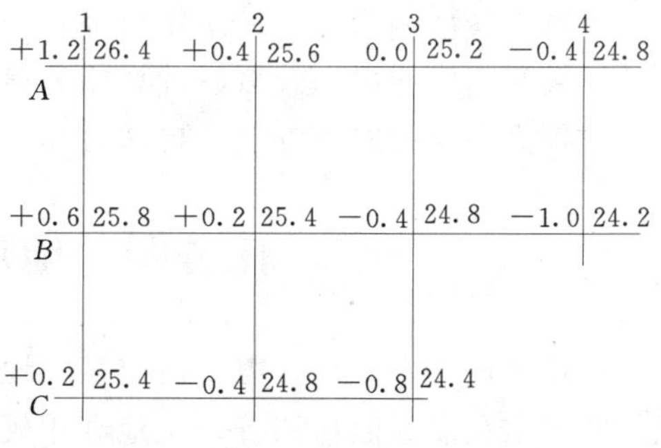

图 12-8　方格法土方量计算

如图 12-8 所示，设每一方格面积为 400m，计算的设计高程是 25.2m，每一方格的挖深或填高数据已分别按式（12-10）计算出，并已注记在方格顶点的左上方。于是，可按式（12-11）列表（表 12-1）分别计算出挖方量和填方量。从计算结果可以看出，挖方量和填方量是相等的，满足“挖、填平衡”的要求。

二、断面法

在地形变化较大的山区，可用断面法来估算土方。其计算方法常采用“平均断面法”，此法是先算出相邻两断面应挖或填的断面面积，取其平均值，再乘以两断面间的距离，即得两断面的土（石）方量：

表 12-1 **挖、填土方计算表**

点号	挖深/m	填高/m	所占面积/m^2	挖方量/m^3	填方量/m^3
A1	+1.2		100	120	
A2	+0.4		200	80	
A3	0.0		200	0	
A4		−0.4	100		40
B1	+0.6		200	120	
B2	+0.2		400	80	
B3		−0.4	300		120
B4		−1.0	100		100
C1	+0.2		100	20	
C2		−0.4	200		80
C3		−0.8	100		80
合计				420	420

$$V=\frac{1}{2}(A_1+A_2)D \tag{12-12}$$

式中 V——两中心桩间的土方量；

A_1、A_2——两断面处应挖或填的断面面积；

D——两中心桩间的距离。

三、等高线法

当地面高低起伏较大且变化较多时，可以采用等高线法。此法是先在地形图上求出各条等高线所围成的面积，然后计算相邻等高线所围面积的平均值，乘上此两等高线间的高差，得各等高线间的土方量，再求总和。计算水库库容的方法也是这样。

任务四 地形图上面积的量算

在规划设计中，往往需要测定某一地区或某一图形的面积。例如，汇水面积、林场面积、农田水利灌溉面积调查，土地利用规划，工业厂区面积计算等。

设图上面积为 $P_{图}$，则 $P_{实}=P_{图}\times M^2$，式中 $P_{实}$ 为实地面积，M 为比例尺分母。设图上面积为 10mm²，比例尺为 1∶2000，则实地面积 $P_{实}=10\times2000^2\div10^6=40(m^2)$。求算图上某区域的面积，$P_{图}$ 一般有以下几种方法。

一、图解法

(一) 几何图形计算法

如图 12-9 所示是一个不规则的图形，可将平面图上描绘的区域分成三角形、梯形或平行四边形等最简单规则的图形，用直尺量出面积计算的元素，根据三角形、梯形等图形面积计算公式计算其面积，则各图形面积之和就是所要求的面积。

计算面积的一切数据，都是用图解法取自图上，因受图解精度的限制，此法测定面积的相对误差较大。

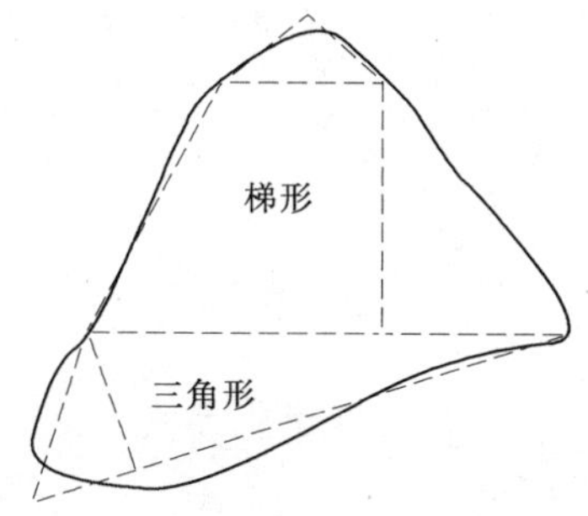

图 12-9　几何图形计算法

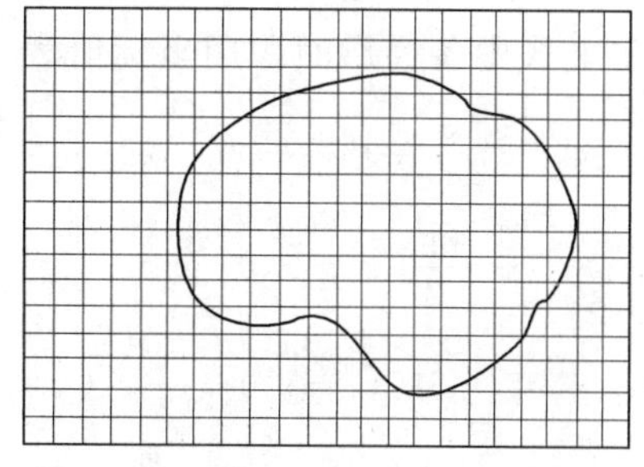

图 12-10　透明方格纸法

(二) 透明方格纸法

将透明方格纸覆盖在图形上，然后数出该图形包含的整方格数和不完整的方格数。先计算出每一个小方格的面积，这样就可以很快算出整个图形的面积。

如图 12-10 所示，先数整格数 n_1，再数不完整的方格数 n_2，则总方格数约为 $n_1+\frac{1}{2}n_2$，然后计算其总面积 P。则

$$P=\left(n_1+\frac{1}{2}n_2\right)S$$

式中　S——一个小方格的面积。

(三) 平行线法

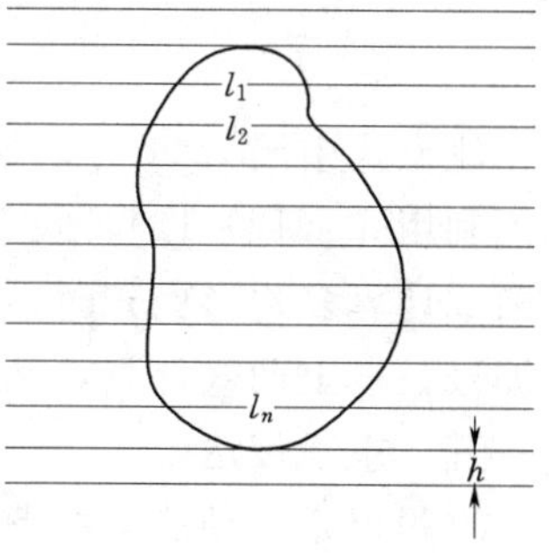

图 12-11　平行线法

先在透明纸上，画出间隔相等的平行线，如图 12-11 所示。为了计算方便，间隔距离取整数为好。将绘有平行线的透明纸覆盖在图形上，旋转平行线，使两条平行线与图形边缘相切，则相邻两平行线间截割的图形面积可全部看成是梯形，梯形的高为平行线间距 h，图形截割各平行线的长度为 l_1，l_2，…，l_n，则各梯形面积分别为

$$P_1=1/2\times h\times(0+l_1)$$
$$P_2=1/2\times h\times(l_1+l_2)$$
$$\vdots$$
$$P_n=1/2\times h\times(l_{n-1}+l_n)$$
$$P_{n+1}=1/2\times h\times(l_n+0)$$

则总面积 P 为

$$P=P_1+P_2+\cdots+P_n+P_{n+1}=h\sum_{n=1}^{n}l_n \qquad (12-13)$$

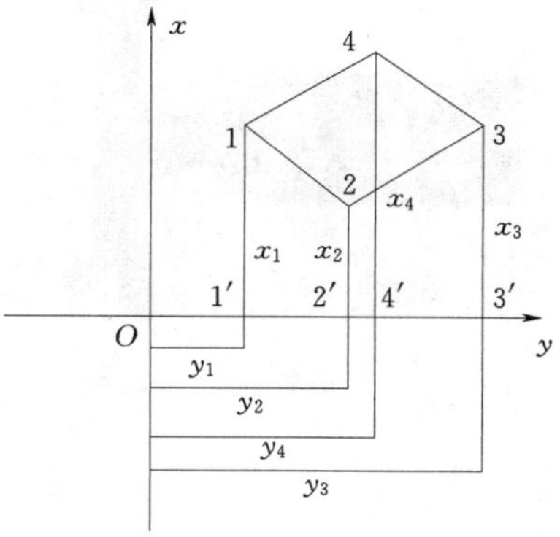

图 12-12　坐标解析法

二、坐标计算法

若待测图形为多边形，可根据多边形顶点的坐标计算面积。由图 12-12 可知：多边形 1234 的面积等于梯形 $144'1'$ 面积 $P_{144'1'}$ 加梯形 $433'4'$ 面积减梯形 $233'2'$ 面积 $P_{233'2'}$ 减梯形 $122'1'$ 面积 $P_{122'1'}$，即

$$P=P_{144'1'}+P_{433'4'}-P_{233'2'}-P_{122'1'}$$

设多边形顶点 1、2、3、4 的坐标分别为 (x_1, y_1)、(x_2, y_2)、(x_3, y_3)、(x_4, y_4)。将上式中各梯形面积用坐标值表示，即

$$A=\frac{1}{2}(x_4+x_1)(y_4-y_1)+\frac{1}{2}(x_3+x_4)(y_3-y_4)$$

$$-\frac{1}{2}(x_3+x_2)(y_3-y_2)-\frac{1}{2}(x_2+x_1)(y_2-y_1)$$

$$=\frac{1}{2}x_1(y_4-y_2)+\frac{1}{2}x_2(y_1-y_3)+\frac{1}{2}x_3(y_2-y_4)+\frac{1}{2}x_4(y_3-y_1)$$

即

$$P=\frac{1}{2}\sum_{i=1}^{4}x_i(y_{i-1}-y_{i+1})$$

同理，可推导出 n 边形面积的坐标解析法计算公式为

$$P=\frac{1}{2}\sum_{i=1}^{n}x_i(y_{i-1}-y_{i+1}) \tag{12-14}$$

或

$$P=\frac{1}{2}\sum_{i=1}^{n}y_i(x_{i+1}-x_{i-1}) \tag{12-15}$$

注意式中当 $i=1$ 时，令 $i-1=n$；当 $i=n$ 时，令 $i+1=1$。

利用式（12-13)、式（12-15）计算同一图形面积，可检核计算的正确性。采用以上两式计算多边形面积时，顶点 1，2，3，…，n 是按逆时针方向编号。若把顶点依顺时针编号，按上两式计算，其结果都与原结果绝对值相等，符号相反。

三、求积仪法

求积仪是一种测定图形面积的仪器，它的优点是量测速度快，操作简便，能测定任意形状的图形面积，故得到广泛的应用。

电子求积仪是采用集成电路制造的一种新型求积仪，其性能优越，可靠性好，操作简便。图 12-13 为 KP-90N 型动极式电子求积仪。

KP-90N 型求积仪的构造如图 12-13 所示。

若量测一不规则图形的面积，具体操作步骤如下：

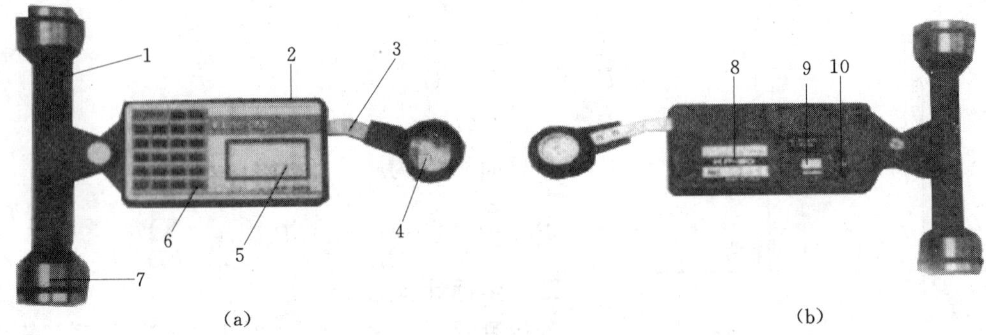

图 12-13　KP-90N 型动极式电子求积仪

1—动极轴；2—交流转换器插座；3—跟踪臂；4—跟踪放大镜；5—显示部；6—功能键；7—动极；8—电池（内藏）；9—编码器；10—积分车

(1) 打开电源。按下 ON 键，显示窗立即显示。

(2) 设定单位。用 UNIT－1 键及 UNIT－2 键设定。

(3) 设定比例尺。用数字键设定比例尺分母，按 SCALE 键，再按 R－S 键即可。若纵横比例尺不同时，如某些纵断面的图形，设横比例尺 $1:x$，纵比例尺 $1:y$ 时，按键顺序为 x，SCALE，y，SCALE，R－S 即可。

(4) 面积测定。将跟踪放大镜十字丝中心，瞄准图形上一起点，按 START 即可开始，对一图形重复测量两次取平均值，见表 12－2。

表 12－2　　KP－90N 型电子求积仪操作过程

键操作	符号显示	操作内容
START	cm^2 0	蜂鸣器发生音响，开始测量
第一次测量	cm^2 5401	脉冲计数表示
MEMO	MEMO cm^2 540.1	符号 MEMO 显示，从脉冲计数变为面积值，第一次测定值 540.1cm^2 被存储
START	MEMO cm^2 0	第二次测量开始，蜂鸣器发出音响，数字显示为 0
第二次测量	MEMO cm^2 5399	脉冲计数表示
MEMO	MEMO cm^2 539.9	从脉冲计数变为面积值，第二次测定值 539.9cm^2 被存储
AVER	MEMO cm^2 540	重复二次的平均值是 540cm^2

四、数字地形图的应用简介

目前各种数字地形图已广泛应用，用图单位即使没有测图系统软件，也可以在 AutoCAD 环境下从数字图中获取各种地形信息。例如可以量取测点的坐标，量取两点的距离，量取封闭图形的面积（图 12－14）。如果有测图专业软件也可以量测直线的方位角、点的高程、两点的坡度等。利用专业软件，可以建立数字地面模型（DTM）。利用数字地面模型可以绘制地形图断面图、确定汇水面积、计算水库库容；确定场地平整的填挖边界和土方计算等。工程设计人员可以直接用数字地形图进行工程规划设计和分析。

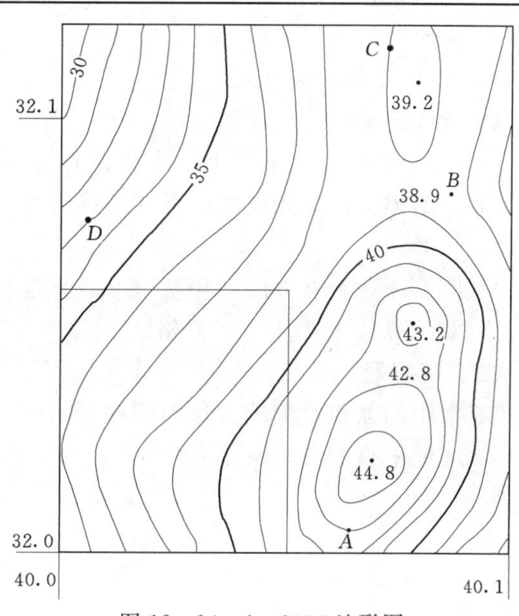

图 12－14　1：1000 地形图

小　　结

本项目主要介绍了地形图的基本应用、面积量算、地形图在工程建设中的应用以及电子地图简介。

1. 地形图的基本应用

地形图的基本应用，是培养学生综合应用能力的基础，内容包括在地形图上确定点的坐标、高程、确定直线的方位角、水平距离和坡度等。

2. 在图上量算面积

在地形图上量算面积是工程中常遇到的情况，本项目要求学会几何图形法、坐标计算法、平行线法、透明方格法和求积仪法量算面积。将传统的方法和先进的方法相结合，掌握电子求积仪的使用，能够利用电子求积仪正确量算面积；根据不同的面积形状选择适当的方法。

3. 地形图在工程建设中的作用

地形图在工程建设中的应用是本项目的重点和难点。掌握地形图上绘制已知方向的断面图的方法以及按限制坡度选择最短路线、确定汇水面积等。绘制断面图时要注意水平方向比例尺与垂直方向比例尺的选择。

4. 地形图在平整土地中的应用以及土石方的估算

掌握方格网法将场地平整为水平面，并能够进行土石方的估算。

5. 了解电子地图的基本应用

拓展和能力测试题

一、选择题

1. 场地平整的零点是（　　）。

A. 绝对高程为零的点　　　　B. 相对高程等于±0.000的点

C. 填挖边界线　　　　D. 其高程不等于设计高程的点

2. 在1∶20000地形图上，求得两点图上的长度为5mm，高程H_A＝418.3m，H_B＝416.3m，则BA直线的坡度如下，正确的是（　　）。

A. －2%　　B. ＋2%　　C. －2‰　　D. ＋2‰

3. 用图计算土方方法不包括（　　）这种方法。

A. 断面法　　B. 方格法　　C. 等高线法　　D. 几何法

二、简答题

1. 常用的面积量测的方法有哪些？

2. 场地平整的方法有哪些？

项目十三　施工测量的基本工作

【教学目标】

施工放样是建筑工程测量的三项任务之一。学习本项目，要了解施工测量的目的、内容和原则；掌握已知水平距离、已知水平角和已知高程的测设方法；掌握点的平面位置的测设方法；掌握已知坡度的测设方法。

【教学要求】

任　务	能　力　要　求	相　关　知　识
测设的基本工作	（1）能够根据工程实际情况选择已知水平距离的测设方法并进行测设； （2）能够根据精度要求选择合适的水平角的测设方法并进行测设； （3）能够根据工程现状选择测设高程的方法并进行测设	（1）用钢尺测设已知水平距离的一般方法和精密方法； （2）用测距仪测设水平距离的方法； （3）一般法和精密法测设水平角； （4）高程测设的一般方法和高程传递法
点的平面位置的测设	（1）能够根据工程现状合理地选择点位的测设方法； （2）能够进行点的平面位置的测设	极坐标法、直角坐标法、角度交会法以及距离交会法
已知坡度的测设	能够根据工程需要测设坡度	（1）坡度起点和终点高程的测设； （2）坡度平行线的确定

任务一　施工测量的概述

一、施工测量的目的和内容

在施工阶段所进行的测量工作称为施工测量。施工测量的目的是将图纸上设计的建筑物的平面位置和高程标定在施工现场的地面上，作为施工的依据，使工程严格按照设计的要求进行建设。施工测量的内容主要包括：施工控制网的建立，施工放样（测设），施工竣工后对建筑物的竣工测量，在施工期间检查施工质量的变形观测等。

二、施工测量的原则

由于施工测量要求的精度较高，施工现场各种建筑物的分布面广，且往往同时开工新建。所以，为了保证各建筑物测设的平面位置和高程都有相同的精度并且符合设计要求。施工测量与测绘地形图一样，也必须遵循“由整体到局部、先高级后低级、先控制后细部”的原则组织实施。对于大中型工程的施工测量，先要在施工区域内布设施工控制网，而且要求布设成两级网，即首级控制网和加密控制网。首级控制网相对固定，布设在施工场地周围不受施工干扰，地质条件良好的地方。加密控制网直接用于测设建筑物的轴线和细部点。不论是平面控制还是高程控制，在测设细部点时要求一站到位，减少误差的累计。

三、施工测量的精度要求

施工测量的精度与建筑物的性质、等级、大小、结构形式、建筑材料、施工方法、运行条件和使用年限因素有关。按精度要求的高低排列为：钢结构、钢筋混凝土结构、毛石混凝土结构、土石方工程。按施工方法分，预制件装配式的方法较现场浇灌的精度要求高，钢结构用高强度螺栓连接的比用电焊连接的精度要求高。

因此，应根据不同施工对象，选用不同精度的仪器和测量方法，既保证工程质量又不致浪费人力物力。

四、施工测量的特点

（1）施工测量的精度较测图高。施工测量的精度要求取决于建筑物的大小、材料、用途、施工方法及放样点的位置等因素。

（2）施工测量与施工密不可分。施工测量是设计与施工之间的桥梁，贯穿于整个施工过程中，是施工的重要组成部分。施工测量的进度和精度直接影响着施工的进度和施工质量。作为一个施工测量人员，不但需要掌握施工测量的一般原理和方法，还必须了解设计意图、现场情况、施工方案和进度安排。

（3）施工现场工种多，交叉作业频繁，并有大量土、石方填挖，地面变动很大，又有动力机械的震动，因此各种测量标志必须埋设稳固且在不宜破坏的位置。如有破坏，应及时恢复。

（4）施工测量所用的仪器工具，必须经过检验，校正完善以后才能使用。施工现场各工种之间的干扰很大，必须注意人身和仪器安全，为此，需要采取有效的防护措施。

因为建筑物的位置和形状都是由点、线和角度等几何要素决定的，所以放样点的平面位置和高程，测设给定的角度、距离和高程，是施工放样的基本工作。

任务二　施工控制网的布设

一般来讲在勘测阶段已建立有控制网，但是由于它是为测图而建立的，未考虑施工的要求，控制点的分布、密度和精度，都难以满足施工测量的要求。另外，由于平整场地等工作，控制点大多被破坏。因此，在施工之前，建筑场地上要重新建立专门的施工控制网。施工控制网分平面控制网和高程控制网两种。

一、平面控制网的布设

平面控制网一般分为两级：一级为基本网，它起着控制各建筑物主轴线的作用，组成基本网的控制点，称为基本控制点；另一级为定线网（又称放样网），它直接控制建筑物的辅助线及细部位置。

在面积不大又不十分复杂的建筑场地上，常布置一条或几条基线，作为施工测量的平面控制，称为建筑基线。在大中型建筑施工场地上，施工控制网多用正方形或矩形格网组成，称为建筑方格网（或矩形网）。

二、高程控制网的布设

高程控制网一般也分为两级：一级水准网与施工区域附近的国家水准点连接，布设成闭合（或附合）形式，称为基本网；另一级是由基本水准点引测的临时性作业水准点，它应尽可能靠近建筑物，以便做到安置一次或二次仪器，就能进行高程放样。

任务三　施工测量基本工作

施工测量的基本工作有三项：已知水平距离的测设、已知水平角的测设和已知高程的测设。现分别阐述如下。

一、已知水平距离的测设

水平距离的测设，就是由地面已知点起，沿给定的方向，测设出直线上另一点，使得两点间的水平距离为设计的水平距离。其测设方法常用的有两种。

1. 钢尺测设水平距离

测设已知距离时，线段起点和方向是已知的。若按一般精度进行测设，可沿给出的方向线，按设计距离直接量出。为了检核起见，应往返丈量测设的距离，若往返丈量较差在限差之内，取其平均值作为最后结果。

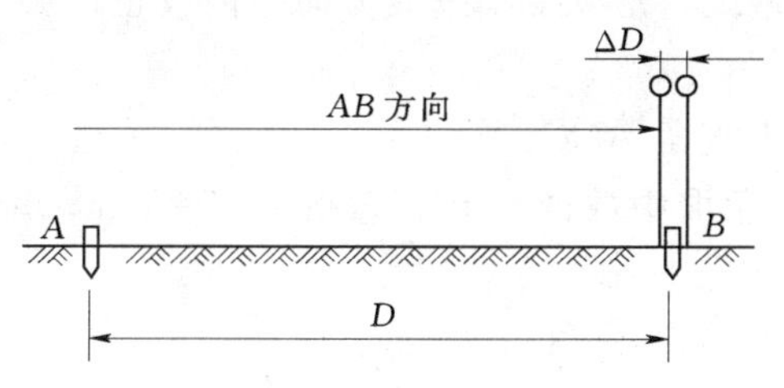

图 13－1　钢尺测设水平距离

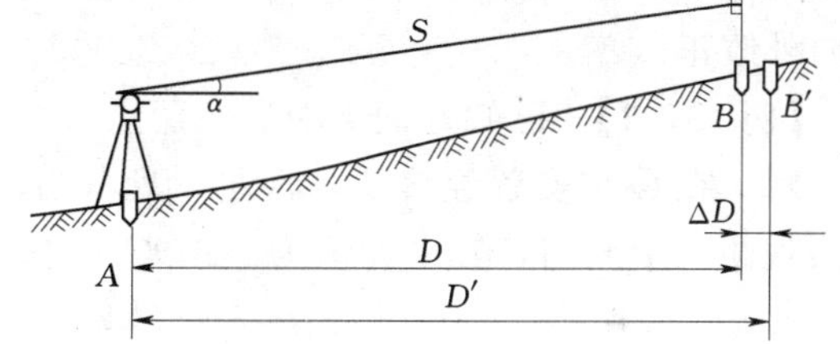

图 13－2　全站仪测设水平距离

2. 全站仪测设水平距离

一人安置全站仪于 A 点，瞄准已知方向。另一人手持棱镜杆（杆上圆水准气泡居中，以保持棱镜杆竖直）。观测者指挥手持棱镜者沿已知方向线前后移动棱镜，观测者即能在仪器显示屏上测得瞬时水平距离。当显示值等于待测设的已知水平距离值时，即可初定出 C 点。在 C 点安置棱镜，用全站仪精测水平距离，如有误差应进行改正，直到测设的距离符合限差要求为止。

二、已知水平角的测设

已知水平角的测设，就是根据地面上一点和一个给定的方向，定出另外一个方向，使得两方向间的水平角为设计的角值。测设方法如下。

1. 一般方法

如图 13－3 所示，设地面上已有 OA 方向线，测设水平角$\angle AOC$ 等于已知角值β。测设时将经纬仪安置在 O 点，用盘左瞄准 A 点，读取度盘读数，松开水平制动螺旋，旋转照准部，当度盘读数增加β角值时，在视线方向上定出 C'点。然后用盘右重复上述步骤，测设得另一点 C''，取 C'和 C''的中点 C，则$\angle AOC$ 就是要测设的β角，OC 方向就是所要测设的方向。这种测设角度的方法通常称为正倒镜分中法。

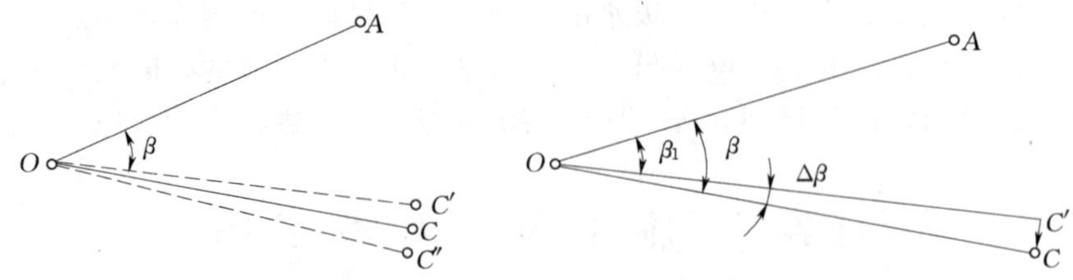

图 13-3　角度测设的一般方法　　　　图 13-4　角度测设的精确方法

2. 精确方法

如图 13-4 所示。在 O 点安置经纬仪，先用一般方法测设 β 角值，在地面上定出 C' 点，再用测回法观测$\angle AOC'$几个测回（测回数由精度要求决定），取各测回平均值为 β_1，即$\angle AOC'=\beta_1$，当 β 和 β_1 的差值 $\Delta\beta$ 超过限差时，需进行改正。根据 $\Delta\beta$ 和 OC'的长度计算出改正值 CC'，即

$$CC'=OC'\cdot\tan\Delta\beta=\frac{OC'\cdot\Delta\beta''}{\rho''}$$

过 C'点作 OC'的垂线，再以 C'点沿垂线方向量取 CC'，定出 C 点。则$\angle AOC$ 就是要测设的 β 角。当 $\Delta\beta=\beta_1-\beta>0$ 时，说明$\angle AOC'$偏大，应从 OC'垂线方向向内改正；反之，应向外改正。

【例 13-1】 已知地面上 A、O 两点，要测设直角 AOC。

解　在 O 点安置经纬仪，盘左、盘右测设直角取中数得 C'点，量得 $OC'=50$m，用测回法观测三个测回，其平均值为$\angle AOC'=89°59'30''$。

$$\Delta\beta=89°59'30''-90°00'00''=-30''$$

$$CC'=\frac{OC'\times\Delta\beta''}{\rho''}=-\frac{50\times30''}{206265''}=-0.007(\text{m})$$

过 C'点作 OC'的垂线 $C'C$ 向外量 $C'C=0.007$m 定得 C 点，则$\angle AOC$ 即为直角。

三、已知高程的测设

已知高程的测设，就是根据一个已知的水准点，标定设计所给定点的高程。在建筑设计和施工的过程中，为了计算方便，一般把建筑物的一层室内地坪用±0.000（相对高程）标高表示。基础、门窗等的标高都是以±0.000 为依据测设的。

如图 13-5 所示，设 A 为已知水准点，高程为 H_A，B 点的设计高程为 H_B，在 A、B 两点之间安置水准仪，先在 A 点立水准尺，读得读数为 a，由此可得仪器视线高程为

$$H_i=H_A+a \tag{13-1}$$

要使 B 点高程为设计高程 H_B，则在 B 点的水准尺上的读数应为

$$b=H_i-H_B \tag{13-2}$$

将 B 点的水准尺紧靠 B 桩，上、下移动尺子，当读数正好为 b 时，则 B 尺底部高程即为 H_B。然后在 B 桩上沿 B 尺底部做记号，即得设计高程的位置。

如欲使 B 点桩顶高程为 H_B，可将水准尺立于 B 桩顶上，若水准仪读数小于 B 时，逐渐将桩打入土中，使尺上读数逐渐增加到 b，这样 B 点桩顶高程就是设计高程为 H_B。

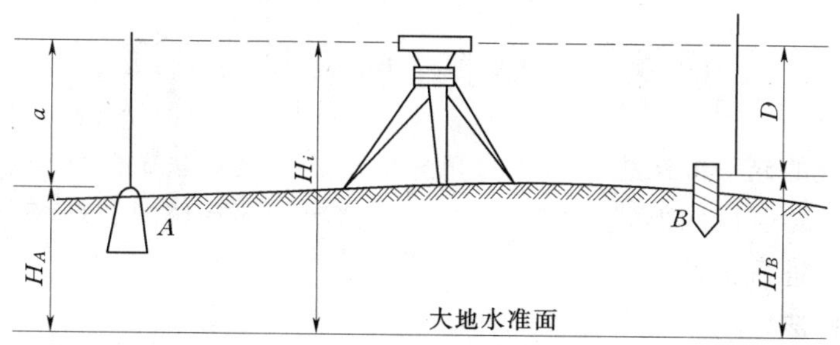

图 13-5　高程的测设

【例 13-2】 如图 13-5 所示在设计图纸上查得建筑物的室内地坪绝对高程为 $H_B=8.500$m，而附近有一个已知水准点 A，高程为 $H_A=8.350$m，现要求把建筑物的室内地坪标高测设到木桩 B 上。

解　在 B 和水准点 A 之间安置水准仪，先在水准点 A 上立尺，若尺上读数为 $a=1.050$m，则视线高程 $H_i=8.350+1.050=9.400$m。根据视线高程和室内地坪高程即可算出桩点 B 尺上的应读数为 $b_{应}=9.400—8.500=0.900$m，然后在 B 点立尺，使尺根紧贴木桩一侧上下移动，直至水准仪水平视线在尺上的读数为 0.900m 时，紧靠尺底在木桩上划一道红线，此线就是室内地坪±0.000 标高的位置。

当测设的高程与水准点之间的高差较大时，如图 13-6、图 13-7 所示在较高的楼层面上或在深基坑内测设高程时，可以用悬挂的钢尺来代替水准尺。

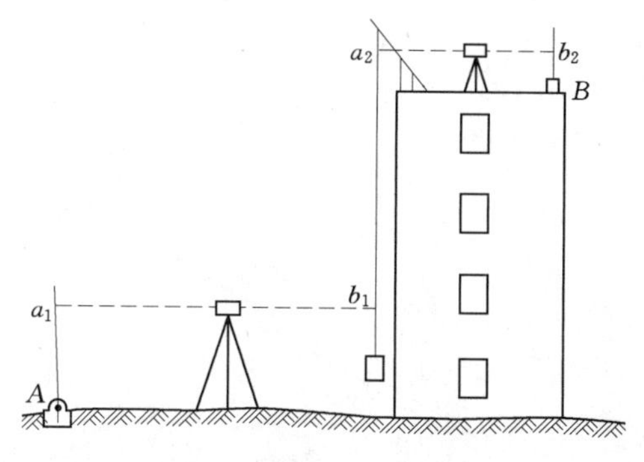

图 13-6　楼面高程的测设

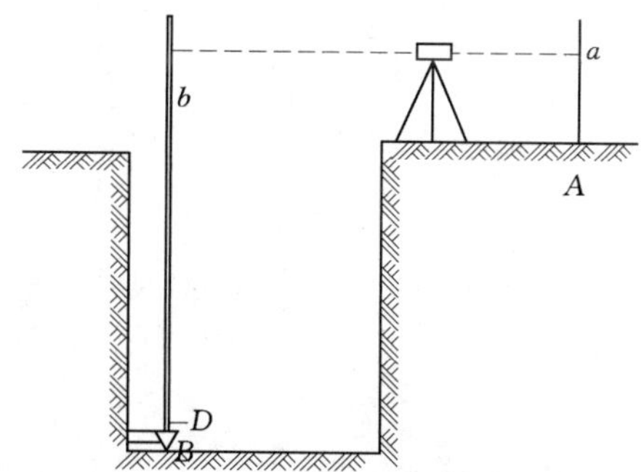

图 13-7　深基坑高程的测设

为了要在楼层面上测设出设计高程 H_B，可在楼层上架设吊杆，杆顶吊一根零点向下的钢尺，尺子下端挂一重锤。在地面和楼层面上各安置一台水准仪，设地面水准仪在已知水准点 A 点尺上读数为 a_1，在钢尺上读数为 b_1；楼层上安置的水准仪在钢尺上读数为 a_2，则 B 点尺上应有读数为

$$b_2=H_A+a_1-b_1+a_2-H_B$$

由 b_2 即可标出设计高程 H_B。

按同样方法可在深基坑内测设出已知高程。

任务四　点的平面位置的测设

点的平面位置的测设方法主要有：直角坐标法、极坐标法、角度交会法和距离交会法几种。可根据施工控制网的形式，控制点的分布情况、地形情况、现场条件及待建建筑物的测设精度要求等进行选择。

一、直角坐标法

直角坐标法是根据两个相互垂直的水平距离测设点的平面位置的方法。当施工场地布设有建筑方格网或建筑基线时，使用此方法较为方便。

如图 13-8 所示，1、2、3、4 为建筑方格网点，P、Q 为建筑物主轴线端点，其坐标分别为（x_P，y_P）、（x_Q，y_Q），PQ 与方格网线平行，今欲以直角坐标法测设 P、Q 点的平面位置。

测设时，首先计算 P 点与 1 点的纵、横坐标差：

$$\Delta x_{1P}=x_P-x_1$$

$$\Delta y_{1P}=y_P-y_1$$

在 1 点安置经纬仪，瞄准 2 点，从 1 点开始沿此方向测设距离 Δy_{1P}，定出 a 点；然后将经纬仪搬至 a 点，仍瞄准 2 点，逆时针方向测设出 90°角，沿此方向测设距离 Δx_{1P}，即得到 P 点位置。按同样方法测设出 Q 点。最后应丈量 PQ 的距离以作为检核。

其方法计算简单，施测方便、精度较高，是应用较广泛的一种方法。

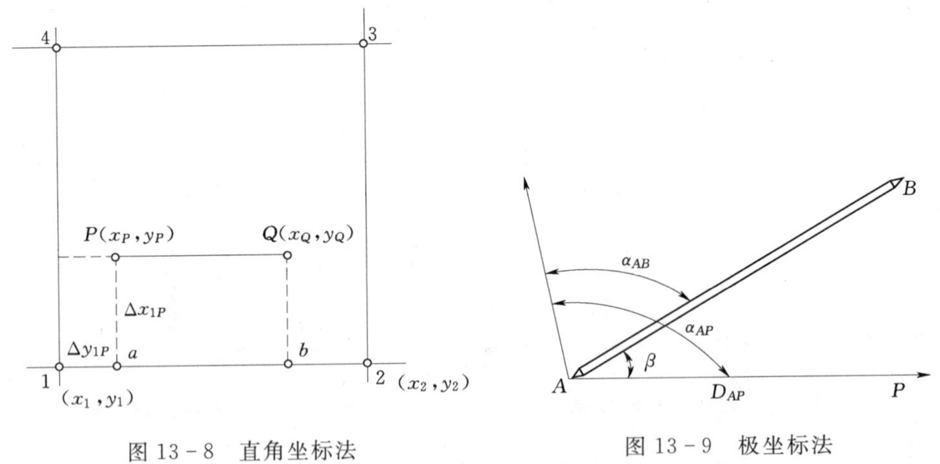

图 13-8　直角坐标法　　图 13-9　极坐标法

二、极坐标法

极坐标法是根据水平角和水平距离测设地面点平面位置的方法。当测量控制点离放样点较近，且便于量距时，可采用极坐标法测设点的平面位置。

如图 13-9 所示，P 点为欲测设的待定点，设 A、B 为已知点。为将 P 点测设于地面，首先按坐标反算公式计算测设用的水平距离 D_{AP} 和坐标方位角 α_{AB} 和 α_{AP}。

$$D_{AP}=\sqrt{(x_P-x_A)^2+(y_P-y_A)^2} \tag{13-3}$$

$$\alpha_{AB}=\arctan\frac{y_B-y_A}{x_B-x_A} \tag{13-4}$$

$$\alpha_{AP}=\arctan\frac{y_P-y_A}{x_P-x_A} \tag{13-5}$$

测设用的水平角为

$$\beta=\alpha_{AP}-\alpha_{AB} \tag{13-6}$$

测设 P 点时，将经纬仪安置在 A 点，瞄准 B 点，顺时针方向测设 β 角，得一方向线，然后在该方向线上测设水平距离 D_{AP}，即得到 P 点的平面位置。

极坐标法是根据水平角和距离测设点的平面位置。适用于测设距离较短，且便于量距的情况。

如果使用全站仪按极坐标法测设点的平面位置，则更为方便。如图 13－10 所示，设欲测设 P 点的平面位置，其施测步骤如下：

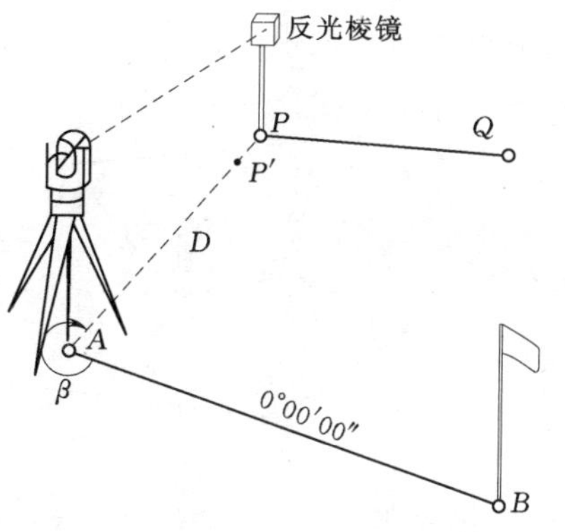

图 13－10　全站仪按极坐标法

（1）把全站仪安置在 A 点，瞄准 B 点，水平度盘设置为 0°00′00″。

（2）将控制点 A、B 的坐标和 P 点的设计坐标输入全站仪，即可自动计算出测设数据水平角 β 及水平距离 D_{AP}。

（3）测设已知角度 β（仪器能自动显示角值），在视线方向上指挥持棱镜者把棱镜安置在 P 点附近的 P' 点。

观测者指挥手持棱镜者沿已知方向线前后移动棱镜，观测者即能在仪器显示屏上测得瞬时水平距离。当显示值等于待测设的已知水平距离值，即可初定出 P 点。在 P 点安置棱镜，用全站仪精测水平距离，如有误差，用小钢尺丈量改正即可。

三、角度交会法

当测设的点位远离控制点，地形起伏较大，不便于量距时，可采用角度交会法。当使用角度交会法测设点位时，为了进行检核，应尽可能根据三个方向进行交会。

如图 13－11 所示，E、F、G、H 为已知坐标的平面控制点，P、Q 为给定设计坐标的待测设点。

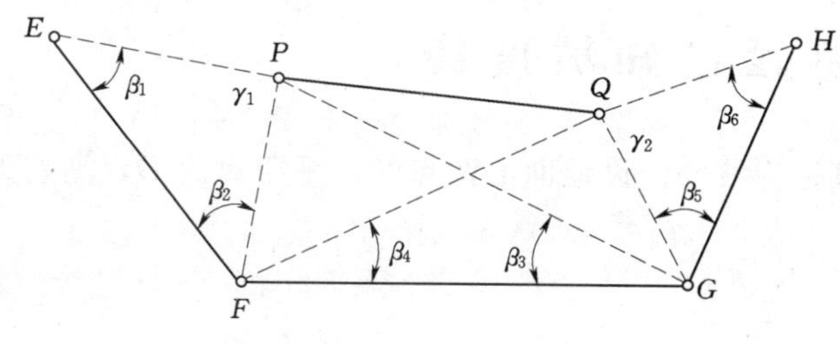

图 13－11　角度交会法

测设前根据已知控制点和待测设点的坐标，分别计算出角值 β_1、β_2、β_3、β_4、β_5、β_6，并检验交会 γ_1、γ_2 是否满足不小于 30°或不大于 120°的精度要求。测设时，可先在 E、F 安置经纬仪，测设 β_1、β_2，获得 EP、FP 两条方向线；在两观测员共同指挥下，在方向线交点处打下大木桩；然后再将两条方向线投到桩顶上。接着在 G 点安置经纬仪，测设 β_3 角，将方向线 GP 投到桩顶上，三方向线的交点即为 P 点的点位。若三条方向线不交于一点，形成一个三角形，称为示误三角形，当示误三角形的各边边长均不超过 10mm 时，取其内切圆的圆心作为 P 点的位置。按同样方法测设出 Q 点。最后用钢尺丈量 PQ 之水平距离与设计长度比较，其误差在容许范围之内，则稍微改正 P 点或 Q 点位置，使符合设计要求。如果仅用两个方向进行交会，则应重复交会，以便检核。此法又称方向线交会法。

四、距离交会法

距离交会法是根据测设的两个水平距离，交会出点的平面位置的方法。此法适用于场地平坦、易于量距，且控制点与待测设点的距离不超过一整尺长的地方。

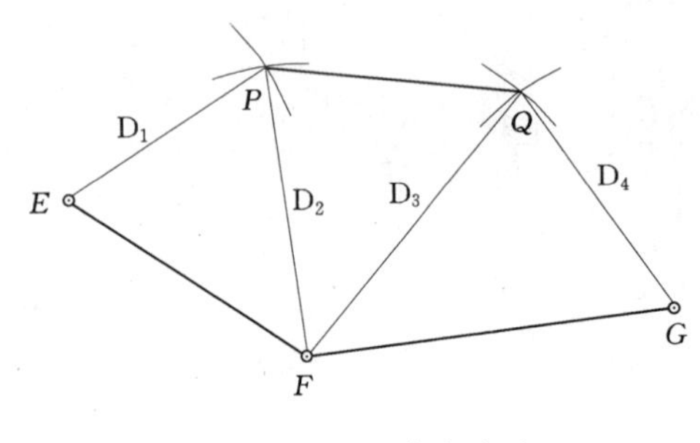

图 13-12　距离交会法

如图 13-12 所示，P、Q 为待测设点，E、F、G 为已知坐标的平面控制点。测设前，根据 P 点的设计坐标和 E、F 点的已知坐标，计算出测设距离 D_1、D_2。测设时分别用两把钢尺的零点对准 E、F 点，同时拉紧、拉平钢尺，以 D_1 和 D_2 为半径，在地面上画弧，两弧交点即为待测 P 的点位。同法可测设出 Q 点的位置。测设完毕，应检测 PQ 的距离是否与其设计值相符，以便检核。在施工中细部位置测设常用此法。

五、坐标放样法

全站仪和 GPS（RTK）都据有利用放样点数据直接测设点平面位置的功能，使用它们进行放样适合多种场合，尤其是距离较远、地形复杂时尤为方便。

1. 全站仪坐标法

将全站仪安置在已知控制点上，并选取附近另一已知控制点作为后视点，选择全站仪放样模式，设置测站点，设置后视点，输入放样点的设计坐标，根据提示进行放样。

2. GPS（RTK）坐标法

将 GPS（RTK）的基准站安置在已知控制点附近，并设置基准站；选取 2～3 个已知控制点，GPS（RTK）移动站在选取的已知控制点进行数据采集，求解 WGS-84 到地方坐标系（或施工坐标系）的转换参数；将待放样的点设计坐标值输入到移动站的电子手簿，按电子手簿上的图形指示进行放样。

任务五　测设已知坡度线

两点间的高差与其水平距离的比值称为坡度。设地面上两点的水平距离为 D，高差为 h，坡度为 i，则

$$i=\frac{h}{D} \tag{13-7}$$

坡度可用百分率（%）表示，也可用千分率（‰）表示。

一、水平视线法

当坡度较小时，用水准仪测设，如图 13-13 所示，A、B 为设计坡度线的两端点，A 点高程为 H。为了施工方便，每隔一定的距离 d 打入一木桩，要求在木桩上标出设计坡

度为 i 的坡度线。施测步骤如下：

（1）按照下列公式计算各桩点的设计高程：

$$H_{设}=H_A+id \tag{13-8}$$

第 1 点的设计高程 $H_1=H_A+id$

第 2 点的设计高程 $H_2=H_1+id$

⋮

B 点的设计高程 $H_B=H_n+id$ 或 $H_B=H_A+iD_{AB}$（用于计算检核）

（2）沿 AB 方向，按规定间距 d 标定出中间 1、2、3、…、n 各点。

（3）安置水准仪于水准点附近，读后视读数 a，并计算视线高程 H_i，$H_i=H_A+\alpha$。

（4）根据各桩的设计高程，分别计算出各桩点上水准尺的应读前视数，$b_{应}=H_i-H_{设}$。

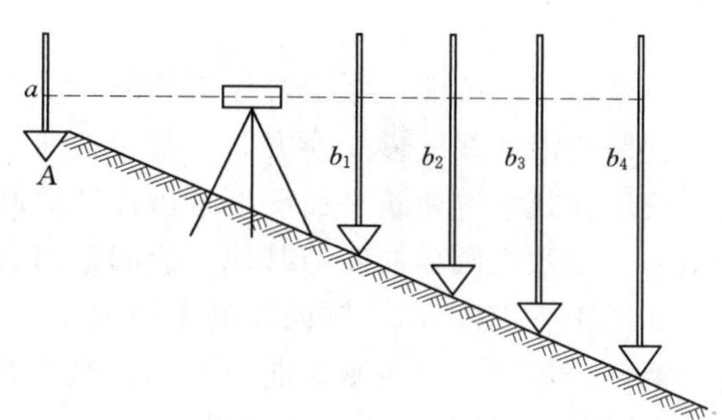

图 13－13 水平视线法

（5）在各桩处立水准尺，上下移动水准尺，当水准仪对准应读前视数时，水准尺零端对应位置即为测设出的高程标志线。

二、倾斜视线法

如图 13－14 所示，倾斜视线法是根据视线与设计坡度相同时，其竖直距离相等的原理，确定设计坡度线上各点高程位置的一种方法。当地面坡度较大，且设计坡度与地面自然坡度较一致时，适宜采用这种方法。其施测步骤如下：

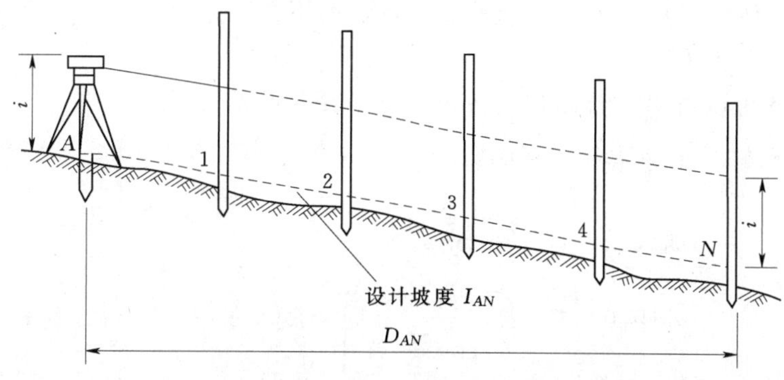

图 13－14 倾斜视线法

（1）先用高程放样的方法，将坡度线两端点的设计高程标志标定在地面木桩上。

（2）将水准仪安置在 A 点上，并量取仪器高 i。安置时，使水准仪基座上的一只脚螺旋在 AN 方向上，另两只脚螺旋的连线与 AN 方向垂直。

（3）旋转 AN 方向上的一只脚螺旋，使视线在 N 尺上的读数为仪器高 i。此时，视线与设计坡度线平行。

(4) 指挥测设中间 1，2，3，…，N 各桩的高程标志线。当中间各桩读数均为 i 时，各桩顶连线就是设计坡度线。若地面过低或过高，无法测设该处的设计高程标志，也可立尺于桩顶读出水准尺实际读数 b，由此计算出填、挖高度 h，$h=b-i$，并注记于木桩侧面。

任务六　圆曲线的测设

修建道路、隧洞、渠道等建筑物时，从一直线方向改变到另一直线方向，需用曲线连接，使路线沿曲线缓慢变换方向。常用的曲线就是圆曲线。另外，现代办公楼、饭店、医院、交通建筑物等建筑平面图形常被设计成圆弧形。有的整个建筑为圆弧形，有的建筑物是由一组或数组圆弧曲线与其他平面图形组合而成，也需要圆曲线。

如图 13-15 所示，圆曲线的半径 R 应根据地形条件和线路要求选定。线路的测设主要分两部分进行，首先测设曲线上起控制作用的主点：曲线起点 ZY、曲线中点 QZ 和曲线终点 YZ，然后依据主点再测设曲线上每隔一定距离的加密细部点，用以详细标定圆曲线的形状和位置。

一、圆曲线主点的测设

1. 圆曲线的主点

如图 13-15 所示。

ZY——直圆点，即直线与圆曲线的分界点；

QZ——曲中点，即圆曲线的中点；

YZ——圆直点，圆曲线与直线的分界点。

以上三点总称为圆曲线的主点。

JD——两直线的交点，也是一个重要的点，但不在线路上。

2. 圆曲线要素计算

由图 13-13 可以看出，若已知：转角 α 及半径 R，则

$$\left.\begin{aligned}&\text{切线长}\quad T=R\tan\frac{\alpha}{2}\\&\text{曲线长}\quad L=R\alpha\frac{\pi}{180^\circ}\\&\text{外距距}\quad E=R\left[\frac{1}{\cos\frac{\alpha}{2}}-1\right]=R\left(\sec\frac{\alpha}{2}-1\right)\\&\text{切曲差}\quad q=2T-L\end{aligned}\right\}\tag{13-9}$$

式中　T——切线长，即交点至直圆点或圆直点的直线长度；

L——曲线长，即圆曲线的长度（ZY—QZ—YZ）圆弧的长度；

E——外矢距，即交点至曲线中点的距离（JD～QZ 之间距离）；

q——切曲差，切线总长与圆曲线总长之差；

α——偏角（转向角），即直线转向角；

R——曲线半径。

T、L、E、α、R 总称为圆曲线要素，其中 α 已经在定测时测出，R 已在线路设计时选定。

3. 圆曲线主点里程的计算

交点的桩号已由中线测量得到，根据交点的桩号和圆曲线测设元素，可计算出各主点的桩号，由图 13-15 可知：

$$\left.\begin{aligned} ZY_{里程} &= JD_{里程} - T \\ QZ_{里程} &= YZ_{里程} - L/2 \\ YZ_{里程} &= ZY_{里程} + L \end{aligned}\right\} \quad (13-10)$$

为了避免计算中的错误，可用式（13-11）进行计算检核：

$$JD_{里程} = YZ_{里程} - T + q \quad (13-11)$$

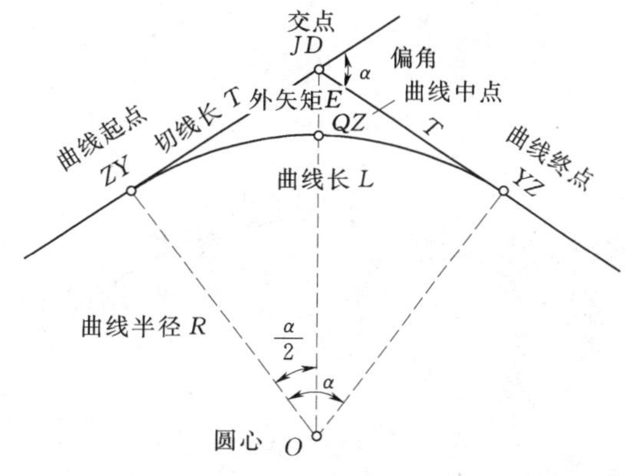

图 13-15　圆曲线的主点及测设元素

4. 圆曲线主点的测设

如图 13-15 所示，置经纬仪于交点 JD 上，将望远镜照准 ZY 方向，自交点沿此方向量切线长 T，得曲线起点 ZY；然后将望远镜照准 YZ 方向，自交点沿此方向量切线长 T，得曲线终点 YZ 桩。以 0°00′00″瞄准 YZ，测设角度 $\beta[\beta=(180°-\alpha)/2]$，可得两切线分角线方向，沿此方向从 JD 量外矢距 E，得曲线中点 QZ，这三个主点用方桩加钉小钉标志点位，并在桩侧标明桩号。

【例 13-3】　已知交点里程 JD 为 3+453.24，测得转角 $\alpha=55°43'24''$，圆曲线半径 $R=500$m，试求圆曲线要素和各主点的里程。

解　由式（13-9）可得

$$T=264.31\text{m}$$
$$L=486.28\text{m}$$
$$E=65.56\text{m}$$
$$q=42.34\text{m}$$

由式（13-10）可得

$$JD_{里程}=3+453.24$$
$$ZY_{里程}=3+188.93$$
$$QZ_{里程}=3+432.07$$
$$YZ_{里程}=3+675.21$$

检核计算：按式（13-11）算得 $JD_{里程}$ 为 3+453.24。

二、圆曲线细部点的测设

圆曲线的主点 ZY、QZ 和 YZ 定出之后，还不能在地面上标出圆曲线的形状，作为勘测及施工的依据，因而还必须在圆曲线上定出一些加密点，这些点称为细部点。细部点的间距宜为 20m，在地形复杂地段一般取为 10m，在点上要钉设木桩，以标定曲线的形状，在地形变化处还要加钉木桩（称为加桩）。圆曲线详细测设的常用方法有偏角法和切线支距法。

（一）偏角法

偏角法是利用偏角 δ_i（弦切角）和弦长 c_i 来测设圆曲线的方法。

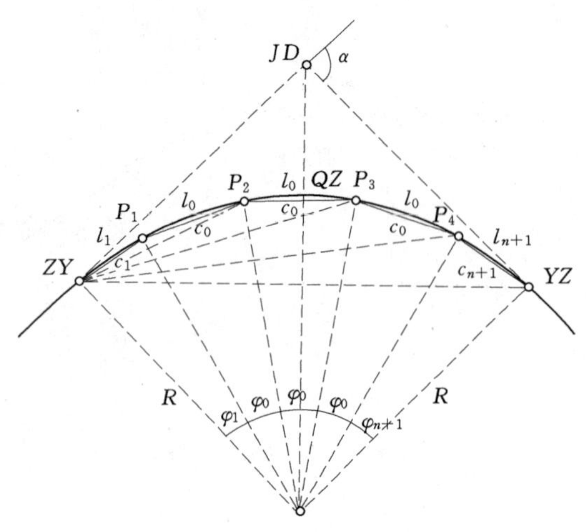

图 13-16　偏角法放样细部点示意图

1. 计算测设数据

如图 13-16 所示，里程桩按桩号分为整桩号法和整桩距法，一般采用整桩号法。按规定的弧长 10（20m、10m、5m）设里程桩。由于曲线起、终点多为非整桩号，除首、尾段的弧长 l_1、l_2 小于 l_0 外，其余桩距均为整桩距 l_0。弧长 l_1、l_2、l_0 所对应的圆心角分别为 φ_1、φ_2 和 φ，可按式（13-12）计算：

$$\left.\begin{aligned}\varphi_1&=\frac{180^\circ}{\pi}\frac{l_1}{R}\\\varphi_2&=\frac{180^\circ}{\pi}\frac{l_2}{R}\\\varphi&=\frac{180^\circ}{\pi}\frac{l_0}{R}\end{aligned}\right\}\qquad(13-12)$$

弧长 l_1、l_2、l_0 所对应的弦长分别为 c_1、c_2、c，可按式（13-13）计算：

$$\left.\begin{aligned}c_1&=2R\sin\frac{\varphi_1}{2}\\c_2&=2R\sin\frac{\varphi_2}{2}\\c&=2R\sin\frac{\varphi}{2}\end{aligned}\right\}\qquad(13-13)$$

曲线上各点的偏角等于相应所对圆心角的一半，即

第 1 点的偏角　　$\delta_1=\frac{\varphi_1}{2}$

第 2 点的偏角　　$\delta_1=\frac{\varphi_1}{2}+\frac{\varphi}{2}$

⋮

第 i 点的偏角　　$\delta_i=\frac{\varphi_1}{2}+(i-1)\frac{\varphi}{2}$　　(13-14)

终点 YZ 的偏角　　$\delta_n=\frac{\alpha}{2}$

2. 测设方法

按弦长分为长弦偏角法和短弦偏角法。

（1）长弦偏角法。

1）计算曲线上各桩点至 ZY 或 YZ 的弦线长 c_i 及其与切线的偏角 δ_i。

2）再分别架仪于 ZY 或 YZ 点，拨角、量边。

$$\delta_i=\frac{\varphi_i}{2}=\frac{l_i}{R}\frac{90^\circ}{\pi}$$

$$c_i=2R\sin\delta_i$$

或展开为

$$c_i=l_i-\frac{l_i^3}{24R^2}+\cdots$$

特点：独立测设细部点，测点误差不积累；宜以 QZ 为界，将曲线分两部分进行测设。适用于全站仪测距，不受长度限制。

（2）短弦偏角法。

与长弦偏角法相比，短弦偏角法测设方法如下：

1）偏角 δ_i 相同。

2）计算曲线上各桩点间弦线长 c_i。

3）架仪于 ZY 或 YZ 点，拨角、依次在各桩点上再量边，相交后得中桩点。

特点：逐点测设细部点，测点误差积累，测设时应细心配置角度，精确测设距离。宜以 QZ 为界，将曲线分两部分进行测设。适用于短边钢尺量距。

【例 13－4】 如图 13－17 所示，已知圆曲线的 $R=200$m，$\alpha_i=15°$，交点 JD 里程为 $K1+110.88$m，每 10m 一个整桩号，试计算按长弦偏角法测设圆曲线细部点的测设数据。

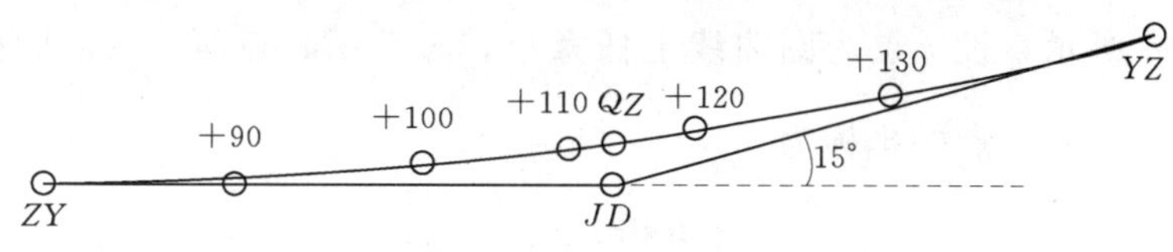

图 13－17　［例 13－4］图

解　主点测设元素计算：

$$T=R\tan\frac{\alpha}{2}=26.33\text{m}$$

$$L=R\alpha\frac{\pi}{180^\circ}=52.36\text{m}$$

$$E=R\left(\frac{1}{\cos\frac{\alpha}{2}}-1\right)=1.73\text{m}$$

$$q=2T-L=0.30\text{m}$$

主点里程计算：

$$ZY=K1+84.55$$

$$QZ=K1+110.73$$

$$YZ=K1+136.91$$

$$JD=K1+110.88\text{（检查）}$$

长弦偏角法（整桩号）各桩要素的计算表见表 13－1。

表 13-1　**圆曲线偏角法放样数据表**

里程桩号	曲线长 l_i/m	偏角值 δ_i/(° ′ ″)	偏角读数/(° ′ ″)	弦长 c_i（长弦法）/m
ZY　*K*1+84.55	0	0 00 00	0 00 00	0
*K*1+90	5.45	0 46 50	359 13 10	5.45
*K*1+100	15.45	2 12 47	357 47 13	15.45
*K*1+110	25.45	3 38 44	356 21 16	25.43
QZ　*K*1+110.73				
*K*1+120	16.91	2 25 20	2 25 20	16.91
*K*1+130	6.91	0 59 23	0 59 23	6.91
YZ　*K*1+136.91	0	0 00 00	0 00 00	0

注　l_i 是各里程桩至 *ZY* 或 *YZ* 点里程之差；$\delta_i=\frac{\varphi_i}{2}=\frac{l_i}{R}\frac{90°}{\pi}$；$c_i=2R\sin\delta_i$。

（二）切线支距法

切线支距法又称直角坐标法。它是以曲线的起点 *ZY* 或终点 *YZ* 为坐标原点，以该点切线为 x 轴，过原点的半径为 y 轴建立坐标系。

1. 计算测设数据

如图 13-18 所示，设 i 点为圆曲线上任意点，φ_i 为 *ZY* 点至 i 点的圆弧所对的圆心角，$\varphi_i=\frac{180°}{\pi}\cdot\frac{l_i}{R}$，则 i 点的坐标为

$$\left.\begin{aligned}x_i&=R\sin\varphi_i\\y_i&=R(1-\cos\varphi_i)\end{aligned}\right\}\tag{13-15}$$

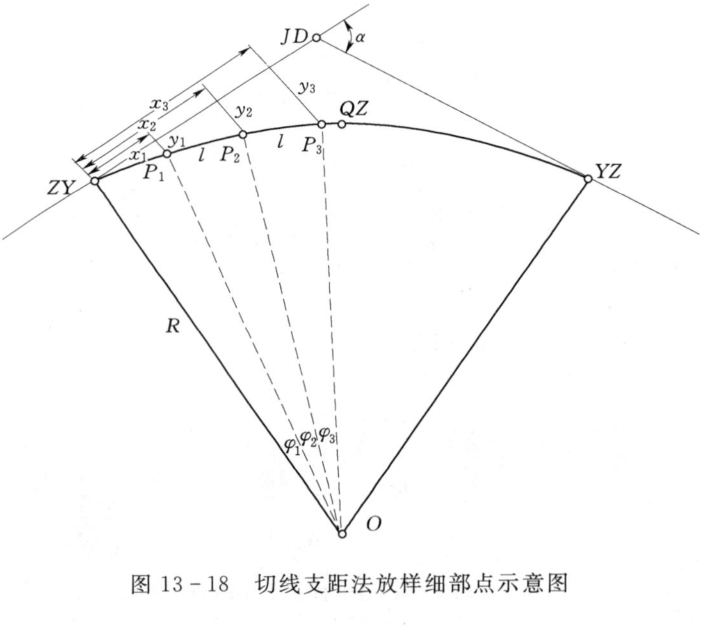

图 13-18　切线支距法放样细部点示意图

将式（13-15）按级数展开得如下关系式：

$$\left.\begin{aligned} x_i &= l_i - \frac{l_i^3}{6R^2} + \frac{l_i^5}{120R^4} \\ y_i &= \frac{l_i^2}{2R} - \frac{l_i^4}{24R^3} + \frac{l_i^6}{720R^5} \end{aligned}\right\} \tag{13-16}$$

式中　l_i——i 点至 ZY 点之间的弧长；

　　R——圆曲线半径。

2. 测设方法

(1) 在 ZY 点安置经纬仪，定出切线方向，沿视线方向分别量取 x_1，x_2，x_3，…并标定各点。

(2) 在标定的各点上安置经纬仪拨直角方向或用方向架，分别量取支距 y_1，y_2，y_3，…由此得到曲线上 1，2，3，…各点的位置。

(3) 曲线另一半以 YZ 为坐标原点，用同样的方法测设。

(4) 测量曲线上相邻点间的距离（弦长）与计算长度比较，依次作为测设工作的检核。

【例 13-5】 设某单圆曲线偏角 $\alpha=34°12'00''$，$R=200$m，主点桩号为 ZY K4+906.90，QZ K4+966.59，YZ K5+026.28，按每 20m 一个桩号的整桩号法，计算各桩的切线支距法坐标。

解　主点测设元素计算：

$$T=R\tan\frac{\alpha}{2}=61.53\text{m}$$

$$L=R\alpha\frac{\pi}{180°}=119.38\text{m}$$

$$E=R\left(\frac{1}{\cos\frac{\alpha}{2}}-1\right)=9.25\text{m}$$

$$q=2T-L=3.68\text{m}$$

主点里程计算：

$$ZY=K4+906.90$$

$$QZ=K4+966.59$$

$$YZ=K5+026.28$$

$$JD=K4+968.43\text{（检查）}$$

切线支距法（整桩号）各桩要素的计算表见表 13-2。

表 13-2　**圆曲线切线支距法放样数据表**

里程桩号 /m		ZY（YZ）至桩的曲线长/m	圆心角 φ_i 小数度/(°)	切线支距法坐标	
				x_i/m	y_i/m
ZY K4+906.90	4906.9	0	0	0	0
K4+920	4920	13.1	3.752873558	13.090635	0.428871637
K4+940	4940	33.1	9.482451509	32.949104	2.732778823

续表

里程桩号/m		ZY（YZ）至桩的曲线长/m	圆心角 φ_i 小数度/(°)	切线支距法坐标	
				x_i/m	y_i/m
K4+960	4960	53.1	15.21202946	52.478356	7.007714876
QZ K4+966.59	—	—	—	—	—
K4+980	4980	46.28	13.25824338	45.868087	5.330745523
K5+000	5000	26.28	7.528665428	26.20444	1.724113151
K5+020	5020	6.28	1.799087477	6.2789681	0.098587899
YZ K5+026.28	5026.28	0	0	0	0

注　l_i 是各里程桩至 ZY 或 YZ 点里程之差。

（三）圆曲线坐标放样法

全站仪和 GPS（RTK）都可以利用放样点坐标数据直接测设点平面位置的功能，使用它们进行放样适合多种场合，尤其是距离较远、地形复杂使尤为方便。

【例 13-6】 转角 $\alpha=10°49'$，圆曲线半径 $R=1200$m，$JD_{里程}=4+522.31$，$l_0=20$m。计算结果见表 13-3。

表 13-3　　圆曲线主点参数和详细测设参数计算表

已知参数	转角：$\alpha=10°49'$	设计半径：$R=1200$m
	交点里程：$JD_{里程}=4+522.31$	整桩间距：$l_0=20$m
定位参数	切线长：$T=113.61$m	弧长：$L=226.54$m
	外矢距：$E=5.37$m	切曲差：$q=0.68$
主点里程	ZY 点里程：4+408.70	YZ 点里程：4+635.24
	QZ 点里程：4+521.97	JD 点里程：4+522.31（验算）

详细测设参数			切线支距法 原点：ZY x 轴：ZY−JD		偏角法 测站：ZY 起始方向：ZY−JD	
点名	桩号里程 /(km　m)	累计弧长 /m	x/m	y/m	δ_i/(°　′　″)	c_i/m
ZY	4+408.70	0	0	0		
1	4+420.00	11.30	11.30	0.05	0 16 11	11.29
2	4+440.00	31.30	31.30	0.41	0 44 49	31.29
3	4+460.00	51.30	51.28	1.10	1 13 28	51.29
4	4+480.00	71.30	71.26	2.18	1 42 07	71.28
5	4+500.00	91.30	91.21	3.47	2 10 46	91.27
6	4+520.00	111.30	111.14	5.16	2 39 25	111.25
QZ	4+521.97	113.27	113.10	5.34	2 42 15	113.22
7	4+540.00	131.30	131.04	7.18	3 08 04	131.23
8	4+560.00	151.30	150.90	9.53	3 36 43	151.19
9	4+580.00	171.30	170.72	12.21	4 05 22	171.15
10	4+600.00	191.30	190.49	15.22	4 34 00	191.09
11	4+620.00	211.30	210.21	18.56	5 02 39	211.02
YZ	4+635.24	226.54	225.20	21.32	5 24 30	226.20

小　结

本项目着重介绍了施工放样的基本工作，学习本项目，主要掌握以下知识点。

1. 施工放样的原则

施工测量和测图工作一样，必须遵循“从整体到局部、先控制后细部”的原则。

2. 施工放样的基本工作

已知水平距离测设、已知水平角测设和已知高程测设是施工放样的三项基本工作。在地面上标定已知长度时，结合地形情况、实际尺长及丈量时的温度等，要进行尺长改正、温度改正、倾斜改正；在地面上测设水平角时，一般采用盘左、盘右测设取其平均位置；设计高程放样的方法，主要采用水准测量的方法，根据已知点的高程和放样点的设计高程，利用水准仪在已知尺上的读数求放样点的水准尺上的读数。

3. 点的平面位置测设

测设点的平面位置可用直角坐标法、极坐标法、角度交会法和距离交会法。具体选用哪种方法，应视具体情况而定。无论采用哪种方法都必须先根据设计图纸上的控制点坐标和待放样点的坐标，算出放样数据，画出放样示意草图，再到实地放样。

4. 已知坡度的测设

当已知坡度较小时适用水准仪来测设，用水准仪测设的关键是坡度平行视线的确定。当已知坡度较大时则应用经纬仪测设。

5. 圆曲线测设

圆曲线要素的计算即切线长、曲线长、外矢距、切曲差。圆曲线主点的测设方法；圆曲线细部点测设方法包括偏角法和切线支距法。

拓展和能力测试题

一、填空题

1. 施工放样的基本工作主要是__________、__________和高程放样。

2. 地面点平面位置放样的基本方法是__________、极坐标法、__________、距离交会法。

3. 施工测量的精度最终体现在施工点位的精度，因此应根据__________和________进行施工测量。

4. __________是作为工程施工和运行管理阶段中进行各种测量的依据。

5. 施工放样的作业目的和顺序和地形测量__________。

6. 施工放样的精度与建筑物的大小、结构形式和__________等因素有关。

7. 施工测量的精度和速度直接影响到整个工程的__________和__________。

8. 加桩分为__________、__________、__________、__________四种。

9. 用切线支距法测设圆曲线一般是以______为坐标原点，以__________为 x 轴，以________________为 y 轴。

10. 测设圆曲线，已知交点桩号为（0＋302.60）m，$\alpha=30°42'18''$（右偏角），$R=$

100m，则 ZY 里程桩号__________。

二、选择题

1. 测设点的平面位置通常有直角坐标法、距离交会法、角度交会法和（　　）四种方法。

A. 方位交会法　B. 极坐标法　C. 高程交会法　D. 高差交会法

2. 直角坐标法测设点位的适用条件是（　　）。

A. 各种形状的建筑物定位、放线均可

B. 矩形建筑物，且于定位依据平行或垂直

C. 距离长、地形复杂、不便量距

D. 场地平坦、易于量距，且距离小于一尺段长

3. 已知水准点高程 H_{BM}=44.680m，某建筑设计室内地坪高程为 $H_{设}$=45.000m。用水准仪观测已知点的读数 1.556m，那么在地坪控制桩读数为（　　）。

A. 1.236　B. 46.236　C. 46.556　D. 无法确定

4. 测设的基本工作是测设已知的（　　）、水平角和高程。

A. 空间距离　B. 水平距离　C. 空间坐标　D. 平面坐标

5. 测设已知的水平角，可采用正倒镜分中法和（　　）。

A. 盘左盘右分中法　B. 角度距离分中法　C. 归化法　D. 改正法

6. 渠道中线测量中，测得某交点的右角为 130°，则其转角为（　　）。

A. $\alpha_{右}=50°$　B. $\alpha_{左}=50°$　C. $\alpha=130°$

7. 采用偏角法测设圆曲线时，其偏角应等于相应弧长所对圆心角的（　　）。

A. 2 倍　B. 1/2　C. 2/3　D. 3 倍

8. 按桩距在曲线上设桩，通常有两种方法，即（　　）和整桩距法。

A. 零桩距法　B. 倍桩距法　C. 整桩号法　D. 零桩号法

9. 曲线（圆曲线和缓和曲线）的详细测设方法，主要有（　　）法和偏角法。

A. 直角法　B. 交会支距法　C. 偏角支距法　D. 切线支距法

10. 曲线测设中，若路线交点（JD）不能设桩或安置仪器的情况，称为（　　）。

A. 假交　B. 虚交　C. 难交　D. 复交

三、简答题

1. 施工测量的工作要求有哪些？

2. 什么是极坐标法？极坐标法适用于什么情况？放样的数据是什么？如何计算？试画图举例说明。

四、简答题

1. 如图 13-19 所示，A、B 为地面已知点，欲测设 $\angle BAP=90°00'00''$。用一般方法测设后，又精确地测得其角值为 $90°00'36''$。设 AP=100.00m，问 P 点应如何进行改正？

2. 设水准点 A 的高程 H_A=25.362m，距离 A 点 50m 处放样 B 点，使 B 点设计高程 H_B=24.500m，水准仪置于 A、B 之间，后视 A 点的读数为 1.256m，试问如何测设 B 点？试求 AB 直线的坡度？

3. 如图 13-20 所示，A、B 为建筑场地已有控制点，其坐标为 x_A=858.750m、y_A=

613.140m；x_B = 825.430m、y_B = 667.380m。P 为放样点，其设计坐标为：X_P = 805.000m，Y_P=645.000m，计算用极坐标法从 B 点测设 P 点点位所需的数据。

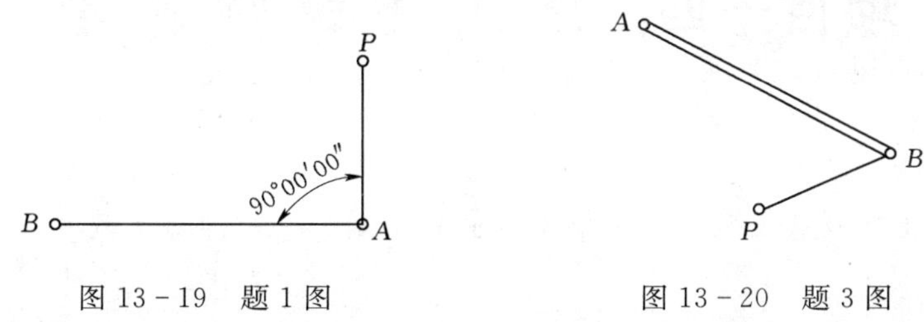

图 13-19　题 1 图　　　　图 13-20　题 3 图

4. 已知圆曲线 R=300m，转角 α=30°45′（右偏），转折点桩号为（3+376.86）m，试计算该曲线的定位元素，主点里程参数和详细测设参数。

项目十四　水工建筑物测量

【教学目标】

应初步掌握土坝的施工测量、混凝土坝的施工测量、水闸施工测量。

【教学要求】

任　　务	能　力　要　求	相　关　知　识
土坝的施工测量	（1）了解土坝控制测量； （2）了解清基开挖线的放样； （3）了解起坡线的放样； （4）了解坝体边坡的放样，坡面修复	（1）土坝控制测量； （2）土坝高程控制测量； （3）清基开挖线的放样； （4）起坡线的放样； （5）坝体边坡的放样，坡面修复
混凝土坝的施工测量	（1）了解坝身控制网的建立； （2）了解高程控制网的建立； （3）了解坡脚线开挖的放样； （4）了解混凝土重力坝立模放样	（1）坝身控制网的建立； （2）高程控制网的建立； （3）坡脚线开挖的放样； （4）混凝土重力坝立模放样
水闸施工测量	（1）了解主轴线的测设； （2）了解高程控制网的建立； （3）了解基础开挖线的放样； （4）了解水闸底板的放样	（1）主轴线的测设； （2）高程控制网的建立； （3）基础开挖线的放样； （4）水闸底板的放样

水利工程一般由若干建筑物组成，这些建筑物的综合体称为水利枢纽。按照这些建筑物在该综合体中的主要任务和作用不同，一般将其分为挡水建筑物、泄水建筑物、通航建筑物、为发电而建的建筑物。挡水建筑及拦河大坝，是主要的水工建筑物，按照其建筑物材料和结构分为土石坝、混凝土重力坝、拱坝和支墩坝。本项目分别介绍土石坝、混凝土重力坝及拱坝建设中的测量工作，按照大坝的施工顺序，测量工作一般应完成下例任务：布设平面和高程基本控制网，控制整个工程的施工放样；确定坝轴线和布设控制坝体细部放样的定线控制网；清基开挖的放样；坝体细部放样等。

任务一　土坝施工测量

一、土坝控制测量

建立土坝施工控制网应首先根据基本网确定坝轴线，然后以坝轴线为依据布设坝身控制网以控制坝体细部的放样。现分述如下。

（一）坝轴线的确定

对于中小型土坝的坝轴线，一般是由工程设计人员和勘测人员组成选线小组，深入现

场进行实地踏勘，根据当地的地形、地质和建筑材料等条件，经过方案比较，直接在现场选定。

对于大型土坝以及与混凝土坝衔接的土质副坝，一般经过现场踏勘，图上规划等多次调查研究和方案比较，确定建坝位置，并在坝址地形图上结合枢纽的整体布置，将坝轴线标于地地形图上。如图 14-1 中的 M_1、M_2。再根据预先建立的基本控制网用角度交会法将 M_1 和 M_2 放样到地面上。

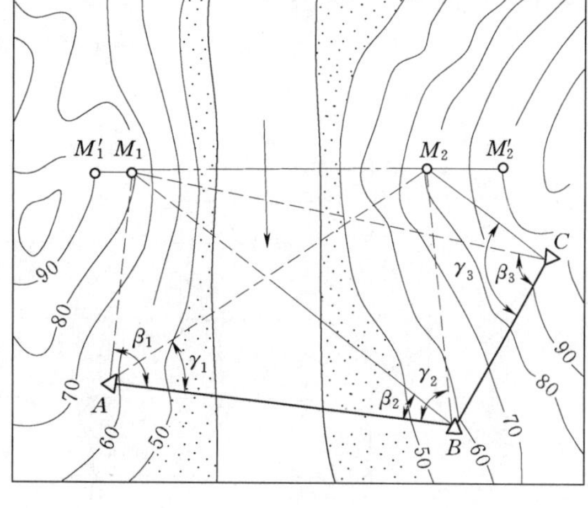

图 14-1 坝轴线测设示意图

坝轴线的两端点在现场标定后，应用永久性标志标明。为了防止施工时端点被破坏，应将坝轴线的端点延长到两面山坡上，如图 14-1 中的 M_1'、M_2'。

（二）建立平面控制网

直线型坝的放样控制网通常采用矩形网或正方形网格作平面控制。网格的大小与坝体大小和地面情况有关。

1. 测设坝轴线垂直线

具体测设步骤和方法如下：

(1) 在坝轴线两端找出与坝顶设计高程相同的地点（即坝顶端点）。为此，将经纬仪安置在坝轴线上，以坝轴线定向；从水准点向上引测高程，当水准仪的视线高达到略高于坝设计高程时，算出符号坝顶设计高程应有的前视标尺读数，在指挥标尺在坝轴线上移动寻找两个坝轴端点，并打桩标定，如图 14-2 中的 M、N。

(2) 以任一个坝顶端点作为起点，每隔一定距离设置里程桩，在坡度显变化的地方设置加桩。当距离丈量有困难时，可采用交会法定出里程桩的位置。如图 14-2 所示，在便于量距的地方作坝轴线 MN 的垂线 EF，用钢尺量出 EF 的长度，测出水平角 $\angle MEF$，算出平距 ME。

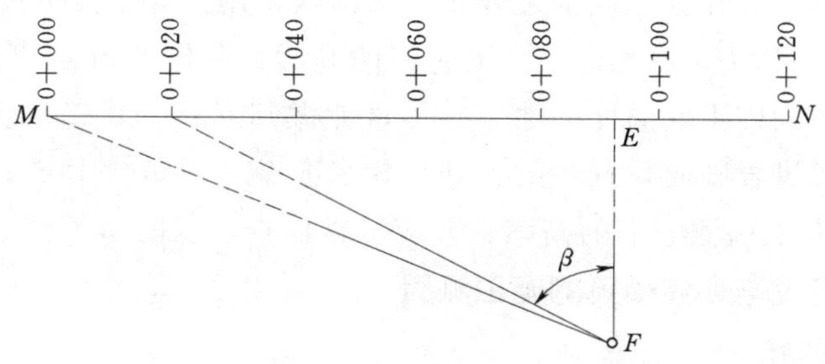

图 14-2 测设坝轴垂直线

这时，设欲放样的里程桩号为 0+020，先按公式 $\beta=\tan^{-1}\dfrac{ME-20}{EF}$ 计算出 β 角，然后用两台经纬仪分别在 M 点和 F 点设站，M 点的经纬仪以坝轴线定向，F 点的经纬仪测设出β角，两仪器视线的交点即为0+020桩的位置。其余各桩按同法标定。

（3）在各里程桩上测设坝轴线的垂线。垂线测设后，应向上、下游延长至施工影响范围之外，打桩编号，如图14-3所示。

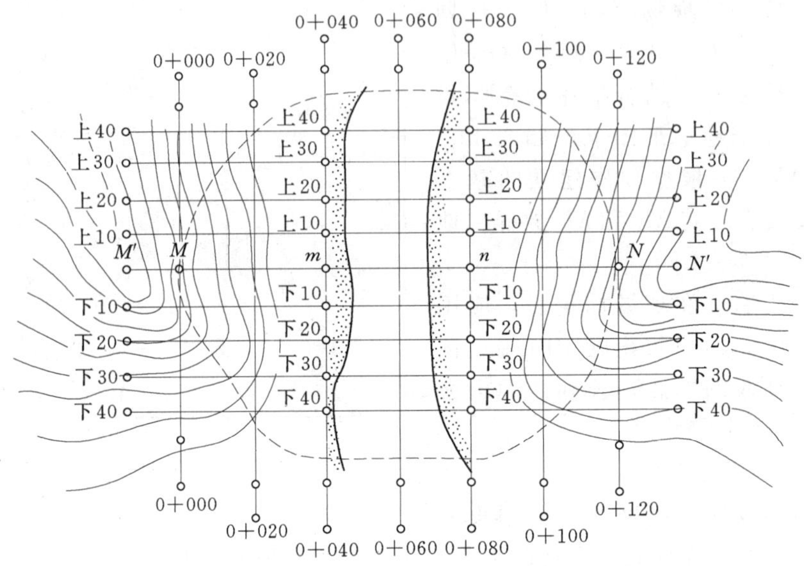

图14-3　矩形平面控制网的建立

2. 测设坝轴平行线

在河滩上选择两条便于量距的坝轴垂直线，根据所需间距，从坝轴里程桩起，沿垂线向上、下游丈量定出各点，并按轴距（即至坝线的平距）进行编号，如上10，上20，…，下10，下20，…两条垂线上编号相同的点连线即坝轴平行线，应将其向两头延长至施工影响范围之外，打桩编号（图14-3）。

在测设平行线的同时，还可一道放出坝顶肩线和变坡线，它们也是坝轴平行线。

（三）高程控制网的建立

用于土坝施工放样的高程控制，可由若干个永久性水准点组成基本网和临时作业水准点两级布设。基本网一般在施工范围之外布设水准点，用三等水准量按环形路线（图14-4）中由$Ⅲ_A$经BM_1～BM_2，在至$Ⅲ_A$测定它们的高程；临时水准点直接用于坝体的高程放样，布置在施工范围内不同高度的地方并尽可能做到安置一、二次仪器就能放样高程。临时水准点根据施工进程临时设置，附合到永久水准点上（如图14-4中由BM_1经1～3再至BM_3）从水准基点引测它们的高程，并应经常检查，以防由于施工影响发生变动。

二、土坝清基开挖与坝体填筑的施工测量

1. 清基开挖线放样

清基开挖线是坝体与自然地面的交线，亦即自然地表上的坝脚线。套绘断面法是最简易的清基开挖线放样方法。

此法与渠道断面放样相仿。首先测定各里程桩高程，沿垂直线方向测绘断面图（即横面图），在各断面图上再套绘坝体设计断面（图14-5），从图上量出两断面线交点（即坝

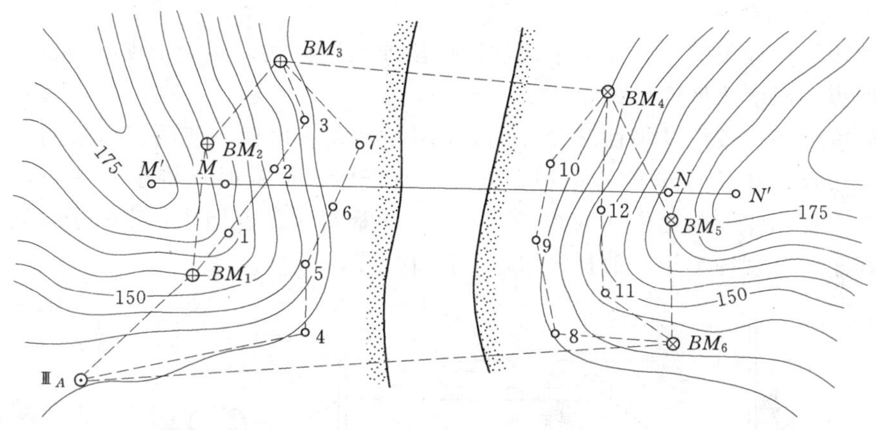

图 14-4　高程控制网

脚点）至里程桩的距离（见图 14-5 中的 D_1 和 D_2），然后据此在实地垂线上放样出坝脚点。将各垂线上的坝脚点连起来就是清基开挖线。但清基有一定的深度，为了防止塌方，应放一定的边坡，因此实际开挖需根据地质情况从所定开挖线向外放宽一定距离，撒上白灰标明，如图 14-3 中的虚线所示。

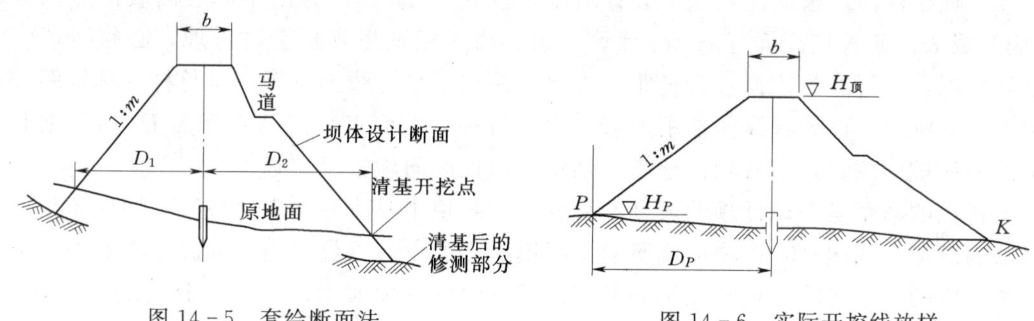

图 14-5　套绘断面法

图 14-6　实际开挖线放样

2. 起坡线的放样

清基完工后，位于基坑底面上的坝脚线称为起坡线。起坡线是填筑土石或浇筑混凝土的边界线。起坡线的放样也可采用套绘断面法。如果采用断面法，首先必须恢复里程桩，修测横断面图（即在原断面图上修测坝脚开挖线部分），从修测后的横断面图上量出坝脚点的轴距再去放样。

起坡线的放样精度要求较高。无论采用哪种方法放样，都应进行检查。如图 14-6 所示，设所放样的点位 P，检查时，用水准测量测定此点高程为 H_P，则此点至坝轴里程桩的实地平距（或放点时所用的平距）D_P 应等于按下式所算出来的轴距，即

$$D_P=\frac{b}{2}+(H-H_P)m$$

如果实地平距与计算的轴距相差大于 1/1000，应在此方向移动标尺重测高程和重量平距，直至量得立尺点的平距等于所算出的轴距为止，这时的立尺才是起坡点应有的位置。所有起坡点标定后，连成起坡线。

3. 坝体边坡的放样

土石坝边坡放样很简单，通常采用坡度尺法或轴距杆法。混凝土坝的边坡放样必须装置模板，模板的斜度用坡度尺确定。

(1) 坡度尺法。按设计坝面坡度 1∶m 特制一个大三角板，使两直角边的长度分别为1市尺和 m 市尺；在长为 m 的直角边上安一个水准管。放样时，将小绳一头系于起坡桩上，另一头系在坝体横断面方向的竹杆上，将三角板斜边靠着绳子，当绳子拉到水准气泡居中时，绳子的坡度即等于应放样的坡度（图 14-7）。

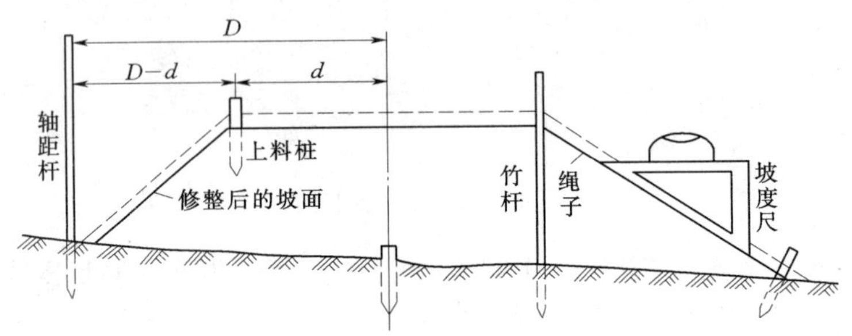

图 14-7　坡度尺法

(2) 轴距杆法。根据土石坝的设计坡度，按式 (13-5) 算出不同层高坡面点的轴距 d，编制成表。此表按高程每隔 1m 计算一值。由于坝轴里程桩会被淹埋，必须以填土范围之外的坝轴平行线为依据进行量距。为此，在这条平行线上设置一排竹杆（称轴距杆），如图 14-7 所示。设平行线的轴距为 D，则上料桩（坡面点）离轴距杆为 $D-d$，据此即可定出上料桩的位置。随着坝体增高，轴距杆可逐渐向坝轴线移近。

上料桩的轴距是按设计坝面坡度计算的，实际填土时应超出上料位置，即应留出夯实和修整的余地，如图 14-7 中虚线所示。超填厚度由设计人员提出。混凝土坝的中间部分是分块立模的，应先将分块线投影到基础面或已浇好的坝面上，再在离分块线 0.2m 的地方弹出一条平行墨线，以供检查和校正模板之用。在沿分块线立模时，在模板顶部钉一颗长 0.2m（包括模板厚）的钉子，吊下垂球，若垂球正对平行线，则说明模板已竖直。

任务二　混凝土坝的施工测量

混凝土坝主要有混凝土重力坝、拱坝和支墩坝。下面就介绍常用的混凝土重力坝的施工测量工作。主要是施工控制测量和立模放样。

一、混凝土坝的施工控制测量

混凝土坝按其结构和建筑材料相对土坝来说较复杂，其放样精度比土坝要求高。施工平面控制网一般按两级布设，不多于三级，精度要求最末一级控制网的点位中误差一般不超过±10mm。

1. 基本平面控制网

如图 14-8 所示，基本网作为首级平面控制，一般布设成三角网，并应尽可能将坝轴线的两端点纳入网中作为网的一条边。根据建筑物重要性不同要求，一般按三等以上三角

测量的要求施测。为了减少安置仪器的对中误差，三角点一般建造混凝土观测墩，并在墩顶埋设强制对中设备，以便安置仪器和和觇标。

2. 坝体控制网

混凝土坝采取分层施工，每一层中还分跨分仓（或分段分块）进行浇筑。坝体细部常用方向线交会法和前方交会法放样，为此，坝体放样的控制网——定线网，有矩形网和三角网两种，前者以坝轴线为基准，按施工分段分块尺寸建立矩形网，后者则由基本网加密建立三角网作为定线网。

（1）矩形网。图 14－9 为直线型混凝土重力坝分层分块示意图，图 14－10 为以坝轴线 AB 为基准布设的矩形网，它是由若干条平行和垂直于坝轴线的控制线所组成，格网尺寸按施工分段分块的大小而定。

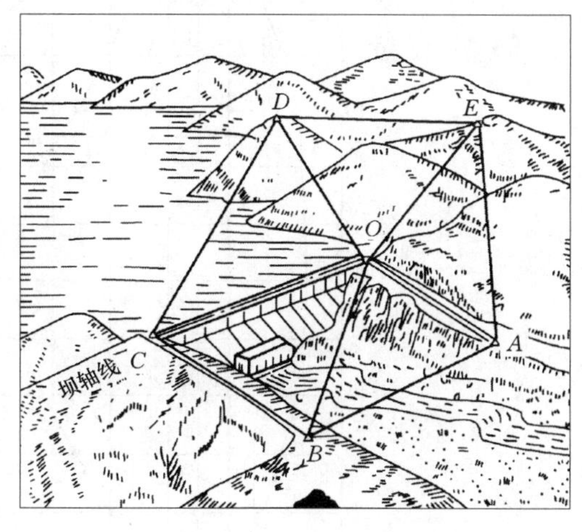

图 14－8　施工平面控制网

测设时，将经纬仪安置在 A，照准点 B，在坝轴线上选甲、乙两点，通过这两点测设与坝轴线相垂直的方向线，由甲、乙两点开始，分别沿垂直方向按分块的宽度钉出 e、f 和 g、h、m 以及 e'、f'和 g'、h'、m'等点。最后将 ee'、ff'、gg'、hh'及 mm'等连线延伸到开挖区外，在两侧山坡上设置Ⅰ，Ⅱ，…，Ⅴ和Ⅰ′，Ⅱ′，…，Ⅴ′等放样控制点。

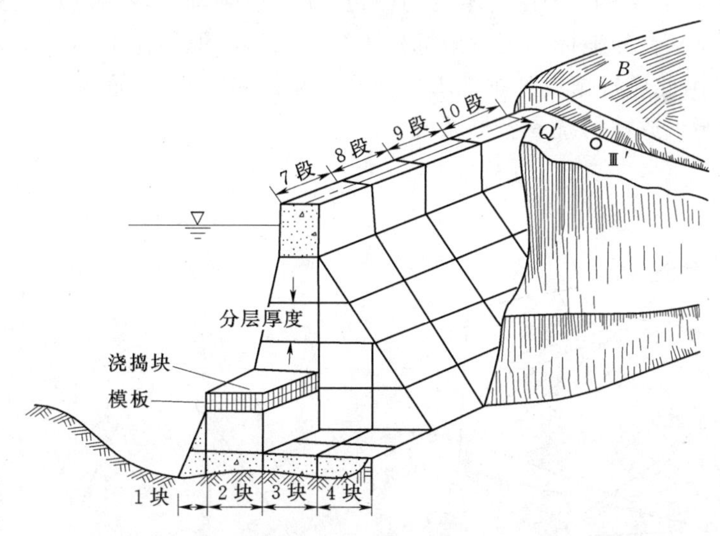

图 14－9　直线型混凝土重力坝分层分块示意图

然后在坝轴线方向上，按坝顶的高程，找出坝顶与地面相交的两点 Q 与 Q'（方法可参见土坝控制测量中坝身控制线的测设），再沿坝轴线按分块的长度钉出坝基点 2，3，…，10，通过这些点各测设与坝轴线相垂直的方向线，并将方向线延长到上、下游围堰上或两侧山坡上，设置 1′，2′，…，11′和 1″，2″，…，11″等放样控制点。

在测设矩形网的过程中，测设直角时须用盘左盘右取平均值，丈量距离应细心校核，

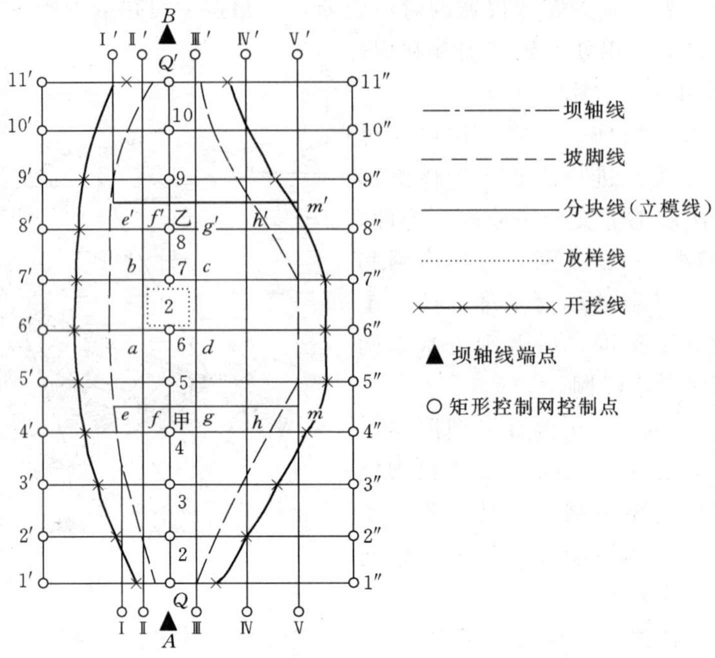

图 14-10　矩形控制网

以免发生差错。

（2）三角网。图 14-11 为由基本网的一边 AB（拱坝轴线两端点）加密建立的定线网 $ADCBFEA$，各控制点的坐标（测量坐标）可测算求得。但坝体细部尺寸是以施工坐标系 XOY 为依据的，因此应根据设计图纸求算得施工坐标系原点 O 的测量坐标和 OX 的坐标方位角，换算为便于放样的统一坐标系统。

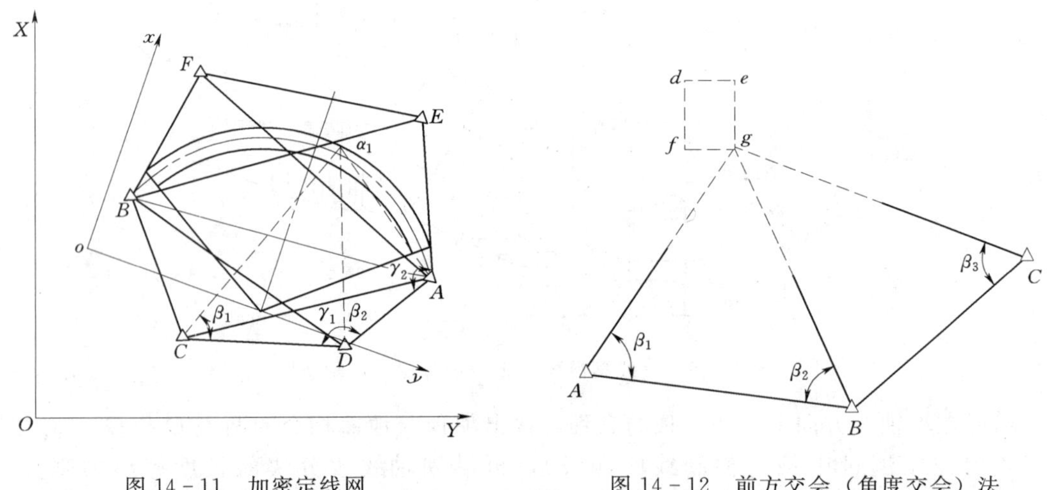

图 14-11　加密定线网　　　　图 14-12　前方交会（角度交会）法

3. 高程控制网

高程控制分布两级布设，基本网是整个水利枢纽的高程控制。视工程的不同要求按二

等或三等水准测量施测，并考虑以后可用作监测垂直位移的高程控制。作业水准点或施工水准点，随施工进程布设，尽可能布设成闭合或附合水准路线。作业水准点大多布设在施工区内，应经常由基本水准点检测其高程，如有变化应及时改正。

二、混凝土坝清基开挖线放样

清基开挖线是确定对大坝基础进行清除基岩表层松散物的范围，它的位置根据坝两侧坡脚线、开挖深度和坡度决定的。标定开挖线一般采用图解法，和土石坝一样先沿坝轴线进行纵横断面测量绘出纵横断面图，由各横断面图上定坡脚点，获得坡脚线及开挖线。

实地放样时，可采用与土石坝开挖线放样相同的方法，在各横断面上由坝轴线向两侧量距得开挖点。在清基开挖过程中，还应控制开挖深度，在每次爆破后及时在基坑内选择较低的岩面测定高程（精确到 cm 即可），并用红漆标明，以便施工人员和地质人员掌握开挖情况。

三、混凝土坝坝体的立模放样

1. 坡脚线的放样

基础清理完毕，可以开始坝体的立模浇筑，立模前首先找出上、下游坝坡面与岩基的接触点，即分跨线上下游坡脚点。

2. 直线型重力坝的立模放样

在坝体分块立模时，应将分块线投影到基础面上或已浇好的坝块面上，模板架立在分块线上，因此分块线也叫立模线，但立模后立模线被覆盖，还要在立模线内侧弹出平行线，称为放样线（图 14-10 中虚线所示），用来立模放样和检查校正模板位置。放样线与立模线之间的距离一般为 0.2～0.5m。

（1）方向线交会法。如图 14-10 所示的混凝土重力坝，已按分块要求布设了矩形坝体控制网，可用方向线交会法，先测设立模线。如要测设分块 2 的顶点 b 的位置，可在 $7'$ 点安置经纬仪，瞄准 $7''$ 点，同时在Ⅱ点安置经纬仪，瞄准Ⅱ′点，两架经纬仪视线的交点即为 b 的位置。在相应的控制点上，用同样的方法可交会出这分块的其他三个顶点的位置，得出分块 2 的立模线。利用分块的边长及对角线校核标定的点位，无误后在立模线内侧标定放样线的四个角顶，如图 14-10 中分块 $abcd$ 内的虚线。

（2）前方交会（角度交会）法。如图 14-12 所示，由 A、B、C 三控制点用前方交会法先测设某坝块的四个角点 d、e、f、g，它们的坐标由设计图纸上查得，从而与三控制点的坐标可计算放样数据——交会角。如欲测设 g 点，可算出 β_1、β_2、β_3，便可在实地定出 g 点的位置。依次放出 d、e、f 各角点。也应用分块边长和对角线校核点位，无误后在立模线内侧标定放样线的四个角点。

方向线交会法简易方便，放样速度也较快，但往往受到地形限制，或因坝体浇筑逐步升高，挡住方向线的视线不便放样，因此实际工作中可根据条件把方向线交会法和角度交会法结合使用。

3. 拱坝的立模放样

拱坝有单曲拱坝和双曲拱坝两种类型。单曲拱坝的坝面弧线采用统一圆心，双曲拱坝坝面弧线的圆心随高度变动。单曲拱坝的放样比较简单，和双曲拱坝中放样一个拱圈的方法相同。

拱坝坝体的立模放样一般多采用极坐标法和前方交会法，放样数据计算时，应先算出各放样点的施工坐标，而后计算测设所需的放样数据。

4. 混凝土浇筑高度的放样

模板立好后，还要在模板上标出浇筑高度。一般在立模前先由最近的作业水准点（或邻近已浇好坝块上所设的临时水准点）在仓内测设两个临时水准点，待模板立好后，由临时水准点按设计高度在模板上标出若干点，并以规定的符号标明，以控制浇筑高度。

任务三　水闸施工测量

水闸一般由闸室段和上、下游连接段三部分组成（图 14－13）。闸室是水闸的主体，这一部分包括底板、闸墩、闸门、工作桥和交通桥等。上、下游连接段有防冲槽、消力池，翼墙、护坦（海漫）、护坡等防冲设施。由于水闸一般建筑在土质地基甚至软土质地基上，因此通常以较厚的钢筋混凝土底板作为整体基础，闸墩和翼墙就浇筑在底板上，与底板结成一个整体。放样时，应先放出整体基础开挖线：在基础浇筑时，为了在底板上预留闸墩和翼墙的连接钢筋，应放出闸墩和翼墙的位置。具体放样步骤和方法如下。

一、主轴线的测设和高程控制网的建立

水闸主轴线由闸室中心线（横轴）和河道中心线（纵轴）两条互相垂直的直线组成。从水闸设计图上可以量出两轴交点和各端点的坐标，根据坐标反算出它们与邻近测图控制点的方位角，用前方交会法定出它们的实地位置。主轴线定出后，应在交点检测它们是否相互垂直：若误差超过 10″，应以闸室中心线为基准，重新测设一条与它垂直的直线作为纵向主轴线，其测设误差应小于 10″。主轴线测定后，应向两端延长至施工影响范围之外，每端各埋设两个固定标志以表示方向（图 14－13）。

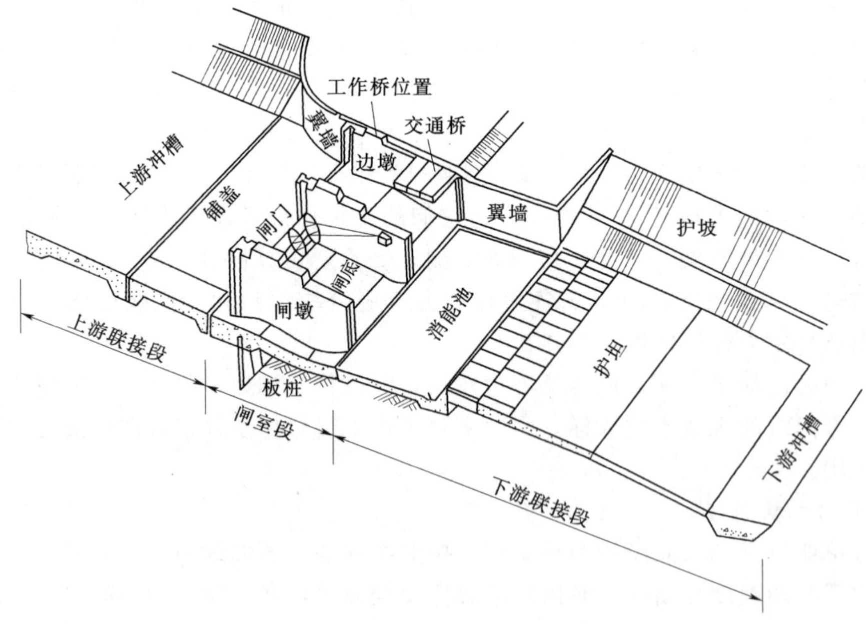

图 14－13　水闸组成图

高程控制采用三等或四等水准测量方法测定。水准基点布设在河流两岸不受施工干扰的地方，临时水准点尽量靠近水闸位置，可以布设在河滩上。

二、基础开挖线的放样

水闸基坑开挖线是由水闸底板的周界以及翼墙、护坡等与地面的交线决定的。为了定出开挖线，可以采用本项目任务一介绍的套绘断面法。首先，从水闸设计图上查取底板形状变换点至闸室中心线的平距，在实地沿纵向主轴线标出这些点的位置，并测定其高程和测绘相应的河床横断面图。然后根据设计数据（即相应的底板高程和宽度，翼墙和护坡的坡度）在河床横断面图上套绘相应的水闸断面（图 14－15），量取两断面线交点到测站点（纵轴）的距离，即可在实地放出这些交点，连成开挖边线。

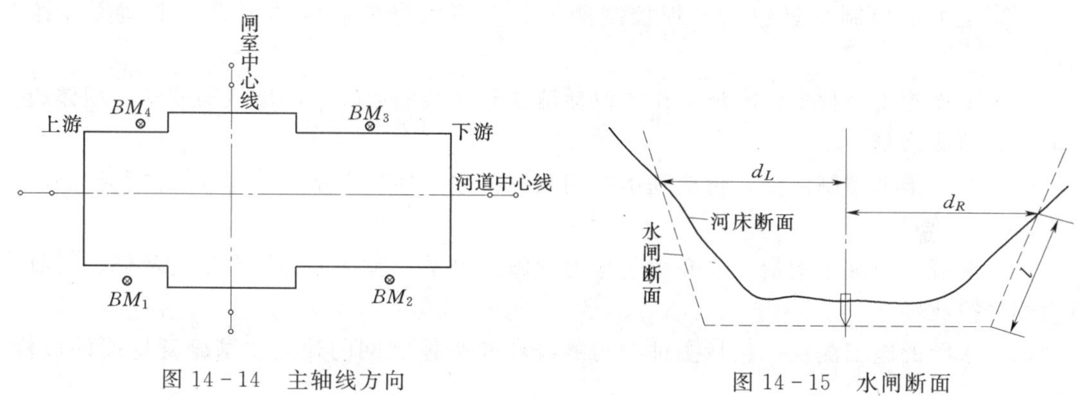

图 14－14　主轴线方向　　　　图 14－15　水闸断面

为了控制开挖高程，可将斜高 l 注在开挖边桩上。当挖到接近底板高程时，一般应预留 0.3m 左右的保护层，待底板浇筑时再挖去，以免间隙时间过长，清理后的地基受雨水冲刷而变化。在挖去保护层时，要用水准测定底面高程，测定误差不能大于 10mm。

三、水闸底板的放样

底板是闸室和上、下游翼墙的基础。闸孔较多的大中型水闸底板是分块浇筑的。底板放样的目的首先是放出每块底板立模线的位置，以便装置模板进行浇筑。底板浇筑完后，要在底板上定出主轴线、各闸孔中心线和门槽控制线，并弹墨标明。然后以这些轴线为基准标出闸墩和翼墙的立模线，以便安装模板。

1. 底板立模线的标定和装模高度的控制

为了定出立模线，先应在清基后的地面上恢复主轴线及其交点的位置，于是必须在原轴线两端的标桩上安置经纬仪进行投测。轴线恢复后，从设计图上量取底板四角的施工坐标（即至主轴线的距离），便可在实地上标出立模线的位置。

模板装完后，用水准测量在模板内侧标出底板浇筑高程的位置，并弹出墨线表示。

2. 翼墙和闸墩位置及其立模线的标定

由于翼墙与闸墩是和底板结成一个整体，因此它们的主筋必须一道结扎。于是在标定底板立模线时，还应标定翼墙和闸墩的位置，以便竖立连接钢筋。翼墙、闸墩的中心位置及其轮廓线，也是根据它们的施工坐标进行放样，并在地基上打桩标明。

底板浇筑完后，应在底板上再恢复主轴线，然后以主轴线为依据，根据其他轴线对主轴线的距离定出这些轴线（包括闸孔和闸墩中心线以及门槽控制线等），且弹墨标明。因为墨线容易脱落，故必须每隔 2～3cm 用红漆画一圈点表示轴线位置。各轴线应按不同的方式进行编号。根据墩、墙的尺寸和已标明的轴线，再放出立模线的位置。圆弧形翼墙的立模线可采用弦线支距法进行放样。

小　结

水工建筑物的施工测量是水利工作者经常应用的测量知识和技能，是本书的一个重要项目。本项目主要讲述了土坝的施工测量、混凝土坝的施工测量、水闸施工测量。具体内容如下。

(1) 土坝的控制测量包括土坝控制测量、土坝坝身控制线的测设，土坝高程控制测量。

(2) 土坝施工过程中的测量工作，包括清基开挖线的放样、起坡线的放样、坝体边坡的放样、坡面修复。

(3) 混凝土坝控制测量，包括基本控制网的建立、坝身控制网的建立、高程控制网的建立。

(4) 混凝土坝施工测量主要介绍了重力坝施工测量。包括坡脚线开挖的放样、混凝土重力坝立模放样。

(5) 水闸的施工测量，包括主轴线的测设和高程控制网的建立、基础开挖线的放样、水闸底板的放样。

拓展和能力测试题

1. 怎样确定土坝的坝轴线？
2. 如何用套绘断面法放样清基开挖线？
3. 如何用轴距杆法放样土坝坝体边坡？
4. 如何放样混凝土坝坝体矩形控制网？
5. 混凝土坝立模放样方法有哪些？

项目十五　隧 洞 施 工 测 量

【教学目标】

应初步掌握隧洞施工测量；了解隧洞施工测量程序；对贯通误差有一定的认识。

【教学要求】

任　　务	能 力 要 求	相 关 知 识
概述	（1）了解隧洞施工测量基本任务； （2）了解隧洞施工测量程序； （3）了解贯通误差的影响	（1）隧洞施工测量程序； （2）贯通误差
洞外控制测量	（1）了解平面洞外控制测量方法； （2）了解洞外高程控制测量方法； （3）了解洞外定向测量方法	（1）洞外平面控制测量； （2）洞外高程控制测量； （3）洞外定向测量
洞内施工测量	（1）掌握隧洞中线的标定； （2）掌握洞内水准测量方法； （3）掌握高程和断面放样方法	（1）隧洞中线的标定； （2）洞内水准测量方法； （3）高程和断面放样方法

任务一　概　　述

在水利工程建设中常常需要修建隧洞，根据隧洞的性质和用途，可分为公路隧洞、铁路隧洞、水工隧洞、过江（河）隧洞等多种工程隧洞。本项目介绍隧洞施工测量的基本方法。

隧洞属于地下工程，一般情况下隧洞进行相向开挖，有时为了加快施工进度，需要增加工作面，在隧洞中心线上增开竖井，或者在适当的地方向中心线开挖平洞或斜洞，有几个洞口同时相向或相背开挖（图 15－1）。开挖时互相不通视，要求在洞轴线的某一点贯通，这样需要严格控制开挖的方向和高程。因此隧洞施工测量的基本任务是：建立平面和高程施工控制网，标定隧洞中心线，指示开挖方向，确定坡度，保证按规定的精度贯通，使隧洞断面几何形状符合设计要求。

一、隧洞施工测量程序

1. 洞外控制测量

洞外控制测量的一般工作程序：

（1）搜集有关资料。

（2）进行设计。

（3）建立控制点。

（4）进行测量，计算整理。

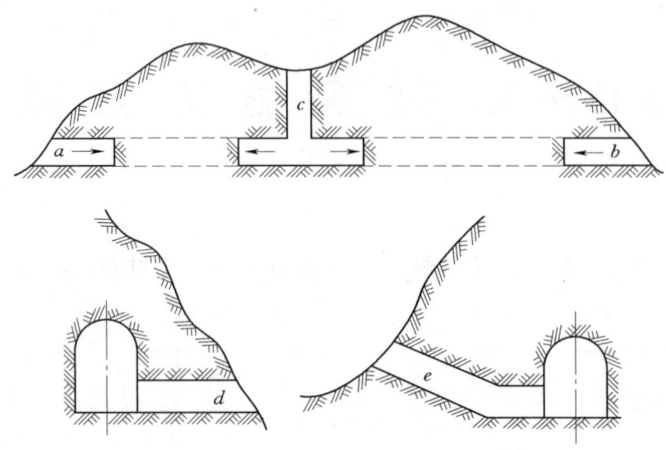

图 15-1　隧洞开挖

a、b、d—平洞；c—竖井；e—斜井

2. 施工测量

隧洞内开挖工作不断推进，洞内施工测量紧跟工作面。洞内施工测量的一般工作程序：

(1) 由隧洞外控制点放样到洞内点。

(2) 标定开挖方向。

(3) 洞内水准测量及高程放样。

(4) 贯通后，洞中线调整。

(5) 土方量计算。

(6) 竣工测量。

以上工作程序，在施工过程中应根据具体情况灵活运用。

二、贯通误差

地下工程测量最主要的任务在于保证地下工程在预定误差范围内贯通，由于测量误差积累，使两个相向开挖的施工中线不能理想地衔接，产生的错开现象称为贯通误差（图 15-2）。贯通误差在中线方向上的投影长度称纵向贯通误差，允许值一般为±20cm；在垂直于中线方向的水平投影长度称为横向贯通误差，其允许值一般为±10cm；在垂线上

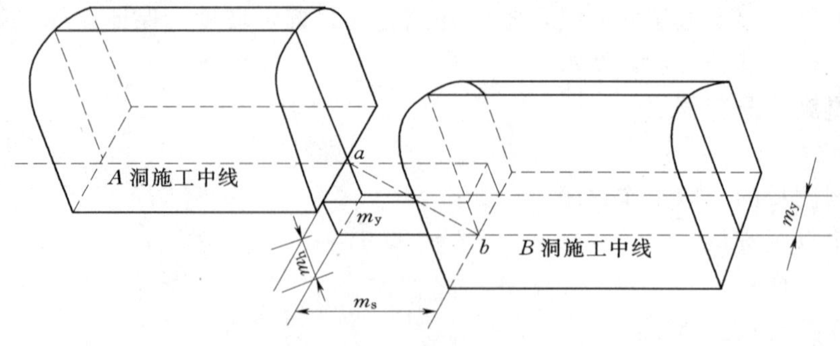

图 15-2　贯通误差示意图

的投影长度称为竖向贯通误差，也称高程贯通误差，其允许值一般为±5cm。一般来说纵向贯通误差只影响隧洞长度，高程贯通误差影响隧洞的坡度。横向贯通误差会影响隧洞断面的大小。如果横向贯通误差太大会对施工产生很大影响，应该严格控制横向贯通误差。

任务二　洞 外 控 制 测 量

隧洞外的控制测量，应在隧洞衬砌以前完成，它用于确定洞口的位置，把方向和高程传递进洞内。

一、控制网布设步骤

（1）收集资料。需要收集的资料很多，包括在该区的大比例尺地形图，路线的平面图，以前的地面控制资料，以及气象、水文、交通资料等。

（2）现场踏勘。对所搜集到的资料研究之后，必须对隧洞穿越地区进行详细踏勘。观察和了解隧洞两侧的地物、地貌等。注意隧洞走向，隧洞与其他设施的位置关系。

（3）选点布网。结合现场踏勘选点，来选定网的布设方案，布设哪一种控制网为宜，应根据拥有的仪器情况、横向贯通误差大小、隧洞通过地形情况等方面进行综合考虑。

二、洞外控制测量

洞外控制测量一般布设成独立网。进行地面控制测量的目的，是为了确定隧洞洞口位置，并为确定中线掘进方向和高程放样提供依据，它包括平面控制测量和高程控制测量。

1. 平面控制测量

隧洞平面控制测量一般采用三角测量、导线测量和GPS测量。

（1）三角测量。对于隧洞较长、地形复杂的山岭地区，地面平面控制网一般布置成三角网形式，如图15-3所示。测定三角网的全部角度和若干条边长，或全部边长，使之成为边角网。三角网的点位精度比导线高，有利于控制隧道贯通的横向误差。

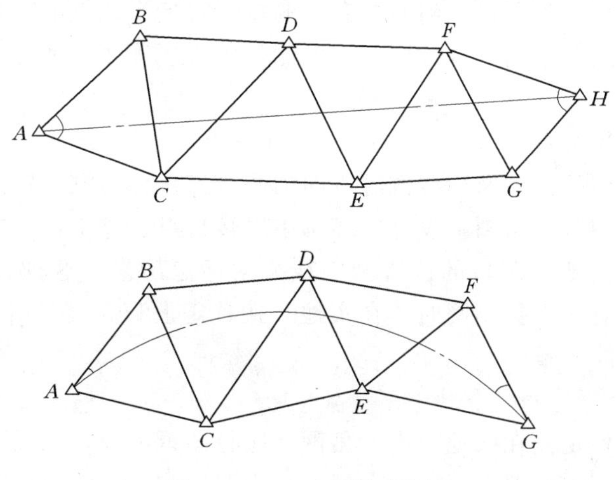

图15-3　三角网控制测量

三角测量一般布设为线形三角锁，且测量一条或两条基线，布网时，三角点应尽靠近轴线。洞口附近应布设至少两个控制点，洞口应尽可能避免施工干扰，而且点位稳定、安全。表 15－1 是洞外三角网（锁）测量精度。

表 15－1 洞外三角网（锁）测量精度

等级	测角精度/(″)	开挖长度/km	最弱边相对中误差
二	±1.0	6～8	1/30000
三	±1.8	4～6	1/25000
四	±2.5	1.5～4	1/15000
五	±4.0	＜1.5	1/10000

（2）导线测量。采用导线测量作为平面控制，导线点应尽量靠近洞轴线布设，导线点个数不宜过多，而且相邻导线边的长度大致相等，表 15－2 是导线测量精度。

表 15－2 洞外导线测量精度

等级	测角精度/(″)	开挖长度/km	相对中误差
二	±1.0	6～8	1/10000
三	±1.8	4～6	1/10000
四	±2.5	2～4	1/10000
五	±4.0	＜2	1/10000

（3）GPS 测量。用全球定位系统 GPS 技术作为地面控制时，只需要布设洞口控制点和定向点，而且相互通视，以便施工定向之用。不同洞口之间的点不需要通视，与国家控制点或城市控制点之间的联测也不需要通视。因此，地面控制点的布设灵活方便，且定位精度目前已优于常规控制测量方法。

2. 高程控制测量

隧洞的高程控制一般采用水准测量。高程控制测量的任务是按规定的精度测量隧洞洞口（包括隧洞的进出口、竖井口、斜井口和平洞口）附近水准点的高程，作为高程引测进洞的依据。高程控制通常采用三等、四等水准测量的方法施测，就可以达到高程贯通误差的允许值要求。

三、洞外定向测量

在地面上确定洞口的位置及中线掘进方向的测量工作称为洞外定向测量，它是在控制测量的基础上，根据控制点与图上设计的隧洞中线转折点、进出口等的坐标，计算出隧洞中线的放样数据，在实地将洞口的位置和中线方向标定出来，这种方法称为解析定线测量。当隧洞很短，没有布设控制网时，在实地直接选定洞口位置，并标定中线掘进方向，这种方法称为直接定线测量。

1. 解析定线测量

（1）洞口位置的标定。在实地布设三角网，应将图纸上设计的洞口位置在实地标定出来。如图 15－4 所示，*ABC* 为隧洞中线，*A*、*B* 为洞口位置，*C* 为转折点，*A* 正好位在三角点上，而 *C* 不在三角点上，这样，可根据 5、6、7 三个控制点用角度交会法将 *B* 点在实地测绘出来。需要根据各控制点坐标和 *B* 点的设计坐标，用坐标反算算出方位角，再计算出交会角。

放样时，在 5、6、7 安置经纬仪，分别测设交会角，用盘左，盘右测设平均位置，得三条方向线，若三条方向相交所形成的误差三角形在允许范围内，则取其内切圆圆心为洞口 B 的位置。

（2）开挖方向的标定。隧道贯通的横向误差主要由中线方向的测设精度所决定，而进洞时的初始方向尤其重要。因此，在隧道洞口，要埋设若干个固定点，将中线方向标定于地面，作为开始掘进及以后与洞内控制点联测的依据。如图 15－5 所示，用 1、2、3、4 标定掘进方向，再在洞口点 A 与中线垂直方向上埋设 5、6、7、8 桩。所有固定点应埋设在不易受施工影响的地方，并测定入点至 2、3、6、7 点的平距。这样，在施工过程中可以随时检查或恢复洞口控制点的位置和进洞口中线的方向及里程。

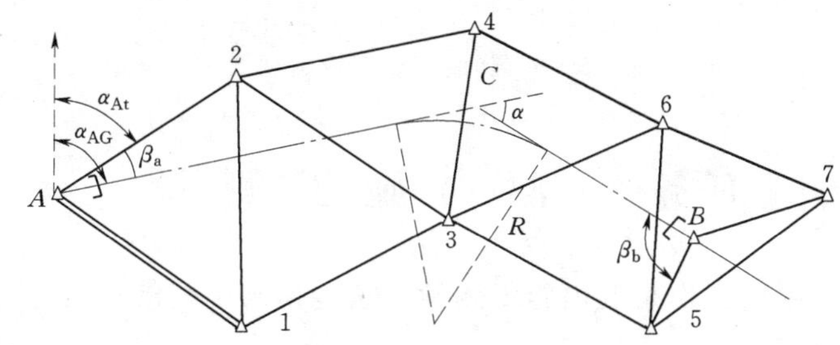

图 15－4　隧洞三角网布置图

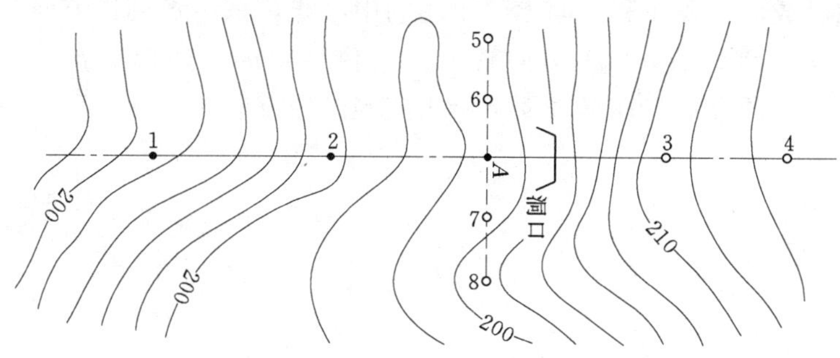

图 15－5　掘进方向的标定

2. 直接定线测量

对于较短的隧洞，可在现场直接选定洞口位置，然后用经纬仪按正倒镜定直线的方法标定隧洞中心线掘进方向，并求出隧洞的长度。如图 15－6 所示，A、B 两点为现场选定的洞口位置，且两点互不通视，欲标定隧洞中心线，首先约在 AB 的连线上初选一点 C，将经纬仪安置在 C 点上，瞄准 A 点，倒转望远镜，在 AC 的延长线上定出 D 点，为了提高定线精度可用盘左盘右观测取平均，作为 D 点的位置；然后搬仪器至 D 点，同法在洞口定出 B 点。通常 B 与 B 不相重合，此时量取 BB 的距离，并用视距法测得 AD 和 DB 的水平长度，求出 D 点的改正距离 DD，即

$$DD'=\frac{AD'}{AB'}\cdot BB' \tag{15-1}$$

在地面上从 D 点沿垂直于 AB 方向量取距离 DD 得到 D 点，再将仪器安置于 D 点，

依上述方法再次定线，由 B 点标定至 A 洞口，如此重复定线，直至 C、D 位于 AB 直线为止。最后在 AB 的延长线上各埋设两个方向桩 N_1、N_2 和 N_3、N_4 以指示开挖方向。

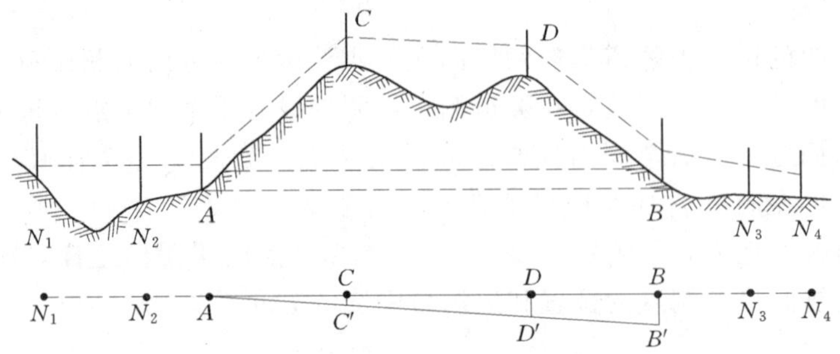

图 15-6 隧洞直线定线示意图

任务三 洞 内 施 工 测 量

隧洞的地下测量主要工作是洞内施工测量，它包括洞中线的定向、导线的测量、水准测量及开挖段的放样等。

一、洞中线的标定

当洞口劈坡完成后，要在劈坡面上给出隧洞中心线，来指示掘进方向。如图 15-7 所示，在洞口 A 点处放置仪器，瞄准方向桩 1、2。倒转望远镜即为隧洞中线方向；采用盘左，盘右观测取平均的方法，在劈坡面上给出隧洞开挖方向。

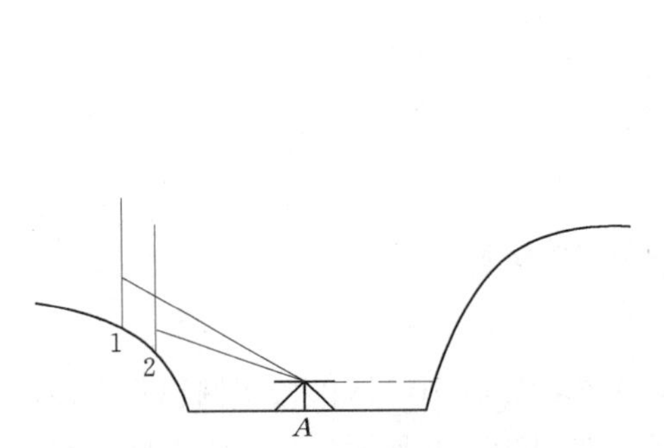

图 15-7 洞口开挖方向标定

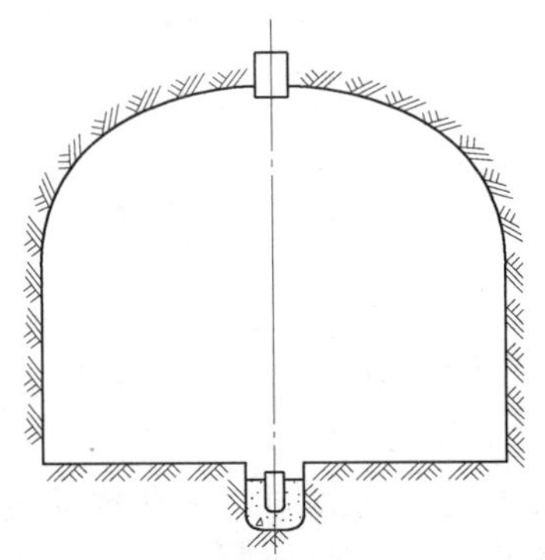

图 15-8 隧道中线桩

随着隧洞的掘进，需要继续把中心线向前延伸，一般当隧洞每掘进 20m 要埋设一个中线里程桩，中线里程桩可以埋设在隧洞的底部或顶部。见图 15-8。

对于不设置曲线的折线隧洞（图 15-9）中线定标，在掘进至转折点 A 时，在该点上安置经纬仪，瞄准后面中线桩 B，右转角度 $180°-\alpha$ 做出方向标志 1、2，用 1、2、A 三点指导向前开挖。

对于设置曲线的隧洞（图 15-10），可采用偏角法测设曲线隧洞的中线。Z、Y 分别为圆曲线的起点和终点，J 为转折点，L 为曲线全长，现将其 n 等分，则由第项目十三可求得每段曲线所对的圆心角 φ，偏角 $\varphi/2$，对应的弦长 d。

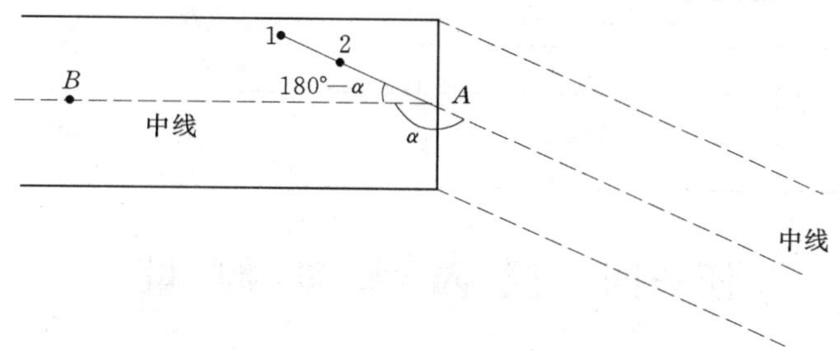

图 15－9　隧洞折线段测设

测设时，当隧洞沿直线掘进至曲线的起点 Z 点，并略过 Z 点一小部分，准确标出 Z 点。在 Z 点上安置经纬仪，后视中线桩 A，置角度 0°00′00″；再拨角 180°—$\varphi/2$，即得 Z—1 弦线方向，倒转望远镜，作出方向标志 Z_1、Z_2 点，根据 Z_1、Z_2、Z 三点的连线方向指导隧洞的开挖。当掘进到略大于弦长 d 后，按上述方法定 Z—1 方向。沿该方向用钢尺自 Z 点丈量弦长 d，即得曲线上的点 1。点 1 标定后，后视 Z 点，拨转角 180°—φ，即得 1—2 方向。按上述方法掘进，沿视线方向量弦长 d，得曲线上的点 2。用同样的方法定出各点，直至曲线终点 Y。

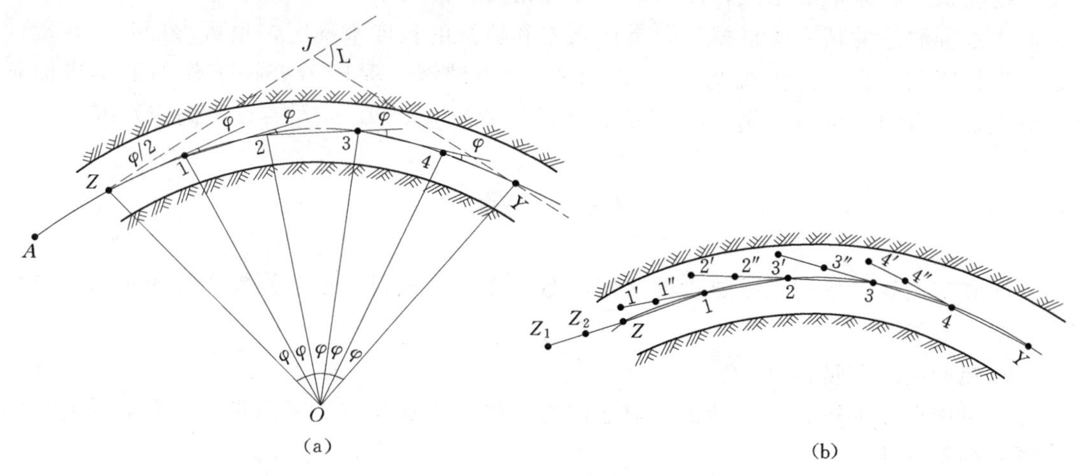

图 15－10　隧洞曲线测设

二、洞内导线测量

洞内导线测量与地面控制建立统一的坐标系统，根据导线坐标，可以放样隧洞中线，指示开挖方向，保证相向开挖的隧道在要求精度范围内贯通。

洞内导线测量方法及要求洞内导线点通常设在隧道的洞口，每隔一定的距离（50～100m）选一中线桩作为导线点。导线点应尽量布设在干扰小、通视良好且稳固安全的地段。洞内导线一般采用支导线布设形式，尽量沿线路中线布设，或与线路中线平移一适当的距离，边长接近相等。

为保证测量成果的正确性，最好由两组分别进行观测和计算。洞内导线的边长及角度的观测精度应按贯通误差计算准确，它的技术要求如表 15－3 所示。

表 15-3 洞内导线技术要求

等级	测角精度/(″)	导线边长/m	边长相对中误差
一	±1.8	250	1/20000
二	±2.5	200	1/15000
三	±5.0	150	1/10000

任务四 洞内水准测量

为了保证隧洞的开挖符合设计的高程和坡度，应由洞外水准点向洞内引测高程，洞内水准测量与洞外水准测量基本相同。由于光线不好、灰粉较多，以及受施工干扰等因素影响，与洞外水准测量相比较，洞内水准测量具有以下特点：

(1) 洞内水准路线和洞内导线相同，在贯通之前水准路线是支水准路线，因而，只有用多次测量的方法检核水准点的高程。

(2) 一般利用导线点兼作水准点。点的标志可根据洞内的具体情况埋设在洞的底部、洞顶或两边侧墙上。

(3) 洞内水准路线是随开挖工作面的推进而延伸。为了满足施工放样的要求，一般先布设精度较低的临时水准路线，然后，再布设精度较高的水准路线（埋设永久水准点）。

洞内水准测量的精度应根据竖向贯通误差和隧洞的长度来确定，也可参照施工规范的规定来进行观测。由于洞内观测条件差，洞内水准路线又是随着开挖工作面的推进而延伸，需进行往返测。洞内每隔 20～30m 设一临时水准点，200m 左右设一固定水准点。

小 结

隧洞施工测量是水利工程建设的常用测量工作，本项目介绍隧洞施工测量的方法及程序，主要内容如下。

(1) 隧洞施工测量程序。

(2) 贯通误差的概念，包括横向贯通误差、纵向贯通误差、竖向贯通误差，及它们的允许值和测量方法。

(3) 洞外控制测量，包括洞外控制测量步骤，洞外平面控制测量方法，高程控制。

(4) 洞外定向测量，包括直线定线测量和解析法定线测量。

(5) 洞内施工测量，包括隧洞中线的标定，折线隧洞中线标定方法，曲线隧洞中线标定方法。洞内导线布设，观测方法及步骤。洞内水准测量方法，高程放样的方法。断面放样原理、方法及步骤。

拓展和能力测试题

1. 隧洞内外施工测量的一般工作程序是什么？
2. 掘进中线方向是如何标定的？
3. 贯通误差对隧洞有哪些影响？允许值一般为多少？

项目十六 渠 道 测 量

【教学目标】

本项目着重介绍渠道测量的基本方法。它包括中线测量、圆曲线的测设、纵横断面图的测绘、施工断面的放样。学生在学习时应掌握中线测量中的交点、转点和转向角的测定以及中桩的设置；圆曲线要素的计算和圆曲线主点及细部点的测设方法；渠道纵横断面的测绘方法；渠道施工控制桩和路基边桩的测设方法。

【教学要求】

任　务	能力要求	相关知识
中线测量	(1) 交点、转点和转向角的测定； (2) 中桩的设置	(1) 交点、转点和转向角； (2) 整桩和加桩
圆曲线	(1) 圆曲线要素的计算； (2) 圆曲线主点及细部点测设方法	(1) 切线长、曲线长、外矢距、切曲差； (2) 偏角法和切线支距法
纵横断面测绘	(1) 线路纵断面的测绘； (2) 线路横断面的测绘	(1) 基平测量和中平测量； (2) 水准仪皮尺法和经纬仪视距
施工断面放样	(1) 施工控制桩的测设方法； (2) 渠道边桩的测设方法	(1) 平行线法和延长线法； (2) 图解法和解析法

渠道是常见的水利工程，在渠道勘测、设计和施工过程中所进行的测量工作，称为渠道测量。渠道测量的内容和方法与一般道路测量基本相同，都属于线路测量的范围。

渠道测量是根据规划和初步设计的要求，在地面上选定中心线，并测定纵、横断面，绘制成图。然后，计算工作量，编制概算和预算，作为方案比较和施工放样的依据。渠道测量一般分为选线测量和定线测量。选线一般在规划阶段进行。当设计部门已初步确定路线的最佳方案，再进行定线测量。渠道施工前应进行施工放样。工程竣工后应提交竣工测量资料。由此可见，测量工作始终贯穿于渠道工程建设的始末。

渠道测量主要内容包括：踏勘选线、中线测量、纵横断面测量、土方计算和施工断面放样等。本项目只介绍渠道测量一般测量方法。

任务一 踏 勘 选 线

踏勘选线的任务，是根据水利工程规划所定的渠道方向、引水高程和设计坡度，在实地确定一条既经济又合理的渠道中线位置。这条中线应符合下列要求：

(1) 尽量短而直，转折角应尽量小。

(2) 要避免修建过多的渠系过水建筑物（如渡槽、倒虹吸管等）。

(3) 应尽量少占农田和居民地。

(4) 沿线应有较好的地质条件，无严重渗漏和塌方现象。

(5) 在山丘地区应尽量避免填方，以保证渠道边坡的稳定性。

(6) 用于饮水灌溉的渠道应选在较高的地带，以便自流灌溉；排水渠应尽量选在地势较低的地方，以便排除积水。

一、踏勘选线

对于渠线较长的渠道，或规模较大，一般要经过实地查勘、室内选线、外业选线等步骤；对于渠线不长的渠道，或灌区面积较小，可以根据已有资料和选线要求，直接在实施进行查勘选线。渠道选线工作应有规划人员配合测量人员一同进行，必要时，最好应有地质人员参加。

1. 实地查勘

查勘前，最好在比例尺为 1：10000～1：100000 的地形图上初选几条渠线方案，然后依次对所经地带进行实地查勘，了解和收集有关资料（如土壤、地质、水文、施工条件等），并对渠线某些控制性的点（如渠首、沿线沟谷、跨河点等）进行简单测量，了解其相对位置和高程，以便分析比较，选定最佳渠线。

2. 室内选线

室内选线就是在室内进行图上选线，即在合适的地形图上选定渠道中心线的平面位置，并在图上标出渠道转折点到附近明显地物点的距离和方向（由图上量得）。如果该地区没有可使用的地形图，则应根据查勘时确定的渠道线路，测绘沿线宽约 100～200m 的带状地形图，其比例尺一般为 1：5000 或 1：10000。

在山区、丘陵地区选线时，为了确保渠道的稳定，应力求挖方。因此，环山渠道应先在图上根据等高线和渠道纵坡初选渠线，并结合其他要求在图上定出渠线位置。

3. 外业选线

外业选线是将室内选线在实地标定出来，主要是把渠道的起点、转折点和终点标定出来。一般用大木桩或水泥桩来标定，并绘制该桩的点之记，以便日后寻找。外业选线有时要根据现场的实地情况，对图上所定渠线进行补充修改，使之完善。尤其对关键性地段和控制性点位，更应反复勘测，认真研究，从而选定合理的渠线。

二、水准路线布设

在渠道选线时，应沿渠线附近每隔 1～2km，在施工范围以外布设一些水准点，并按四等水准测量的方法测定其高程，这种高程控制测量也称基平测量，以满足渠道纵横断面测量的需要。水准点要便于日后用来测定渠道高程，又要能够长期保存，组成附合或闭合水准路线，当路线不长（15km 以内）时，也可组成往返观测的支水准路线。

任务二　中　线　测　量

渠道中线测量的任务主要是把渠道中心线在地面上标定出来，测定渠线长度，用一系列里程桩标定渠线经过的位置。在平原区，渠道转折处需要测定转折角和敷设圆曲线；在山丘区，渠道的高程位置需要进行探测确定。

一、中线的测设

中线的测设方法很多，穿线放样法是一种常用的方法，具体做法如下。

1. 准备数据

如图 16-1 所示，在带状地形图上，从初测时的导线点 C_1、C_3、…出发作导线边的垂线，它们与设计中线交于 D_1、D_3、…等点，图上量取垂线的长度，直角和垂线的长度就是放样数据，有时为了通视需要，在中线通过高地的地方放样点（如 D_1），这时可以从图上量取极坐标法放样所需的角度 β 与距离 S。

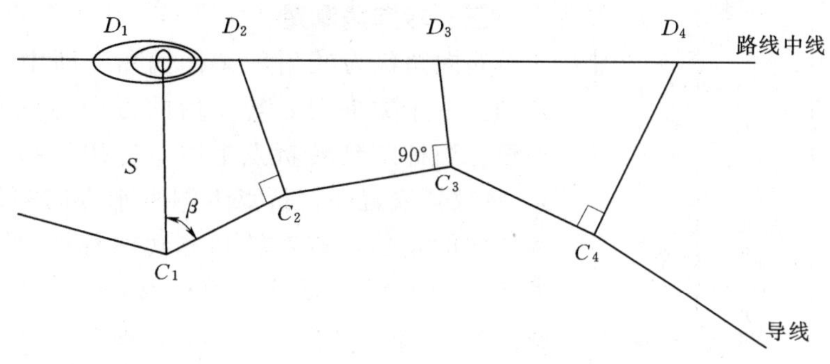

图 16-1 穿线放样法

2. 实地放样

实地在相应的导线点上设置直角，并量距，定出一系列 D_1、D_3、…等点。如果距离较短，可以用直角镜或方向架设置直角，如果距离较长，宜用经纬仪设置直角。

3. 穿线

中线某一直线上几个点由于图解量取放样数据误差等原因，放样到实地后不会正好在一条直线上；为此要在实地决定出一条离这些点最近的直线——即中线，然后在经纬仪的帮助下，设置一系列标桩把中线表示出来。

4. 定出交点

线路的转折点称为交点。它是布设线路、详细测设直线和曲线的控制点。定出相邻两中线段的交点，并测量路线的转向角。当用一台经纬仪工作时，先延长一中线，并在估计交点位置前后各设一骑马桩 A、B（图 16-2），然后延长另一直线与 A、B 桩连线相交即得交点 JD。得交点后，测量转向角 α。

图 16-2 交点测定方法

这种方法简单、外业工作不复杂，也不易出错，即使出错了也容易发觉，在工程测量中往往采用的方法。

二、里程桩测设

为了便于计算线路的长度和测绘纵横断面图，需要沿线路方向在地面上设置桩，从渠首起点开始，按规定每隔某一整数设一桩，此为整数桩，简称整桩。根据不同的线路，整装之间的距离也不同，一般为 20m、30m、50m 等（曲线上根据不同半径，每隔 20m、

10m、5m)，在相邻整桩之间穿越重要地物处（如铁路、公路）和坡度突变的位置上要增设加桩，加桩又分为地形加桩、地物加桩、曲线加桩和关系加桩等。整桩和加桩统称里程桩。里程桩布设在渠道的中心线上，故又称中心桩，简称中桩。为了便于计算，线路里程桩均按桩的里程进行编号，并用红漆写在木桩侧面，面向渠首。如里程桩为 1＋100，即此桩距渠道起点 1100m，“＋”号前的数为千米数，“＋”号后的数为米数。为了避免测设里程桩错误，量距一般用钢尺丈量两次，精度为 1∶1000。当精度要求不高时，可用皮尺或测绳丈量一次。

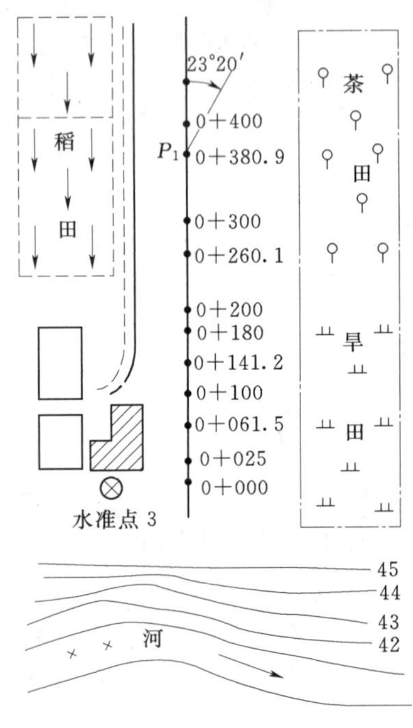

图 16－3 某渠道中线桩草图

三、转向角测量

转向角称为转角，又称偏角。即中线由一个方向转动另一个方向时，转变后的方向与原方向延长线的夹角。当桩定到转折点上时，应用经纬仪测定转向角 α，将仪器安置在转折点上测来水方向的延长线转至去水方向的角值，有左转和右转两种情况。并按设计要求测设圆曲线。规范要求；当 $\alpha<6°$ 时，不测设圆曲线；当 $\alpha=6°\sim12°$ 及 $\alpha>12°$ 且曲线长度 $L<100$m 时，只测设曲线的三个主点桩；当 $\alpha>12°$，且曲线长度 $L>100$m 时，需测设曲线的细部点。圆曲线的测设方法详见有关内容。

四、绘制中线桩草图

在测设中线桩的同时，还要在现场绘制草图，如图 16－3 所示。图中直线表示渠道中心线；直线上的黑点表示中线桩的位置，P_1（桩号为 0＋380.9）为转折点，在该点处偏角 $\alpha_{右}=23°20'$，即渠道中线在该点处改变方向右转 23°20′。但在绘图时改变后的渠线仍按直线绘出，仅在转折点用箭头表示渠线的转折方向（此处为右偏，箭头画在直线右边），并注明偏角值。至于渠道两侧的地形则可用目测法来勾绘。

中线测量完成后，对于大型渠道一般应绘出渠道路线平面图，在图上绘出渠道走向，主要桩点，主要数据等。

任务三 纵 断 面 测 量

纵断面测量又称路线水准测量，它的任务是测定中线上各里程桩的地面高程，并绘制路线断面图，供渠道纵坡设计之用。

一、纵断面测量

根据水准点高程按普通水准测量要求测量线路中线各里程桩的高程，称为中平测量。线路纵断面测量也称中平测量。

进行纵断面测量时，利用渠道沿线布设的水准点，将渠线分成许多段，每段分别与邻

近两端的水准点组成附合水准路线，然后从首段开始，逐段进行施测。附合线路的施测应按普通水准测量的要求：水准路线长度应不超过 2km，其闭合差应不大于$\pm 40\sqrt{L}$mm（L为路线长，以 km 计），或者$\pm 10\sqrt{n}$mm（n为测站数），闭合差不用调整，但超限必须返工。纵断面具体观测、记录及计算步骤如下。

由于在一个测点上前视要观测好几个桩点，其中仅有一个点是起着传递高程作用的转点，而其余点只需读取前视读数就能得出高程，为区别于转点，称为间视点。如图 16-4 所示，在测站 2 中，0+000 桩为后视点，0+200 桩为前视转点，其他各桩点为间视点。间视点上的读数精确到厘米即可，而转点上的观测精度将影响到以后各点，要求读至毫米，同时还应注意仪器到两转点的前、后视距离应大致相等（差值不大于 20m）。用中心桩作为转点，要置尺垫于桩一侧的地面，水准尺立在尺垫上，若尺垫与地面高差小于 2cm，可代替地面高程。观测间视点时，可将水准尺立于紧靠中心桩旁的地面上，直接测量地面高程。

（1）读取后视尺读数，并算出视线高程：

视线高程＝后视点高程＋后视读数

例如在测站 2，后视 TP_1 的高程为 77.306m，则视线高程为

77.306m＋0.933m＝78.239m

（2）读取前视尺读数，计算转点高程：

转点高程＝视线高程—前视读数

例如在测站 2，前视 TP_2，前视读数为 1.958 m，则转点 TP_2 高程为

78.239－1.958＝76.281m

（3）读取间视尺读数，计算间视点高程：

间视点高程＝视线高程－间视读数

例如在测站 2，间视 0+000 桩，读数为 1.56 m，则间视点高程为

78.239－1.56＝76.679m

（4）检核。当经过数站（如表 16-1 为 6 站）观测后，附合到另一水准点 BM_2（高程为 74.451m），需检核这段渠线纵断面测量结果是否符合要求。

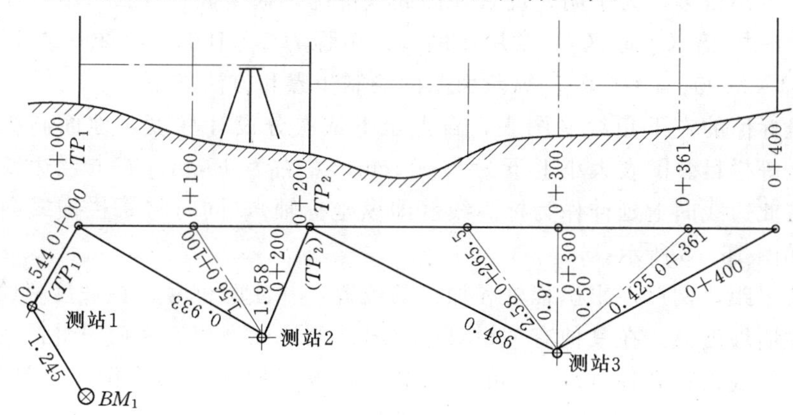

图 16-4　渠道纵断面水准测量

表 16-1　　纵断面水准测量记录

测站	测点	后视读数/m	视线高/m	前视读数/m		高程/m	备注
				间视点	转点		
1	BM_1	1.245	77.850			76.605	已知高程
	0+000（TP_1）	0.933	78.239		0.544	77.306	
2	0+100			1.56		76.68	
	0+200（TP_2）	0.486	76.767		1.958	76.281	
3	0+265.5			2.58		74.19	
	0+300			0.97		75.80	
	0+361			0.50		76.27	
	0+400（TP_3）				0.425	76.342	
⋮	…	…	…	…	…	…	…
6	0+800（TP_6）	0.848	75.790		1.121	74.942	
	BM_2				1.324	74.466	已知高程为 74.451

BM_2 的已知高程为 74.451m，而测得的高程是 74.466m，则此段渠线的纵断面测量误差为

$$74.466\text{m}-74.451\text{m}=+0.015\text{m}$$

此段共设 6 个测站，允许误差：

$$m_{允}=\pm 10\sqrt{n}\approx\pm 24\text{mm}$$

可见，观测误差小于允许误差，成果符合要求。由于各桩点的地面高程在绘制纵面图时仅需精确至厘米（cm）；其高程闭合差可不进行调整。

二、纵断面图的绘制

纵断面图是反映渠线所经地面起伏情况的图，依据里程桩和加桩的高程绘制在印有毫米方格的坐标纸上。图上纵向表示高程，横向表示里程（平距）。因为沿线地面高差的变化要比渠道长度小得多，为了明显反映地面起伏情况，通常高程比例尺要比平距比例尺大 10（山丘区）～20 倍（平原区）。常用比例尺：高程为 1∶100、1∶200 或 1∶500；平距为 1∶1000、1∶2000、1∶5000。纵断面图的绘制步骤和方法如下。

（1）在坐标值的左下角绘制图表，自上至下依次分设计坡度、地面高程、挖深、填高、里程桩号等栏目。图表大小上下为 8～10cm，左右为 15cm，右方栏边线一般作为渠道起点，并将此边线向上延伸作为标高线（即纵坐标轴），同时将每栏横线向右延绘至坐标纸边缘，如图 16-5 所示。

里程栏按平距比例尺标出里程桩和加桩的位置，并注明桩号；在坡度栏绘出渠底设计坡度线，并注明坡度值。在其他有关栏对应桩号注明地面高程、渠底设计高程、挖深和填高数值。其中渠底设计高程（$H_{底}$）可根据渠首底板高程（$H_{进}$）、渠底设计坡度（i）和该点对起点的里程（D），按式（16-1）计算求得：

$$H_{底}=H_{进}-iD \tag{16-1}$$

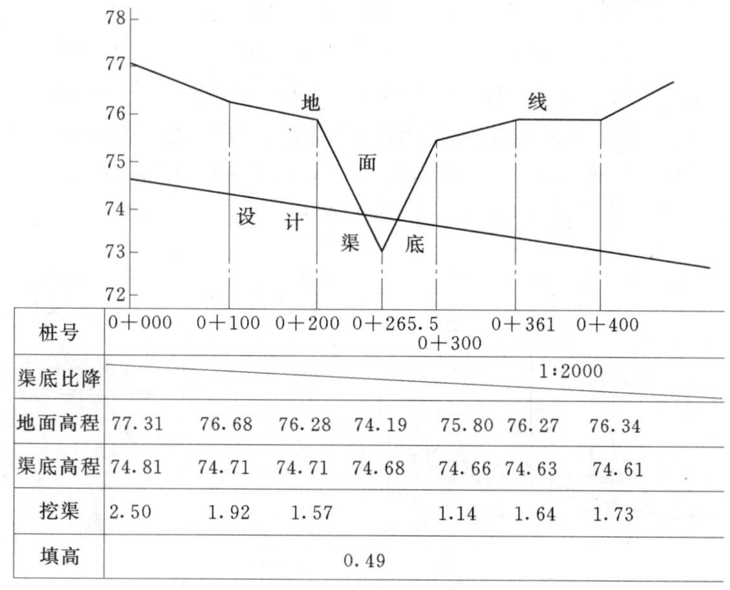

桩号	0+000	0+100	0+200	0+265.5	0+300	0+361	0+400
渠底比降	1:2000						
地面高程	77.31	76.68	76.28	74.19	75.80	76.27	76.34
渠底高程	74.81	74.71	74.71	74.68	74.66	74.63	74.61
挖渠	2.50	1.92	1.57		1.14	1.64	1.73
填高				0.49			

图 16-5 渠道纵断面图

地面高程减去渠底设计高程即为挖填数值；其值为正表示挖深，其值为负表示填高。

(2) 根据下面栏目中注明的最小渠底设计高程确定标高线的起点高程，以保证地面最低点能在图纸上标出并留有余地。标高线的起点高程应为整米数，起点往上按高程比例尺划分每米区间，并标注明相应高程数值。

根据各里程桩和加桩的地面高程标出断面点的位置，用直线将各点依次连接起来，即绘成纵断面图。为便于直观反映地面线与渠底线的关系，应根据渠首的设计高程和渠底比降绘出渠底设计线，如图 16-5 所示。

任务四 横 断 面 测 量

垂直于线路中线方向的断面称为横断面，路线所有里程桩一般都应测量其横断面。横断面测量的主要任务是测量横断面地面高低起伏情况，并绘制出横断面图。横断面图是确定横向施工范围、计算土石方数量的必要资料。

一、横断面测量

横断面测量就是测出各个里程桩处垂直于渠线方向的地面高低变化点的情况。横断面测量的宽度视渠道大小而定，一般以能在横断面图上套绘出设计横断面为原则，并留有余地。一般宽度为 10～50m，即中心线两侧各 5～25m。

进行横断面测量时，以中心桩为起点测出横断面方向上地面坡度变化点间的平距和高差。

其施测的方法步骤如下。

1. 花杆皮尺法

此法适用于：山区低等级公路，精度低。如图 16-6 所示，首先用目估法或用木制的十字架（图 16－7）定出垂直于中心线的方向，即该桩点处的横断面方向。然后测出坡度变化点间的平距和高差。测量时以中心桩为零起算，面向渠道下游分为左、右侧。用皮尺拉平配合测杆读取两点间的平距和高差（图 16－6），读数时，一般取位至 0.1m，按表 16－2 的格式作好记录。以分子表示相邻两点间的高差，分母表示相应的平距；高差的正负以断面延伸方向为准，延伸点较高则高差为正，延伸点较低则高差为负，如果延伸方向和以量过的两点间坡度一致，或和已测点的高度相同，通常可以不再往前量，分别注“同坡”或“平”表示。

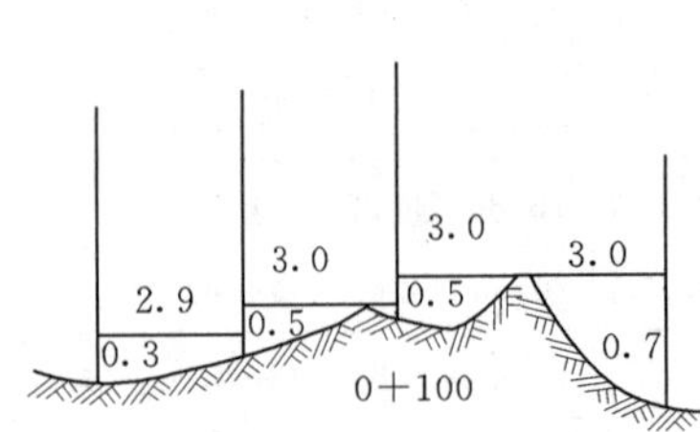

图 16－6　渠道横断面测量示意图

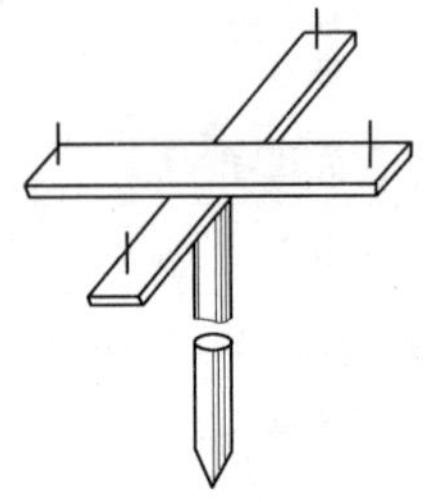

图 16－7　十字架

表 16－2　　横断面测量记录

左侧 $\frac{高差}{平距}$	$\frac{里程桩号}{地面高程}$	右侧 $\frac{高差}{平距}$
$\frac{-0.1}{10}$　$\frac{-0.2}{8.0}$　$\frac{0.1}{5}$	$\frac{0+000}{85.35}$	$\frac{0.2}{3}$　$\frac{0.3}{8.0}$　同坡

2. 水准仪皮尺法

此法适用于：地形简单、施测横断面较宽的平坦地区，精度高。如图 16－8 所示，安置水准仪后，以中线桩地面高程点为后视，以中线桩两侧横断面地形特征点为前视，标尺读数至厘米。用皮尺分别量出各特征点到中线桩的水平距离，量至分米，记录格式见表 16－3，表中按路线前进方向分左右侧记录。以分式表示前视读数和水平距离。高差由后视读数与前视读数求差得到。

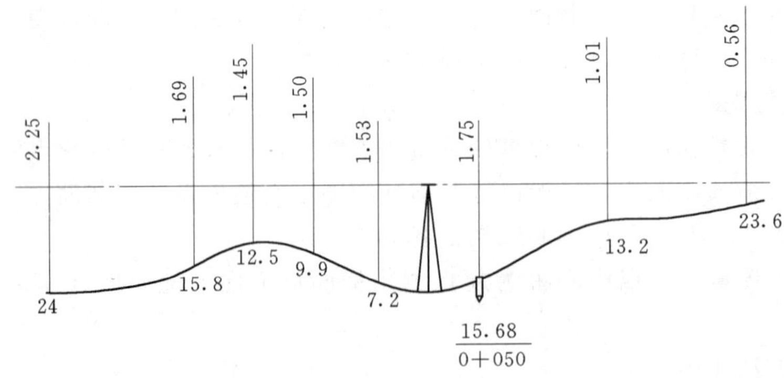

图 16－8　水准仪皮尺法测量横断面

表 16-3　　横断面测量记录

前视读数（左侧）/水平距离	后视读数/桩号	前视读数（右侧）/水平距离
$\frac{2.25}{24.0}$ $\frac{1.69}{15.8}$ $\frac{1.45}{12.5}$ $\frac{1.50}{9.9}$ $\frac{1.53}{7.2}$	$\frac{1.75}{0+050}$	$\frac{1.01}{13.2}$ $\frac{0.56}{23.6}$

3. 经纬仪视距法

适用于：地形复杂地区，精度较高。但计算麻烦已很少使用。具体操作步骤略。

4. 全站仪法

适用于：地形复杂地区，精度高。

用全站仪的距离测量模式，即可自动显示出平距和高差。可参考全站仪测量内容。略。

二、横断面图的绘制

横断面图也用坐标纸进行绘制，但不需要图表。为了计算面积方便，图上平距和高程通常采用同一比例尺。常用比例尺为 1∶100 或 1∶200，小型渠道也可采用 1∶50。绘图时，先在适当位置标定桩点，并注上桩号和高程；然后以桩点为中心，以横向代表平距，纵向代表高差，根据所测横断面成果标出各断点的位置，用直线依次连接各点即可，如图 16-9 所示。由于横断面图数量较多，为了节约纸张和使用方便，在一张坐标纸上往往要绘许多个，必须依照桩号顺序从上往下、从左往右排列；同一纵列的各横断面中心桩应在一条直线上，彼此之间隔开一定距离。

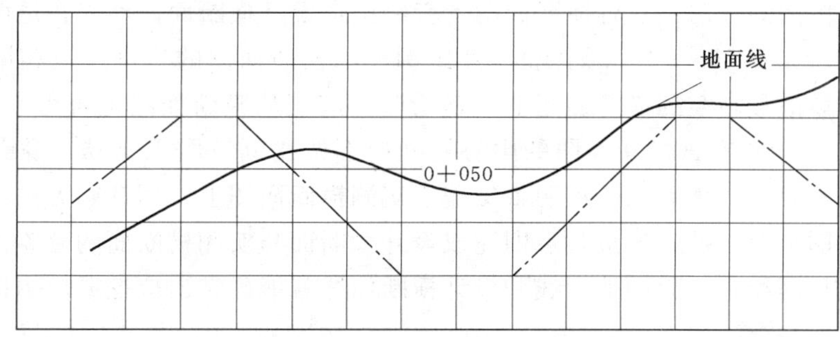

图 16-9　渠道横断面图

渠道纵横断面测量除了上面传统测量方法外，还可以用全站仪直接测定各断面点对中心桩的平距和高差，也可以用全站仪和 GPS 进行碎部点采集，然后利用成图软件绘制纵横断面图，并进行土方计算。不但效率好，而且精度高，目前已广泛使用。

任务五　土　方　计　算

为了编制渠道工程预算及组织施工，均需计算渠道开挖和填筑的土（石）方量。其计算方法常采用“平均断面法”，如图 16-10 所示，先算出相邻两中心桩应挖或填的横断面面积，取其平均值，再乘以两断面间的距离，即得两中心桩的土（石）方量

$$V=\frac{1}{2}(A_1+A_2)D \qquad (16-2)$$

式中　V——两中心桩间的土方量，m^3；

A_1、A_2——两中心桩处应挖或填的横断面面积，m^2；

D——两中心桩间的距离，m。

采用该法计算土（石）方量时，可按以下步骤进行。

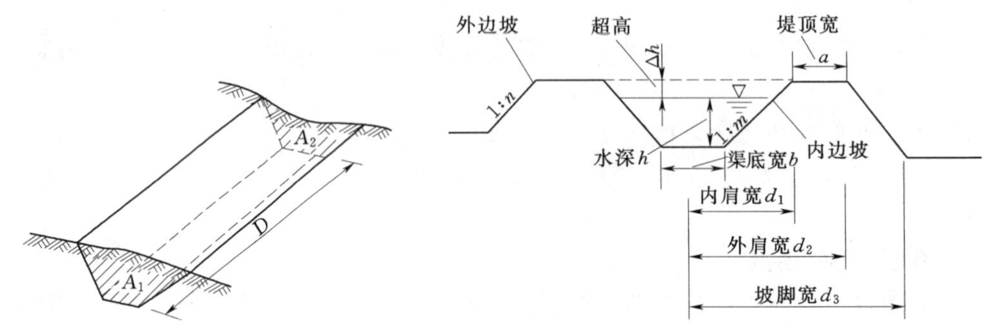

图 16-10　平均断面法　　　　图 16-11　渠道设计横断面图

一、确定挖方和填方的面积范围

如图 16-11 所示，在土质渠段的设计断面采用等腰梯形。组成梯形断面的要素有内边坡、外边坡、渠底宽、渠顶宽、水深、超高和内、外肩宽及坡脚宽。在岩石地带，设计断面采用矩形，此时内边坡垂直于渠底。

确定挖填范围的方法是在各横断面图上套绘渠道设计横断面。即先在透明纸上画出渠道设计横断面（如图 16-9 中点划线），其比例尺与横断面图的比例尺应相同，然后根据中心桩挖深或填高数转绘到横断面图上。套绘时，应先从横断面图上查得 0+100 桩号应挖深度（1.92m），再在该横断面图的中心桩处向下按比例量取 1.92m，得到渠底的中心位置，然后将绘有设计横断面的透明纸覆盖于实测横断面图上，用针刺方法将设计横断面的轮廓点转到图纸上，最后连接各点即完成设计横断面与实测横断面的套绘工作（图 16-9）。这样，根据套绘在一起的地面线和设计横断面线就能确定出应挖或应填范围，计算横断面的挖、填面积。

二、计算面积

计算挖、填面积的方法很多，常采用的有方格法、梯形法和电子求积仪法。

1. 方格法

方格法是将方格纸蒙在预测面积的图形上，数出图形范围内的方格总数，然后乘以每个格所代表的面积，从而求的图形面积。计算时，分别按挖方、填方范围数出该范围内完整的方格数目，再将不完整的方格用目估拼凑成完整的方格数，求的总方格数，如图 10-8 所示，中间部分为挖方，以厘米方格为单位，有 4 个完整方格（绘斜线的方格），其余为不完整方格，将其凑整共有 4.2 个方格，则挖方范围的总方格数为 8.2 个方格。而图上方格边长为 1cm，即面积为 $1cm^2$，图的比例尺为 1∶100，则一个方格的实地面积为 $1m^2$，因此该处的挖方面积为：$8.2\times1m^2=8.2m^2$。

2. 梯形法

梯形法是将欲测图形分成若干等高的梯形，然后按梯形面积的计算公式进行量测和计算，求得图形面积。如图 16－12 所示，将中间挖方图形划分为若干个梯形，其中 l_i 为梯形的中线长，h 为梯形的高，为了方便计算，常将梯形的高采用 1cm，这样只需量取梯形的中线长并相加，按下式即可求得图形面积 A，即

$$A=h\cdot(l_1+l_2+\cdots+l_n)=h\sum l \tag{16-3}$$

实际工作中常用宽 1cm 的长条方格纸逐一量取各梯形中线长，并在方格纸上依次累加，即从方格纸条的 0 端开始，先量第 1 个梯形的中长线 l_2，在纸条上到 l_2 的终点，再以该点为第 2 个梯形的中长线 l_3 的起点，用方格纸条接着量取 l_3，得到 l_2+l_3 的终点，……，依次量取、累加即得总长，从而由方格纸即可直接得出总面积。

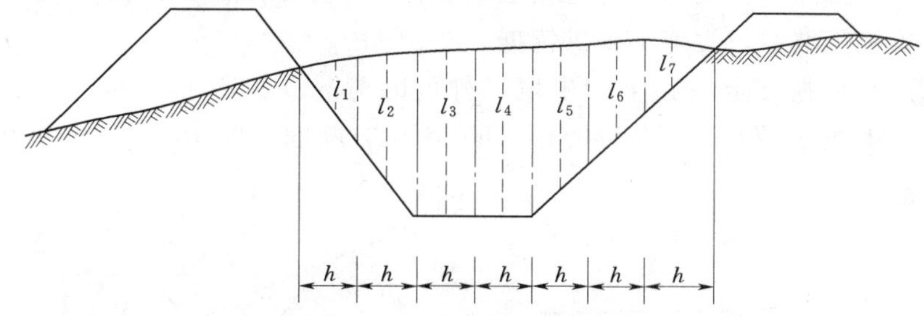

图 16－12　梯形法计算面积示意图

由于欲测图形是以 1cm 宽划分梯形，这样有可能使图形两端的三角形的高不为 1cm，这时则应将其单独估算面积，然后加到所求面积中去。

三、土方计算

土（石）方计算可按表 16－4 逐项填写和计算。计算时，应将纵断面图上查得的各中心桩挖（填）深度以及各桩横断面图上量得的挖、填面积填入表中，然后按式（16－2）计算两中心桩之间的土（石）方量。

当相邻两断面之间，既有填方又有挖方时，应分别计算挖、填方量。如 0＋000 与 0＋062 两中心桩之间的土方量为：$V=0.5\times(8.39+10.31)\times62=9.35\times62=579.7\text{m}^3$。

表 16－4　　**红花渠土（石）方量计算表**

桩号	中心桩填挖/m		填挖面积/m²		平均面积/m²		两桩间距/m	土方量/m³	
	挖深	填高	挖	填	挖	填		挖	填
0＋000	1.69		8.39	12.30	9.35	11.76			
0＋062	2.31		10.31	11.22	9.12	10.62	62	579.7	729.12
0＋100	2.10		7.93	10.01	8.17	8.49	38	346.56	403.56
0＋200	1.95		8.41	6.97	9.32	9.64	100	817.0	849.0
0＋300	2.46		10.22	12.30	9.48	11.92	100	932	964.0
0＋400	2.32		8.73	11.55			100	948	1192.0
合计								3623.26	4137.68

桩号自 0＋000～0＋400　　　　共____页 第一页

如果相邻两横断面的中心桩为一挖一填，则中间必有一个不挖不填的点，称为零点(即纵断面图上地面线与渠底设计线的交点)。可以从图上量得，也可按比例关系求得，如图 16－5 中量得两零点的桩号分别为 0＋250 和 0＋276。由于零点系指渠底中心线上为不挖不填，而零点处横断面的挖和填方面积不一定都为零，故还应到实地补测该点处的横断面。然后算出有关相邻断面的土方量。

近年来，随着电子计算机在工程设计中的广泛使用，本项目所讲的纵横断面图绘制、横断面面积量算、土（石）方量计算及工程造价预算均可由计算机成图软件完成。

任务六 渠 道 施 工 测 量

渠道施工前，首先要在现场进行边坡桩的放样，即标定渠道设计横断线与原地面线交点的桩，并设置施工坡架，为施工提供依据。

渠道横断面有全挖、全填和半挖半填三种可能情况。如图 16－13（a）为挖方断面(当挖深达 5m 时应加修平台)、图 16－13（b）为填方断面，图 16－13（c）和（d）为半挖半填断面。

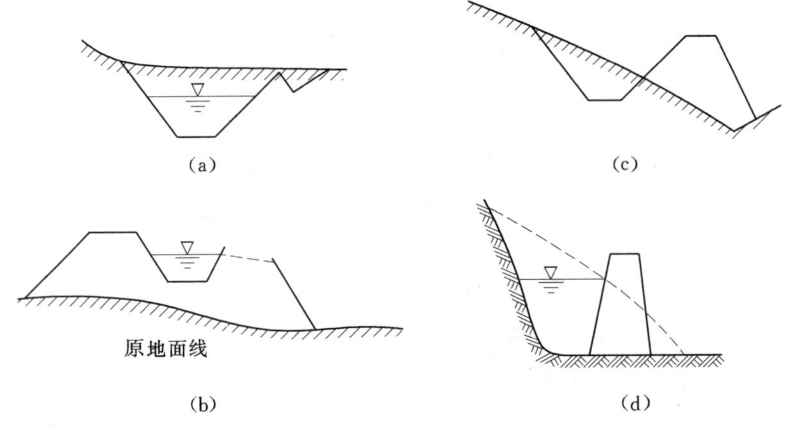

图 16－13 各种填挖断面示意图

一、标定中线桩的挖深或填高

施工前应首先检查中线桩有无丢失或移位，如有应进行修复。而后将各中线桩挖深或填高数据用红油漆标在中线桩相应的位置。

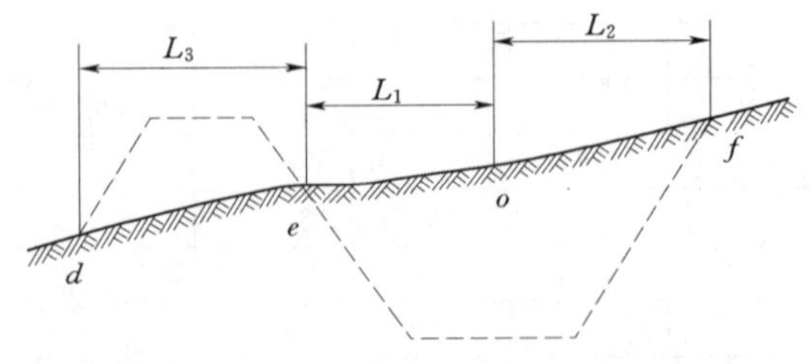

图 16－14 边坡桩放样示意图

二、边坡桩的放样

图 16－14 表示一个半挖半填断面，需要标定的边坡桩有渠道左右两边的开口桩、堤内肩桩、堤外肩桩和外坡脚桩等 8 个桩位。从土方计算时所绘的横断面图上，可以分别量出这些桩位至中心桩的距离，作为放样数据，根据中心桩即可在现场将这些桩标定出来。然后，在内、外肩桩位上

按填方高度竖立竹竿，竹竿顶部分别系绳，绳的另一端分别扎紧在相应的外坡脚桩和开口桩上，即形成一个渠道边坡断面，称为施工坡架。施工坡架每隔一定距离设置一个，其他里程只需放出开口桩和坡脚桩，并用石灰线分别将各开口桩和坡脚桩连接起来，标明整个渠道的开挖和填筑范围。为了放样方便，事先应根据横断面图编制放样数据表，见表16-5。

表16-5　　红花渠施工断面放样数据表

桩号	开口桩宽/m		内堤肩宽/m		外堤肩宽/m		外坡脚宽/m		内坡脚宽/m	
	左	右	左	右	左	右	左	右	左	右
0+000	0.82	1.02	1.50	1.55	2.41	2.30	3.32	3.07	1.0	0.7
0+050	0.85	0.66	1.33	1.40	2.51	2.23	3.02	3.12	0.5	0.4
0+100	0.68	0.70	1.52	1.48	2.33	2.12	3.45	3.55	0.6	0.5

编表时所需的地面高程、渠底高程、中心桩的填高或挖深等数据由纵横断面图上查得；堤顶高程为设计的水深加超高加渠底高程；左、右内坡脚宽、外坡脚宽等数据是以中心桩为起点在横断面图上量得。

三、检测与验收测量

最后，为了保证渠道的修建质量，对于大中型渠道，在其修建过程中应及时进行检测，对已竣工渠段应进行验收测量。渠道的检测与验收测量一般是用水准测量的方法检测渠底高程、堤顶高程、边坡坡度等，以保证渠道按设计图纸要求完工。

小　　结

渠道测量是水利工程中常用的测量工作，本项目主要介绍渠道工程中的具体测量工作，内容如下。

（1）渠道选线测量，包括选线的原则、选线的步骤。

（2）中线测量，包括中线测量的方法、穿线放样法的步骤；里程桩的概念、规定以及里程桩的测设。

（3）纵断面测量，包括纵断面测量的方法、步骤以及数据记录和计算。

（4）横断面测量，包括横断面测量的方法、水准仪皮尺发、经纬仪视距法；横断面图绘制的方法。

（5）土方计算，包括计算断面挖、填面积方法，方格法和梯形法；土方计算的方法和公式。

（6）渠道施工测量，包括渠道边坡放样的步骤和方法。

拓展和能力测试题

一、填空题

1. 沿线路方向绘制断面图，高程比例尺一般________平距比例尺。

2. 有条水渠，渠首引水处渠底高程为168.80m，从渠首到1＋000设计比降为1∶2000，从1＋000～2＋000设计比降为1∶1000，则2＋000渠线处的渠底设计高程为__________。

3. 纵断面图地面线是根据__________和__________绘制的。

4. 路线中线是由__________和__________两部分组成。

5. 线路工程测量中，纵断面图的展图比例尺，其水平比例尺应与带状图比例尺__________。

6. 渠道中线测量横断面方向，在曲线部分应在__________上。

7. 公路工程测量中，缓和曲线的曲率半径等于__________。

8. 加桩分为地形加桩、地物加桩、人工结构物加桩、工程地质加桩、__________加桩和断链加桩。

9. 加桩的基本方法有__________、__________、__________三种。

10. 横断面点位测定的方法有__________、__________、__________三种。

二、选择题

1. 路线中平测量是测定路线（　　）的高程。

A. 水准点　　B. 转点　　C. 交点　　D. 中桩

2. 路线纵断面测量分为（　　）和中平测量。

A. 基平测量　　B. 面积测量

C. 高程测量　　D. 角度测量

3. 渠道中线测量在纸上定好线后，用穿线交点法在实地放线的工作程序为（　　）。

A. 放点、穿线、交点　　B. 计算、放点、穿线

C. 计算、交点、放点　　D. 交点、穿线、放点

4. 渠道中线测量中，设置转点的作用是（　　）。

A. 传递高程　　B. 传递方向

C. 加快观测速度　　D. 提高观测精度

5. 渠道中线测量中，测得某交点的右角为130°，则其转角为（　　）。

A. $\alpha_{左}=130°$　　B. $\alpha_{右}=130°$　　C. $\alpha_{左}=50°$　　D. $\alpha_{右}=50°$

6. 用经纬仪观测某交点的右角，若后视读数为200°00′00″，前视读数为0°00′00″，则外距方向的读数为（　　）。

A. 80°　　B. 100°　　C. 200°　　D. 280°

7. 渠道中线里程桩测设时，短链是指（　　）。

A. 实际里程大于原桩号　　B. 实际里程小于原桩号

C. 实际里程与原桩号相等　　D. 原桩号测错

8. 渠道中平测量是测定路线（　　）的高程。

A. 水准点　　B. 转点　　C. 各中桩

9. 渠道中线测量中，测得某交点的右角为130°，则其转角为（　　）。

A. $\alpha_{右}=50°$　　B. $\alpha_{左}=50°$　　C. $\alpha=130°$

10. 基平水准点设置的位置应选择在（　　）。

A. 路中心线上　　B. 施工范围内　　C. 施工范围以外

三、简答题

1. 土方量是怎样计算的？

2. 边坡桩是如何测设的？

项目十七　建筑施工测量

【教学目标】

熟悉施工测量前的准备工作，掌握施工平面控制网建立的几种形式及高程控制网的建立；掌握建筑物的定位、放线，基础施工测量，主体施工测量，高层建筑施工测量。

【教学要求】

任　务	能力要求	相关知识
建筑场地施工控制测量	(1) 掌握施工控制测量平面控制的形式； (2) 掌握建筑基线和建筑方格网的测设方法； (3) 掌握施工控制测量平面控制的形式和高程控制测量的方法	(1) 施工平面控制网的建立； (2) 建筑基线的放样； (3) 建筑方格网的放样； (4) 施工高程控制网的建立
民用建筑施工测量	(1) 掌握建筑物的定位、放线； (2) 掌握基础施工测量； (3) 掌握主体施工测量； (4) 掌握高层建筑施工测量	(1) 建筑物的定位、放线； (2) 基础施工测量； (3) 主体施工测量； (4) 高层建筑施工测量

建筑施工测量是指民用建筑工程在勘测设计、施工和竣工后各个阶段所进行的测量工作。主要指施工阶段的测量工作，其任务是将设计好的建筑物、构筑物的平面位置和高程，按设计要求以一定的精度测设在地面上，以指导和衔接各工序间的施工，从根本上保证施工质量。

任务一　建筑场地施工控制测量

在工程建设勘测阶段已建立了测图控制网，由于它是为测图而建立的，未考虑施工时的要求，因此控制点的分布、密度、精度都难以满足施工测量的要求。此外，平整场地时控制点大多受到破坏，因此，在施工之前，建筑场地上要重新建立专门的施工控制网。

一、施工平面控制的建立

工业与民用建筑场地的平面控制网视场地面积大小及建筑物的布置情况，通常布设成三角网、导线网、GPS 网、建筑基线或建筑方格网的形式。三角网、导线网、GPS 网，其测量方法在其他章节介绍，在此不再赘述。重点介绍建筑基线和建筑方格网的布设方法。

(一) 建筑基线

1. 建筑基线的布设

在面积不大且地势较平坦的建筑场地上，布设一条或几条基准线，作为施工测量的平

面控制，称为建筑基线。即在场地中央布设一条长基线或若干条与其垂直的短基线组成。建筑基线的布置，主要根据建筑物的分布、场地的地形和原有测图控制点的情况而定。常用建筑基线的布设形式有四种，即三点“一”字形、三点“L”字形、四点”T”字形及五点“十”字形等形式，如图 17－1 所示。

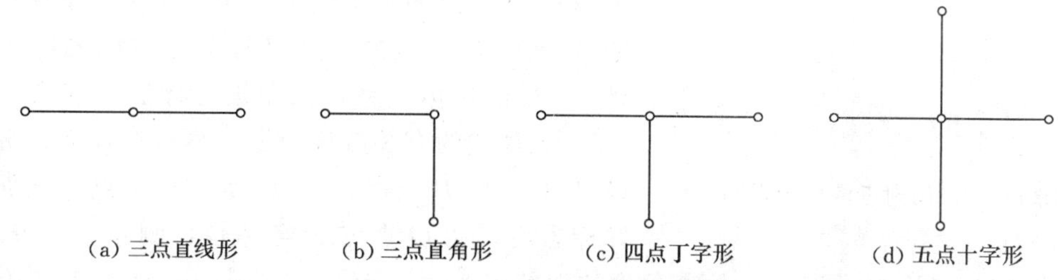

图 17－1　建筑基线的布设形式

建筑基线布设的位置，应尽量临近建筑场地中的主要建筑物，且与其轴线相平行，以便采用直角坐标法进行放样。为了便于检查基线点位有无变动，基线点不得少于三个。基线点位应选在通视良好而不受施工干扰的地方。若点需长期保存，要建立永久性标志。

2. 建筑基线的测设

根据建筑场地的不同情况，测设建筑基线的方法主要有以下两种。

(1) 根据建筑红线放样。在城市建设中，建筑用地的界址，是由规划部门确定，并由拨地单位在现场直接标定出用地边界点（界址点），边界点的连线，称为建筑红线。拟建的主要建筑物或建筑群中的多数建筑物的主轴线与建筑红线平行。因此，可根据建筑红线用平行线推移法测设建筑基线。

如图 17－2 所示，J_1—J_2 和 J_2—J_1 是两条互相垂直的建筑红线，A、O、B 三点是欲测的建筑基线点。其测设过程：从 J_2 点出发，沿 J_2J_3 和 J_2J_1 方向分别量取 d 长度得出 A'和 B'点；再过 J_1、J_2 两点分别用经纬仪作建筑红线的垂线，并沿垂线方向分别量取 d 的长度得出 A 点和 B 点；然后，将 AA'与 BB'连线，则交会出 O 点。A、O、B 三点即为建筑基线点。

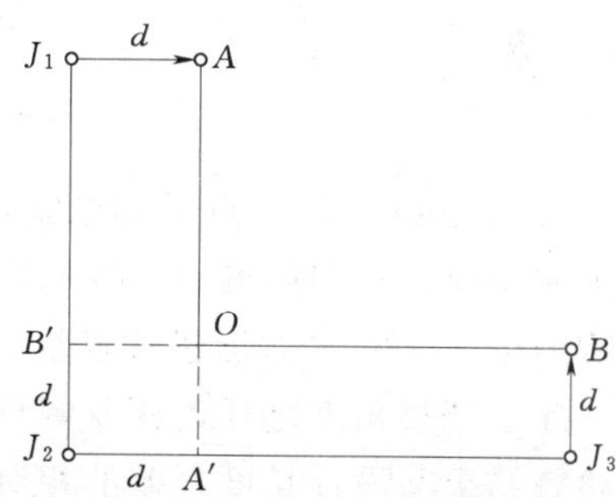

图 17－2　建筑红线测设建筑基线

当把 A、O、B 三点在地面上作好标志后，将经纬仪安置在 O 点上，测$\angle AOB$ 是否等于 90°，其不符值不应超过±24″。量 OA、OB 距离是否等于设计长度，其不符值不应大于 1/10000，若误差超限应检查测设数据，若误差在许可范围内，则适当调整 A、B 点的位置。

如果建筑红线完全符合作为建筑基线的条件时，可将其作为建筑基线使用，即直接用建筑红线进行建筑物的放样，既简便又快捷。

另外，也可根据已有建筑物、道路中心线放样。方法与利用建筑红线放样相同。

(2) 根据地面控制点放样。在新建筑区，没有建筑红线作依据时，就需要在建筑设计总平面图上，根据建筑物的设计坐标和附近已有的测图控制点来选定建筑基线的位置，并在实地采用极坐标法或交会法把基线点在地面上标定出来。

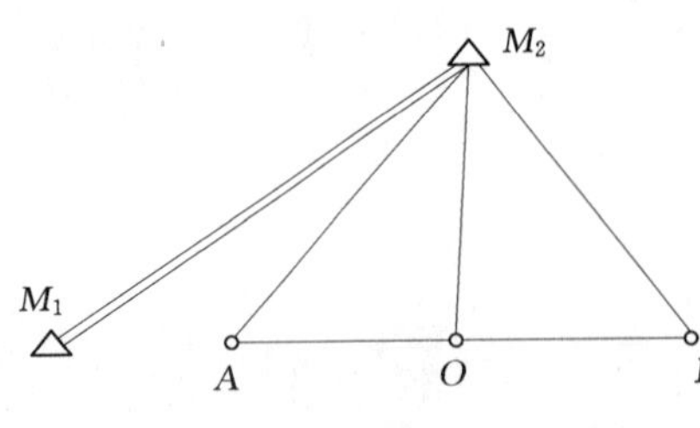

图 17－3　用附近的控制点测设建筑基线

如图 17－3 所示，M_1、M_2 两点为已有的控制点，A、O、B 三点为欲测设的建筑基线点。首先将 A、O、B 三点的施工坐标，换算成测图坐标；再根据 A、O、B 三点的测图坐标与原有的测图控制点 M_1、M_2 的坐标关系，采用极坐标法或交会法测定 A、O、B 点的有关放样数据；最后在地面上分别测设出 A、O、B 三点。当 A、O、B 三点在地面上作好标志后，在 O 点安置经纬仪，测量$\angle AOB$的角值，丈量 OA、OB 的距离。若检查角度的误差（$\Delta\beta=\angle AOB-180°$，$|\Delta\beta|\leqslant 24''$）与丈量边长的相对误差均不在容许值以内时，就要调整 A、B 两点，使其满足规定的精度要求。

调整三个点的位置时，如图 17－4 所示，应先根据三个主点间的距离 a 和 b 按下列公式计算调整值δ，即

$$\delta=\frac{ab}{a+b}\cdot\frac{180°-\beta}{2\rho} \tag{17-1}$$

式中　ρ——弧度对应的秒值，$\rho=206265''$。

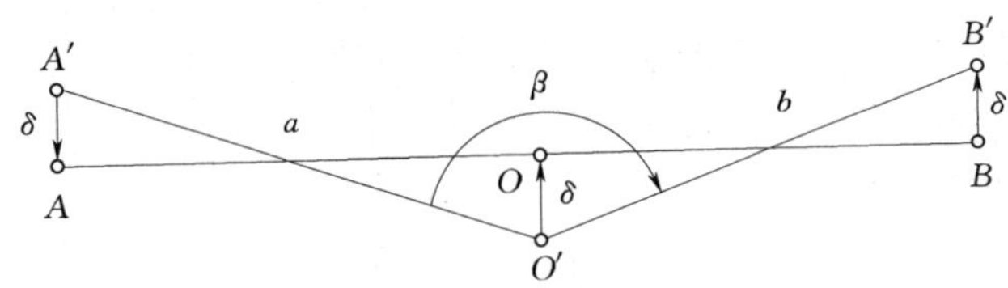

图 17－4　调整三个主点的位置

将 A'、O'、B'三点沿与轴线垂直方向移动一个改正值δ，但 O'点与 A'、B'两点移动的方向相反，移动后得 A、O、B 三点。为了保证测设精度，应再重复检测$\angle AOB$，如果检测结果与 180°之差仍超过限差，需再进行调整；直到误差在容许值以内为止。

除了调整角度之外，还要调整三个主点间的距离。先丈量检查 OA 及 OB 间的距离，若检查结果与设计长度之差的相对误差大于规定，则以 O 点为准，按设计长度调整 A、B 两点。调整需反复进行，直到误差在容许值以内为止。

【例 17－1】 如图 17－4 所示，某工地要测设一个建筑基线，其中：$a=b=100$m，初步测定后，定出 A'、O'、B'，测出 $\beta=180°01'42''$，问其改正值δ为多少？方向如何？

解

$$\delta=\frac{ab}{a+b}\times\frac{180°-\beta}{2\rho}$$

$$=\frac{100\times100}{100+100}\times\frac{180°-180°01'42''}{2\times206265''}$$

$$=-0.012(\text{m})$$

在 A' 和 B' 点处 δ 向上；O' 点处 δ 向下。

注意：$180°-\beta$ 要以秒为单位。

(二) 建筑方格网

1. 建筑方格网的布设

在大中型的建筑场地上，由正方形或矩形格网组成的施工控制网，称为建筑方格网。建筑方格网的布置，应根据建筑设计总平面图上各种建筑物、道路、管线的分布情况，并结合现场地形条件而拟定。方格网的形式，可布置成正方形或矩形。布置建筑方格网时，先要选定两条互相垂直的主轴线，如图 17－5 中的 AOB 和 COD，再全面布设格网。当建筑场地占地面积较大时，通常是分两级布设，首级为基本网，先测设十字形、口字形或田字形的主轴线，然后再加密次级的方格网。当场地面积不大时，尽量布置成全方格网。

方格网的主轴线，应布设在整个建筑场地的中央，其方向应与主要建筑物的轴线平行或垂直，并且长轴线上的定位点不得少于 3 个。主轴线的各端点应延伸到场地的边缘，以便控制整个场地。主轴线上的点位，必须建立永久性标志，以便长期保存。

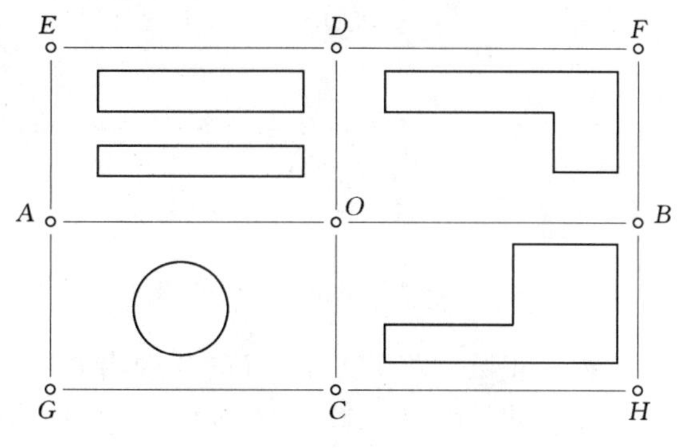

图 17－5　建筑方格网

当方格网的主轴线选定后，就可根据建筑物的大小和分布情况而加密格网。在选定格网点时，应以简单、实用为原则，在满足放样的前提下，格网点的点数应尽量减少。方格网的转折角应严格为 90°，相邻格网点要保持通视，点位要能长期保存。建筑方格网的主要技术要求，可参见表 17－1 的规定。

2. 方格网的测设方法

(1) 主轴线的测设。由于建筑方格网是根据场地主轴线布置的，因此在测设时，应首先根据场地原有的控制点，测设出主轴线的三个主点。

如图 17－6 所示，M_1、M_2、M_3 三点为已有的测图控制点，其坐标已知；A、O、B 三点为选定的主轴线上的主点，其坐标可以设计图纸量取，则根据三个测图控制点 M_1、M_2、M_3，采用极坐标法即可测设出 A、O、B 三个主点。

测设三个主点的过程：先将 A、O、B 三点的施工坐标换算成测图坐标；再根据它们的坐标与测图控制点 M_1、M_2、M_3 的坐标关系，计算出放样数据 β_1、β_2、β_3 和 D_1、D_2、D_3，如图 17－6 所示，然后用极坐标法测设出三个主点 A、O、B 的概略位置为 A'、O'、B'。

当三个主点的概略位置在地面上标定出来后，要检查三个主点是否在一条直线上。由于测量误差的存在，使测设的三个主点 A'、O'、B' 不在一条直线上，三个主点的调整方法和建筑基线三个主点的调整方法相同。

当主轴线的三个主点 A、O、B 定位后，就可测设与 AOB 主轴线相垂直的另一条主轴线 COD。如图 17－7 所示，将经纬仪安置在 O 点上，照准 A 点，分别向左、向右测设

90°；并根据 OC 和 OD 的距离，在地面上标定出 C、D 两点的概略位置为 C'、D'；然后分别精确测出 $\angle AOC'$ 及 $\angle AOD'$ 的角值，其角值与 90°之差为 ε_1 和 ε_2，若 ε_1 和 ε_2 大于表 17－1 的规定，则按下列公式求改正数 l_1、l_2，即

$$l=L\cdot\frac{\varepsilon''}{\rho''} \tag{17-2}$$

式中　L——OC' 或 OD' 的距离；

ε_1、ε_2——单位为秒（″）。

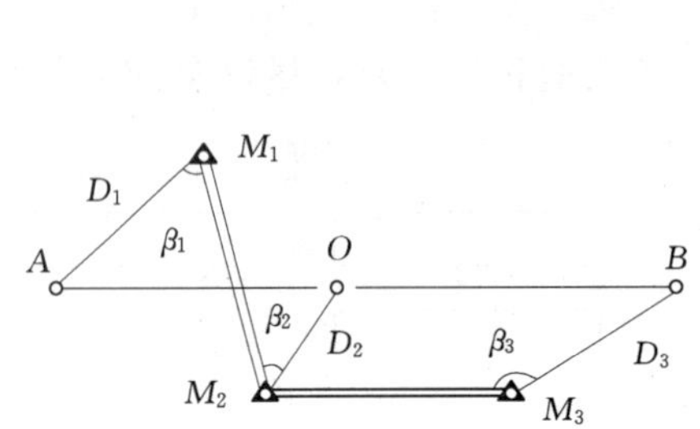

图 17－6　主轴线的测设

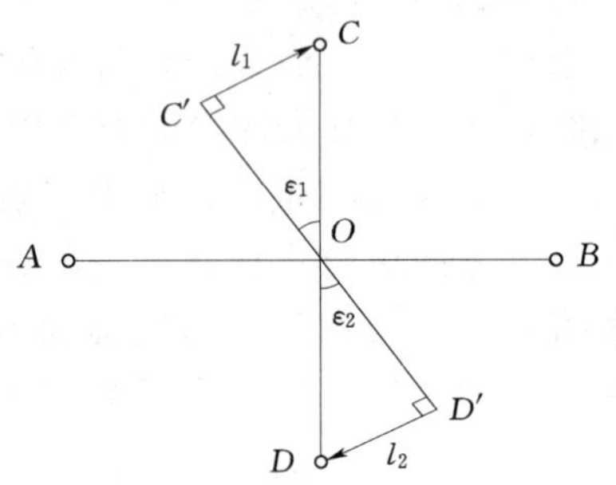

图 17－7　测设主轴线 COD

根据改正数，将 C'、D' 两点分别沿 $C'C$、$D'D$ 的垂直方向移动 l_1、l_2，得 C、D 两点。然后检测 $\angle COD$，其值与 180°之差应在规定的限差之内，否则需要再次进行调整。仿照上述同样方法检测 CO、DO 的距离。

（2）方格网点的测设。主轴线确定后，先进行主方格网的测设，然后在主方格网内进行方格网的加密。主方格网的测设，采用角度交会法定出格网点。其作业过程：如图 17－5 所示，用两台经纬仪分别安置在 A、C 两点上，均以 O 点为起始方向，分别向左、向右精确地测设出 90°角，在测设方向上交会 G 点，交点 G 的位置确定后，进行交角的检测和调整，同法测设出主方格网点 E、F、H，这样就构成了“田”字形的主方格网。

当主方格网测定后，以主方格网点为基础，加密其余各格网点。

3. 建筑方格网精度要求

根据《工程测量规范》（GB 50026—93）规定：建筑场地大于 1km^2 或重工业区，宜建立相当于一级导线精度的平面控制网；建筑场地小于 1km^2 或重工业区，宜建立相当于二、三级导线精度的平面控制网。

建筑方格网的主要技术要求应符合表 17－1 的规定；角度观测应符合表 17－2 中的规定；距离测量应符合表 17－3 中的规定。

表 17－1　　建筑方格网的主要技术要求

等级	边长/m	测角中误差/(″)	边长相对中误差
Ⅰ	100～300	5	≤1/30000
Ⅱ	100～300	8	≤1/20000

表 17-2　　方格网测设的限差要求

等级	经纬仪型号	测角中误差/(″)	测回数	测微器两次读数/(″)	半测回归零差/(″)	一测回 2C 值互差/(″)	各测回方向互差/(″)
Ⅰ	DJ_1	5	2	≤1	≤6	≤9	≤6
	DJ_2	5	3	≤3	≤8	≤13	≤9
Ⅱ	DJ_2	8	2	—	≤12	≤18	≤12

表 17-3　　测距仪测设方格网边长的限差要求

等　级	仪器分级	总测回数
Ⅰ	Ⅰ级精度、Ⅱ级精度	4
Ⅱ	Ⅱ级精度	2

（三）施工坐标系和测图坐标系的换算

1. 测图坐标系

为了便于地形图的使用，在测图时采用国家统一的（高斯平面坐标系）或任意的平面直角坐标系。南北方向为 X 轴，东西方向为 Y 轴。

2. 施工坐标系

为了便于建筑物的设计和施工放样，设计总平面图上的建（构）筑物的平面位置常采用施工坐标系（又叫建筑坐标系）的坐标。其纵坐标用 A 表示，横坐标用 B 表示，坐标原点常设在总平面图的西南角。施工坐标也叫 A、B 坐标。

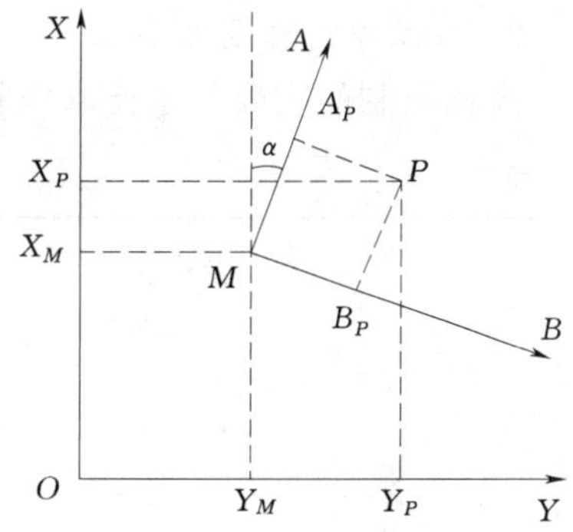

图 17-8　施工和测图坐标系的关系

3. 施工坐标系和测图坐标系的换算

如图 17-8 所示，XOY 为测量坐标系，AMB 为施工坐标系，P 点在两个坐标系中的坐标值分别为：(X_P, Y_P)，(A_P, B_P)。若点在施工坐标系中坐标值为已知，则可按下式将其换算成测图坐标系中的坐标值。

$$\left.\begin{aligned}X_P&=X_M+A_P\cos\alpha-B_P\sin\alpha\\Y_P&=Y_M+B_P\cos\alpha+A_P\sin\alpha\end{aligned}\right\}\qquad(17-3)$$

式中　X_M，Y_M——施工坐标系原点在测图坐标系中的坐标值；

α——施工坐标系相对测图坐标系的旋转角。

若点在测图坐标系中坐标值为已知，则可按下式将其换算成施工坐标系中的坐标值。

$$\left.\begin{aligned}A_P&=(X_P-X_M)\cos\alpha+(Y_P-Y_M)\sin\alpha\\B_P&=-(X_P-X_M)\sin\alpha+(Y_P-Y_M)\cos\alpha\end{aligned}\right\}\qquad(17-4)$$

二、施工高程控制网的建立

1. 高程控制点布设要求

由于测图高程控制网在点位分布和密度方面均不能满足施工测量的需要，因此在施工场地建立平面控制网的同时还必须重新建立施工高程控制网。

建立施工高程控制网时，当建筑场地面积不大时，一般按四等水准测量或等外水准测量来布设。当建筑场地面积较大时，可分为两级布设，即首级高程控制网和加密高程控制网。首级高程控制网，采用三等水准测量施测，加密高程控制，采用四等水准测量施测。

首级高程控制网，应在原有测图高程网的基础上，单独增设水准点，并建立永久性标志。场地水准点的间距，宜小于1km。距离建筑物、构筑物不应小于25m；距离振动影响范围以外不应小于5m；距离回填土边线不应小于15m。凡是重要的建筑物附近均应设置水准点。整个建筑场地至少要设置三个永久性的水准点。并应布设成闭合水准路线或附合水准路线。高程测量精度，不应低于三等水准测量。其点位要选择恰当，不受施工影响，并便于施测，又能永久保存。

加密高程控制网，一般不单独布设，要与建筑方格网合并，即在各格网点标志上加设一突出的半球状标志以示点位。各点间距宜在200m左右，以便施工时安置一次仪器即可测出所需高程。加密高程控制网，应按四等水准测量进行观测，并附合在首级水准点上。

为了测设方便，通常在较大的建筑物附近建立专用的水准点，即±0.000标高水准点，其位置多选在较稳定的建筑物墙面上，用红色油漆绘成上顶成为水平线的倒三角形，如“▼”。

必须注意，在设计中各建筑物的±0.000高程是不相等的，应严格加以区别，防止用错设计高程。

2. 高程控制的技术要求

高程控制的主要技术要求应符合表17-4的规定。

表17-4　　水准测量的主要技术要求

等级	每千米高差中误差/mm	路线长度水准/km	仪器型号	水准尺种类	测量次数		限差	
					与已知点连测	附和或环线	平地/mm	山地/mm
二	2	—	DS_1	铟瓦	往返各一次	往返各一次	$4\sqrt{L}$	—
三	6	≤50	DS_1	铟瓦	往返各一次	往一次	$12\sqrt{L}$	$4\sqrt{n}$
			DS_3	双面		往返各一次		
四	10	≤16	DS_3	双面	往返各一次	往一次	$20\sqrt{L}$	$6\sqrt{n}$
五	15	—	DS_3	单面	往返各一次	往一次	$30\sqrt{L}$	—

任务二　民用建筑施工测量

一、施工测量前准备工作

1. 熟悉设计图纸

设计图纸是施工测量的主要依据，测设前应充分熟悉各种有关的设计图纸，以便了解建筑物与相邻地物的相互关系，以及建筑物本身的内部尺寸关系，准确无误地获取测设工作中所需要的各种定位数据。与测设工作有关的设计图纸有如下几种。

(1) 建筑总平面图。建筑总平面图是建筑规划图。它表示新建、已建建筑物和道路的

平面位置及其主要点的坐标和高程，以及建筑物之间的相对位置，总平面图是测设建筑物总体位置的重要依据，如图 17－9 所示。

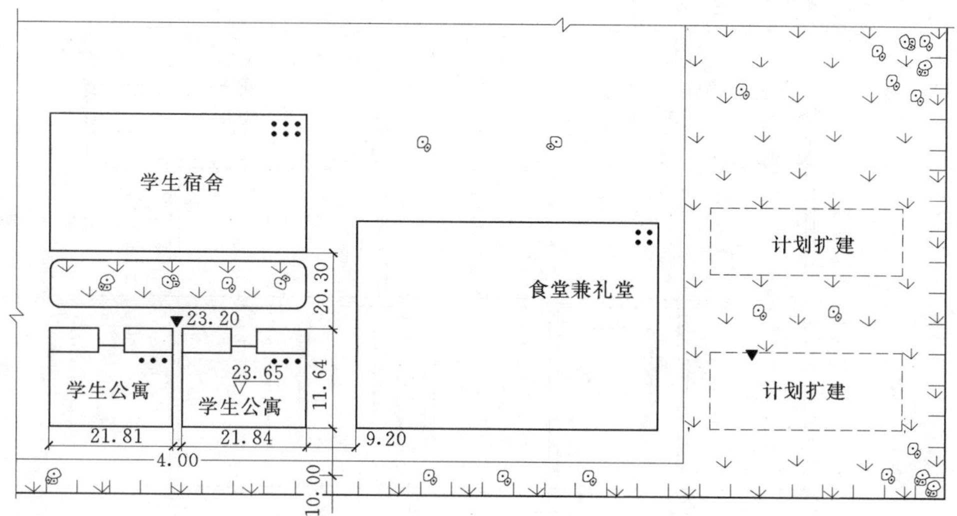

图 17－9 建筑总平面图

（2）建筑平面图。建筑平面图标明了建筑物底层、标准层等各楼层的总体尺寸和细部尺寸，以及各承重构件之间位置关系，图 17－10 所示为底层平面图。建筑平面图是测设建筑物细部轴线的依据。

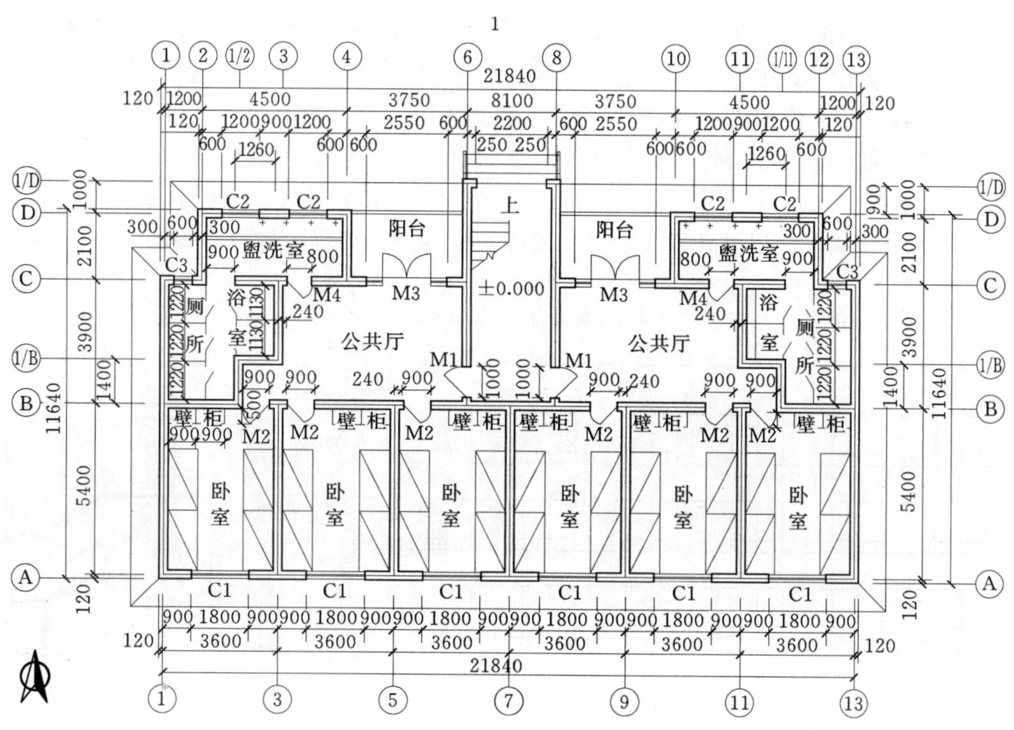

图 17－10 底层平面图

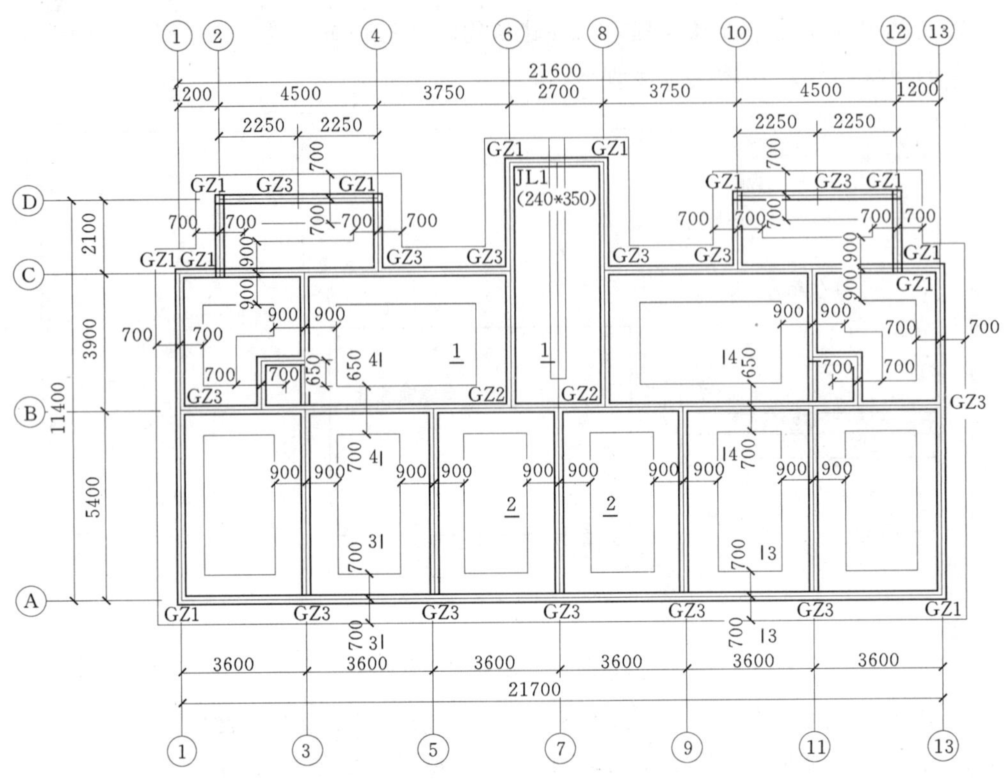

图 17－11　基础平面图

(3) 基础平面图及基础详图。基础平面图及基础详图标明了基础形式、基础平面布置、基础中心或中线的位置、基础边线与定位轴线之间的尺寸关系、基础横断面的形状和大小以及基础不同部位的设计标高等，它是测设基槽（坑）开挖边线和开挖深度的依据，也是基础定位及细部放样的依据，如图 17－11 所示，为基础平面图。

(4) 立面图。立面图标明了室内地坪、门窗、阳台等的设计高程，这些高程通常是以±0.000标高为起算点的相对高程，它是测设建筑物各部位高程的依据，如图 17－12 所示。

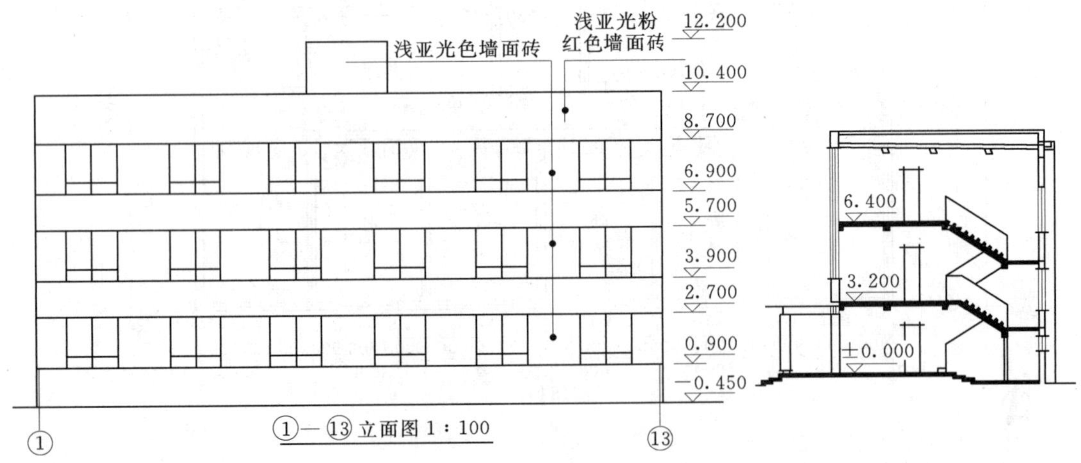

图 17－12　立面图和剖面图

(5) 剖面图。剖面图标明了室内地坪、楼梯平台、楼板、屋面及屋架等的设计高程，这些高程通常是以±0.000标高为起算点的相对高程，它是测设建筑物各部位高程的依据，如图17－12所示。

在熟悉图纸的过程中，应仔细核对各种图纸上相同部位的尺寸是否一致，同一图纸上总尺寸与各有关部位尺寸之和是否一致，以免发生错误。

2. 现场踏勘

在进行施工测量前必须了解施工现场地物、地貌以及现有测量控制点的分布情况，应进行现场踏勘，并调查与施工测量有关的问题，以便根据场地实际情况编制测设方案。对建筑场地上的平面控制点、水准点进行检核，获得正确的测量起始数据和点位。

3. 确定测设方案

在熟悉设计图纸、掌握施工计划和施工进度的基础上，结合施工现场的实际情况，拟定测设方案。测设方案包括测设方法、测设步骤、采用的仪器工具、精度要求、时间安排和安全保护措施等。

4. 准备测设数据

每次现场测设之前，应根据设计图纸和测量控制点的分布情况，计算好相应的测设数据并对数据进行检核，施工场地较复杂时还需绘出测设略图，把测设数据标注在略图上，使现场测设时更方便快速，并减少出错的可能。

如图17－13所示，现场已有A、B两个平面控制点，欲用经纬仪和钢尺，按极坐标法将图中所示设计建筑物测设于实地上。定位测量一般测设建筑物的四大角点，即图中所示的1、2、3、4点，应先根据有关数据计算其坐标；此外，应根据A、B的已知坐标和1～4点的设计坐标，计算各点的测设角度值和距离值，以备现场测设之用。如果是用全站仪按极坐标法测设，由于全站仪能自动计算方位角和水平距离，则只需准备好每个角点的坐标即可。

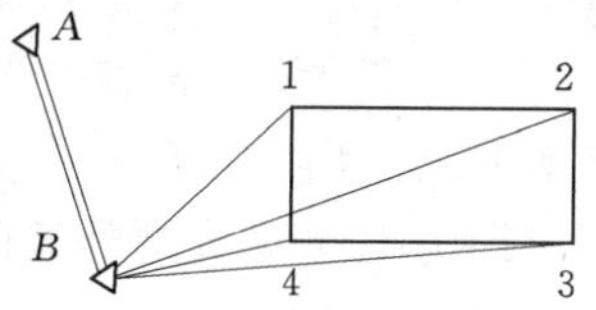

图17－13 建筑物测设草图

上述四个主轴线点测设好后，即可测设细部轴线点，测设时，一般用经纬仪定线，然后以主轴线点为起点，用钢尺依次测设。准备测设数据时，应根据其建筑平面图所示的轴线间距，计算每条细部轴线至主轴线的距离，并绘出标有测设数据的略图。

二、建筑物的定位

建筑物外墙轴线（主轴线）的交点决定了建筑物在地面上的位置，这些点称为定位点或角点，建筑物的定位就是根据设计要求，将这些轴线交点测设到地面上，作为细部轴线放线和基础放线的依据。由于建筑施工场地和建筑物的多样性，建筑物定位测量的方法也有所不同，下面介绍5种常见的定位方法。

1. 根据与原有建筑物的关系测设

如果设计图上只给出新建筑物与附近原有建筑物的相互关系，而没有提供建筑物定位点的坐标，周围又没有可供利用测量控制点、建筑方格网或建筑基线，可根据原有建筑物的边线，将新建筑物的定位点测设出来。

具体测设方法随实际情况的不同而不同，但基本过程是一致的，就是在现场先找出原有建筑物的边线，再用经纬仪和钢尺将其延长、平移或旋转，得到新建筑物的一条定位轴线，然后根据这条定位轴线，用经纬仪测设角度，用钢尺测设长度，得到其他定位轴线或定位点，最后检核四个大角和四条定位轴线长度是否与设计值一致。下面分两种情况说明具体测设的方法。

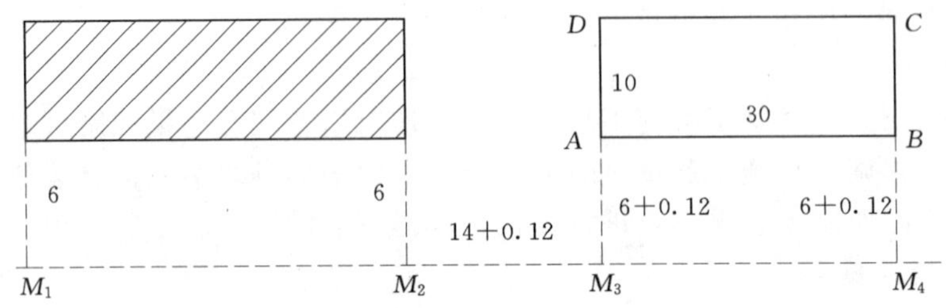

图 17-14　根据与原有建筑物的关系测设定位点（单位：m）

如图 17-14 所示，拟建建筑物的外墙边线与原有建筑的外墙边线在同一条直线上，两栋建筑物的间距为 14m，拟建建筑物的长轴为 30m，短轴为 10m，轴线与外墙边线间距为 0.12m，可按下述方法测设其外墙轴线交点。

(1) 沿原有建筑物的两侧外墙拉线，用钢尺顺线从墙角往外量一段较短的距离（这里设为 6m），在地面上定出 M_1 和 M_2 两点，M_1 和 M_2 的连线即为原有建筑物外墙的平行线。

(2) 在 M_1 点安置经纬仪，照准 M_2 点，用钢尺从 M_2 点沿视线方向量 14m+0.12m，在地面上定出 M_3 点，再从 M_3 点沿视线方向量 30m，在地面上定出 M_4 点，M_3 和 M_4 的连线即为拟建建筑物外墙的平行线，其长度等于长轴尺寸。

(3) 在 M_3 点安置经纬仪，照准 M_1 点，顺时针测设 90°，在视线方向上量 6m+0.12m，在地面上定出 A 点，再从 A 点沿视线方向量 10m，在地面上定出 D 点。同理，在 M_4 点安置经纬仪，照准 M_1 点，顺时针测设 90°，在视线方向上量 6m+0.12m，在地面上定出 B 点，再从 B 点沿视线方向量 10m，在地面上定出 C 点。则 A、B、C、D 点即为拟建建筑物的四个定位轴线点。

(4) 在 A、B、C、D 点上安置经纬仪，检核四个大角是否为 90°，用钢尺丈量四条轴线的长度，检核长轴是否为 30m，短轴是否为 10m。

注意用此方法测设定位点时不能先测定短轴的两个点，而应先测长轴的两个点，然后在长轴的两个点设站测设短轴上的两个点，否则误差容易超限。

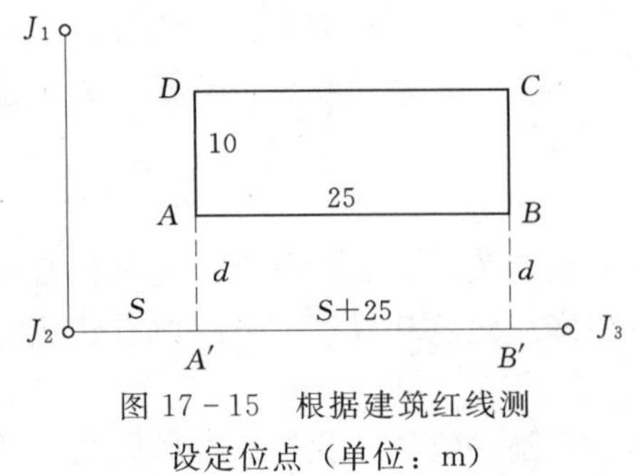

图 17-15　根据建筑红线测设定位点（单位：m）

2. 根据建筑红线测设

如图 17-15 所示，J_1、J_2、J_3 为建筑红线桩，其连线 J_1-J_2、J_2-J_3 为建筑红线，A、B、C、D 为建筑物的定位点。因 AB 平行与 J_2-J_3 建筑红线，故用直角坐标法测设轴线较为方便。其具体测量方法如下。

(1) 用钢尺从 J_2 沿 $J_2—J_3$ 量取 Sm 定出 A' 点，再量 $S+25$m 定出 B'点。

（2）将经纬仪安置在 A' 点，照准 J_3 点逆转 90°定出短轴 AD 方向，沿此方向量取 dm 定出 A 点，沿此方向量取 d+10m 定出 D 点。

（3）将经纬仪安置在 B' 点，照准 J_2 点顺转 90°定出短轴 BC 方向，沿此方向量取 dm 定出 B 点，沿此方向量取 d+10m 定出 C 点。

（4）用经纬仪，检核四个大角是否为 90°，用钢尺丈量四条轴线的长度，检核长轴是否为 30m，短轴是否为 10m。

3. 根据建筑基线测设

建筑基线测设时一般与拟建建筑物的主轴线平行，因此根据建筑基线测设建筑物主轴线的方法和根据建筑红线测设主轴线的方法相同。

4. 根据建筑方格网测设

如果建筑物的定位点有设计坐标，且建筑场地已设有建筑方格网，可利用直角坐标法测设定位点。用直角坐标法测设点位，所需的测设数据计算较为方便。可用经纬仪和钢尺进行测设，建筑物总尺寸和四个大角的精度应进行控制和检核。

5. 根据控制点测设

如果已经给出拟定位建筑物定位点的设计坐标，且附近有高级控制点，即可根据实际情况选用极坐标法、角度交会法或距离交会法来测设定位点。在这三种方法中，极坐标法适用性最强，是用得最多的一种定位方法。

定位方法归纳起来就两类：一类直角坐标法或极坐标法定位——有建筑基线、建筑方格网或导线时；二类根据已有建筑物定位——无控制网时。

三、建筑物放线

建筑物的放线是指根据定位的主轴线桩（即角桩），详细测设其他各轴线交点的位置，并用木桩（桩顶钉小钉）标定出来，称为中心桩。并据此按基础宽和放坡宽用白灰线撒出基槽开挖边界线。

基础开挖后建筑物定位点将被破坏，为了恢复建筑物定位点，常把主轴线桩引测到安全地方加以保护，引测到安全地方的轴线桩称为轴线控制桩。除测设轴线控制桩外，可以设置龙门板来恢复建筑物的主轴线。

1. 轴线控制桩的测设

轴线控制桩一般设在开挖边线 2～4m 以外不受施工干扰并便于引测和保存桩位的地方，用水泥砂浆加固。若附近有固定建筑物和构筑物，这时应将轴线投测在这些物体上，使轴线更容易得到保护，但每条轴线至少应有一个控制桩是设在地面上的，以便日后能安置经纬仪来恢复轴线。

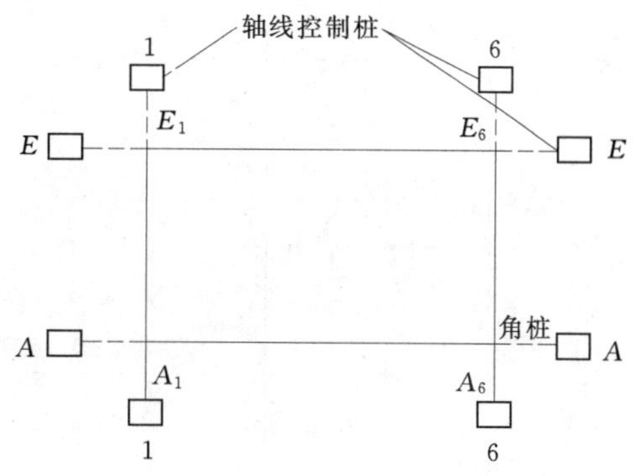

图 17-16　轴线控制桩的测设

如图 17-16 所示，A 轴、E 轴、1 轴和 6 轴是建筑物的 4 条外墙主轴线，其交点 A_1、A_6、E_1 和 E_6 是建筑物的定位点，这些定位点已在地面上测设完毕并打好桩点。轴线控制桩的测设方法如下：

将经纬仪安置在 A_1 点，照准 E_1 点向外延长到安全地方定出1—1轴的一个控制桩；倒转望远镜（转动望远镜180°）定出1—1轴的另一个控制桩。用同样的方法定出其他轴线控制桩。

2. 龙门板的测设

龙门板的测设方法：如图17-17所示，在建筑物四角和中间隔墙的两端，距基槽边线约1.5～2m以外，牢固地埋设大木桩，称为龙门桩，并使桩的一侧平行于基槽；根据附近水准点，用水准仪将±0.000标高测设在每个龙门桩的外侧上，并画出横线标志；在相邻两龙门桩上钉设横向木板，称为龙门板，龙门板的上沿应和龙门桩上的横线对齐，使龙门板的顶面标高在同一个水平面上，并且标高为±0.000，龙门板标高测定的容许误差一般为±5mm；根据轴线桩，用经纬仪将各轴线投测到龙门板的顶面，并钉上小钉作为轴线标志，称为轴线钉，投点容许误差为±5mm。对小型的建筑物，也可用拉细线绳的方法延长轴线，再钉上轴线钉；用钢尺沿龙门板顶面检查轴线钉的间距，其相对误差不应超过1/5000。

由于龙门板需要较多木料，而且占用场地，使用机械开挖时容易被破坏，因此现在施工中很少采用，大多是采用引测轴线控制桩的方法。

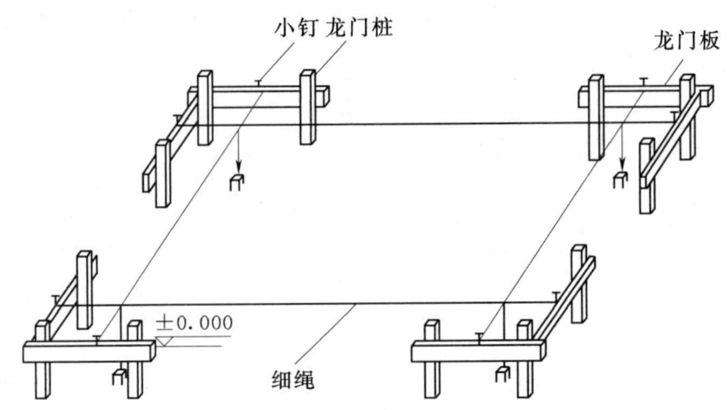

图17-17　龙门桩与龙门板

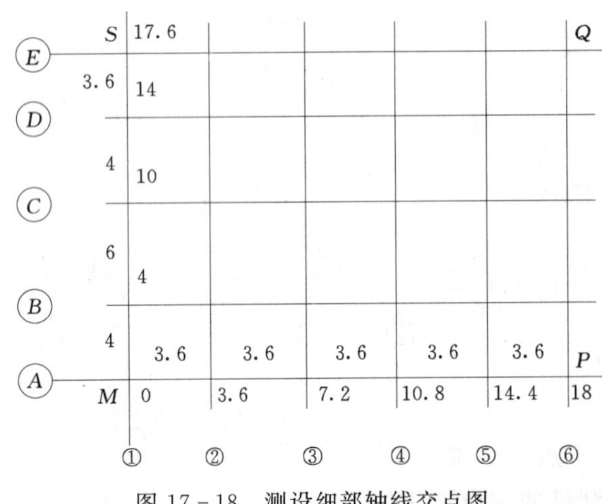

图17-18　测设细部轴线交点图

3. 建筑物的放线（细部轴线测设）

如图17-18所示，在 M 点安置经纬仪，照准 P 点，把钢尺的零端对准 M 点，沿视线方向拉钢尺，在钢尺上读数等于①轴和②轴间距（3.6m）的地方打木桩，打桩过程中要经常用仪器检查桩顶是否偏离视线方向，并不时拉一下钢尺，看钢尺读数是否还在桩顶上，如有偏移要及时调整。打好桩后，用经纬仪指挥在桩顶上画一条纵线，再拉好钢尺，在读数等于轴间距处画一条横线，两线交点即 A 轴与

②轴的交点；A 轴与③轴交点的测设方法与 A 轴与②轴交点测设方法相同，钢尺的零端仍然要对准 M 点，并沿视线方向拉钢尺，而钢尺读数应为①轴和③轴间距（7.2m），这种做法可以减小钢尺对点误差，避免轴线总长度增长或减短。如此依次测设 A 轴与其他各轴线的交点。测设完最后一个交点后，用钢尺检查各相邻轴线桩的间距是否等于设计值，误差应小于 1/5000。

测设完 A 轴上的轴线点后，用同样的方法测设其他三个轴线上的点。如果建筑物尺寸较小，也可用拉细线绳的方法代替经纬仪定线，然后沿细线绳拉钢尺量距。此时要注意细线绳不要碰到物体，风大时也不宜作业。

四、基础施工测量

工业与民用建筑基础按其埋置的深度不同，可分为浅基础和深基础两大类。一般埋置深度在 5m 左右且能按一般方法施工的基础称为浅基础。浅基础的类型有：刚性基础、扩展基础、拄下条形基础、筏板基础、箱形基础和壳体基础等。当需要埋设在较深的土层中，采用特殊的方法施工的基础则属于深基础，如桩基础、深井基础和地下连续墙等。这里介绍条形基础和桩基础的施工测量内容和方法。

（一）条形基础施工测量

1. 基槽开挖线的放样

如图 17－19 所示，先按基础剖面图给出的设计尺寸，计算基槽的开挖宽度 d：

$$d=B+2mh \tag{17-5}$$

式中　B——基底宽度，可由基础剖面图查取；

h——基槽深度；

m——边坡坡度的分母。

根据计算结果，在地面上以轴线为中线往两边各量出 $d/2$，拉线并撒上白灰，即为开挖边线。如果是基坑开挖，则只需按最外围墙体基础的宽度、深度及放坡确定开挖边线。

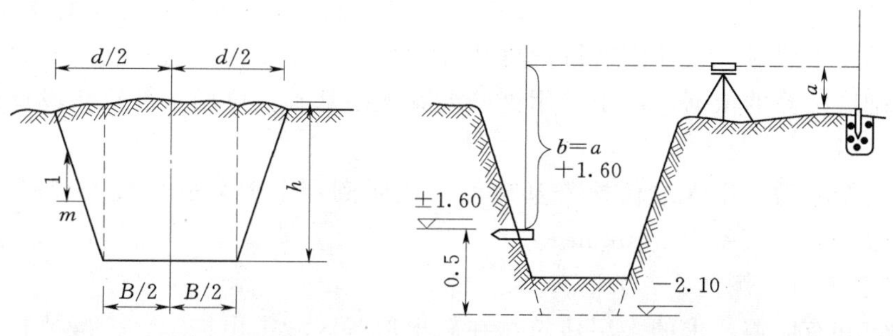

图 17－19　基槽开挖宽度　　　图 17－20　基槽水平桩测设

2. 基坑抄平（水平桩的测设）

如图 17－20 所示，为了控制基槽开挖深度，当基槽挖到接近坑底设计高程时，应在槽壁上测设一些水平桩，水平桩的上表面离坑底设计高程为某一整分米数（例如 0.5m），用以控制挖槽深度，也可作为槽底清理和打基础垫层时控制标高的依据。一般在基槽各拐角处均应打水平桩，在直槽上则每隔 3～4m 打一个水平桩，然后拉上白线，线下 0.5m 即为槽底设计高程。

水平桩测设时，以画在龙门板上或周围固定地物的±0.000m 标高线为已知高程点，用水准仪进行测设，水平桩上的高程容许误差为±10mm。

例如，设龙门板顶面标高为±0.000，槽底设计标高为－2.1m，水平桩高于槽底0.5m，即水平桩高程为－1.6m，用水准仪后视龙门板顶面上的水准尺，读数 $a=1.006$m，则水平桩上标尺的应有读数为

$$b=0.000+1.006-(-1.6)=2.606(\text{m})$$

测设时沿槽壁上下移动水准尺，当读数为 2.606m 时沿尺底水平的将桩打进槽壁，然后检核该桩的标高，如超限便进行调整，直至误差在规定范围以内。

3. 建筑物轴线的恢复

垫层打好后，根据龙门板上的轴线钉或轴线控制桩，用经纬仪或拉线挂吊锤的方法，把轴线投测到垫层面上，然后根据投测的轴线，在垫层面上将基础中心线和边线用墨线弹出，以便砌筑基础或安装基础模板。如果未设垫层，可在槽底打木桩，把基础中心线和边线投测到桩上。

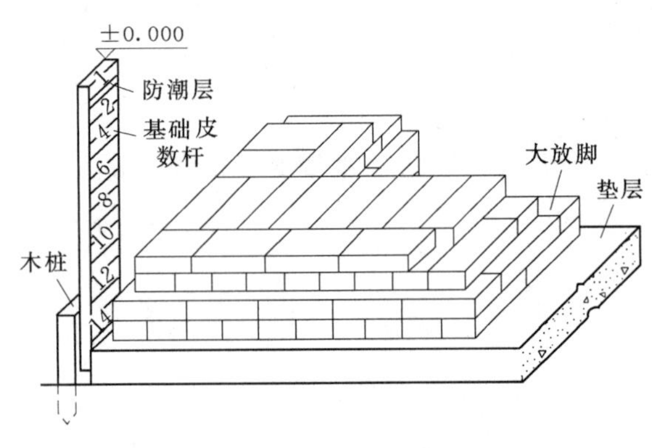

图 17-21　基础皮数杆

4. 基础标高的控制

房屋基础指±0.000m 以下的墙体，它的标高一般是用基础“皮数杆”来控制的，皮数杆是一根木制的杆子，在杆上按照设计尺寸将砖和灰缝的厚度、防潮层的标高及±0.000 的位置，从下往上一一画出来，如图 17-21 所示。

立皮数杆时，应先在立杆处打一木桩，用水准仪在木桩侧面测设一条高于垫层设计标高某一数值（如 10cm）的水平线，然后将皮数杆上标高相同的一条线与木桩上的水平线对齐，并用铁钉把皮数杆和木桩钉在一起，这样立好皮数杆后，即可作为砌筑基础墙标高的依据。对于采用钢筋混凝土的基础，可用水准仪将设计标高测设于模板上。

基础施工结束后，用水准仪检查基础面（或防潮层上面）的标高与设计标高是否一致，若不一致，允许误差为±10mm。

（二）桩基础施工测量

高层建筑和有防震要求的多层建筑物在软土地基区域常用桩基，一般要打入预制桩或灌注桩。由于高层建筑物的荷重主要有桩基承受，所以对桩位要求较高，桩位偏差不得超过 $D/2$（D 为桩的直径或边长）。

1. 桩位的测设

桩基的定位测量与前述建筑物轴线桩的定位方法基本相同，桩基一般不设龙门板。桩位的测设方法如下。

（1）熟悉并详细核对各轴线桩布置情况，是单排桩、双排桩还是梅花桩，每排桩与轴线的关系，是否偏中，桩距多少，桩的数量，桩顶的标高等。

(2) 用全站仪或经纬仪采用极坐标法或交会法测定各个角桩的位置。

(3) 将经纬仪安置在角桩上照准同轴的另一个角桩定线，也可采用拉纵横线的方法定线，沿标定的方向用钢尺按桩的位置逐个定位，在桩中心打上木桩或钉上系有红绳的大铁钉。

若每一个桩位的坐标确定较方便确定，用全站仪采用极坐标法放样，则更为方便快捷。桩位全部放完后，结合图纸逐个检查，合乎要求后方可施工。

2. 桩深计算

桩的深度是指桩顶到进入图层的深度。预制桩的深度可直接量取每一根预制桩的长度和打入桩的根数来计算；灌注桩的深度直接量取没有浇筑混凝土前挖井的深度，测深时一般采用细钢丝一端加绑重物吊入井中来量取。

五、主体施工测量

房屋主体指±0.000m以上的墙体，多层民用建筑每层砌筑前都应进行轴线投测和高程传递，以保证轴线位置和标高正确，其精度要求应符合表17-5的要求。

(一) 楼层轴线的投测

1. 首层楼房墙体轴线测设

基础工程结束后，应对龙门板或轴线控制桩进行检查复核，以防基础施工期间发生碰动移位，复核满足要求后，可根据轴线控制桩或龙门板上的轴线钉，用经纬仪法或拉线法，把首层楼房的墙体轴线测设到防潮层上，并弹出墨线，然后用钢尺检查墙体轴线的间距和总长是否等于设计值，用经纬仪检查外墙轴线四个主要交角是否等于90°，符合要求后，把墙轴线延长到基础外墙侧面上并弹线和做出标志，作为向上投测各层楼房墙体轴线的依据。同时还应把门、窗和其他洞口的边线，也在基础外墙侧面上做出标志。

墙体砌筑前，根据墙体轴线和墙体厚度，弹出墙体边线，照此进行墙体砌筑。砌筑到一定高度后，用吊锤线将基础外墙侧面上的轴线引测到地面以上的墙体上，以免基础覆土后看不见轴线标志。如果轴线处是钢筋混凝土柱，则在拆柱模后将轴线引测到柱上。

2. 二层以上楼房墙体轴线投测

首层楼面建好后，为了保证继续砌筑墙体时，对应墙体轴线均与基础轴线在同一铅垂面上，应将基础或首层墙面上的轴线投测到施工楼面上，并在施工楼面上重新弹出墙体的轴线，复核满足要求后，以此为依据弹出墙体边线，继续砌筑墙体。在这个测量工作中，从下往上进行轴线投测是关键，一般民用多层建筑常用吊线坠法、经纬仪投测法或激光铅垂仪投测法投测轴线。

(1) 吊线坠法。当施工场地周围建筑物密集，场地窄小，无法在建筑物外的轴线上安置经纬仪时，可采用此法进行竖向投测。用较重的垂球悬吊在楼板或柱顶边缘，当垂球尖对准基础墙面上的轴线标志时，线在楼板或柱边缘的位置即为楼层轴线点位置，并画出标志线。用同样的方法投测各轴线端点。经检测各轴线间距符合要求后可继续施工。这种方法简便易行，一般能保证施工质量，但当风力较大或建筑物较高时，投测误差较大，应采用其他方法投测。

(2) 经纬仪投测法（又称外控法）。当施工场地比较宽阔时，可使用此法进行竖向投测，如图17-22所示，安置经纬仪于轴线控制桩上，严格对中整平，盘左照准建筑物底

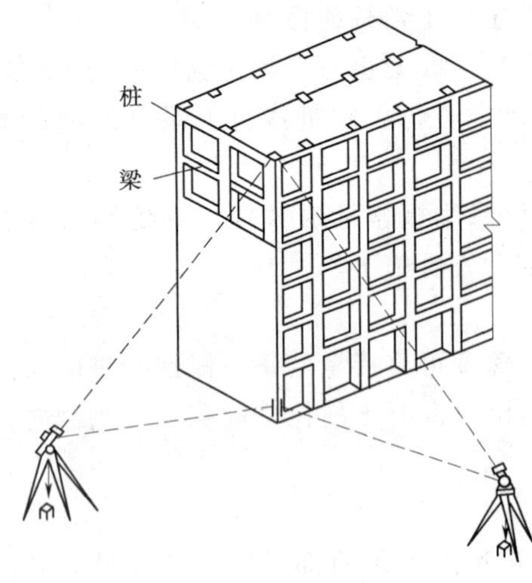

图 17-22　经纬仪轴线竖向投测

部的轴线标志，往上转动望远镜，用其竖丝指挥在施工层楼面边缘上画一点，然后盘右再次照准建筑物底部的轴线标志，同法在该处楼面边缘上画出另一点，取两点的中间点作为轴线的端点。其他轴线端点的投测与此法相同。

（3）激光铅垂仪投测法。激光铅垂仪是一种专用的铅直定位仪器，多用于高层建筑物、烟囱及高塔架的定位测量。激光铅垂仪的基本构造如图 17-23 所示，主要有氦氖激光器、竖直发射望远镜、水准器、基座、激光电源和接受靶组成。

激光器通过两组固定螺钉在套筒内，激光铅垂仪的竖轴是空心筒轴，两端有螺纹，与发射望远镜和氦氖激光器相连接，两者可以对调，可以向上或向下发射激光束。仪器上设有两个高灵敏度水准管，用以精确整平仪器，并配有专用的激光电源。

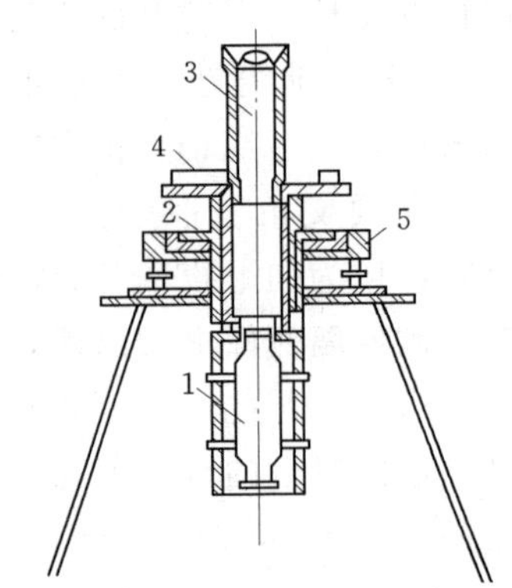

图 17-23　激光铅垂仪基本构造

1—氦氖激光器；2—竖轴；3—发射望远镜；4—管水器；5—基座

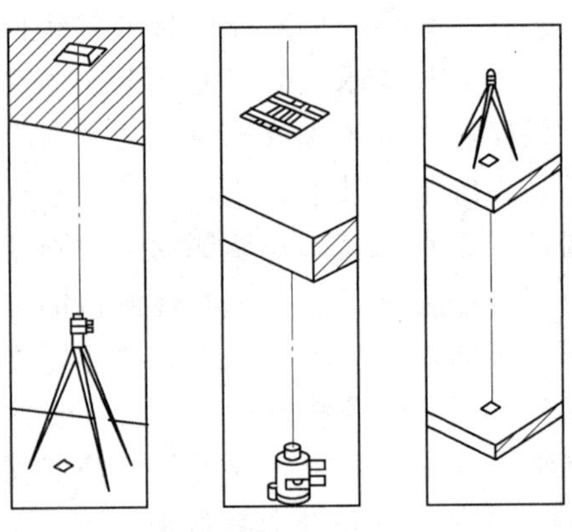

图 17-24　激光铅垂仪投测原理

激光铅垂仪投测轴线的原理，如图 17-24 所示。在首层控制点安置仪器，接通电源；在施工楼面留孔处放置接收靶，移动接收靶使激光铅垂仪发射激光束和靶心一致；靶心即为轴线控制点在搂面上的投测点。

图 17-25 为某一建筑工程用激光铅垂仪投测轴线的情况。在建筑底层地面，选择与柱列轴线有确定方位关系的三个控制点 A、B、C。三点距轴线 0.5m 以上，使 AB 垂直于 BC，并在其正上方各层楼面上，相对于 A、B、C 三点的位置预留洞口 a、b、c 作为激光束通光孔。在各通光孔上各放置一个水平的激光接收靶，如图 17-25 中的部件 A，靶上刻有坐标格网，可以读出激光斑中心的纵横坐标值。将激光铅垂仪安置于 A、B、C 三点上，严格对中整平，接通激光电源，即可发射竖直激光基准线。在接收靶上激光光斑所指示的位置，即为地面 A、B、C 三点的竖直投影位置。角度和长度检核符合要求后，按底

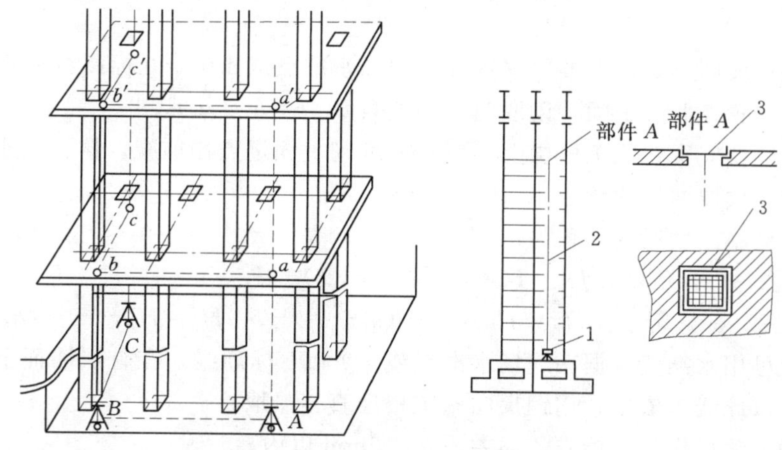

图 17－25　激光铅垂仪进行轴线投测

1—激光铅垂仪；2—激光束；3—接受靶

层直角三角形与柱列轴线的位置关系，将各柱列轴线测设于各楼层面上，做好标记，施工放样时可以当作建筑基线使用。

(二) 标高传递

在墙体施工中，必须根据施工场地水准点或±0.000标高线，将高程向上传递。标高传递有以下几种方法。

1. *利用皮数杆传递标高*

墙体砌筑时，用墙身“皮数杆”传递标高。如图 17－26 所示，在皮数杆上根据设计尺寸，按砖和灰缝厚度画线，并标明门、窗、过梁、楼板等的标高位置。杆上标高注记从±0.000向上增加。

墙身皮数杆一般立在建筑物的拐角和内墙处，固定在木桩或基础墙上。为了便于施工，采用里脚手架时，皮数杆立在墙的外边；采用外脚手架时，皮数杆应立在墙里边。立皮数杆时，先用水准仪在立杆处的木桩或基础墙上测设出±0.000标高线，测量误差在±3mm以内，然后把皮数杆上的±0.000线与该线对齐，用吊线锤的方法校正，并用钉钉牢，以保证皮数杆的稳定。

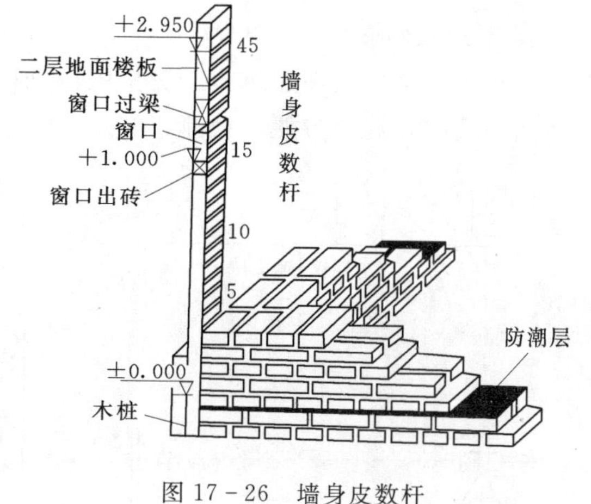

图 17－26　墙身皮数杆

墙体砌筑到一定高度后（1.5m左右），应在内、外墙面上测设出＋0.50m标高的水平墨线，称为“＋50线”。外墙的＋50线作为向上传递各楼层标高的依据，内墙的＋50线作为室内地面施工及室内装修的标高依据。

2. *水准测量法*

如图 17－27 所示，图 17－27（a）为室内传递标高；图 17－27（b）为室外传递标高。

(1) 先将钢尺固定好，水准仪安置在以现场水准点或±0.000标高线后视，树立起水准尺，水准仪安置在两尺中间，读取两尺的读数 a、b（a_1、b_1）。

(2) 将水准仪安置在施工楼层上，用水泥堆砌一固定点作前视，树立起水准尺，吊起的钢尺作后视，读取两尺的读数 c、d（a_2、b_2）。

(3) 传递到施工楼层的高程为：

如图 17-27 (a) 所示，$H_B=0.000+a+(c-b)-d$；

如图 17-27 (b) 所示，$H_B=H_A+a_1+(a_2-b_1)-b_2$；$H_c=H_A+a_1+(a_3-b_1)-b_3$。

另外，也可用水准仪根据在现场水准点或±0.000标高线，在首层墙面上测出一条整米的标高线，以此线为依据，用钢尺向施工楼层直接量取。

以上两种方法可作相互检查，误差应在±6mm以内。

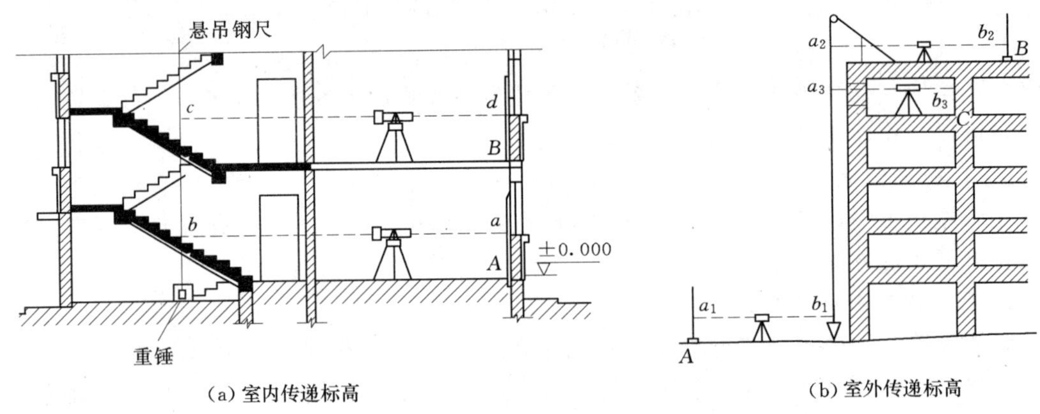

图 17-27　水准仪配合钢尺法传递标高

3. 全站仪测量法

近年来，全站仪在建筑施工测量中得到广泛应用，将全站仪配上弯管目镜，能测出较大竖向的高差，此法方便、快捷、实用。

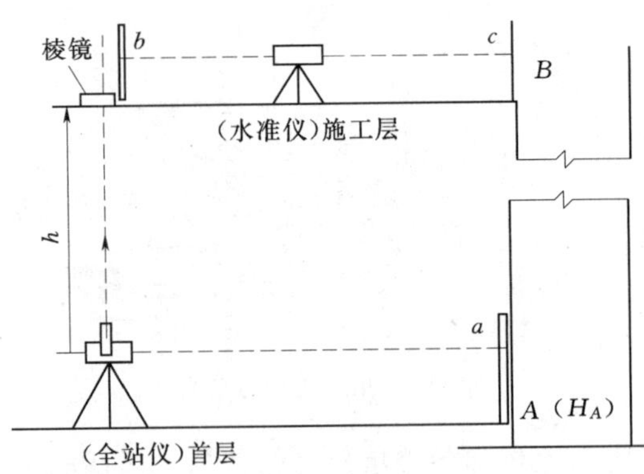

图 17-28　水准仪配合全站仪法

如图 17-28 所示，首层已知水准点 $A(H_A)$，将其高程传递至某施工楼层 B 点处，其具体方法是：

(1) 将全站仪安置在首层适当位置，以水平视线后视水准点 A，读取水准尺读数 a。

(2) 将全站仪视线调至铅垂视线（通过弯管目镜）瞄准施工楼层上水平放置的棱镜，测出铅直距离，即竖向高差 h。

(3) 将水准仪安置在施工楼层上，后视竖立在棱镜面处的水准尺，读数为 b，前视施工楼层上 B 点水准尺，读数为 c，则 B 点的高程为

$$H_B = H_A + a + h + b - c \tag{13-6}$$

这种方法传递高程与钢尺竖直丈量方法相比，不仅精度高，而且不受钢尺整尺段影响，操作也较方便。如果用很薄的反射镜片代替棱镜，将会更为方便与准确。

注意：水准仪和全站仪使用前应检验与校正，施测时尽可能保持水准仪前后视距相等；钢尺应检定，应施加尺长改正和温度改正（钢结构不加温度改正），当钢尺向上铅直丈量时，应施加标准拉力。

六、高层建筑施工测量

（一）高层建筑施工测量的特点

高层建筑由于层数多、高度高、结构复杂，设备和装修标准较高以及建筑平面、立面造型新颖多变，所以高层建筑施工测量较之多层民用建筑施工测量有如下特点。

（1）高层建筑施工测量应在开工前，制订合理的施测方案，选用合适的仪器设备和严密的施工组织与人员分工，并经有关专家论证和上级有关部门审批后方可实施。

（2）高层建筑施工测量的主要问题是控制竖向偏差（垂直度），故施工测量中要求轴线竖向投测精度高，应结合现场条件、施工方法及建筑结构类型选用合适的投测方法。

（3）高层建筑施工放线与抄平精度要求高，测量精度至毫米，并应使测量误差控制在总的偏差值以内。

（4）高层建筑由于工程量大，工期长且大多为分期施工，不仅要求有足够精度与足够密度的施工控制网（点），而且还要求这些施工控制点稳固，能够保存到工程竣工，有些还应能保存到工程交工后继续使用。

（5）高层建筑施工项目多，多为立体交叉作业，而受天气变化、建材性质、不同施工方法影响，而且施工测量时干扰大，故施工测量必须精心组织，充分准备，快、准、稳地配合各个工序的施工。

（6）高层建筑一般基础基坑深、自身荷载大、周期较长，为了保证安全，应按照国家有关规范要求，在施工期间进行相应项目的变形监测。

（二）高层建筑施工测量规范要求

高层建筑的施工测量工作，重点是轴线竖向传递，控制建筑物的垂直偏差，保证各个楼层的设计尺寸。

根据施工规范规定，高层建筑竖向及标高施工偏差应符合表 17-5 的要求。

表 17-5　高层建筑竖向及标高施工偏差限差

结构类型	竖向施工偏差限差/mm		标高偏差限差/mm	
	每层	全高	每层	全高
现浇混凝土	8	$H/1000$（最大 30）	±10	±30
装配式框架	5	$H/1000$（最大 20）	±5	±30
大模板施工	5	$H/1000$（最大 30）	±10	±30
滑模施工	5	$H/1000$（最大 50）	±10	±30

高层建筑的基础多采用桩基，桩位和基础的放线和多层建筑桩位放线一样。高层建筑大多有地下工程，基础挖的较深，常称为“深基坑”，深基坑除了测定开挖边线和深度外，

还应对基坑和周围的建筑做变形观测。施工测量的工作内容很多，也较复杂。下面主要介绍轴线投测和高程传递两方面的测量工作。

(三) 轴线投测 (竖向)

无论采用何种方法投测轴线，都必须在基础施工完成后，根据施工控制网，检测建筑物的轴线控制桩符合要求后，将建筑物的各轴线精确弹到±0.000首层平面上，作为投测轴线的依据。目前，高层建筑的轴线投测方法分为外控法和内控法两类。

1. 外控法

当拟建建筑物外围施工场地比较宽阔时，常用外控法。它是根据建筑物的轴线控制桩，使用经纬仪（或全站仪）正倒镜向上投测，故称经纬仪竖向投测。它和多层民用建筑的经纬仪投测方法相同。但为了减小投测角度也可以将轴线投测到周围的建筑物上，再向上投测。用经纬仪投测时要注意以下几点。

(1) 投测前对使用的仪器一定要进行严格检校。

(2) 投测时要严格对中、整平，用正倒镜取中法向上投测，以减小视准轴误差和横轴误差的影响。

(3) 控制桩或延长线桩要稳固，标志明显，并能长期保存。

2. 内控法

施工场地狭小特别是周围建筑物密集的地区，无法用外控法投测时，宜采用内控法投测轴线。在建筑物首层的内部细致布置内控点（平移主轴线），精确测定内控点的位置。内控法有以下两种：吊垂线法投测；垂准经纬仪或激光铅垂仪法投测。激光铅垂仪法投测在多层建筑轴线投测部分已经讲过，在此不再赘述。垂线法方法投测在多层建筑轴线投测部分也已讲过但有所不同，下面就吊垂线法作一介绍。

该法与一般的吊锤线法的原理是一样的，只是线坠的重量更大，吊线（细钢丝）的强度更高。

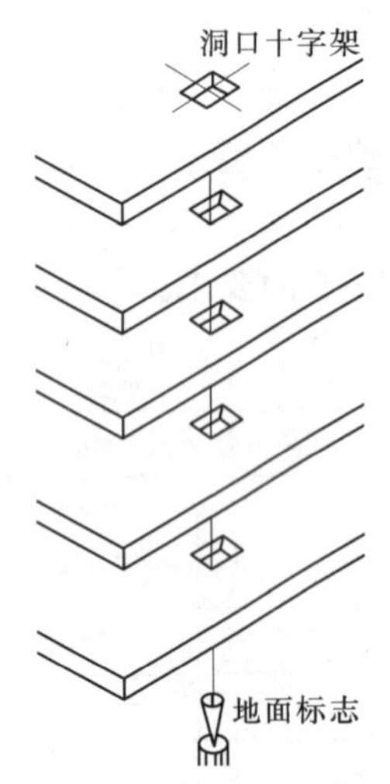

图 17-29 吊线坠法投测

如图 17-29 所示，事先在首层地面上埋设轴线点的固定标志，轴线点之间应构成矩形或十字形等，作为整个高层建筑的轴线控制网。各标志上方的每层楼板都预留孔洞，供吊锤线通过。投测时，在施工层楼面上的预留孔上安置挂有吊线坠的十字架，慢慢移动十字架，当吊锤尖静止地对准地面固定标志时，十字架的中心就是应投测的点，在预留孔四周做上标志即可，标志连线交点，即为从首层投上来的轴线点。同理测设其他轴线点。

使用吊线坠法进行轴线投测，经济、简单且直观，精度也比较可靠，但投测较费时费力。

(四) 标高传递

墙体砌筑时，其首层标高用墙身“皮数杆”控制；二层以上楼房标高传递用前面讲过的水准仪法和全站仪法传递标高，在此不再赘述。

基础标高传递，基坑开挖完成后，应及时用水准仪根据地面上的±0.000水平线，将

高程引测到坑底，并在基坑护坡的钢板或混凝土桩上做好标高为负的整米数标高线。由于基坑较深，引测时可多设几站观测，也可用悬吊钢尺代替水准尺进行观测。在施工过程中，如果是桩基，要控制好各桩的顶面高程；如果是箱基和筏基，则直接将高程标志测设到竖向钢筋和模板上，作为安装模板、绑扎钢筋和浇筑混凝土的标高依据。

小　　结

建筑场地施工控制测量是施工放样的依据，按工程的要求布设施工控制网进行施工控制测量以确保施工放样精度和工程质量。

民用建筑的施工测量基本工作包括建筑物的定位、放线以及基础施工测量和主体施工测量等工作，这些工作对保证工程质量和工程进度有着重要意义；高层建筑施工测量要结合高层建筑的特殊要求，严格控制轴线投测的精度和适当采用高程传递的方法。

拓展和能力测试题

一、填空题

1. “建筑红线”是由________在现场直接测设的建筑用地的边界点的连线，边界点以桩作为标志，称为____________。

2. 施工现场平面控制网主要有________、________、________三种形式。

3. 施工现场高程控制网采用________网。

4. 建筑基线布设的形式有________、________、________等。

5. 施工现场准备工作包括________、________、________。

6. 建筑方格网主轴线尽可能通过________中央，且与主要建筑物的________平行。

7. 建筑方格网先在________上进行布设，然后再到现场________。

8. 控制桩在________的延长线上，离基槽边线约________ m 外的安全地点。

9. 基槽（坑）水平桩，一般比槽（坑）底设计高程高________ m。

二、选择题

1. （　　）适用于建筑设计总平面图布置比较简单的小型建筑场地。

A. 建筑方格网　　B. 建筑基线　　C. 导线网　　D. 水准网

2. 在布设施工控制网时，应根据（　　）和施工地区的地形条件来确定。

A. 建筑总平面设计图　　B. 建筑平面图

C. 基础平面图　　D. 建筑立面及剖面图

3. 对于建筑物多为矩形且布置比较规则和密集工业场地，可将施工控制网布置成（　　）。

A. GPS 网　　B. 导线网　　C. 建筑方格网　　D. 建筑基线

4. 建筑方格网布网时，方格网的边长一般为（　　）。

A. 80～120m　　B. 100～150m　　C. 100～200m　　D. 150～200m

5. 建筑基线布设的常用形式有（　　）。

A. 矩形、十字形、丁字形、L 形　　B. 山字形、十字形、丁字形、交叉形

C. 一字形、十字形、丁字形、L形　　D. X形、Y形、O形、L形

6. 在施工控制网中，高程控制网一般采用（　　）。

A. 水准网　　B. GPS网　　C. 导线网　　D. 建筑方格网

7. 建筑场地的施工平面控制网的主要形式，有建筑方格网、导线和（　　）。

A. 建筑基线　　B. 建筑红线　　C. 建筑轴线　　D. 建筑法线

8. 建筑红线是（　　）的界限。

A. 施工用地范围　　B. 规划用地范围

C. 建筑物占地范围　　D. 建设单位申请用地范围

9. （　　）是进行建筑物定位、施工放线、填挖土方进行施工总平面布置的依据。

A. 总平面图　　B. 建筑平面图　　C. 建筑立面图　　D. 建筑剖面图

10. 建筑施工测量中设置的龙门板的顶部应为（　）位置。

A. 建筑物室外地面　　B. 建筑物室内地面

C. 建筑物相对标高　　D. 建筑物±0.00标高

11. 在建筑物放线中，延长轴线的方法主要有两种：（　　）和轴线控制桩法。

A. 平移法　　B. 交桩法　　C. 龙门板法　　D. 顶管法

12. 在基础施工测量中，水平桩上的高程误差应在（　　）以内。

A. ±5mm　　B. ±10mm　　C. ±15mm　　D. ±20mm

13. 高层建筑物轴线投测的方法，一般分为经纬仪引桩法和（　　）。

A. 水准仪法　　B. 全站仪法　　C. 钢尺法　　D. 激光铅垂仪法

三、简答题

1. 一般可根据哪些原有地物来定位？

2. 轴线控制桩和龙门板的作用是什么？如何设置？

3. 水平桩有哪些作用？

项目十八　变形观测与竣工测量

【教学目标】

掌握建筑物变形观测目的、特点、方法和方案。掌握建筑物垂直位移的观测方法和精度要求，理解水平位移的观测方法，熟悉倾斜观测和裂缝观测的方法。掌握竣工测量的意义及编绘竣工总平面图的方法。

【教学要求】

任　　务	能　力　要　求	相　关　知　识
概述	(1) 了解变形观测的任务、方法、方案； (2) 了解变形观测的内容	(1) 变形观测的任务、方法、方案； (2) 变形观测的内容
垂直位移观测	掌握建筑物沉降观测的方法	沉降观测
水平位移观测	掌握建筑物水平位移观测的方法	水平位移观测
倾斜观测和裂缝观测	掌握建筑物倾斜和裂缝观测的方法	倾斜观测和裂缝观测
变形观测资料的整理	掌握变形观测资料整理的方法	变形观测资料的整理
竣工测量	(1) 了解竣工测量的意义； (2) 了解编绘竣工总平面图的方法	(1) 竣工测量的内容； (2) 竣工总平面图的编绘

任务一　概　　述

各种大型建筑物及其地基，在建筑物自身荷重和外力作用下，都可能产生变形。如果变形在一定限度之内，则认为是正常现象：如果超过了规定限度，就会影响建筑物的正常使用，甚至危及建筑物的安全。在建筑物的施工和运营期间，必须对它进行监测，即变形观测。

变形观测的任务是周期性地对布设在建筑物各部位的测点进行重复观测，从历次观测结果的比较中，了解变形随时间发展的情况。变形观测的周期根据具体情况确定：竣工初期或变形较大时，观测周期宜短；变形量较小，建筑物趋向稳定时，观测周期则宜适当放长。通过变形数据的分析研究，不但可以判断重要建筑物在各种应力作用下是否安全，而且可以验证设计理论和检验施工质量，为以后的工程设计和施工提供可靠的资料。

变形观测的方法，应根据建筑物的性质、使用情况、周围环境以及对观测精度的要求来选定。一般来说，垂直位移须采用精密水准测量或液体静力水准测量；水平位移观测可以根据建筑物的不同形式分别选用基准线法或前方交会法；倾斜观测可以采用倾斜仪或通过测定高差和水平位移量来计算倾斜角；裂缝（或伸缩缝）观测可用测缝计或根据其他观测结果进行计算。随着科学技术的进步，变形观测的手段和方法也不断改进，目前正朝着

自动化的方向发展。

变形观测的方案，通常是在工程建筑物的设计阶段，在建筑物地基负载性能试验和研究自然因素对建筑物变形影响的同时，将其作为建筑物的一项设计内容予以制定的。在施工时就将其观测标志和设备埋置在设计位置上，从建筑物施工时即开始观测，一直持续到建筑物完全稳定不在变形为止。

变形观测的结果用变形量来表示，变形观测的内容由变形观测对象的性质、测量的目的等因素决定的。

一、表达变形量的指标

表达变形量的常用数据指标有移动指标：下沉或上升、水平移动；变形指标：倾斜、曲率、水平变形。

（一）移动指标

1. 下沉或上升

$$W_i = H_i - H_{0i} \tag{18-1}$$

式中　W_i——第 i 点的下沉或上升量；

H_i——第 i 点计算时刻的高程；

H_{0i}——第 i 点初始时刻的高程。

2. 水平移动

$$U_i = L_i - L_{0i} \tag{18-2}$$

式中　U_i——第 i 点的水平移动量；

L_i——第 i 点到控制点的计算时刻的长度；

L_{0i}——第 i 点到控制点的初始时刻的长度。

点位移动如图 18－1 所示。

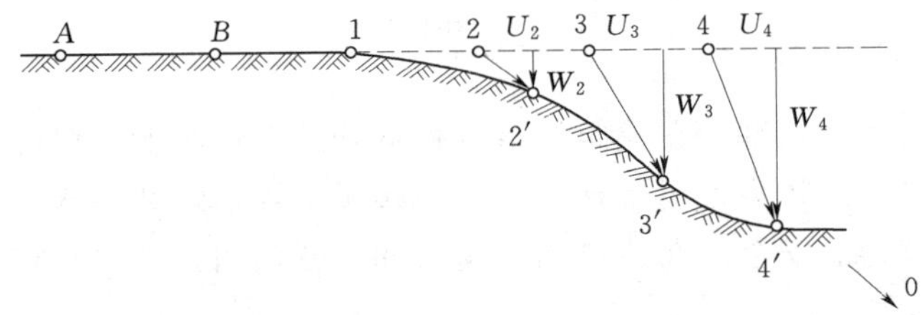

图 18－1　点位移动示意图

（二）变形指标

1. 倾斜

可用相邻两工作点的垂直变形量除以两点之间的水平距离求得。

$$i = \frac{W_3 - W_2}{S_{23}} \tag{18-3}$$

2. 曲率

根据两线段的倾斜 i_{12} 和 i_{23} 求得两曲线段终点的切线，用切线的倾斜差即两切线的交角 Δ_i 除以两曲线段中点的间距，即可求得此段距离内的平均倾斜变化——地表弯曲的平均曲率值 K。

$$K_{234}=\frac{i_{34}-i_{23}}{\frac{1}{2}(S_{23}+S_{34})} \quad (\text{mm/m}^2 \text{ 或 } 10^{-3}\text{m}) \tag{18-4}$$

地球曲率有“+”、“-”曲率之分，正表示地表呈现上凸形弯曲，负曲率表示地表呈现下凹形弯曲。

曲率计算如图 18-2 所示。

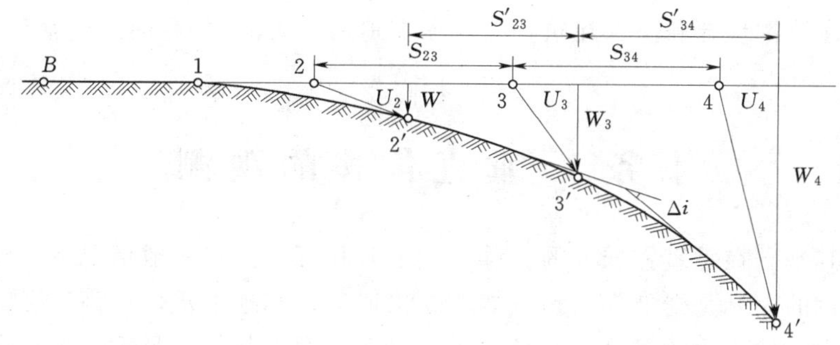

图 18-2　曲率计算示意图

3. 水平变形

地标水平变形是由于相邻两点的水平移动量不等而引起的变形。

$$\pm\varepsilon=\frac{U_3-U_2}{S_{23}}(\text{mm/m}) \tag{18-5}$$

水平变形实际上是两测点间距内每米长度的伸长或压缩变形。正值表示拉伸变形，复制表示压缩变形。

二、变形观测内容

变形观测的内容，应根据建筑物的性质和地基情况来定，要求有明确的针对性。对于一般地面建筑物来说，主要内容是垂直位移（升降）观测，以及由于垂直位移不均匀而引起的倾斜和裂缝观测；对于水工建筑物来说，除了上述观测内容之外，还有水平位移观测和坝体挠度观测。这里所说的挠度，实际上就是坝体垂直面内，不同高程的各点相对于底点的水平位移。用测量方法求出建筑物的垂直位移量和水平位移量，即测定建筑物外形在空间位置方面的变化，称为外部变形观测。此外，对建筑物内部的应力和温度变化等也应进行观测，称为内部观测。在此仅讨论外部变形观测。

1. 垂直位移观测

建筑物由于自身荷载而引起的垂直位移量。

2. 水平位移观测

观测建筑物因受侧向荷载作用的影响而产生的水平位移量。

3. 倾斜观测

测定建筑物顶部由于地基存在差异沉降或受外力作用而产生的垂直偏差。通常在顶部和墙基设置观测点，定期观测其相对位移值，也可以直接观测顶部中心相对于底部中心的位移值，然后计算建筑物的倾斜度。

4. 裂缝观测

测定建筑物因基础有局部不均匀沉降或其他约束和荷载作用而使建筑为外部出现裂

缝，一般在建筑物两侧设置标志，定期观测其位置的变化，已取得裂缝大小和走向等资料。

5. 挠度观测

观测建筑物中，特别是梁板构件产生的挠度。其方法是测定设置在建筑物垂直平面内不同高度观测点相对于某一水平及准点的位移值。

6. 摆动和转动观测

测定高层建筑物顶部和高耸建筑物在风振、地震、日照以及其他外力作用下的摆动和扭曲程度。

任务二　垂直位移的观测

建筑物及其基础在垂直方向上的位移包括上升和沉陷。在一般情况下，建筑物的上升情况下，建筑物的上升是受外界因素（如地壳构造运动和地下水位增高）影响所致，出现的机会相对较少；建筑物的沉陷主要是由于自身重量而引起的，是垂直位移中最常见的现象。因此，垂直位移往往称为沉陷观测。

为了测定建筑物的沉陷，必须在最能反映建筑物沉陷的位置埋设观测点定期从临近的水准点引测观测点的高程。临近建筑物的水准点称为工作基点；若这些工作基点因建筑物压力扩散的影响而产生变动，可用远离建筑物的水准基点来进行检测。

一、观测点和水准点的布设

沉降变形观测工作点必须数量足够、点位适当。观测点的设置要求，一是便于预测出建筑物的沉降量、倾斜、曲率，并绘出下沉量；二是便于现场观测；三是便于保存，并不受破坏。

（一）观测点的布设

建筑物的沉陷观测点，通常是由设计部门提出要求，由施工主持者提出方案，在施工期间进行埋设。观测点应有足够的数量和代表性，并牢固的与建筑物结合在一起；要便于观测，并尽量使之在整个变形观测期不受损坏。

不同建筑物对其观测点有不同的要求：

（1）工业与民业建筑物沉陷观测点的布设。通常在房屋四角、中点、转角处以及沿周边10～20m布设一边。另外，在最易变形的地方，如设备基础、伸缩缝两旁、基础形式改变处、地质条件改变处等，都要布设观测点。测点标志有两种形式：一种埋设在墙上，用角钢制定，与墙成60°角，埋设100mm左右；另一种埋设在基础上，用铆钉制成，埋设60mm左右，上加护盖（图18－3）。

（2）大坝沉陷观测点的布设。由于坝形不同，布设方案也不同，对于混凝土重力坝，坝体观测点布设在坝顶和坝的不同高度位置，每坝段的上、下游两侧都应有观测点，其标志的埋设和图18－3相同；坝基观测点应布设在基础廊道中心线上，每一坝段（包括左右岸连接段、溢流段和厂房段）的横向廊道内都应有观测点，其标志的埋设和图18－4相同。土石坝的观测点布设在坝面上，一般与坝轴线平行，在坝顶以及迎水面和背水面的正常水位以上，在背水面相应与正常水位变化区和浸水区，各埋设一排观测点，并保证每一

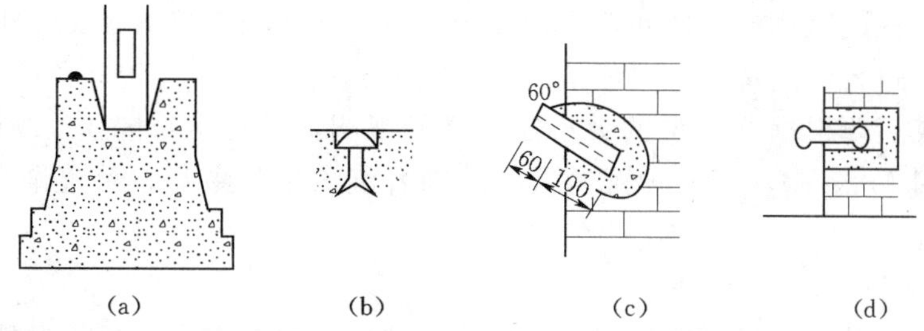

图 18-3　墙体或坝体沉陷观测点埋设

排都在合拢段、坝内泄水底孔处、坝基地质不良以及坝低地形变化较大的地方有观测点，点位的平均间距约 30～50m。土石坝的沉陷观测点通常与水平位移观测点合二为一，应当埋设混凝土观测标墩，如图 18-4 所示：顶部标芯有“+”字者为水平位移观测中心，另一半圆标芯为沉陷观测点。

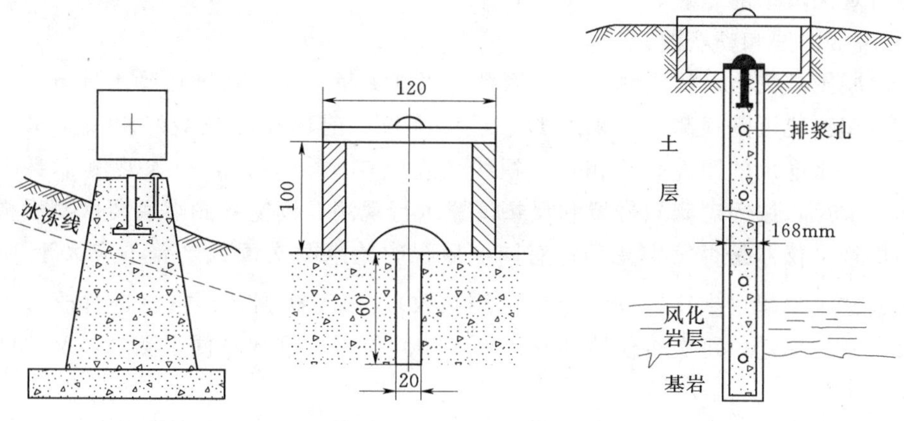

图 18-4　大坝观测点标志

图 18-5　深埋钢管标

(二) 水准点的布设

1. 水准基点

它作为测定工作基点的依据，必须远离建筑物，布设在沉陷影响范围之外。对于水利枢纽，水准基点应埋设在河流下游两岸离坝址较远的完整新鲜的基岩上。当覆盖层很厚时，应采用钻孔穿过土层和风化层达到基岩，埋设钢管标志，如图 18-5 所示。

2. 工作基点

它作为直接测定沉陷观测点的依据，应比较最近建筑物。一般采用地表岩石标；当建筑物附近土层覆盖较深时，也可采用土中标，但标石的基座应适当加大。

水准基点与工作基点之间采用精密水准联测，闭合差应不超过 $\pm 0.5\sqrt{n}$mm（n 为测站数）。

二、观测时间、观测方法和精密要求

(一) 观测时间

1. 工业与民用建筑物

变形观测的周期以能系统反应所测变化过程而又不遗漏期变化时刻为原则，根据单位时间的变化量的大小以及外界因素的影响来确定。当观测中发现异常时应增加观测次数。

具体来说，在建筑物施工期间，当增加较大荷载（如浇筑基础、安装柱子、屋架、吊车梁等之后）要进行沉陷观测；一般情况下，在荷载增幅25%、50%、75%、100%时各增加一次。竣工后要根据沉陷量的大小定期进行观测，最初可每隔1～2个月观测一次，每次沉陷量超过5mm时，要增加观测次数。随着沉陷量的减小，可逐渐延长观测周期，直至稳定为止。

2. 水工建筑物

水工建筑物尤其是大坝的观测周期，在施工和运转初期应当缩短，观测次数加多；运转后期，当已掌握了变形规律以后，次数可适当减少；特殊情况下，如暴雨、洪峰、地震期、需增加观测次数。

3. 工作基点

工作基点的联测每年可进行1～2次，应选择在外业观测条件最佳季节，以削弱外界观测条件对观测成果的影响。

(二) 观测方法和精密要求

(1) 混凝土坝沉陷点的观测，须采用精密水准测量，要求精度达到±1mm。

(2) 对于一般沉陷观测，可采用DS_3型水准仪，前视和后视最好用一支水准尺；仪器离前、后视水准尺的距离必须相等，视线长度应在40m以内，每次观测都要使用同一水准仪和水准尺，按固定测站位置和尺垫位置进行观测。读完各测点后要回测后视点，以检查观测过程中仪器是否发生变动；对同一后视的始末两次读数之差不应大于1mm。路线观测闭合差不得超过$\pm 1.4\sqrt{n}$mm（n为测站数）。由于观测工作重复进行故可将仪器位置和立尺点做出标记，每次将仪器和标尺至于相同位置，这样既便于测量，又可削弱部分系统误差的影响。

(3) 布设在大坝廊道内的沉陷观测点，由于廊道高度过小或底面高低不平，使得立尺和架设仪器都受到一定限制，并导致视距过短，有的甚至不到3m，因此测站数相对增加。

如果各点大致同高时，可采用固定连通管进行液体静力水准测量。既在每测点（包括工作基点）下安装一个水槽，并采用水管将各水槽连通起来；再各测点上安装一支有毫米分划的水位测针，借助齿轮可使测针沿铅垂方向上下移动，如图18-6所示。水管充水后，任意两测针触及水面的读数之差，即为两点间的高差，加上工作基点的已知高程，即可求得各测点的高程。

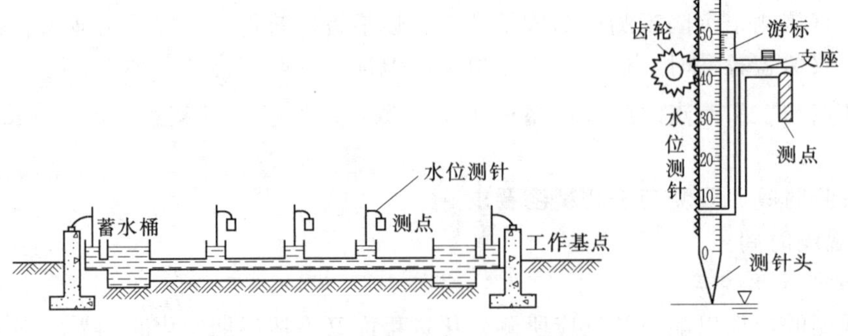

图18-6　固定式连通管水准测量

工作基点高程的变化将直接影响沉陷观测结果，通常应由测量专业人员采用精密水准测量定期进行检查，其精度要求达到二等以上。

如图 18－7 所示是荷载、时间、沉降量关系曲线图，简称沉降曲线图。

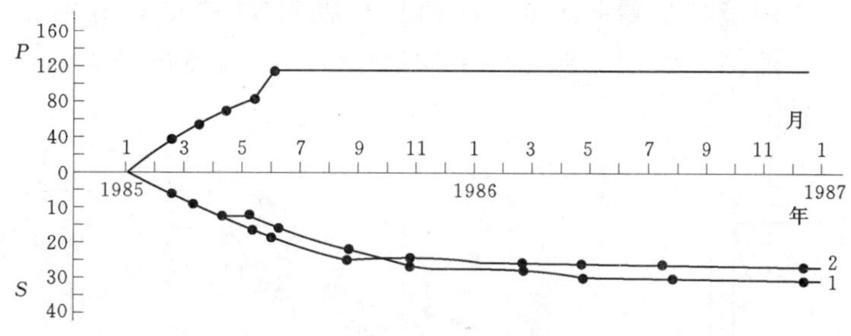

图 18－7　沉降曲线示意图

任务三　水 平 位 移 观 测

水平位移观测是水工建筑物变形观测的主要内容之一。根据建筑物的形式不同，可分别采用基准线法或前方交会法。

一、基准线法

基准线法适用于直线型建筑物，如混凝土重力坝和土石坝等。此法的原理是以坝轴线或平行于坝轴线的固定直线作为基准线，并沿着基准线布设一些位移观测点，周期性地观测这些点偏离基准线的情况，将每次观测结果进行比较，以确定水平位移的大小。

基准线可用光学的或机械的方法建立。用光学方法建立基准线的有视准线法和激光准直法；用机械方法建立基准线的有引张线法。下面介绍视准线法和引张线法。

（一）视准线法

如图 18－8 所示，在坝轴两端山坡的基岩设置基点 A、B，并建造具有经纬仪制中圆盘的钢筋混凝土观测墩；沿 AB 方向的各坝段上埋设位移观测点 1，2，3，…在一个基点观测墩上安置经纬仪，照准另一个基点观测墩的中心标志，即可获得一条视准线，它的方向可认为是固定不变的；定期测量位移观测点偏离视准线的距离（简称偏距），即可求得大坝的水平位移值。

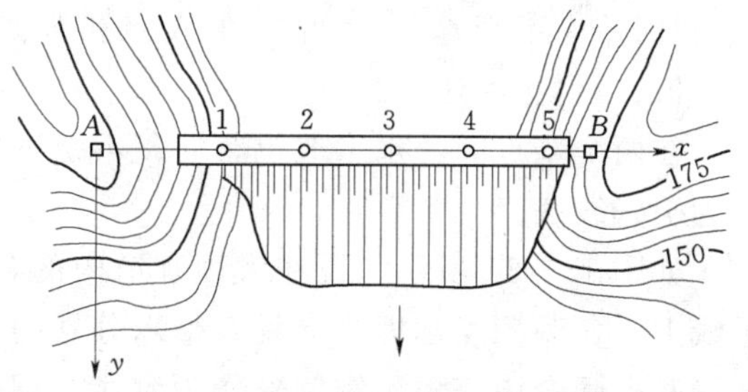

图 18－8　视准线法

设某点第一次测得的偏距为 l_1，第 i 次测得的偏距为 l_i，则水平位移值为

$$\delta y_i = l_i - l_1 \tag{18-6}$$

测点向下游位移时，δy_i 为正；向上游位移时，δy_i 为负。

视准线法按其测定偏距的方法不同又分为“活动觇标法”和“小角度法”。

1. 活动觇标法

如图 18－9 所示，一块刻有十字形照准线的觇标能够左右移动，其移动量可以在下面的标尺上根据指标线或游标来读取，估读至 0.1mm。观测时，在位移观测点安置活动觇标牌，使觇标牌标尺的零刻线对准测点的中心标志，然后听基点上的观测员指挥，旋转觇标的微动螺旋，使觇标牌上的照准线与望远镜十字丝重合为止，读取觇标牌标尺上的读数，并记入手薄；正倒镜各观测一次为一个测回。在 A 点和 B 点分别安置经纬仪各观测一个测回，称为往、返测；取往、返测的平均值作为一次观测的结果。

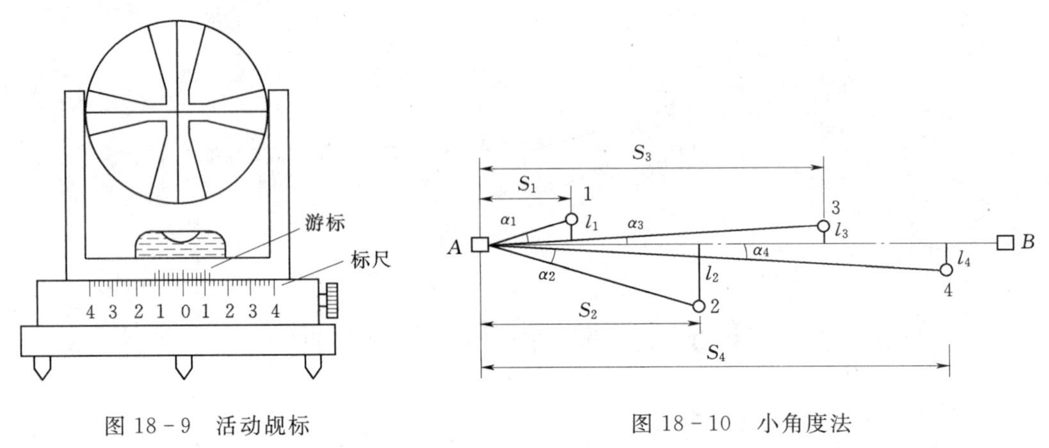

图 18－9　活动觇标　　　　图 18－10　小角度法

2. 小角度法

如图 18－10 所示：在基点 B 和位移观测 i 分别安置固定觇标，由安置在基点 A 的经纬仪测出视准线 AB 与位移观测点方向 A_i 之间的小角度 α_i，按式（18－7）计算偏距

$$l_i=\frac{\alpha_i}{\rho}S_i \tag{18-7}$$

式中　S_i——基点 A 至观测点 i 之间的距离。

小角度法必须采用精密经纬仪（DJ_2 型以上）观测 4 个测回，各测回之差不能超过 3″（半测回差应不于 4.5″）；并应在 A 点和 B 点分别设站进行对向观测。

（二）引张线法

在两个基点间，水平地拉紧一条不锈钢丝代替视准线来测定建筑物各点的水平位移，称为引张线法。

如图 18－11 所示，设在大坝廊道内的各位移观测点与基点 A、B 位于同一高度的水平线上。各观测点预埋一支具有毫米分划的不锈钢标尺（长度 15cm）；再通过滑轮用重锤在两基点间牵引一条不锈钢丝作为测线。钢丝外面套有 10cm 直径的塑料保护管，钢丝在管内能自由活动不受风力影响。为了减少钢丝自然下垂的弛度，每个观测点上设有浮托装置（图 18－12）。浮托装置由水箱和浮托组成，与标尺一起安置在保护箱内。

观测时，先检查钢丝在保护管内是否受到阻碍，注意使钢丝两端永远固定在同一位子上，并将浮托箱内充水使钢丝浮离尺面 0.5mm 左右，然后用具有测微尺的显微镜读取钢丝所指的标尺读数。

显微镜内的测数尺长 6mm，最小刻划为 0.1mm，可以估读至 0.01mm。由于通过显微镜后标尺分划线和钢丝都变得很粗大，所以采用测微尺先量取标尺分划线左边缘与钢丝左边缘的距离 a，再量取标尺分划线右边缘与钢丝右边缘的距离 b，此两距离的平均值即

为标尺分划线中心与钢丝中心的距离，将它加到相应的标尺分划线读数上，即得钢丝在标尺上应有的读数。

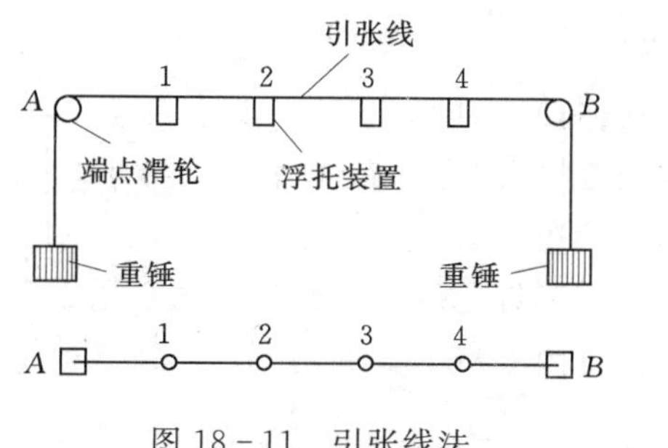

图 18－11　引张线法

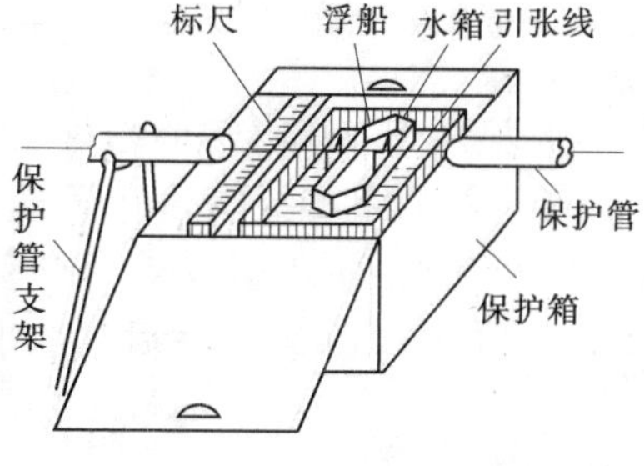

图 18－12　浮托装置

二、前方交会法

拱坝的水平位移观测不能采用基准线法，而必须采用前方交会法，如图 18－13 所示。

为了观测和计算拱坝各观测点的纵横位移值，取拱坝两端点的连线为 x 轴，并以右岸端点为原点；x 值由原点向左岸递增为正，y 值由原点向下游递增为正。控制点（观测墩）布设好后，按逆时针方向编号，以一般观测精度测出各控制边的长度 b 及对 x 轴的方位角 θ，但不必计算坐标。位移观测点可选择交会角较好的两个方向，用 DJ_2 型以上的经纬仪定期进行交会测量，每次至少观测两个测回，测回差不应超过 $3''$。如图 18－13 所示，设在测站 A 和 B 交会 1 号位移观测点：最初一次所测角度为 α 和 β；第 n 次观测时，1 点位移到了 $1'$，测得的角度为 α' 和 β'。如果分别计算出 1 点和 $1'$ 点对 A 点的坐标增量 Δx_{A1}、$\Delta_A y_1$ 和 $\Delta x_{A1'}$、$\Delta y_{A1'}$，则相应的增量之差就是纵、横位移值。由图可导出坐标增量计算公式为

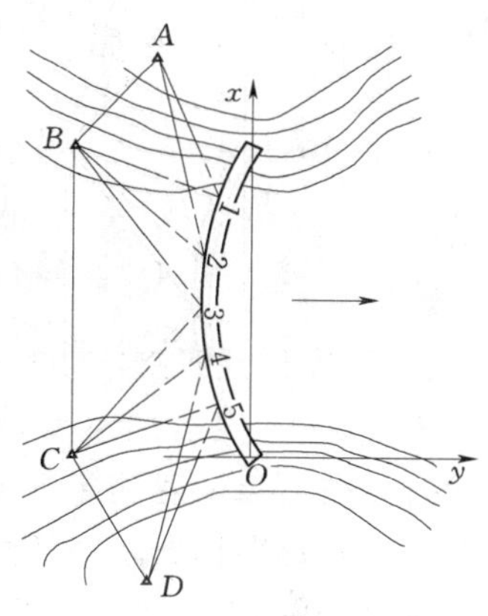

图 18－13　前方交会法测水平位移

$$\Delta x=\frac{b\sin\beta}{\sin(\alpha+\beta)}\cos(\theta-\alpha)$$

$$\Delta y=\frac{b\sin\beta}{\sin(\alpha+\beta)}\sin(\theta-\alpha) \qquad (18-8)$$

任务四　倾斜观测和裂缝观测

一、倾斜观测

测定建筑物的倾斜有两类方法：一类是直接测定建筑物的倾斜，该方法多用于基础面积较小的超高建筑物，如摩天大楼、水塔、烟囱、铁塔；另一类是通过测量建筑物基础高程的变化，用公式计算建筑物的倾斜。

（一）一般建筑物的倾斜观测

如图 18－14（a）所示，根据建筑物的设计，A 点与 B 点位于同一铅垂线上。当建筑物

因不均匀沉陷而倾斜时，A 点相对于 B 点移动了一段距离 d，即位于 A_0'。这时建筑物的倾斜度为

$$i=\tan\alpha=\frac{d}{h} \tag{18-9}$$

式（18－9）中，h 为建筑物的高度，一般是已知的；如果 h 未知时，可在离建筑物较远的地方设置一条基线，采用独立交会高程测量的方法进行测定。为了求得 d 值，可用经纬仪在大致相互垂直的两个方向按投影交会的方法将 A' 投影到 B 点的水平面上，得 A_0' 点，如图 18－14（b）所示，然后量取平局 BA_0' 即为 d。投影时，须采用正倒镜观测。

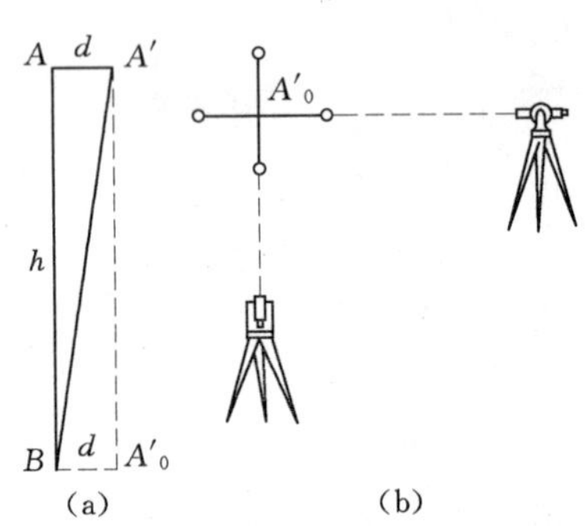

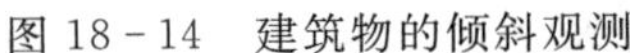

图 18－14　建筑物的倾斜观测

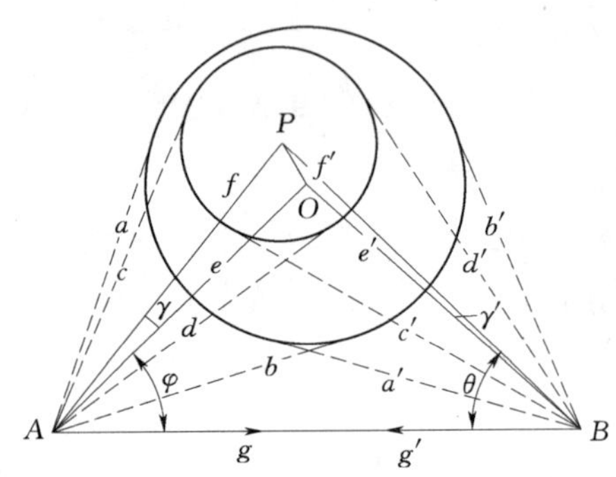

图 18－15　烟囱的倾斜观测

（二）圆形建筑物的倾斜观测

图 18－15 表示烟囱倾斜的测定方法；图中小圆 p 为烟囱顶部在底部平面上的投影。观测时，在适当位置测定一条基线 AB，先后在两垂直方向上选择 A、B 两点安置经纬仪，分别对烟囱顶部和底部两侧进行观测，读取方向值 a、c、d、b、g 和 a'、c'、d'、b'、g'。由图 18－15 可知：对于测站 A 计算其半和角

$$AO\ 方向\ e=(a+b)/2$$

$$AP\ 方向\ f=(c+d)/2$$

其两者之差即为烟囱上部中心和底部中心的方向差，由此再根据测站 A 至烟囱中心的距离，计算出烟囱该方向上的上下偏差值 α；同理，在测站 B 可得另一方向偏差值 β，再按式（18－10）计算烟囱顶部中心至底部中心的偏差值 OP

$$OP=\sqrt{\alpha^2+\beta^2} \tag{18-10}$$

高层建筑倾斜测量的中误差一般也应小于容许位移量的 $\frac{1}{20}$。

如果观测建筑物不同高度处的倾斜，还可以求得建筑物的挠度，因为挠度就是在建筑物的竖直面内各点相对于底点的水平位移。

（三）水工建筑物倾斜观测

对于大坝等水工建筑物的倾斜观测，目前常采用如下方法。

1. 水准测量的方法

前面已经指出，各类建筑物均在建筑物基础部位的重要部位设站。通过水准观测求得各点的高程，就可以求得个工作点的下沉值。

2. 液体静力测量方法

液体静力测量方法是利用一种特制的静力仪，测定两点间的高差变化，以计算倾斜。

二、裂缝观测

工程建筑物发生裂缝时，应立即进行全面检查，画出裂缝分布图，对各裂缝进行编号，然后分别观测裂缝的位置、走向、长度、宽度和深度。

为了观测裂缝的发展情况，须在裂缝处安置观测标志。标志用两块白铁皮制成，一片 150mm×150mm，另一片 50mm×200mm，分别固定在裂缝两侧，并使长铁片紧贴于正方形铁片上，两片边缘彼此平行（图 18－16）。标志固定好后，将两片白铁皮外露部分涂上红油漆，并用黑油漆写上裂缝编号和标志设置日期。如果往后裂缝继续发展，则铁皮逐渐拉开，露出正方形铁片没有涂油漆的部分，用尺子量出这部分的宽度，就是裂缝加大的宽度。

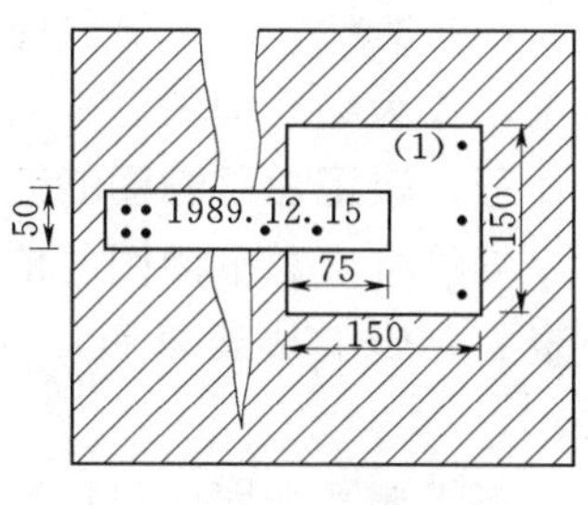

图 18－16　裂缝观测

现场变形观测后，应当将观测资料进行全面检查、整理，按时间逐点填写观测数值表，绘制各种变形过程线和变形分布图，并对有关资料提供必要的几何解释，以便找出变形与有关因素的关系及其变形发展的规律。

任务五　竣　工　测　量

竣工测量指工程建设竣工验收时进行的测量工作。它主要是对施工过程中设计有所更改的部分，直接在现场指定施工的部分，以及资料不完整无法查对的部分，根据施工控制网进行现场实测，或加以补测。其提交的成果主要包括：竣工测量成果表和竣工总平面图、专业图、断面图，以及碎部点坐标、高程明细表。

一、竣工测量的意义

竣工测量的意义表现在以下几个方面。

（1）在工程施工建设中，一般都是按照设计总图进行，但是，由于设计的更改、施工的误差及建筑物的变形等原因，使工程实际竣工位置与设计位置不完全一致。因而需要进行竣工测量，反映工程实际竣工位置。

（2）在工程建设和工程竣工后，为了检查和验收工程质量，需要进行竣工测量，以提供成果、资料作为检查、验收的重要依据。

（3）为了全面反映设计总图经过施工以后的实际情况，并且为竣工后工程维修管理运营及日后改建、扩建提供重要的基础技术资料，应进行竣工测量，在其基础上编绘竣工总平面图。

二、竣工测量的内容

在每个单项工程完成后，应由施工单位进行竣工测量，提交工程的竣工测量成果。其内容如下。

（1）工业厂房及一般建筑物：包括房角坐标，各种管线进出口的位置和高程，并附房屋编号、结构层数、面积和竣工时间等资料。

（2）铁路和公路：包括起止点、转折点、交叉点的坐标，曲线要素，桥涵等构筑物的位置和高程。

（3）地下管网：窨井、转折点的坐标，井盖、井底、沟槽和管顶等的高程，并附注管道及窨井的编号、名称、管径、管材、间距、坡度和流向。

（4）架空管网：包括转折点、结点、交叉点的坐标，支架间距，基础面高程。

（5）其他：竣工测量完成后，应提交完整的资料，包括工程的名称、施工依据、施工成果，作为编绘竣工总平面图的依据。

三、竣工总平面图的编绘

编绘竣工总平面图的依据是：设计总平面图、单位工程平面图、纵横断面图和设计变更资料；施工放线资料、施工检查测量及竣工测量资料；有关部门和建设单位的具体要求。

竣工总平面图应包括测量控制点、建筑方格网点、水准点、厂房、辅助设备、生活福利设施、架空与地下管线、道路等建筑物和构筑物的坐标、高程，以及厂区内净空地带和尚未兴建区域的地物、地貌等内容。有关建筑物、构件物的符号应与设计图例相同，有关地形图的图例应使用国家地形图图式符号。

竣工总平面图是设计总平面图在施工后实际情况的全面反映。竣工总平面图的编绘与分类竣工总平面图的编绘最好都随着工程的陆续竣工相继进行编绘。一面竣工、一面利用竣工测量成果编绘竣工总平面图，使竣工图能真实反映实际情况。

竣工总平面图的编绘方法如下。

（1）首先在图纸上绘制坐标方格网，一般用两脚规和比例尺展绘在图上，其精度要求与地形测图的坐标格网相同。

（2）展绘控制点：将施工控制点按坐标值展绘在图纸上，展点对邻近的方格而言，其容许误差为±0.3mm。

（3）展绘设计总平面图：根据坐标格网，将设计总平面图的图面内容按其设计坐标，用铅笔展绘于图纸上，作为底图。

（4）展绘竣工总平面图：一是根据设计资料展绘；二是根据竣工测量资料或施工检查测量资料展绘。

（5）现场实测：对于直接在现场指定位置进行施工的工程，以固定地物定位施工的工程，多次变更设计而无法查对的工程，竣工现场的竖向布置、围墙和绿化情况，施工后尚保留的大型临时设施以及竣工后的地貌情况，都应根据施工控制网进行实测，加以补充。

实测的内容如下。

1）碎部点坐标测量。如房屋角点、道路交叉点等。实测出选定碎部点的坐标。重要建筑物房角和各类管线的转折点、井中心、交叉点、起止点等均应用解析法测出其坐标。

2）各种管线测绘。地下管线应在回填土前准确测出其起点、终点、转折点的坐标。对于上水道的管顶、下水道的管底、主要建筑物的室内地坪，井盖、井底，道路变坡点等要用水准仪测量其高程。

3）道路测量。要正确测出道路圆曲线的元素，如交角、半径、切线长和曲线长等。

外业实测时，必须在现场绘出草图，最后根据实测成果和草图，在室内进行补充展

绘，便成为完整的竣工总平面图。

四、分类竣工总平面图的编绘

厂区地上和地下所有建筑物、构筑物绘在一张竣工总平面图上时，如果线条过于密集而不醒目，则可根据工程的密集与复杂程度，按工程性质分类采用分类编图，如综合竣工总平面图，厂区铁路、道路竣工总平面图，工业管线竣工总平面图和分类管道竣工总平面图。比例尺一般采用 1∶1000。如不能清楚的表示某些特别密集的地区，也可局部采用 1∶500 的比例尺。这些分类总图主要是满足相应专业管理和维修之用，它是各专业根据竣工测量资料和总图编绘而成的。在图中除了要详尽反映本专业工程或设施的位置、特征点坐标、高程及有关元素，还要绘出有关厂房、道路等位置轮廓，以便反映他们之间的关系。

五、竣工总平面图的附件

竣工总平面图编绘好以后，随竣工总图一并提交的还应有控制测量成果表及控制点布置图、施工测量外业资料、施工期间进行的测量工作和各个建（构）筑物沉降和变形观测的说明书；设计图纸文件、原始地形图、地质资料；设计变更资料、验收记录；大样图、剖面图等。

小　　结

建筑场地施工控制测量是施工放样的依据，按工程的要求布设施工控制网进行施工控制测量以确保施工放样精度和工程质量。

民用建筑的施工测量基本工作包括建筑物的定位、放线以及基础施工测量和主体施工测量等工作，这些工作对保证工程质量和工程进度有着重要意义；高层建筑施工测量要结合高层建筑的特殊要求，严格控制轴线投测的精度和适当采用高程传递的方法。

工业建筑施工测量中厂房控制网的测设和基础标高的控制，在厂房构件的安装测量中，安装完毕要严格检核。

建筑物的沉降观测、倾斜观测、裂缝观测的方法及竣工测量的意义和编绘竣工总平面图的方法。

拓展和能力测试题

一、填空题

1. 建筑物的变形是指建筑的________、________、________、________等。

2. 建筑物变形观测的任务是，周期性地对设置在建筑物上的________进行重复观测，以求得________。

3. 冻胀观测实质是________________。

4. 变形观测的目的有________________、________________两个。

5. 变形观测的观测点一般有________、________、________种类型。

6. 施工期间，如中途停工时间较长，应在________进行沉降观测。

7. 竣工总平面图的测绘包括____________和____________。

二、选择题

1. 沉降观测测定水准点高程时，应采用（　　）水准仪。

A. DS_5　　B. DS_1　　C. DS_3　　D. DS_{10}

2. 沉降观测成果整理时，应绘出各沉降点（　　）关系曲线图供分析研究使用。

A. 时间一荷重　　B. 时间一沉降　　C. 荷重一沉降　　D. 时间一荷重一沉降

3. 建筑物沉降观测中为保证精度要采取“两稳定、三固定”实测措施，三固定是指（　　）。

A. 观测者、记录者与立尺人

B. 观测所用仪器、观测人员与观测周期

C. 记录方法、立尺方法与计算方

D. 观测所用仪器、观测人员与观测路线

4. 建筑物沉降观测中为保证精度要采取“两稳定、三固定”实测措施，两稳定是指（　　）。

A. 沉降观测依据的基准点与被观测体上的沉降观测点要稳定

B. 仪器安置与立尺要稳定

C. 施测时天气与场地环境要稳定

D. 基准点与仪器安置要稳定

5. 水准点埋设深度至少要在冻土线以下（　　），以保证稳定性。

A. 0.2m　　B. 0.3m　　C. 0.5m　　D. 0.6m

三、简答题

1. 建筑物沉降观测时，如何布设水准基点和观测点？

2. 水平位移观测的观测方法有哪些？

3. 倾斜观测可用哪些方法？

4. 竣工测量的意义是什么？

项目十九　GPS　简　介

【教学目标】

应初步掌握GPS基本工作原理，了解GPS测量方法。

【教学要求】

任　务	能力要求	相关知识
概述	（1）了解GPS组成部分； （2）掌握GPS各组成部分的功能	（1）GPS卫星星座； （2）GPS地面监控系统； （3）GPS接收机
GPS定位的基本原理	（1）了解GPS定位基本原理； （2）了解用测距码测量伪距的原理； （3）掌握伪距定位原理； （4）掌握载波相位测量原理	（1）伪距； （2）测距码； （3）整周未知数； （4）静态定位和动态定位； （5）单点定位和差分定位
GPS测量主要技术指标	（1）GPS精度指标； （2）GPS测量的精度分级方法	（1）GPS测量规范； （2）GPS城市测量技术规程
GPS测量实施方法	（1）GPS测前准备； （2）GPS外业实施步骤； （3）GPS数据处理步骤	（1）GPS测量规范； （2）GPS测量精度指标
RTK测量技术	（1）掌握用RTK进行碎部测量； （2）掌握用RTK进行放样测量	（1）RTK测量原理； （2）RTK测量方法

任务一　概　述

GPS是英文缩写词“NAVSTAR/GPS”的简称，全名为Navigation Satellite Timing and Ranging/Global Positioning System，即“授时与测距导航系统/全球定位系统”。它是无线电通信技术、电子计算机技术、测量技术以及空间技术相结合的高技术产物。

全球卫星定位系统（GPS）是美国国防部主要为满足军事部门对海上、陆地和空中设施进行高精度导航和定位的需要而建立的。从20世纪70年代开始研究工作到1994年系统建成，该工程历时20余年，耗资300亿美元，成为美国继阿波罗登月和航天飞机之后的第三项庞大空间工程，它给导航和定位技术带来了巨大的根本性的变化。

GPS系统具有全能性（陆地、海洋、航空和航天）、全球性、全天候、连续性、实时性的导航、定位和定时功能，能为各类用户提供精密的三维坐标、速度和时间。并且具有良好的保密性和抗干扰性。通过GPS的应用开发，发现GPS可以实现毫米级的静态定

位、亚米级的动态定位以及 10 纳秒级（1 纳秒$=10^9$s）的定时精度，因此 GPS 被推广应用于各行业领域，并在测绘行业引起了一场深刻的技术革命，使传统的测量理论与方法产生了深刻变革，使测绘行业步入了一个崭新的时代。

与常规的测量技术相比较，GPS 技术具有以下优点：

（1）测站间无需通视。这样可节省大量的造标费用，并可根据需要选择点位，选点工作灵活。

（2）定位精度高。在小于 50km 的基线上，其相对定位精度可达 1×10^{-6}，在大于 1000km 的基线上可达 1×10^{-8}。目前单频接收机的相对定位精度可达到$\pm$(5mm$+$1ppm$D$)，双频接收机甚至可优于$\pm$(5mm$+$1ppm$D$)。

（3）观测时间短，人力消耗少。用 GPS 进行静态相对定位，在 20km 以内仅需 15～20min；进行快速静态相对定位测量时，流动站观测时间只需 1～2min；进行动态相对定位测量时，在初始化工作完成后，流动站可随时定位，每站观测仅需几秒钟。

（4）可提供三维坐标。即在精确测定观测站平面位置的同时，还可以精确测定观测站的大地高程。

（5）操作简便，自动化程度高。目前 GPS 接收机自动化程度越来越高，操作智能化，观测人员只需对中、整平、量取天线高及开机后设定参数，接收机即可进行自动观测和记录。

（6）全天候作业。可在任何时间、任何地点连续观测，一般不受天气状况的影响。

（7）具有全球统一坐标系统。但由于进行 GPS 技术在某些环境下并不适用，如地下工程测量，紧靠建筑物的某些测量工作及在两旁有高大楼房的街道或巷内的测量等。

任务二　GPS　组　成

GPS 系统由空间星座部分、地面监控部分和用户设备部分共三大部分组成，如图 19－1 所示。

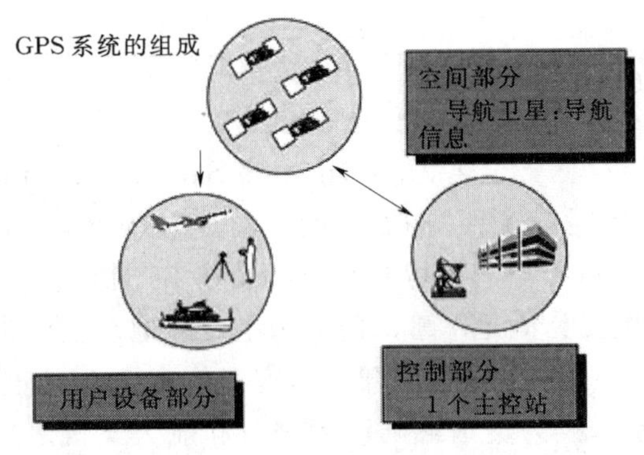

图 19－1　GPS 系统组成

一、空间星座部分

1. GPS 卫星星座

GPS 卫星星座由 21 颗工作卫星和 3 颗在轨备用卫星组成，记作（21＋3）GPS 星座。如图 19－2 所示，24 颗卫星均匀分布在 6 个近圆形的轨道面内，每个轨道面上有 4 颗卫星。卫星轨道面相对地球赤道面的倾角为 55°，各轨道平面升交点的赤经相差 60°。轨道平均高度 20200km，卫星运行周期为 11 小时 58 分。位于地平线以上的卫星数目随着时间和地点的不同而不同，最少可见到 4 颗，最多可见到 11 颗。24 颗卫星在空间上如此分布，可以保证在地球上任何地点、任何时刻至少可观测到 4 颗卫星。

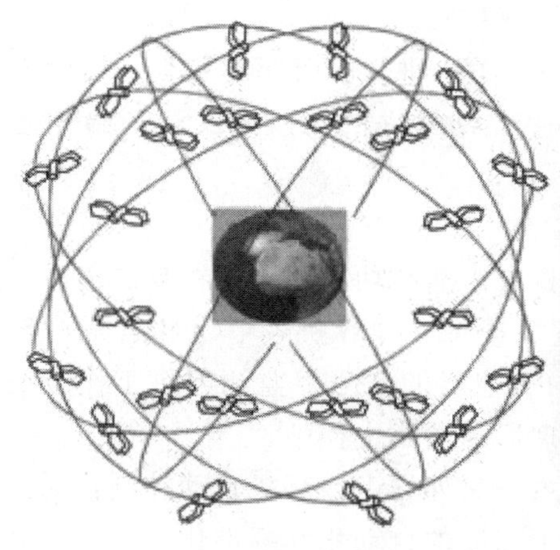

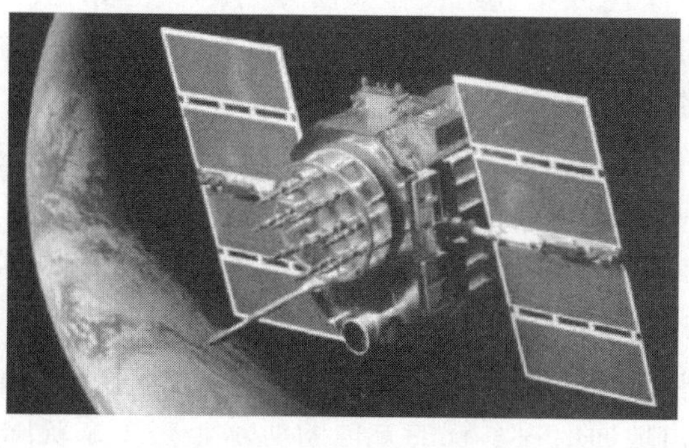

图 19-2 卫星星座分布图和 GPS 卫星

2. GPS 卫星及作用

GPS 卫星的主体呈圆柱形，直径约 1.5m，重约 774kg，设计寿命 7.5 年。卫星两侧设有两块双叶太阳能板，能自动对日定向，以保证卫星正常工作用电。每颗卫星装有 4 台高精度原子钟（2 台铷钟，2 台铯钟），它将发射标准频率信号，为 GPS 定位提供高精度的时间标准。

GPS 卫星的主要作用是：接收、储存和处理地面监控系统发射来的导航电文和其他有关信息；向用户连续不断地发送导航与定位信息，并提供精密的时间标准，根据导航电文可知卫星当前的位置和工作情况；接收地面监控系统发送的控制指令，适时地改正卫星运行偏差或启用备用时钟等。

二、地面监控部分

在用 GPS 进行导航和定位时，GPS 卫星是作为位置已知的高空观测目标，为此要求 GPS 卫星要沿着预定的轨道运行。但由于受到地球引力、太阳、月亮及其他星体引力、太阳光压、大气阻力和地球潮汐力等因素的影响，卫星的运行轨道会发生摄动，所以需要随时了解卫星的工作状态并及时纠正卫星的轨道偏离，这些工作是由地面监控系统完成的。同时地面监控系统还需推算编制各卫星星历，提供精确的时间基准并更新卫星导航信息。

GPS 地面监控系统包括 1 个主控站、3 个注入站和 5 个检测站。

1 个主控站：美国科罗拉多的斯平士（Colorado Springs）的联合空间执行中心（CSOC）；3 个注入站：大西洋的阿松森（Ascension）岛、印度洋的狄哥·伽西亚（Diego Garcia）、太平洋的卡瓦加兰（Kwajalein）；5 个监测站＝1 个主控站＋3 个注入站＋夏威夷（Hawaii）。

1. 主控站

主控站设在美国本土科罗拉多，其主要任务是：根据本站和所有地面监测站的观测资料推算各卫星星历、卫星钟差和大气层修正参数，并将这些数据编制成导航电文传送到注入站；纠正卫星的轨道偏离；必要时启用备用卫星，以取代失效的工作卫星。主控站还负责协调和管理所有地面监测系统的工作。

2. 注入站

3个注入站分别设在大西洋的阿森松群岛、印度洋的迪戈伽西亚岛和太平洋的卡瓦加兰，其任务是通过一台直径为3.6m的天线，将主控站发来的导航电文注入给相应的卫星。每天注入3次，每次注入14天的星历。

3. 监测站

监测站共有5个。除了主控站和3个注入站具有监测站功能外，还在夏威夷设有1个监测站。监测站内设有双频GPS接收机、高精度原子钟、计算机各一台和若干台环境数据传感器。其主要任务是连续观测和接收所有GPS卫星的信号并监测卫星工作状况，并将采集到的数据连同当地气象观测资料经初步处理后传送到主控站。

由地面监控系统的方框图所示，整个系统除主控站外均由计算机自动控制，无需人工操作。各地面站间由现代化通信系统联系，实现了高度的自动化和标准化。

三、用户设备部分

用户设备部分包括GPS接收机和数据处理软件等。GPS接收机一般由主机、天线和电池3部分组成，它是用户设备部分的核心，其主要功能是跟踪接收GPS卫星发射的信号并进行变换、放大和处理，以便测量出GPS信号从卫星到接收机天线的传播时间；解译导航电文，实时地计算出测站的三维位置，甚至三维速度和时间。

GPS接收机类型很多，按用途来分，有导航型、测地型和授时型；按工作模式来分有码相关型、平方型和混合型；按接收的卫星信号频率来分，有单频（L_1）和双频（L_1、L_2）接收机等。在精密定位测量工作中，一般采用测地型双频接收机或单频接收机。

目前，各种类型的GPS接收机体积越来越小，重量越来越轻，便于野外观测。而同时能接收GPS、GLONASS和BDS卫星信号的全球导航定位系统接收机也已经问世。

任务三　GPS 定 位 原 理

GPS卫星定位方法，按定位时GPS接收机所处的状态，可分为静态定位和动态定位；而按定位的结果进行分类，又可分为绝对定位和相对定位。

静态定位是指在定位过程中，GPS接收机的位置是固定的，处于静止状态。而动态定位时，GPS接收机处于运动状态。

绝对定位是指在WGS-84坐标系中，确定观测站相对地球质心绝对位置的方法，此时只需一台GPS接收机即可定位。而相对定位是指在WGS-84坐标系中，确定观测站与某一地面参考点之间的相对位置，或确定两观测站之间相对位置的方法，进行相对定位时，需要两台或两台以上GPS接收机同时进行定位。

实际定位时，各种定位方法可有不同的组合，如静态绝对定位、静态相对定位、动态绝对定位和动态相对定位等。

一、GPS绝对定位原理

1. 绝对定位

绝对定位又称为单点定位，其定位的基本原理是以GPS卫星和用户接收机之间的距离观测量为基础，并根据已知的卫星瞬时坐标，来确定用户接收机所处的测站点的位置。

如图 19－3 所示，设在时刻 t_i 测站点 P 至三颗 GPS 卫星 s_1，s_2，s_3 的距离为 D_1，D_2，D_3，而该时刻三颗 GPS 卫星的瞬时三维坐标为（X_j，Y_j，Z_j）（$j=1$，2，3），测站点 P 的三维坐标为（X，Y，Z），则有以下关系：

$$\begin{aligned} D_1 &= \sqrt{(X_1-X)^2+(Y_1-Y)^2+(Z_1-Z)^2} \\ D_2 &= \sqrt{(X_2-X)^2+(Y_2-Y)^2+(Z_2-Z)^2} \\ D_3 &= \sqrt{(X_3-X)^2+(Y_3-Y)^2+(Z_3-Z)^2} \end{aligned} \tag{19-1}$$

卫星的瞬时三维坐标（X_j，Y_j，Z_j）可根据接收到的卫星导航电文求得，因此若测定了距离 D_1，D_2，D_3，在式（19－1）中仅有测站点 P 的三维坐标（X，Y，Z）为未知量，联立求解式（19－1）方程组即可求得测站点坐标（X，Y，Z）。由此可知，GPS 卫星绝对定位的实质是空间距离交会法，从理论上说，如果 GPS 接收机同时对三颗卫星进行距离测量（实际定位至少需四颗卫星，具体见后面说明），即可确定接收机所在位置的三维坐标。

绝对定位的优点是定位时只需要一台 GPS 接收机，而且观测速度快，数据处理较为简单。其缺点是精度较低，目前仅能达到米级的定位精度。可以看出，GPS 单点定位的实质就是空间距离的后方交会。

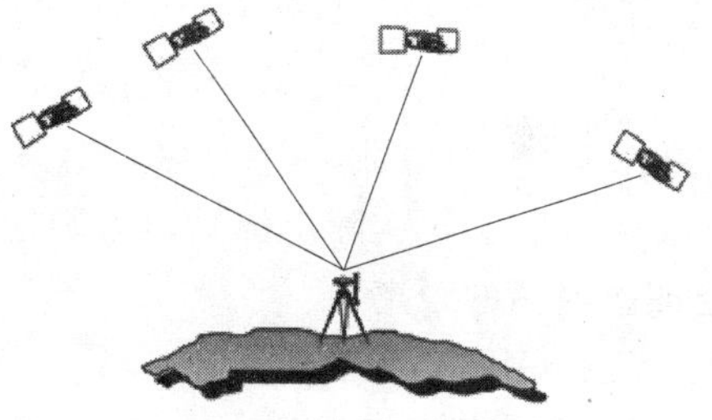

图 19－3　GPS 绝对定位示意图

2. 伪距测量

由绝对定位原理可知，进行 GPS 定位，关键是要测定出用户接收机至 GPS 卫星的距离。在 GPS 卫星所发播的信号中，测距码信号可用于测距。设测距码信号从卫星发射到达接收机所经历的时间为 τ，则该时间乘以电磁波在真空中的速度 c，即为卫星至接收机的距离 D，即

$$D=c\cdot\tau \tag{19-2}$$

此种情况下距离测量的特点是单程测距，它不同于光电测距仪中的双程测距，这就要求卫星时钟与接收机时钟要严格同步，但实际上卫星时钟与接收机时钟难以严格同步，存在一个不同步误差。此外测距码在大气中传播还受到大气电离层折射及大气对流层的影响，产生延迟误差。因此实际所求得的距离值并非真正的站星几何距离，习惯上将其称为“伪距”，用 D' 表示。通过测伪距来定点位的方法称为伪距法定位。

为测定测距码信号由 GPS 卫星传播至接收机所经历的时间 τ，接收机在自己的时钟控制下会产生一组结构与卫星测距码完全相同的测距码，称为复制码，并通过时延器使其延迟时间 τ'。将所接收到的卫星测距码与接收机内产生的复制码送入相关器进行相关处理，若自相关系数 $R(\tau')\neq 1$，则继续调整延迟时间 τ'，直至自相关系数 $R(\tau')=1$ 为止。此时复制码与所接收到的卫星测距码完全对齐，所延迟的时间 τ' 即为 GPS 卫星信号从卫星传播到接收机所用的时间。

由于卫星时钟与接收机时钟相对于 GPS 标准时均存在误差，设卫星时钟的钟差为 δ_{st}，接收机时钟的钟差为 δ_{pt}，则由于卫星时钟与接收机时钟的钟差所引起的测时误差 $\delta_{pt}-\delta_{st}$，

所引起的测距误差为 $c\delta_{pt}-c\delta_{st}$。若再考虑到卫星信号传播经大气电离层和大气对流层的延迟，则站星之间真正的几何距离 D 与所测与所测伪距 D' 有以下关系：

$$D=D'+\delta D_1+\delta D_2+c\delta_{pt}-c\delta_{st} \tag{19-3}$$

式（19－3）即为伪距测量的基本观测方程，式中 δD_1、δD_2 分别为电离层和对流层的延迟改正项。

在式（19－3）的各改正项中，δD_1 和 δD_2 可以按照一定的模型进行计算修正。而GPS卫星上配有高精度的原子钟，卫星钟差较小，且信号发射瞬间的卫星钟差改正数 δ_{st} 可由导航电文中给出的有关时间信息求得。但用户接收机中仅配备一般的石英钟，在接收信号的瞬间，接收机的钟差改正数不能预先精确求得。因此，在伪距法定位中，把接收机钟差改正数 δ_{pt} 也当做未知数，与测站点坐标在数据处理时一并求解。几何距离 D 与卫星坐标（X_j，Y_j，Z_j）和接收机坐标（X，Y，Z）之间有如下关系：

$$D=\sqrt{(X_j-X)^2+(Y_j-Y)^2+(Z_j-Z)^2} \tag{19-4}$$

将式（19－3）代入式（19－4）得

$$\sqrt{(X_j-X)^2+(Y_j-Y)^2+(Z_j-Z)^2}-c\delta_{pt}=D_j'+\delta D_{1j}+\delta D_{2j}-c\delta t_{st} \tag{19-5}$$

式中　j——卫星数，$j=1$，2，3，…。

可以看出，实际定位时，为确定四个未知数 X，Y，Z，δ_{pt}，接收机必须同时至少测定四颗卫星的距离。

二、GPS相对定位

1．载波相位观测量

利用测距码进行伪距测量是全球定位系统的基本测距方法。但由于测距码的码元长度（即波长）较大，C/A码码长293m，P码码长29.3m，一般观测精度取测距码波长的1/100，则伪距测量对C/A码而言量测精度为3m左右，对P码而言为30cm，这样的测距精度对于一些高精度应用来讲还显得过低，无法满足需要。而在GPS卫星所发播的信号中，载波也可用于测距，由于载波的波长短，$\lambda_1=19\text{cm}$，$\lambda_2=24\text{cm}$，故载波相位测量精度可达1～2mm，甚至更高。但由于载波信号是一种周期性的正弦信号，而相位测量又只能测定其不足一个周期的小数部分，因而存在着整周期数不确定性问题，使载波相位解算过程比较复杂。

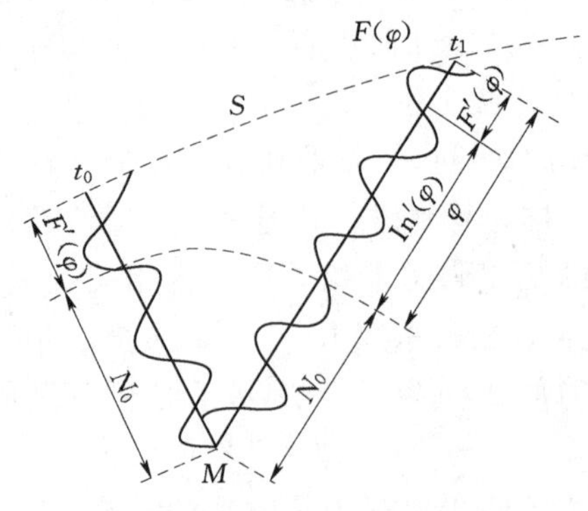

图19－4　载波相位观测量

载波相位测量是测定GPS载波信号在传播路程上的相位变化值，以确定信号传播的距离。由于在GPS信号中，已用相位调制的方法在载波上调制了测距码和导航电文，因此在载波相位测量之前，首先要进行解调，将调制在载波上的测距码和导航电文去掉，重新获取载波，这一工作称为重建载波，GPS接收机将卫星重建载波与接收机内由振荡器产生的本振参考信号通过相位计比相，即可得到相位差。

如图19－4所示，设卫星在 t_0 时刻发射的载波

信号相位为 $\varphi(S)$，此时若接收机产生一个频率和初相位与卫星载波信号完全一致的基准信号，在 t_0 时刻的相位为 $\varphi(R)$，则在 t_0 时刻接收机至卫星的距离为

$$D=\frac{\lambda(\varphi(R)-\varphi(S))}{2\pi}=\lambda\frac{N_0+\Delta\varphi}{2\pi} \tag{19-6}$$

式中　λ——载波波长；

N_0——整周数；

$\Delta\varphi$——不足一周的相位。

在载波相位测量中，接收机只能测定不足一周的相位 $\Delta\varphi$，而载波的整周数 N_0 无法测定，故 N_0 又称为整周模糊度。设接收机在 t_0 时刻锁定卫星后，对卫星进行连续的跟踪观测，此时利用接收机内含的整波计数器可记录从 t_0 到 t_i 时间内的整周数变化量 $\mathrm{Int}(\varphi)$。期间只要卫星信号不失锁，则初始时刻整周模糊度 N_0 就为一个常数，这样，在 t_i 时刻卫星到接收机的相位差为

$$\varphi(t_i)=N_0+\mathrm{Int}(\varphi)+\Delta\varphi(t_i) \tag{19-7}$$

设 $\varphi'(t_i)=\mathrm{Int}(\varphi)+\Delta\varphi(t_i)$，则式（7-9）可写为

$$\varphi(t_i)=N_0+\varphi'(t_i) \tag{19-8}$$

或

$$\varphi'(t_i)=\varphi(t_i)-N_0 \tag{19-9}$$

$\varphi'(t_i)$ 是载波相位测量的实际观测量，其关系如图 19-5 所示。

与伪距测量相同，在考虑了卫星钟差改正、接收机钟差改正、电离层延迟改正和对流层折射改正后，可得到载波相位测量的观测方程为

$$\varphi'(t_i)=(D-\delta D_1-\delta D_2)f/c-f\delta_{pt}+f\delta_{st}-N_0 \tag{19-10}$$

将式（19-10）两边同乘上载波波长 $\lambda=c/f$，并简单移项后则有

$$D=D'+\delta D_1+\delta D_2+c\delta_{pt}-c\delta_{st}+\lambda N_0 \tag{19-11}$$

比较式（19-11）与式（19-5）可以发现，载波相位测量观测方程中，除增加了一项整周未知数 N_0 外，在形式上与伪距测量的观测方程完全相同。

整周未知数 N_0 的确定是载波相位测量中特有的问题。对于 GPS 载波频率而言，一个整周数的误差，将会引起 19～24cm 的距离误差，因此，要利用载波相位观测量进行精密定位，如何准确地确定整周未知数是一个关键的问题。

如果接收机在跟踪卫星过程中，卫星信号由于被障碍物挡住而暂时中断，或由于受无线电信号干扰造成失锁，此时计数器将无法连续计数。这样当信号重新被跟踪后，整周计数就不正确，但不足一个整周的相位观测值仍是正确的。这种现象称为周跳。如何探测和修复周跳也是载波相位测量中必须解决的一个问题。

关于确定整周未知数 N_0 及探测和修复周跳的具体方法此处不在详述，请参阅其他有关书籍。

2. 静态相对定位

相对定位是用两台 GPS 接收机分别安置在基线的两端，同步观测相同的 GPS 卫星，以确定基线端点的相对位置或基线向量。当将多台 GPS 接收机安置在若干条基线的端点，通过同步观测 GPS 卫星可以同时确定多条基线向量。在一个端点坐标已知的情况下，可以用基线向量推求另一待定点的坐标，如图 19-5 所示。

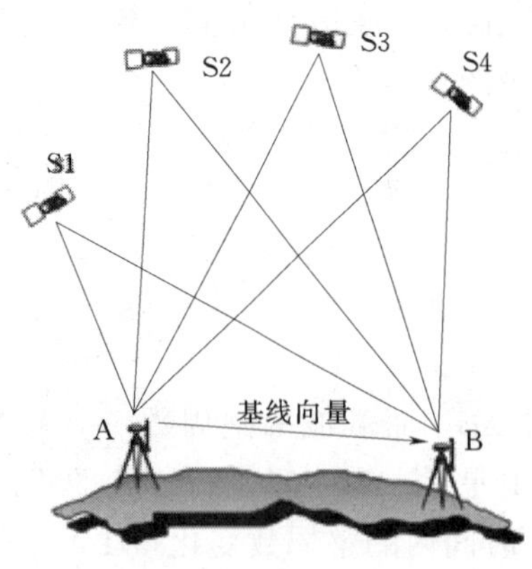

图 19-5　GPS 相对定位

前已说明，在绝对定位中，GPS 测量结果会受到卫星轨道误差、卫星钟差、接收机钟差、电离层延迟误差和对流层折射误差的影响，但这些误差对观测量的影响具有一定的相关性，因此，若利用这些观测量的不同线性组合（求差）进行相对定位，可有效地消除或减弱相关误差的影响，提高定位的精度。相对定位是目前 GPS 测量中精度最高的一种定位方法，它广泛用于高精度测量工作中。

在载波相位测量中，当前普遍采用的观测量线性组合方法有单差法、双差法和三差法三种，现分述如下。

（1）单差法。

单差法是指不同测站 T1、T2 同步观测相同卫星所得的观测量之差，即在两台接收机之间求一次差，它是观测量的最基本线性组合形式，其表达形式为

$$\Delta\varphi_{12}^{j}(t)=\Delta\varphi_{2}^{j}(t)-\Delta\varphi_{1}^{j}(t) \tag{19-12}$$

数据处理时，将单差 $\Delta\varphi_{12}^{j}$ 当做虚拟观测值。由于两台接收机在同一时刻接收同一颗卫星的信号，故卫星钟差 δ_{pt} 相同，所以单差法可消除卫星钟误差的影响。当 T1、T2 两测站距离较近时，两测站电离层和对流层延迟的相关性较强，在单差法中这些误差的影响也得到显著的削弱，所以单差法可有效地提高相对定位的精度。

（2）双差法。

双差法就是在不同测站上同步观测一组卫星所得到的单差之差，即在接收机和卫星间求二次差。设 t_1 时刻测站 T1 和 T2 两台接收机同时观测卫星 S^j 和 S^k，对于卫星 S^k 同样可得形同式（19-12）的单差观测方程式，两式相减便得双差方程为

$$\Delta\varphi_{12}^{jk}(t)=\Delta\varphi_{12}^{k}(t)-\Delta\varphi_{12}^{j}(t) \tag{19-13}$$

双差 $\Delta\varphi_{12}^{jk}(t)$ 仍可当做虚拟观测值。在单差模型中，仍包含有接收机时钟误差，求二次差后，接收机时钟误差的影响将可消除，这是双差模型的主要优点。同时经双差处理后，还可大大减小各种系统误差的影响。当前相位测量相对定位软件大多采用双差模型。

（3）三差法。

三差法是于不同历元（t_1 和 t_2）同步观测同一组卫星所得观测量的双差之差，即在接收机、卫星和历元间求三次差，其表达式为

$$\Delta\varphi_{12}^{jk}(t_1,t_2)=\Delta\varphi_{12}^{jk}(t_2)-\Delta\varphi_{12}^{jk}(t_1) \tag{19-14}$$

三差观测值消除了在前两种方法中仍存在的整周模糊度 N_0，这是三差法的主要优点。但由于三差模型中是将观测方程经过三次求差，这将使未知参数的数目减少，独立的观测方程的数目也将明显减少，这对未知数的解算将会产生不良的影响。由于这个原因，三差法的结果仅用作前两种方法的近似值，实际定位工作中，以采用双差法结果更为适宜。

三、实时差分定位

尽管目前测地型 GPS 接收机利用载波进行静态相对定位已可达到很高的精度，但为了可靠地求解出整周模糊度，在进行载波静态相对定位时，要求 GPS 接收机静止观测 1

～2h 甚至更长的时间，同时由于各台 GPS 接收机之间的观测数据无法实时传输，观测数据需事后才能进行处理，这样就无法实时提交成果，由此影响了它在某些方面的应用。而且由于无法实时评定成果质量，难免会出现事后检查不合格需要进行返工的现象。

载波相位实时差分技术又称为 RTK（Real Time Kinematic）技术，它将 GPS 测量技术与数据传输技术相结合，通过实时处理两个测站的载波相位来实时确定观测点的三维坐标，并能达到厘米级的精度。

载波相位实时差分定位系统由基准站、流动站和数据通信链（简称数据链）三部分组成。基准站精确坐标应已知，在基准站上安置一台 GPS 接收机，对所有可见的 GPS 卫星进行连续观测，并将采集到的载波相位通过无线电传输设备，实时发送给流动站。在流动站，GPS 接收机在接收 GPS 卫星信号的同时，通过无线电接收设备，接收基准站所传输来的观测数据，然后在流动站处将所观测的载波相位和由基准站所传输来的载波相位组成相位差分观测值进行实时处理，即可确定流动站的三维坐标及其精度。

由于采用 RTK 技术可实现实时定位，且定位速度快（观测时基准站处的 GPS 接收机静止不动，而流动站 GPS 接收机在某一起始点上静止观测数分钟，完成初始化工作后，即可依次到各个待定点处进行观测，每点的观测时间只需几个历元），并能达到厘米级的定位精度，因此它有着十分广阔的应用前景，如可用于快速建立高精度的工程控制网、海上精密定位、地籍测绘和地形测图等，甚至还可用于施工放样（如线路中线放样等）。

在 RTK 技术中，数据链的可靠性和抗干扰性是一个关键问题。为保证流动站能可靠地接收到基准站所传输来的观测数据，要求基准站要建立在测区内地势较高，视野开阔处，流动站距基准站的距离最远不超过 30km。

四、GPS 测量误差

在 GPS 测量中，影响观测量精度的主要误差来源可分为三类：

1. 与 GPS 卫星有关的误差

主要包括卫星钟的误差、卫星的轨道误差、地球自转的影响和相对论效应的影响。

2. 与信号传播有关的误差

主要包括大气折射误差和多路径效应的影响。

3. 与接收机有关的误差

主要包括观测误差、接收机钟差、相位中心误差和载波相位观测的整周不确定性。

通常可采用适当的方法减弱或消除这些误差的影响：如建立误差改正模型对观测值进行改正，或选择良好的观测条件，采用恰当的观测方法等。

在研究误差对 GPS 测量的影响时，通常把各种误差的影响投影到观测站至卫星的距离上，用相应的距离误差表示，称为等效距离偏差。

根据误差的性质，上述误差还可分为系统误差和偶然误差两类。

系统误差主要包括卫星的轨道误差、卫星钟差、接收机钟差以及大气折射的误差。

偶然误差主要包括信号的多路径效应引起的误差和观测误差等。

任务四　GPS 测 量 的 实 施

与常规测量相类似，GPS 测量按其工作性质可分为外业工作和内业工作两大部分。

外业工作主要包括选点、建立标志、野外观测作业等；内业工作主要包括 GPS 控制网技术设计、数据处理和技术总结等。考虑到载波相位测量相对定位方法是当前 GPS 测量中普遍采用的精密定位方法，本节主要介绍局域性城市与工程 GPS 控制网相对测量的工作程序与方法。

一、GPS 主要技术指标

GPS 控制网的技术设计是进行 GPS 定位的基础，它主要依据国家测绘局 1992 年颁布的《全球定位系统（GPS）测量规范》（简称《规范》）和 1997 年建设部发布的行业标准《全球定位系统城市测量技术规程》（简称《规程》）、GPS 网的用途和用户的要求来进行，其主要内容包括精度指标的确定和网形设计等。

GPS 测量的精度指标通常是以网中相邻点之间的距离中误差来表示，其形式为

$$\sigma=\pm\sqrt{a^2+(b\cdot d)^2} \tag{19-15}$$

式中 σ——距离中误差，mm；

a——固定误差，mm；

b——比例误差，ppm；

d——相邻点间距离，km。

国家测绘局 1992 年颁布的《全球定位系统（GPS）测量规范》将 GPS 控制网分为 A、B、C、D、E 五级，各级控制网的精度指标见表 19-1。其中 A、B 两级为国家 GPS 控制网，C、D、E 三级是针对局域性 GPS 网规定的。为了进行城市和工程测量，《规程》规定其 GPS 网按相邻点平均距离和精度划分为二等、三等、四等和一级、二级，如表 19-2 所示。

此外，各部委根据本部门 GPS 工作的实际情况也制定了其他的 GPS 规程或细则。

表 19-1 《规范》规定的 GPS 相对定位的精度指标

等级	固定误差 a/mm	比例误差 b/ppm	相邻点距离/km
A	≤5	≤0.1	100～2000
B	≤8	≤1	15～250
C	≤10	≤5	5～40
D	≤10	≤10	2～15
E	≤10	≤20	1～10

表 19-2 《规程》规定的 GPS 相对定位的精度指标

等级	固定误差 a/mm	比例误差 b/ppm	相邻点距离/km
二等	≤10	≤2	9
三等	≤10	≤5	5
四等	≤10	≤10	2
一级	≤10	≤10	1
二级	≤15	≤20	<1

由于精度指标的大小将直接影响 GPS 网的布设方案及 GPS 作业模式，因此，在实际

设计中应根据用户的实际需要及设备条件慎重确定。控制网可以分级布设，也可以越级布设或布设同级全面网。

二、网形设计

常规测量中，控制网的图形设计是一项重要的工作。而在 GPS 测量时，由于不要求测站点间通视，因此其图形设计具有较大的灵活性。GPS 网的图形设计主要考虑网的用途、用户要求、经费、时间、人力及后勤保障条件等，同时还应考虑所投入的接收机的类型和数量等条件。

根据用途不同，GPS 网的基本构网方式有点连式、边连式、网连式和边点混合连接四种。

（1）点连式，如图 19－6（a）所示，是相邻的同步图形（即多台接收机同步观测卫星所获基线构成的闭合图形，又称同步环）之间仅用一个公共点连接。这种方式所构成的图形几何强度很弱，一般不单独使用。

（2）边连式，如图 19－6（b）所示，是指相邻同步图形之间由一条公共基线连接。这种布网方案中，复测的边数较多，网的几何强度较高。非同步图形的观测基线可以组成异步观测环（称为异步环），异步环常用于检查观测成果的质量。所以边连式的可靠性优于点连式。

（3）网连式，是指相邻同步图形之间由两个以上的公共点连接。这种方法要求 4 台以上的接收机同步观测。它的几何强度和可靠性更高，但所需的经费和时间也更多，一般仅用于较高精度的控制测量。

（4）混连式，边点混合连接是指将点连式与边连式有机地结合起来组成 GPS 网。如图 19－6（c）所示，它是在点连式基础上加测四个时段，把边连式与点连式结合起来得到的。这种方式既能保证网的几何强度，提高网的可靠性，又能减少外业工作量，降低成本，因而是一种较为理想的布网方法。

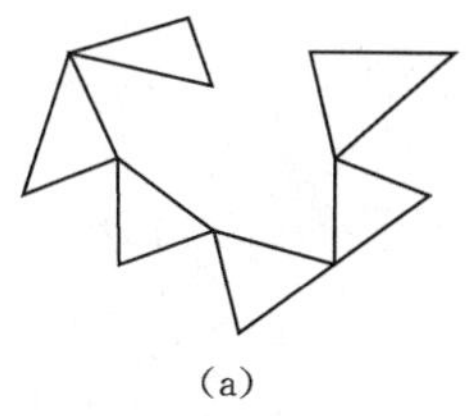

(a)

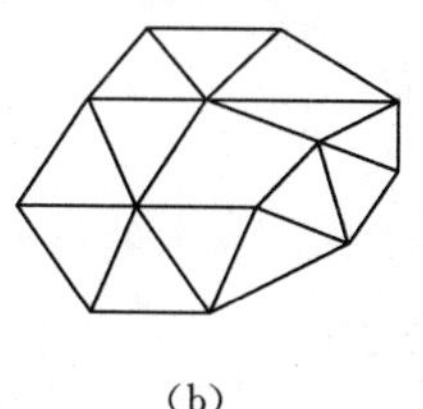

(b)

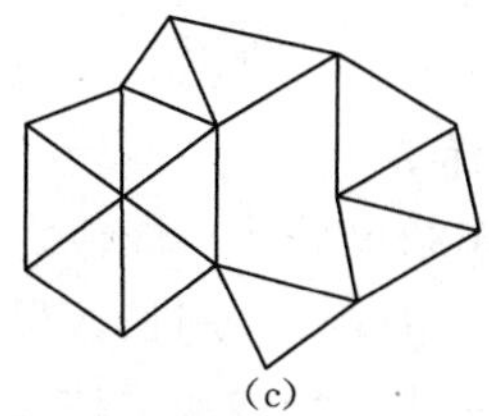

(c)

图 19－6　GPS 的基本构网方式

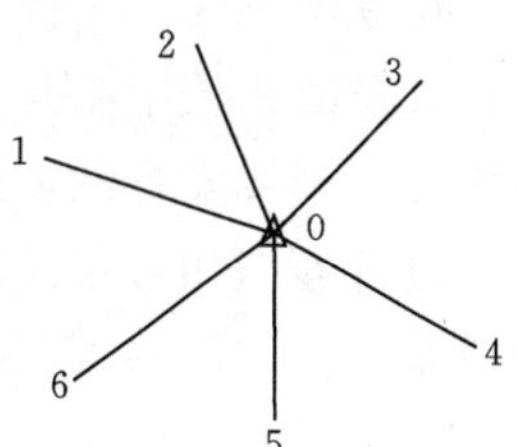

图 19－7　星形连接

对于低等级的 GPS 测量或碎部测量，也可采用图 19－7 所示的星形布设。这种图形的主要优点是观测中只需要两台 GPS 接收机，作业简单。但由于直接观测边之间不构成任何闭合图形，所以其检查和发现粗差的能力比点连式更差。这种方式采用快速定位的作业模式。

进行图形设计时，还需注意以下几个问题：

（1）GPS 网必须由非同步独立观测边构成若干个闭合环或附

合路线，以构成检核条件，提高网的可靠性。

(2) 尽管 GPS 测量不要求相邻测站点之间通视，但为了今后便于用常规测量方法联测或扩展，要求每个控制点应有一个以上的通视方向。

(3) 为了确定 GPS 网与原有地面控制网之间的坐标转换参数，要求至少有 3 个 GPS 控制网点与地面控制网点重合。

(4) GPS 网点应考虑与水准点相重合，非重合点一般进行等级水准联测，以便为研究大地水准面提供资料。

三、选点、建标志

1. 选点

选点即观测站址的选择。由于 GPS 测量观测站之间不要求一定通视，而且网的图形结构比较灵活，故选点工作较常规测量简便。

选点工作通常应遵守的原则如下：

(1) 点周围高度角 10°～15°以上不要有障碍物，以免信号被遮挡或吸收，同时可减弱被测卫星信号受对流层折射的影响；

(2) 点位要远离大功率无线电发射源（电视台、微波站等，其距离不得小于 200m）、高压电线等，以免电磁场对 GPS 卫星信号的干扰。

(3) 观测站附近不应有大面积水域，或对电磁波反射（或吸收）强烈的物体，以减弱多路径误差的效应。

(4) 点位应选在视野开阔、交通方便、有利扩展、地面基础稳定易于保存的地方，以便观测和日后使用。

(5) 应充分利用符号要求的旧有控制点。

选点工作结束后，应按规定在实地绘制点之记；点位周围有高于 10°的障碍物时绘制点的环视图；绘制 GPS 网选点图。最后，要对选点工作写出总结，包括详细的交通情况、选点情况以及通信、供电、充电情况等。

2. 建立标志

选点工作结束后，一般应设置具有中心标志的标石，以精确标志点位。点的标石和标志必须稳定、坚固，以利长久保存和利用。

四、GPS 测量的观测工作

GPS 外业观测工作主要包括天线安置、观测作业和观测记录等，下面分别进行介绍。

1. 天线安置

天线的相位中心是 GPS 测量的基准点，所以妥善安置天线是实现精密定位的重要条件之一。天线安置的内容包括对中、整平、定向和量测天线高。

进行静态相对定位时，天线应架设在三角架上，并安置在标志中心的上方直接对中，天线基座上的圆水准气泡必须居中（对中与整平方法与经纬仪安置相同）。定向是使天线的定向标志线指向正北，定向误差一般不应超过±（3°～5°）。天线高是指天线的相位中心至观测点标志中心的垂直距离，用钢尺在互为 120°的方向量三次，要求互差小于 3mm，满足要求后取三次结果平均值记入测量手簿中。

2. 观测作业

观测作业的主要任务是捕获 GPS 卫星信号并对其进行跟踪、接收和处理，以获取所需的定位信息和观测数据。

天线安置完成后，将 GPS 接收机安置在距天线不远的安全处，接通接收机与电源、天线的连接电缆，经检查无误后，在约定的时间打开电源，启动接收机进行观测。

GPS 接收机具体的操作步骤和方法，随接收机的类型和作业模式不同而异，在随机的操作手册中都有详细的介绍。事实上，GPS 接收机的自动化程序很高，一般仅需按动若干功能键（有的甚至只需按一个电源开关键），即能顺利地完成测量工作。观测数据由接收机自动形成，并以文件形式保存在接收机存储器中。作业人员只需定期查看接收机的工作状况并做好记录。观测过程中接收机不得关闭并重新启动；不得更改有关设置参数；不得碰动天线或阻挡信号；不准改变天线高。观测站的全部预定作业项目，经检查均已按规定完成，且记录与资料完整无误后方可迁站。

3. 观测记录

观测记录的形式一般有两种。一种是由接收机自动形成，并保存在接收机存储器中供随时调用和处理，这部分内容主要包括：GPS 卫星星历和卫星钟差参数；观测历元及伪距和载波相位观测值；实时绝对定位结果；测站控制信息及接收机工作状态信息。另一种是测量手簿，由观测人员填写，内容包括天线高、气象数据测量结果、观测人员、仪器及时间等，同时对于观测过程中发生的重要问题，问题出现的时间及处理方式也应记录。观测记录是 GPS 定位的原始数据，也是进行后续数据处理的唯一依据，必须要真实、准确，并妥善保管。

五、数据处理

观测成果应进行外业检核，这是确保外业观测质量和实现预期定位精度的重要环节。观测任务结束后，必须在测区及时对观测数据的质量进行检核，对于外业预处理成果，要按《规范》要求严格检查、分析，以便及时发现不合格成果，并根据情况采取重测或补测措施。

对野外观测资料首先要进行复查，内容包括：成果是否符合调度命令和规范的要求；进行的观测数据质量分析是否符合实际，然后进行下列项目的检核。

1. 每个时段同步边观测数据的检核

两端点的接收机，通过多历元观测，经平差计算的基线边称为同步边。同步边检核的内容如下。

（1）数据剔除率。剔除的观测值个数与应获得的观测值个数的比值称为数据剔除率。同一时段观测值的数据剔除率，其值小于 10%。

（2）平差值的中误差。计算同步边各时段平差值中误差和相对中误差。其中中误差应小于 0.1m，相对中误差符合要求。

2. 重复观测边的检核

同一基线边若观测了多个时段，则可得到多个边长结果。这种具有多个独立观测结果的边就是重复观测边。对于重复观测边的任意两个时段的成果互差，均应小于接收机标称精度的 $2\sqrt{2}$倍。

3. 环闭合差的检核

当独立观测的各同步边构成闭合环形（如三角形、多边形）时，各边的坐标差之和应为零。但是由于多种误差的存在，环中各独立观测边的坐标差分量闭合差不为零，设其为

$$\left.\begin{aligned}\omega_x &= \sum_{i=1}^{n}\Delta x_i\\ \omega_y &= \sum_{i=1}^{n}\Delta y_i\\ \omega_z &= \sum_{i=1}^{n}\Delta z_i\end{aligned}\right\} \tag{19-16}$$

式中 n——闭合环中同步边数。

此时环闭合差的定义是

$$\omega=(\omega_x^2+\omega_y^2+\omega_z^2)^{\frac{1}{2}} \tag{19-17}$$

环闭合差的大小是评价观测成果质量的重要标志之一。《规范》规定，若干个独立边组成闭合环时，各坐标差分量闭合差不应大于 $3\sqrt{n}\sigma$，其中 σ 为相应级别按平均边长算出的规定中误差，见表 19－1。

4. 同步观测环检核

当环中各边为多台接收机同步观测时，由于各边是不独立的，所以其闭合差应恒为零。例如三边同步环中只有两条同步边可以视为独立的成果，第三边成果应为其余两边的代数和。但是由于模型误差和处理软件的内在缺陷，使得这种同步环的闭合差实际上仍可能不为零。这种闭合差一般数值很小，不至于对定位结果产生明显影响，所以也可把它作为成果质量的一种检核标准。

《规范》规定，三边同步环中第三边处理结果与前两边的代数和之差值应小于下列数值，即

$$\omega_x\leqslant\frac{\sqrt{3}}{5}\sigma,\omega_y\leqslant\frac{\sqrt{3}}{5}\sigma,\omega_z\leqslant\frac{\sqrt{3}}{5}\sigma$$

$$\omega=(\omega_x^2+\omega_y^2+\omega_z^2)^{\frac{1}{2}}\leqslant\frac{\sqrt{3}}{5}\sigma \tag{19-18}$$

式中 σ——相应级别的规定中误差（按平均边长计算）。

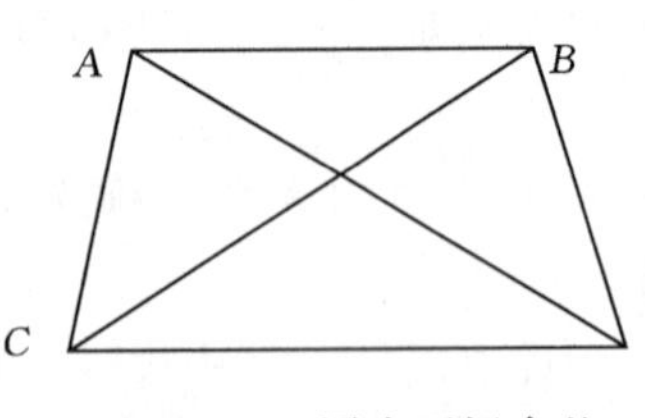

图 19－8 同步环闭合差

对于四站以上的多边同步环，可以产生大量同步闭合环，在处理完各边观测值后，应检查一切可能的闭合差。以图 19－8 为例，A、B、C、D 四站应检核：①$AB-BC-CA$；②$AC-CD-DA$；③$AB-BD-DA$；④$BC-CD-DB$；⑤$AB-BC-CD-DA$；⑥$AB-BD-DC-CA$；⑦$AD-DB-BC-CA$。所有闭合环的分量闭合差不应大于$\frac{\sqrt{n}\sigma}{5}$，而环闭合差为

$$\omega=(\omega_x+\omega_y+\omega_z)^{\frac{1}{2}}\leqslant\frac{\sqrt{3n}}{5}\sigma \tag{19-19}$$

式中　n——闭合环中的边数；

σ——相应级别的规定中误差。

当发现边闭合数据或环闭合数据超出上列规定时，应分析原因并对其中部分或全部成果重测。需要重测的边，应尽量安排在一起进行同步观测。

任务五　观测数据的测后处理

GPS 测量数据的测后处理，一般均可借助相应的后处理软件自动地完成。随着定位技术的迅速发展，GPS 后处理软件的功能和自动化程度，将不断增强和提高，所采用的模型也将不断改进。

对观测数据进行后处理的基本过程，大体分为预处理、平差计算、坐标系统的转换、或与已有地面网的联合平差。下面分别加以介绍。

一、观测数据的预处理

预处理的主要目的是对原始观测数据进行编辑、加工与整理，分流出各种专用的信息文件，为进一步的平差计算作准备。预处理工作的完善与否，对随后的平差计算以及平差结果的精度，将产生重要影响，因此，对预处理的方法，采用的数学模型和评价数据质量的标准等，都必须仔细分析，慎重确定。

预处理工作的主要内容有：

（1）数据传输。将 GPS 接收机记录的观测数据传输到磁盘或其他介质上，以提供计算机等设备进行处理和保护。

（2）数据分流。从原始记录中，通过解码将各种数据分类整理，剔除无效观测值和冗余信息，形成各种数据文件，如星历文件，观测文件和测站信息文件等，以供进一步处理。

以上两项工作，一般也称之为数据的粗加工，可视为预处理的准备工作。

（3）观测数据的平滑、虑波。剔除粗差并进一步删除无效观测值。

（4）统一数据文件格式。将不同类型接收机的数据记录格式、项目和采样间隔，统一为标准化的文件格式，以便统一处理。

（5）卫星轨道的标准化。为了统一不同来源卫星轨道信息的表达方式和平滑 GPS 卫星每小时更新一次的轨道参数，一般须采用多项式拟合法，使观测时段的卫星轨道标准化，以简化计算工作，提高定位精度。

（6）探测周跳、修复载波相位观测值。

（7）对观测值进行各项必要的改正。

观测数据的预处理，一般均由后处理软件自动地完成。因此，不断完善和提高软件的功能和自动化水平，对提高观测数据预处理的质量和效率是极为重要的。

二、平差计算

根据上述预处理所获得的标准化数据文件，便可进行观测数据的平差计算工作。

平差计算的主要内容如下。

（1）同步观测的基线向量平差。即同一基线边，多历元同步观测值的平差计算。在同一测区中，同类精度的数据处理，应采用相同的方法和相同的模型。因此所得到的平差结

果为基线向量（或坐标差）及其相应的方差与协方差。

（2）GPS 网平差。利用上述基线向量的平差结果作为相关观测量进行网的整体平差。整体平差应在 WGS－84 坐标系统中进行，平差结果一般是网点的空间直角坐标、大地坐标和高斯平面坐标，及其相应的方差与协方差。

（3）坐标系统的转换，或与地面网的联合平差。在城市、矿山等区域性的测量工作中，往往需要将 GPS 测量成果化算到用户所采用的区域性坐标系统。因此，上述 GPS 网在 WGS－84 坐标系统中平差结果尚需按用户的要求进行坐标系统的转换，或者为了改善已有的经典地面控制网，确定 GPS 网与经典地面网之间的转换参数，需要进行两网的联合平差。

GPS 网与经典地面网的联合平差与坐标系统的转换是 GPS 测量数据后处理的重要内容之一，而有关两网联合平差的方法和模型可参见相关书籍的介绍。观测数据经上述处理后，需要输出打印的资料如下。

（1）测区和各观测站的基本情况。

（2）参加平差计算的观测值数量、质量、观测时段的起止时刻和延续时间。

（3）平差计算采用的坐标系统、基本常数和起始数据。

（4）平差计算的方法及所采用的先验方差与协方差。

（5）GPS 网整体平差结果包括空间直角坐标、大地坐标和高斯平面坐标，以及在上述不同坐标系统中相邻点之间的距离和方位角。

（6）GPS 网与已有经典地面网的联合平差结果，主要包括地面网的坐标、等级重合点数及其坐标值；联合平差采用的坐标系统、平差后的坐标值及两网的转换参数。

（7）平差值的精度信息，包括观测值的残差分析资料，平差值的方差与协方差阵及相关系数阵等。

三、技术总结

GPS 测量的外业工作和数据处理结束后应及时编写技术总结。其内容要点如下。

（1）项目名称、任务来源、施测目的与精度要求。

（2）测区范围与位置、自然地理条件、气候特点、交通及电信、电源情况。

（3）测区已有测量标志情况。

（4）施测单位、作业时间、技术依据及作业人员情况。

（5）接收设备的类型、数量和检验情况。

（6）选点与埋石情况，观测环境评价及与原有测量标志的重合情况。

（7）观测实施情况、观测时段选择，补测与重测情况及作业中发生与存在的问题说明。

（8）观测数据质量的检核情况，起算数据、数据处理的内容、方法及所采用的软件情况。

（9）工作量与定额计算。

（10）成果中尚存在的问题与必须说明的其他问题。

（11）必要的附表与附图。

四、上交资料

GPS 测量任务完成后，各项技术资料均应仔细地加以整理并经验收后上交以提供用

户使用。上交资料的内容一般应包括下列几方面。

（1）测量任务书与技术设计。

（2）GPS网展点图。

（3）观测站的点之记，环视图。

（4）卫星可见性图，精度因子PDOP（或GDOP）预报表及观测计划。

（5）外业观测记录、测量手簿及其他记录（如归心元素）。

（6）接收设备及气象仪器等的检验资料。

（7）外业观测数据的质量评价和外业检核资料。

（8）数据处理资料和成果表。

（9）技术总结与成果验收报告。

小　结

GPS是Global Positioning System（全球卫星定位系统）的首字母缩写。

本项目涉及四部分内容：GPS系统组成、GPS定位原理、GPS测量主要技术指标和GPS测量方法。

GPS系统由三大部分组成：空间部分——GPS卫星星座；地面监控部分——地面监控系统；用户设备——GPS接收机。要了解每一部分的结构特点和功能。

GPS是基于空间距离交会的原理定位的。根据测距原理，可分为伪距测量和载波相位测量；根据定位方式，可分为单点定位和差分定位（相对定位）。要重点掌握伪距和整周未知数两个概念，掌握伪距定位观测方程；掌握静态定位、动态定位、单点定位、差分定位和PTK技术等几个基本概念。

GPS测量精度指标通常是以相邻点间基线的标准差表示；GPS网设计的技术指标主要依据《全球定位系统（GPS）测量规范》和《全球定位系统城市测量技术规程》。

GPS测量实施方法包括测前准备、外业观测和内业数据解算。测前准备阶段的主要工作包括项目立项、技术设计、实施踏勘、设备检验、资料收集整理和人员组织等；外业观测的主要步骤有选点、埋设点位标志、观测；内业解算步骤包括数据传输、外业输入数据的检查与修改、基线解算、网平差和成果输出。本部分内容应重点掌握GPS测量实施方法的主要内容和步骤。

拓展和能力测试题

1. GPS精度指标含义是什么？
2. GPS定位网设计及外业测量的主要技术依据是什么？
3. GPS网的图形设计主要考虑哪些因素。
4. GPS选点应遵循哪些基本原则？
5. 写出GPS外业观测的主要步骤。
6. 载波相位实时差分（RTK）定位系统由哪几部分组成？

参 考 文 献

[1] 岳建平．水利工程测量．北京：中国水利水电出版社，2008.
[2] 张坤宜．交通土木工程测量．武汉：武汉大学出版社，2003.
[3] 王金玲．建筑工程测量．北京：北京大学出版社，2008.
[4] 王郑睿，陈灵．水利工程测量．北京：中国水利水电出版社，2011.
[5] 丁云庆．水利工程测量．北京：水利电力出版社，1991.
[6] 牛志宏．水利工程测量．北京：中国水利水电出版社，2005.
[7] 欧阳平．土木工程测量学．南昌：江西科学技术出版社，2005.
[8] 罗发明．地形测量．武汉：武汉大学出版社，1983.
[9] 何保喜．全站仪测量技术．郑州：黄河水利出版社，2005.
[10] 张博．数字化测图．武汉：武汉大学出版社，2011.
[11] 周忠谟．GPS 卫星测量原理与应用．北京：测绘出版社，1991.
[12] 沈学标．GPS 定位技术．北京：中国建筑工业出版社，2002.
[13] 自编教材．全站仪及 GPS 测量技术．2010.